水利风险分析与决策

唐德善　唐　彦　唐圆圆　编著

科 学 出 版 社
北　京

内 容 简 介

本书阐述风险研究的意义、国内外风险研究的进展、风险分析与决策的基本理论；阐明风险辨识、风险估计、风险评价与决策的量化方法和分析方法；介绍风险分析理论和方法在防洪、水库、水资源、水利工程建设及水灾害等方面的具体应用。在实践篇，收集了河海大学研究生学习该课程后撰写的 30 篇文章。在使用本书时应着眼于掌握基本概念、基本理论、基本方法，将本书介绍的基本理论、方法应用于社会生活中具体问题的解决，并具体问题具体分析，才能更加有效地发挥本书的作用。

本书可作为研究生的教材，亦可供从事自然科学、社会科学、水利科学相关研究的科技人员和工程技术人员做参考。

图书在版编目(CIP)数据

水利风险分析与决策/唐德善，唐彦，唐圆圆编著. —北京：科学出版社，2019.6

ISBN 978-7-03-060901-4

Ⅰ. ①水… Ⅱ. ①唐… ②唐… ③唐… Ⅲ. ①水利工程-风险管理 Ⅳ. ①TV

中国版本图书馆 CIP 数据核字(2019)第 050330 号

责任编辑：李涪汁/责任校对：彭　涛

责任印制：师艳茹/封面设计：许　瑞

科学出版社 出版

北京东黄城根北街 16 号

邮政编码：100717

http://www.sciencep.com

北京画中画印刷有限公司 印刷

科学出版社发行　各地新华书店经销

*

2019 年 6 月第 一 版　开本：787×1092　1/16

2019 年 6 月第一次印刷　印张：23 1/2

字数：550 000

定价：99.00 元

(如有印装质量问题，我社负责调换)

前　　言

“风险”(Venture or Risk)用来描述“其损益结局具有不确定性的活动”。在英语资料中常见的用语是 Venture 或 Risk。但 Risk 常指一般的“危险”，与损失紧密相联，未必有什么利益可言，而 Venture 则常用来描述“商业冒险”或投资活动，具有不确定的损益结局，风险活动若成功则会获得高利益，若失败则会遭到重大损失，可是，事先难以断定它会成功还是会失败。也就是说，如果损益的概率介于 0～1 之间，就存在风险；可见风险是普遍存在的。

随着社会的不断发展，有关“风险”的问题已经渗入人类生产生活的各个方面。本书对风险分析与决策进行了研究，系统地总结了风险分析与决策的相关理论与方法，并进一步应用于水利、经济、企业管理等人类生产生活的各个方面。为了有效地进行水利风险的控制和决策，以利于读者趋利避害，适应研究生培养的需要，河海大学组织编写了此书，它对于我们在生产生活中防范风险、评估风险、化解风险和做出决策具有重要的理论和现实意义。

本书为水利水电工程、水灾害与水安全、水资源与环境、水务工程等涉水专业硕士、博士生“水利风险分析与决策”课程的教材。根据“水利风险分析与决策”课程的要求，本书的主要教学目标是：通过系统学习风险辨识、风险评估、风险评价与决策的理论方法，使学生熟练掌握风险分析与决策的基本概念、理论、原理、内容和方法，将风险分析与决策的理论方法应用于水利风险方面的典型问题上，在实践中应对水利风险，同时培养学生应用所学知识分析和解决水利风险实际问题的能力。

本书分为四篇。第一篇为理论篇，阐述风险分析与决策的基本理论和与风险及决策有关的其他概念。第二篇为方法篇，分为风险的辨识、风险的估计、风险的评价与决策 3 章。第 4 章，主要阐述分解分析法等几种主要的风险辨识方法，并讨论风险辨识存在的问题；第 5 章，在阐明客观估计与主观估计概念的基础上，阐述主观估计的量化方法以及风险估计中常用的几种主要方法；第 6 章，对评价的主要方法进行讨论，并详细阐述了几种主要的风险评价方法。第三篇为应用篇，第 7～13 章主要说明风险分析与决策理论的方法在防洪、水库、水资源、水利工程建设、水灾害、水利经济、环境等方面的具体应用。第四篇为实践篇，收集了河海大学研究生学习该课程后撰写的 30 篇文章。

根据本书的内容和特点，在使用本书时应着眼于掌握基本概念、基本理论、基本方法，将本书介绍的基本理论和方法应用于社会生活中具体问题的解决，并具体问题具体分析，才能更加有效地发挥本书的作用。

本书由唐德善、唐彦、唐圆圆编著；唐彦负责第一篇、第二篇编著，唐德善负责第三篇编著，唐彦，唐德善，唐圆圆负责第四篇编著，唐圆圆负责计算复核及制图。各章编写人为：崔家萍负责编写第 1、2 章；唐新玥负责编写第 3、4 章；陆赛负责编写第 5、

6 章；孟令爽负责编写第 7、8、9 章；常文倩负责编写第 10、11 章；鲁佳慧负责编写第 12、13 章。

本书内容丰富，可供不同学校、不同专业的读者选择。书中如有疏漏及不妥之处，恳请读者批评指正！

编著者

2018 年 12 月

目　录

第三篇　应用篇

第四篇　实践篇

第一篇 理 论 篇

第1章　绪　论

随着人类社会的不断发展，人类面临的不确定性因素越来越多，风险概念也进入越来越多人的视野。从某种意义上说，风险与人类本身相伴而生，与人的活动息息相关，人类为了生存和发展，很早就自觉与不自觉地同风险进行着博弈。在现代生活中，风险同样无处不在，无时不有。一方面，人们无法回避风险，时常为风险所困扰，因风险所引起的财产及人员的毁损与伤亡而恐惧；另一方面，人们又乐意冒一定程度的风险，去从事某项事业，获得风险收益。风险将造成的可能的损失导致经济个体望而却步，因险所伴随的收益回报却又诱使更多经济个体趋之若鹜。特别是进入21世纪后，随着经济社会的飞速发展，人类面临的风险也越来越多，不确定性因素显著增多，风险成为我们思考问题、作出决策、采取行动必须要考虑的一个重要因素。因此，探讨社会中可能存在的风险问题，进行风险分析与决策的研究，对于我们在日常生活中防范风险、评估风险、化解风险和做出决策具有重要的理论和现实意义[1]。

1.1　风险研究的意义

第一，对风险的理论研究可以丰富并完善风险的相关理论。风险本来是一个仅仅在保险界、投资业比较流行的概念，是一个经济学范畴的概念。在人类社会不断发展的过程中，风险越来越被人们所关注。但是人们对风险的概念、风险产生的原因、风险的种类、风险的防范和控制等方面的知识并不太了解。风险的理论研究对风险的概念、风险产生的原因、风险的种类、风险的防范和控制等方面进行了详尽的论述，对风险的理论进行了完善。

第二，风险分析的研究有利于人们树立风险意识，有利于实现社会资源分配的最佳组合。风险分析的研究有利于人们对发展中存在的风险有更好的了解，也能够更好地树立风险意识；可能发生的损失成本是由于人们对损失发生的主观不确定性认识而产生的无形成本。对可能发生损失的恐惧和担心打破了人们的心理宁静。这种主观不确定性容易导致人们身心紧张，行为反常，不能合理利用各种资源。风险的存在客观上限制着企业的投资方向，影响着社会可用资源的最优分配和最佳组合。风险分析的研究有利于人们对发展中存在的风险有更好的了解，也能够更好地树立风险意识；随着风险意识的提高，人们可以在最大程度上降低风险损失或为风险损失提供经济补偿，以使更多的社会资源合理地流向所需的产业部门。就宏观而言，风险分析与决策有助于提高社会资源的利用程度，消除或减少由于风险带来的社会资源的浪费[2]。

第三，风险决策的研究有利于决策理论的完善。决策理论是研究社会如何发展的理念，而风险决策是从客观存在的风险问题的角度来进行决策。通过风险决策的研究，可以不断完善决策分析的方法，从而进一步促进决策理论的研究发展，能够使决策理论更好地与现实中的风险问题相结合，增强决策理论研究的现实依据，使决策理论能够更好地与实践相结合。

第四，风险分析与决策的实证研究有利于解决社会中的风险问题，化风险为社会发展的机遇，有利于个人、企业和社会经济的稳定与发展。将风险分析与决策的理论方法应用于社会发展各领域中的典型风险问题，在解决相关社会问题的同时，论述在实践中如何来应对风险。经济学家彼得·F.德鲁克曾经说过，一个社会如果能够控制和减轻那些灾难，那么社会便可以更好的把资源用到经济和社会发展中去[3]。

1.2 风险研究的进展

1. 国外研究进展

西方风险理论对风险的概念，特征，风险产生的原因，风险与不确定性，风险导致的后果，以及风险的防范和控制进行了细致的阐述。

(1) 西方风险理论从经济学、文化学、人类学、社会学等角度对风险的概念进行了以下论述。风险概念最先主要应用于经济学，指投资可能带来的收益。统计学、保险学把风险定义为某个事件造成破坏或伤害的可能性或概率。经济学家把风险看成是一种人们可以知道概率分布的不确定性。从文化的角度出发，以斯科特·拉什(Scott Lash)为代表，他们认为，风险是一种心理层面的东西，不同文化背景的人对风险有不同的理解，不同群体对于风险的应对也有自己的理想图景，也就是说，风险更应该是一种文化现象，而不是如乌尔里希·贝克(Ulrich Beck)主张的风险是一种社会秩序。从社会学的角度，以尼克拉斯·卢曼(Niklas Luhmann)为首提出关于风险的复杂系统理论。他于1993年出版《风险：一种社会学理论》一书，将风险理论融于其庞大的社会系统理论之中，他认为，面对风险，人类别无选择。他把风险社会理论限定在现代化的理论框架下展开，他认为，当代高科技产生的负面影响是风险社会产生的主要根源，复杂性的上升带来了行为不确定性的增多，从而改变了社会结构。他提出，在现代社会的不同时期，应该采用制度规范、资源稀缺和风险等不同的方法来解决社会问题，当代社会的特点主要是：信息的多元化、知识的丰富性、未来的不确定性和进行决策的压力。因此，我们不能采用常规的手段来应对，而应该采用风险决策程序。贝克始终将风险置于现代性和全球视野中，以独特的社会结构形态视角来对风险社会进行反思性论述。“风险的概念直接与反思性现代化的概念相关。风险可以被界定为系统地处理现代化自身引致的危险和不安全感的方式。”安东尼·吉登斯(Anthony Giddens)在《失控的世界》一书中从词源的角度对风险做了一些分析，他说：“在16世纪和17世纪，风险这个概念似乎已经有了，西方探险家们在开始他们的全世界航海时，他们第一次创造了这个概念。‘风险’这个词好像是通过西班牙或葡萄牙人传入英语中的，他们使用风险这个词来指代航行到未知的水域。换句话说，风险这个词最早主要有空间方面的含义。后来，它转向了时间方面，例如，它被使用在银行和投资方面主要是用来计算投资决策对借者和贷者可能带来的结果。因此，后来这个词就用来指代各种各样的不确定性的情况。”同时，吉登斯对风险与可能性和不确定性、冒险等的关系进行了论述。他指出："风险这个概念与可能性和不确定性概念是分不开的。"而风险与冒险或者危险是不同的，"风险指的是在与将来可能性关系中被评价的危险程度。它只是在将来的社会中被广泛使 用——这个社会正好把将来看作是被征服或者被殖民的范围。风险暗示着一个企图主动与它的过去即现代工业文明的主要特征进行决裂的社会。"[4]

(2)风险的特征：贝克主要强调的是风险的全球性，那些制造风险的人早晚会受到他们制造的风险的冲击。而吉登斯更多的是关注风险对个体的影响，以及风险的人为性。

(3)风险产生的原因：吉登斯强调风险的人为性，风险是人为的不确定性；而贝克则强调风险的产生与人类的知识有关。贝克、吉登斯都认为："风险愈少为公众所认知，愈多的风险就会制造出来。"风险社会中风险扩张与加剧的重要根源是制度的失范与消解。贝克在《世界风险社会》一书中明确指出了风险社会与制度的关联，"风险的两项根本转变，两者都与科学和技术不断增强的影响力有关，尽管它们并非完全为科技影响所决定，第一项转变可称为自然界的终结；第二项为传统的终结。"吉登斯还认为，现代性的三大动力机制——时空分离、脱域机制和制度性反思也是风险社会产生的重要原因。更重要的是，吉登斯特别强调风险社会中风险形成的人为因素。吉登斯把风险分为外部风险与被制造出来的风险或人为风险。外部风险就是来自外部的、因为传统或者自然的不变性和固定性所带来的风险。被制造出来的风险是由我们不断发展的知识对这个世界的影响所产生的风险，是指我们没有多少历史经验的情况下所产生的风险。吉登斯认为，区别二者的最好办法是，外部风险中，我们更多地担心自然对我们怎么样，而在被制造出来的风险中，人们更多地担心我们对自然所做的。这标志着外部风险占主导地位转变成了被制造出来的风险占主要地位。在吉登斯的理论中，已经自觉地将风险与人的存在方式联系起来讨论风险与"本体性安全"。贝克对风险社会的出路提出了"第二次启蒙"的构想，这在一定意义上已经触及了风险症候的人性根基，他虽然认识到这一点的重要性，但正如其所指出的是，这仍然只是他当前努力的方向，尚未形成系统化的成熟的理论成果。

(4)风险与不确定性：吉登斯认为风险与可能性和不确定性这两个概念是分不开的。但是，他没有对风险与不确定性进行区分。或许他的注意力更多集中在阐述风险的积极因素上。贝克认为，如果风险概念与风险社会和人为的不确定性相联系，那么，风险就是指知识和无知的某种特殊的综合。在这种意义上，"人为的不确定性"概念就有了一种双重的指涉，一方面，更多、更完善的知识正在成为新风险的来源；另一方面，无知又往往导致风险。从程度上看，风险的不确定性是指风险处于安全与毁灭之间的一种特有的、中间的状态，是一种"可能永不或尚未能够"的现实状况。奈特对风险与不确定性进行了区分，他认为风险是可度量的、可知概率分布的不确定性，而不确定性是不可度量的风险。许多经济学家对奈特的这种区分有不同意见，认为他并没有真正把风险与不确定性分别开来。

(5)风险的后果：贝克与吉登斯不仅看到了风险的危害，他们更多地强调风险的积极意义。贝克指出："风险概念表明人们创造了一种文明，以便使自己的决定将会造成的不可预见的后果具备可预见性，从而控制不可控制的事情，通过有意采取的预防性行动以及相应的制度化的措施战胜种种副作用。”在某种程度上，风险应该理解为一种机会，“风险社会理论并不是关于要爆炸的核潜艇的理论；它也并非千年之际对‘德国人的焦虑不安’的一种另外的表述。相反，我正在研究一种理解我们时代的新的、乐观的模型。”吉登斯同样对风险有积极的评价，他在《失控的世界》一书中说道：“目前，风险具有一种新的特殊的重要性。风险被认为是控制将来和规范将来的一种方式”。而且，吉登斯认为风险是社会进步的推动力。“风险是一个致力于变化的社会的推动力，这样的一个社会想要决定自己的未来而不会任由它走向宗教、传统或者自然界的反复无常。”

(6)关于风险的防范和控制，作为典型的制度主义者，贝克与吉登斯提倡通过制度方面的改进来对风险进行有效的控制。“为了说明世界风险‘社会’，有必要行动起来，促进形成应对全球风险的‘国际制度’。”贝克将后现代社会诠释为风险社会，其主要特征在于：人类面临着威胁其生存的由社会所制造的风险。我们身处其中的社会充斥着组织化不负责任的态度，尤其是，风险的制造者以风险牺牲品为代价来保护自己的利益。贝克认为西方的经济制度、法律制度和政治制度不仅卷入了风险制造，而且参与了对风险真相的掩盖。贝克力倡反思性现代化，其特点是既洞察到现代化中理性的困境，又试图以理性的精神来治疗这种困境。对于具体的风险问题，如洪水风险，杰哈（Abhas K Jha）、布洛克（Robin Bloch）和拉蒙德（Jessica Lamond)编著的《城市洪水风险综合管理》中，包括了认识洪水灾害、理解洪水影响、洪水风险综合管理中的工程措施、洪水风险综合管理中的非工程措施、洪水风险管理方案评估、城市洪水风险综合管理的实施以及倡导城市洪水风险综合管理等，全面介绍了城市洪水风险综合管理所涉及的策略、技术、管理、评估、融资与具体实施。

2. 国内研究进展

我国对于风险问题的研究是从风险决策开始的，起步较晚。“风险”一词是在1980年首次由周士富在《经济管理中的决策分析方法》一书中提出的，这与我国改革开放前长期实行的高度集中统一的中央计划经济体制是相适应的。三十多年来，我国有关风险分析、风险决策的论著已经有许多，如：1987年，清华大学郭仲伟教授的《风险分析与决策》一书的出版，标志着风险管理研究的开始。此后，有关学者和专家对风险分析进行了广泛的研究，但绝大部分理论体系还停留在郭教授最初提出的体系基础上。1991年，顾昌耀和邱苑华首次将熵扩展到复数并且用于风险决策研究。姜青舫和陈方正的《风险度量原理》一书，系统地研究了有关风险度量问题，对已有的Markowitz的方差度量以及其改进的均方差度量、平均基尼指标不足的辨析，引入了多阶偏导和多阶随机偏导的新概念。刘霞的《风险决策：过程，心理与文化》一书，从认知心理学和社会文化角度，研究了影响风险决策主题的人格心理结构特征因素、群体情景因素和社会文化因素及其交互作用。上海财经大学许谨良针对风险辨识、企业风险损失、风险度量和评价、风险控制办法以及风险管理信息系统、跨国公司的风险管理等课题做了全面、系统的研究，其研究角度是侧重于定性分析。近年来对风险的研究主要针对具体的风险问题，如发展风险、社会风险、洪水风险等具体问题。2012年，李原园的《现代洪水风险管理》一书基于人类洪水管理实践的历史演变，针对各种现有挑战和新兴问题，深入探讨了现代洪水风险管理的目标、方法和详细框架，并针对洪水风险的不确定性和多变化性，重点探析了适应性洪水风险管理的方法体系和决策模型，全面介绍了管理中可能存在的有利和不利因素、空间规划的制定、风险应急管理机制的建立、洪水灾害图和风险图的绘制、山洪风险的应对、洪水保险制度的完善等，为提高洪水风险管理的有效性，保护和改善生态系统服务提供了有力的技术指导和参考。2013 年，袁方在《社会风险与社会风险管理》一书中描写了社会风险从古至今的演变历程，社会风险范畴的内涵及特征，社会风险的基本类型，社会风险的生成机制，以及对现代社会风险的实践本质剖析，对社会风险管理，包括社会建设和社会管理领域，都有一定的指导意义。2014 年，孙晓红、葛岚、拜克明在《供电企业内部控制与风险管理》一书中阐述了供电企业内部控制体系设计、实施及评价体系，介绍风险管理基础知识及供电企业风险管理概况，阐述了供电企业风险管理的实施与绩效评价。2018 年，李胜南、周林彬在《民营企业公司治理中风险管控的理论与实务》一书中阐述了民营企业管理中的风险内涵、特征及其基本类型，对于企业管理有一定的指导意义。

1.3　本书的主要内容和特点

本书分别阐述风险与决策的基本理论，风险分析与决策的方法和风险分析在水利及实际社会生活问题中的应用。在绪论中，主要从当前背景出发，探讨风险研究的意义，对国内外风险研究现状进行综述，阐述本书关于风险分析的主要内容、特点及其意义。在理论篇中，风险理论一章，在明晰风险基本概念的前提下，阐述风险分析的基本理论和与风险有关的其他概念；决策理论一章，在说明决策的基本概念和决策的理论发展前提下，阐述风险决策的基本概念。在方法篇中，主要阐述风险辨识的方法：分解分析法、图解法、专家分析法、幕景分析方法，并讨论风险辨识存在的问题；风险估计一章，在讨论客观估计与主观估计概念的基础上，阐述主观估计的量化方法、风险估计中常用的概率分布、风险度、概率树、综合推断法、蒙特卡罗数字仿真法等方法，并介绍了多因素相互关联效应的估计方法等；风险的评价与决策一章，首先对评价的主要方法进行概述，然后详细阐述了期望货币损益准则与风险决策模型、贝叶斯决策理论、风险型决策与效用准则、马尔可夫分析法等方法。在应用篇中，主要阐述风险分析与决策理论在防洪、水库、水资源、水灾害、水利工程建设等方面的具体应用；经济风险分析，主要讨论投资项目风险分析、企业经营风险分析决策、房地产投资风险分析与对策研究等方面的具体应用；环境风险分析，主要阐述水污染风险分析、空气污染风险分析、土地污染风险分析等方面的具体应用。

风险分析与决策是一门实践性、综合性很强的专业学科。根据这一特点，本书首先对风险与决策的理论进行了具体阐述，然后从风险辨识、风险评估、风险评价与决策三方面详细地阐述了风险分析与决策的方法。在此基础上，本书不拘泥于理论与方法的简单介绍，将风险分析与决策的理论方法应用于社会发展各领域中的典型风险问题，解决相关社会问题的同时论述在实践中如何来应对风险。根据本书的内容和特点，在使用本书时应着眼于掌握基本概念、基本理论、基本方法，将本书介绍的基本方法应用于社会生活中的具体问题，并具体问题具体分析，才能更加有效地发挥本书的作用。

参 考 文 献

[1] 郭仲伟. 风险评价与决策——风险分析与决策讲座(三)[J]. 系统工程理论与实践,1987(3): 64-69, 16.

[2] 郭仲伟. 风险分析与决策[M]. 北京: 机械工业出版社, 1987.

[3] 郭仲伟. 风险的辨识——风险分析与决策讲座(一)[J]. 系统工程理论与实践, 1987, 7(1): 72-77, 61.

[4] 杜锁军. 国内外环境风险评价研究进展[J]. 环境科学与管理, 2006, 31(5): 193-194.

第 2 章　风险的理论

2.1　风险的基本概念

2.1.1　风险的定义

对风险进行分析研究，首先要做的就是进行风险的定义。目前，学术界对风险的内涵还没有统一的定义，由于对风险的理解和认识程度不同，或对风险研究的角度不同，不同的学者对风险概念有着不同的解释，但可以归纳为以下几种代表性观点。

1. 风险是指可以量化的不确定性

1921 年，弗兰克·奈特(Frank Knight)尝试着对风险和不确定性进行区分：风险与不确定性根本是两码事。然而，人们却从来也没有对它们进行过明确的区分。究其原因，风险在一般的情况下是可以量化的，而在有些特殊的情况下又不能量化。在不同的环境中，风险或者是不确定性会造成截然不同的后果。可以预测的不确定性与不可预测的不确定性有着本质的差异。所以，不可预测的不确定性就不能称为风险。

如上所述，奈特将风险定义为可以量化的不确定性，他举出的例子是，两个人从坛子里随机抓取红、黑两种颜色的小球。第一个人并不清楚坛子中每种颜色究竟有几个球，第二个人却知道红球与黑球的比例是 3∶1。因此，第二个人能够预计到抓取到红色球的概率是 75%(这无疑是对的)，而第一个人只以为他抓取到红色球的概率是 50%。奈特也由此得出结论，第二个人面临的是风险，第一个人则属于无知。

2. 风险是指有实际意义的不确定性

2004 年，霍尔顿(Holton)在一篇论文中对风险进行了界定。他认为，风险必须具备两个要件。第一，实验的结果是不确定的；第二，实验的结果要有实际的意义。霍尔顿在论文中说，如果一个人不带降落伞直接从飞行中的飞机机舱跳下，他并不面临风险，因为他必死无疑，不存在不确定性。又或者，从坛子里随机抓取红、黑两种颜色的小球对人也不构成风险，因为不管是抓到红球还是黑球，并不影响到他的健康或是财富。当然，如果人们在红球或是黑球上贴上价值标签，那么抓取的结果就意味着风险。

3. 风险是损失发生的不确定性

1972 年，若森布鲁姆(Rosenbloom)将风险定义为损失的不确定性，即不利事件或事件集发生的机会。而这种观点又分为主观学说和客观学说两类。主观学说认为不确定性是主观的、个人的和心理上的一种观念，是个人对客观事物的主观估计，而不能以客观的尺度予以衡量，不确定性的范围包括发生与否的不确定性、发生时间的不确定性、发生状况的不确定性以及发生结果严重程度的不确定性。客观学说则是以风险客观存在为前提，以风险事故观察为基础，以数学和统计学观点加以定义，认为风险可用客观的尺度来度量。例如，佩费尔将风险定义为风险是可测度的客观概率的大小，奈特则认为风险是可测定的不确定性。

4. 风险是指可能发生损失的损害程度的大小

另一种观点，风险可以引申定义为预期损失的不利偏差。这里的所谓不利是指对保险公司或被保险企业而言的。例如，若实际损失率大于预期损失率，则此正偏差对保险公司而言即为不利偏差，也就是保险公司所面临的风险。马克维茨(Markowitz)在别人质疑的基础上，排除可能收益率高于期望收益率的情况，提出了下方风险的概念，即实现的收益率低于期望收益率的风险，并用方差来计量下方风险。

5. 风险是指损失的大小和发生的可能性

此处把风险定义为：在一定条件下和一定时期内，由于各种结果发生的不确定性而导致行为主体遭受损失的大小以及这种损失发生可能性的大小。风险是一个二位概念，风险以损失发生的大小与损失发生的概率两个指标进行衡量。2003 年，王明涛在总结各种风险描述的基础上，把风险定义为：所谓风险是指在决策过程中，由于各种不确定性因素的作用，决策方案在一定时间内出现不利结果的可能性以及可能损失的程度，它包括损失的概率、可能损失的数量以及损失的易变性三方面内容，其中可能损失的程度处于最重要的位置。

6. 风险是由风险构成要素相互作用的结果

风险因素、风险事件和风险结果的关系如图 2-1 所示。

图 2-1　风险因素、风险事件和风险结果的关系

风险因素、风险事件和结果是风险的基本构成要素，风险因素是风险形成的必要条件，是风险产生和存在的前提。风险事件是外界环境变量发生预料未及的变动从而导致损失的事件，它是风险存在的充分条件，在整个风险中占据核心地位。风险事件是连接风险因素与风险结果的桥梁，是风险由可能性转化为现实性的媒介。根据风险的形成机理，将风险定义为：风险是在一定时间内，以相应的风险因素为必要条件，以相应的风险事故为充分条件，有关行为主体承受相应的损失的可能性。风险的内涵在于它是在一定时间内，风险因素、风险事件和风险结果递进联系而呈现的可能性。

总之，风险就是生产目的与劳动成果之间的不确定性，大致有两层含义：一种定义强调了风险表现为收益不确定性；而另一种定义则强调风险表现为成本或代价的不确定性，若风险表现为收益或者代价的不确定性，说明风险产生的结果可能带来损失、获利或者无损失也无获利，属于广义风险，所有人行使所有权的活动，应被视为管理风险，金融风险就属于此类。而风险表现为损失的不确定性，说明风险只能表现出损失，没有从风险中获利的可能性，属于狭义风险。

2.1.2　风险的特征

1. 风险的普遍性

在当今社会，个人面临着生、老、病、死、意外伤害等风险；企业则面临着自然风险、意外事故、市场风险、技术风险、政治风险等，甚至国家和政府机关也面临着各种风险，总之，风险渗入到社会、企业和个人生活的方方面面，风险无处不在，无时不有。

2. 风险的客观性

自然界的地震、台风、洪水，社会领域的战争、冲突、意外事故等，都不以人的意志为转移，它们是独立于人的意识之外的客观存在。人们只能在一定的时间和空间内改变风险存在和发生的条件，降低风险发生的频率和损失幅度，但是，从总体上来说，风险是不能彻底消除的。因此，风险是客观存在的。

3. 风险的社会性

风险与人类社会的利益密切相关，即无论风险源于自然现象、社会现象还是生理现象，它必须是相对于人身或财产的危害而言的。就自然现象本身而言无所谓风险。例如地震对大自然来说只是自身运动的表现形式，也可能是自然界自我平衡的必要条件。只是由于地震会对人们的生命和财产造成损害或损失，所以才对人类形成一种风险。因此，风险是一个社会范畴，而不是自然范畴。没有人、没有人类社会，就没有风险。

4. 风险的不确定性

风险及其所造成的损失总体上来说是必然的、可知的；但在个体上却是偶然的、不可知的，具有不确定性。正是由于风险的这种总体上的必然性和个体上的偶然性(即风险存在的确定性和风险发生的不确定性)的统一，才构成了风险的不确定性，主要表现为：①空间上的不确定性。如地震的发生，每年地球上都会发生数以千次的地震，但是发生在哪些地方是不确定的。②时间上的不确定性。如人的死亡，人的死亡具有必然性，但是死亡的时间却不确定。③结果上的不确定性。如我国东南沿海每年都会遭受台风的袭击，但是人们却无法预知未来年份发生的台风是否会造成财产损失或人身伤亡以及程度如何。

5. 风险的可测性

个别风险的发生是偶然的、不可预知的，但通过对大量风险事故的观察会发现，风险往往呈现出明显的规律性。根据以往大量的统计资料，利用概率论和数理统计的方法可以测算出风险事故发生的概率及其损失程度，并且可以构造出损失分布的模型，成为风险估测的基础。

例如，死亡对于个别人来说是偶然的不幸事件，但是经过对某一地区人的各年龄段死亡率的长期观察统计，就可以准确的编制出该地区的生命表，如图 2-2“2014 年香港地区因冠心病死亡年龄分布图”可以测算出各个年龄段因冠心病死亡的死亡率。

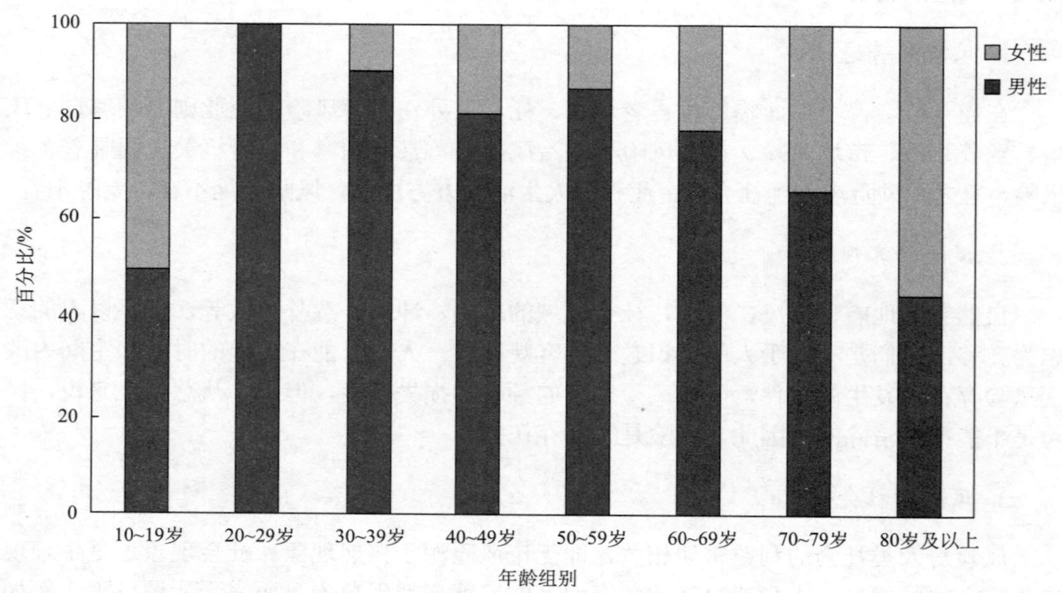

图 2-2　2014 年香港地区因冠心病死亡年龄分布图

2.1.3　风险的分类

风险分类是为一定的目的服务的。对风险进行科学的分类，首先，是不断加深对风险本质认识的需要。通过风险分类，可以更好地把握风险的本质及变化的规律性。其次，对风险进行分类，是对风险实行科学管理，确定科学控制手段的必要前提。由于对风险分析的目的不同，可以按照不同的标准，从不同的角度对风险进行分类。根据本书分析所涉及的范围，对风险的分类主要从以下几个方面来划分。

1. 按风险的损失对象分类

(1) 财产风险：是导致财产发生毁损、灭失和贬值的风险。如建筑物有遭受火灾、地震的风险，汽车有发生车祸的风险，财产价值因经济因素有贬值的风险。

(2) 人身风险：是指由于人的死亡、残废、疾病、衰老及丧失或降低劳动能力等所造成的风险。老、病、死虽然是人生的必然现象，但在何时发生并不确定，一旦发生，将给其本人或家属在精神和经济生活上造成困难。如因为年老而丧失劳动能力或由于疾病、伤残等导致个人、家庭经济收入减少，造成经济困难。

(3) 责任风险：是指因社会个体(经济单位)侵权或违约，依法对他人遭受的人身伤亡或财产损失应负的赔偿责任以及无法履行合同致使对方受损而应负的合同责任的风险。

如根据法律、合同规定，雇主对其雇员在从事工作范围内的活动中造成身体伤害，承担经济给付责任。与财产风险和人身风险相比，责任风险是一种更为复杂而又较难控制的风险，尤以专业技术人员，如医师、律师、会计师、理发师、教师等职业的责任风险为甚。

(4) 信用风险：是指在经济交往中，权利人与义务人之间，由于一方违约或犯罪而造成对方经济损失的风险[1]。

2. 按风险产生的效应分类

(1) 纯粹风险：是指产生的效应只有损失可能而无获利机会的风险。其所致结果有两种，即损失和无损失。如火灾、沉船、车祸等事故发生，则只有受害者的财产损失和人身伤亡，而无任何利益可得。在现实生活中，纯粹风险是普遍存在的，如自然灾害、疾病、意外事故等都可能导致巨大损害。人们通常所称的“危险”，也就是指这种纯粹风险。

(2) 投机风险：是指产生的效应既可能是损失，也可能是收益的风险。其所致结果有三种：损失、无损失和盈利。如市场行情变化，对此企业造成损失，对彼企业则可能是有利的；对某企业而言，市场的此种变化将导致损失，而市场的彼种变化则可能带来好处。这种风险带有一定的诱惑性，可以促使某些人为了获利而甘冒这种有损失的风险。

(3) 收益风险：是指产生的结果是收益而不是损失的风险。如接受教育可使人终身受益，但教育对受教育的得益程度是无法进行精确计算的，而且，这也与不同的个人因素、客观条件和机遇有密切关系。对不同的个人来说，虽然付出的代价是相同的，但其收益可能是大相径庭的，这也可以说是一种风险，即为收益风险。

3. 按风险形成损失的原因分类

(1) 自然风险：是指由于自然现象、物理现象和其他实质风险因素所形成的风险。如洪水、地震、台风、海啸、火灾等所致的人身伤亡或财产损失的风险。

(2) 社会风险：是由于个人反常行为或不可预测的团体不当行为所形成的风险。如盗窃、抢劫、罢工、暴动等。

(3) 经济风险：是指生产经营过程中，由于相关因素的变动或估计错误导致产量减少或价格涨跌的风险。如企业由于市场预期失误、经营管理不善、外部环境的改变、消费需求变动、汇率浮动等所致经济损失的风险。

(4) 政治风险：是指由于政治原因，如政局变动、政权更替、政策变化，或者由于种族冲突、宗教叛乱、国家战争等引起社会动荡而造成损害的风险。

(5) 技术风险：是指伴随着科学技术的发展、生产方式的改变而发生的风险。如核辐射、空气污染、噪声等风险。

4. 按风险的形态分类

(1) 静态风险：是指自然力的不规则变动，或人们行为的错误或失误所导致的风险。如洪灾、火灾、地震，人的死亡、残废、疾病，个人或团体的盗窃、欺诈行为，以及企业的呆账、破产等。静态风险一般与社会的经济、政治变动无关，在任何社会经济条件下都是不可避免的。

(2)动态风险：是指社会经济或政治的变动为直接原因的风险。通常由人们需求的变化、生产方式和生产技术以及产业组织的变动等所引起的。如人口的增加、资本的成长、技术的进步、消费者偏好等引起的，即为动态风险。

5. 水利风险的分类

水利风险指在目前水利水电工程项目日渐增多的前提下，为进一步确保水利水电工程的投资效益和施工质量，通过积累大量风险资料和控制措施，全面、系统地掌握风险要素，采取具体、有效的风险应对措施，不断加强风险控制与管理。在开发、建设水利水电项目中会面临诸多风险，按引起风险的原因分为政策风险、建设风险、环境风险、投资风险、运行风险和决策风险六大类。

(1)政策风险。政策风险的变化会在很大程度上影响水利水电工程建设项目的开展。政策风险是指政府有关水利方面的政策发生重大变化或是有重要的举措、法规出台，引起市场的波动，从而给投资者带来的风险。在市场经济条件下，由于受价值规律和竞争机制的影响，各企业争夺市场资源，都希望获得更大的活动自由，因而可能会触犯国家的有关政策，而国家政策又对企业的行为具有强制约束力。另外，国家在不同时期可以根据宏观环境的变化而改变政策，这必然会影响到企业的经济利益。因此，国家与企业之间由于政策的存在和调整，在经济利益上会产生矛盾，从而产生政策风险。

(2)建设风险。水利水电建设项目规模大多数属于中高等规模，技术问题难度较大。其中，地质条件、材料供应、设备供应和工程变更等都属于主要的风险因素，在建设期间可能存在的风险称为建设风险，一般可将建设风险归纳为两大类，即工程施工风险和工程勘测设计风险。

(3)环境风险。在水利水电工程建设中，对自然环境和社会环境要进行充分考虑，气候条件、自然灾害和气象条件等都属于自然环境。同时，还需要充分考虑环境保护方面的因素。水电工程建设需要占用一定面积的土地，同时，还会影响土地周围的环境。具体来讲，在自然环境方面，因为水利水电工程施工周期较长、自然环境较为复杂，在工程建设中，各类自然灾害、恶劣气候和多种类型的地质条件等因素都需要考虑。

(4)投资风险。投资风险是指水利水电工程中对未来投资收益的不确定性，在投资中可能会遭受收益损失甚至本金损失的风险。为获得不确定的预期效益而承担的风险也是一种投资风险。在工程建设资金运作过程中，政策风险、工程建设风险和环境风险都会对其产生较大的影响，这些风险会在较大程度上增加工程建设的投资。工程项目规模越大，工期越长，面临的工程投资风险就越大。鉴于此，就需要充分认识工程建设项目实施过程中的风险，辨识和分析可能存在的风险，结合风险的大小，来合理预测工程投资，并采取一系列有针对性的措施，使风险能够得到有效控制。

(5)运行风险。运行风险是指企业在运行过程中，由于外部环境的复杂性和变动性以及主体对环境的认知能力和适应能力的有限性，而导致的运行失败或使运行活动达不到预期的目标的可能性及其损失。运行风险并不是指某一种具体特定的风险，而是包含一系列具体的风险。

(6)决策风险。决策风险是指在水利水电工程项目决策活动中，由于主、客体等多种不确定因素的存在，而导致决策活动不能达到预期目的的可能性及其后果。降低决策风险，减少决策失误，一直以来都是为人们所关注和探讨的问题。

2.1.4 风险的构成要素

风险由风险因素、风险事件和风险结果三个基本要素构成。这些要素的共同作用，决定了风险的存在、发展和发生。

1. 风险因素

风险因素是指促使某一特定损失发生或增加其发生可能性或扩大其损失程度的原因。它是风险事故发生的潜在原因，是造成损失的内在或间接原因。如对于建筑物而言，风险因素是指建筑材料和建筑结构；对于人体而言，则是健康状况和年龄等。风险因素可分为物质风险因素、道德风险因素和心理风险因素三种形式。

2. 风险事件

风险事件是指造成生命财产变化及损失的偶发事件，是造成事件结果的直接或外在原因，是风险结果的媒介物，只有通过风险事件的发生，才能导致结果变化。风险事件是直接引起损失后果的意外事件，意味着风险的可能性转化为现实性，即风险的发生。如飞机因机翼损坏酿成空难而导致机毁人亡，其中机翼损坏是风险因素，空难是风险事故。如果仅有机翼损坏而没有空难，就不会造成人员伤亡。

3. 风险结果

在风险分析中，风险结果是指非故意的、非预期的和非计划的经济价值的变化。其包括两方面的条件：一为非故意的、非预期的和非计划的观念；二为经济价值的观念，即损失必须能以货币来衡量。二者缺一不可。

2.2 风险分析的基本理论

2.2.1 风险分析概述

风险分析有狭义和广义两种，狭义的风险分析是指通过定量分析的方法给出完成任务所需的费用、进度、性能三个随机变量的可实现值的概率分布。而广义的风险分析则是一种识别和测算风险，开发、选择和管理方案来解决这些风险的有组织的手段。它包括风险的辨识、风险的估计、风险的评价以及风险的控制等四方面的内容，如图 2-3 所示。

风险的辨识是指用感知、判断或归类的方式对现实的和潜在的风险性质进行鉴别的过程，它属于定性分析的范围。风险的估计是指对潜在问题可能导致的风险及其后果实行量化，并确定发生的可能性及后果的严重程度。这其中可能牵涉到多种模型的综合应用，最后得到系统风险的综合印象。风险的评价是在风险辨识和风险估计的基础上，对风险发生的概率，损失程度，结合其他因素进行全面考虑，评估发生风险的可能性及危害程度，并与公认的安全指标相比较，以衡量风险的程度，并决定是否需要采取相应的措施的过程。而风险的控制则是指在风险评价及分析的基础上采取各种措施来减小风险，以及对风险实施监控和管理。这也可以说是风险分析的最终目的。

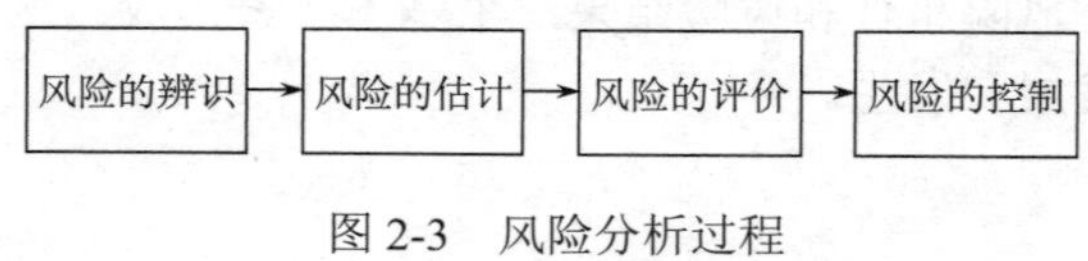

图 2-3　风险分析过程

进行风险分析，找出行动方案的不确定性因素，分析其环境状况和对方案的敏感程度，有助于确定有关因素的变化对决策的影响程度，有助于确定投资方案或生产经营方案对某一特定因素变动的敏感性。有助于做出正确的决策[2]。

2.2.2　风险的辨识

风险的辨识是风险分析的第一步。只有在正确识别出自身所面临的风险的基础上，人们才能够主动选择适当有效的方法进行处理。存在于人们周围的风险是多样的，既有当前的也有潜在的，既有内部的也有外部的，既有静态的也有动态的……。风险辨识的任务就是要从错综复杂环境中找出系统所面临的主要风险因素。风险的辨识一方面可以通过感性认识和历史经验来判断，另一方面也可通过对各种客观的资料和风险事故的记录来分析、归纳和整理，以及必要的专家访问，从而找出各种明显和潜在的风险及其损失规律。风险具有可变性，因此风险的辨识是一项持续性和系统性的工作，要求风险分析者密切注意原有风险的变化，并随时发现新的风险[3]。

1. 风险辨识的主要方法

(1)流程图分析法。该种方法强调根据不同的流程，对每一阶段和环节，逐个进行调查分析，找出风险存在的原因。流程图法首先要建立一个工程项目或企业活动的总流程图与各分流程图，要展示项目实施或企业活动的全部过程。流程图可用网络图来表示，也可利用 WBS(工作分解结构)来表示。

(2)头脑风暴法。也称集体思考法，是以专家的创造性思维来索取未来信息的一种直观预测和识别方法。头脑风暴法一般在一个专家小组内进行。由风险分析专家对该企业、单位可能面临的风险逐一列出，并根据不同的标准进行分类。专家所涉及的面应尽可能广泛些，有一定的代表性。一般的分类标准为：直接或间接，财务或非财务，政治性或经济性等。

(3)财务报表法。通过分析资产负债表、营业报表以及财务记录，项目风险经理就能识别本企业或项目当前的所有财产、责任和人身损失风险。将这些报表和财务预测、经费预算联系起来，风险经理就能发现未来的风险。这是因为，项目或企业的经营活动要么涉及货币，要么涉及项目本身，这些都是风险分析最主要的考虑对象。

(4) 分解分析法。分解分析法是指将一复杂的事物分解为多个比较简单的事物，将大系统分解为具体的组成要素，从中分析可能存在的风险及潜在损失的威胁。失误树分析方法是以图解表示的方法来调查损失发生前种种失误事件的情况，或对各种引起事故的原因进行分解分析，具体判断哪些失误最可能导致损失风险发生。

2. 风险辨识的基本原则

(1) 全面性原则。为了对风险进行辨识，应该全面系统地考察、了解各种风险事件存在和可能发生的概率以及损失的严重程度，风险因素及因风险的出现而导致的其他问题。损失发生的概率及其后果的严重程度，直接影响人们对损失危害的衡量，最终决定风险政策措施的选择和管理效果的优劣。因此，必须全面了解各种风险的存在和发生及其将引起的损失后果的详细情况，以便及时而清楚地为决策者提供比较完备的决策信息。

(2) 综合性原则。企业、家庭、个人面临的风险是一个复杂的系统，其中包括不同类型、不同性质、不同损失程度的各种风险。由于复杂风险系统的存在，使得某一种独立的分析方法难以对全部风险奏效，因此，必须综合使用多种分析方法来对风险进行辨识。

(3) 效益最大化原则。风险辨识的目的就在于为风险控制提供前提和决策依据，以保证企业、单位和个人以最小的支出来获得最大的安全保障，减少风险损失，因此，在经费限制的条件下，必须根据实际情况和自身的财务承受能力，来选择效果最佳、经费最省的识别方法。企业或单位在风险识别和衡量的同时，应将该项活动所引起的成本列入财务报表，做综合的考察分析，以保证用较小的支出，来换取较大的收益。

(4) 科学性原则。对风险进行辨识的过程，同时就是对企业、家庭、个人的生产经营(包括资金借贷与经营)状况及其所处环境进行量化核算的具体过程。风险的辨识和衡量要以严格的数学理论作为工具，在普遍估计的基础上，进行统计和计算，以得出比较科学合理的结果。

(5) 系统性、制度化、连续性的原则。风险的辨识是风险控制的前提和基础，为了保证最初分析的准确程度，就应该进行全面系统的调查分析，将风险进行综合归类，揭示其性质、类型及后果。这就是风险的系统化原则。此外，由于风险随时存在于单位的生产经营(包括资金的借贷与经营)活动之中，所以，风险的辨识也必须是一个连续的、制度化的过程。这就是风险的制度化、连续性原则。

2.2.3　风险的估计

风险的辨识是进行风险分析及控制的基础，通过风险辨识将系统中可能存在的风险因素定性识别出来，但是仅仅知道风险载体可能存在的风险是不够的，还要掌握风险发生的可能性，风险一旦发生可能造成损害程度等，这些问题需要风险的估计来解决，因而风险估计是将风险进行量化和深化的过程，也是进行风险分析不可缺少的环节。

风险估计是指该事件给人们的生活、生命、财产等各个方面造成的影响和损失的可能性进行量化评估的工作，即风险估计就是量化测评某一事件或事物的风险因素发生的可能性及其带来的影响或损失的程度。

1. 风险估计的主要方法

(1)调查及专家打分法。该方法主要适用于决策前期，这个时期往往缺乏具体的数据资料，主要依据资深专家的经验和决策者的意向，得出的结论也只是一种大致的程度值，它只能作为进一步分析参考的基础。

(2)解析方法。解析方法是在利用德尔菲法进行风险辨识的基础上，将风险分析与反映项目特征的收入和支出流结合起来，在综合考虑主要风险因素影响的情况下，对随机收入、支出流的概率分布进行估计，并对各个收入、支出流之间的各种关系进行探讨，用项目预期收入、成本及净效益的现值的平均离散程度来度量风险，进而得到表示风险程度的净效益的概率分析。

(3)蒙特卡罗模拟法。它是一种通过对随机变量的统计试验、随机模拟求解物理、数学、工程技术问题近似解的数学方法。其特点是用数学方法在计算机上模拟实际概率过程，然后加以统计处理。

解析法和蒙特卡罗模拟法，是风险估计的两种主要方法。二者的区别主要在于：解析方法要求对影响现金流的各个现金源进行概率估计；蒙特卡罗法则要求在已知各个现金流概率分布情况下实现随机抽样。此外，解析法主要用于解决一些简单的风险问题，比如只有一个或少数因素是随机变量，一般不多于2～3个变量的情况；当项目评估中有若干个变动因素，每个因素又有多种甚至无限多种取值时，就需要采用蒙特卡罗法进行风险的估计。

2. 风险估计的原则

(1)系统性原则。本着系统性原则进行风险估计，主要从已识别出的风险的整体考虑，保证能全面地估计风险，有重点地估计风险。

(2)谨慎性原则。风险估计的结论将影响风险对应措施的选择，因而风险估计很重要，应慎重估计。

(3)相对性原则。多数风险估计方法得出的结论是相对的，即一种风险的大小是相对本风险系统内的其他风险因素对风险目标的影响程度而言的。

(4)定性与定量相结合原则。风险估计结果既可以用绝对数或相对数等确定量表示，也可以用大、较大等模糊量表示。

(5)综合性原则。不同的风险估计方法将得到不同形式的风险估计结果。综合使用多种风险估计方法有助于从不同侧面反映风险状态。

2.2.4 风险的评价

风险的评价是指在风险辨识和风险估计的基础上，对风险发生的概率，损失程度，结合其他因素进行全面考虑，评估发生风险的可能性及危害程度，在评估的基础上，结合其他因素权衡利弊，并与公认的安全指标相比较，以衡量风险的程度，并决定是否需要采取相应的措施的过程。是进行风险控制的重要依据。

风险评价的主要方法有以下 3 种。

项目风险评价方法一般可分为定性评价、定量评价、定性与定量评价相结合三类，有效的项目风险评价方法一般采用定性与定量评价相结合的系统方法。对项目进行风险评价的方法很多，目前较为常用的有完全回避风险法、权衡风险法、风险的成本效益分析法。

(1) 完全回避风险法就是将风险的影响尽量降低到最低限度，因而也不再将它与其他风险或获利情况做比较讨论。最常见的是社会活动中及文化生活当中的各种禁令、规则和控制等。多数禁令都与基本生活需要有关，如饮食、生活习惯及婚姻等，这里只是简单的回避，不需进一步的计算分析。

(2) 权衡风险法就是要对风险的后果进行比较。需将风险的后果用某种一般的形式表达出来并加以比较。这是一个比较困难的问题，国外对此进行了许多研究，有些学者曾试图用影子价格对那些不能用一般方法进行定量描述的因素进行定量描述。国内关于这方面的研究工作才刚刚开始。

(3) 风险的成本效益分析法。承担了风险，就应当有更高的效益。多么大的风险对应于多么大的效益，这就是风险—效益分析所要解决的问题。在经济评价中常要进行成本—效益分析，风险—效益分析与成本—效益分析是十分相似的，这里风险就相当于社会成本的一种表现形式。

2.2.5　风险的控制

风险控制是指风险管理者为消灭或减少风险事件发生的各种可能性，或者减少风险事件发生时造成的损失而采取的各种措施和方法。

风险控制的四种方法是：风险回避、损失控制、风险转移以及风险自留。

1. 风险回避

风险回避是指有意识不让风险主体面临某种特定损失风险的行为；或为了免除风险的威胁，采取企图使损失发生概率等于零的措施。风险回避的条件：①风险导致的损失频率和损失幅度过高时。②当采取其他风险控制措施所花代价过高时。简单的风险回避是一种最消极的风险处理办法，因为在放弃风险行为的同时，往往也放弃了潜在的目标收益。

2. 损失控制

损失控制不是放弃风险，而是制定计划和采取措施降低损失的可能性或者是减少实际损失。控制的阶段包括事前、事中和事后三个阶段。事前控制的目的主要是为了降低损失的概率，事中和事后的控制主要是为了减少实际发生的损失。

3. 风险转移

风险转移，是指通过减低风险单位的损失频率和减少其损失幅度的手段将损失的法律责任转移给受让人承担的行为。通过风险转移过程有时可大大降低经济主体的风险程度。风险转移的主要形式是合同和保险。①合同转移。通过签订合同，可以将部分或全部风险转移给一个或多个其他参与者。②保险转移。保险是使用最为广泛的风险转移方式。

4. 风险自留

风险自留，即风险承担。经济单位自己承担风险事故所致损失的财务型风险控制技术。发生事故并造成一定损失后，经济单位通过内部资金的融通，来弥补所遭受的损失，损后财务保证。风险自留包括无计划自留、有计划自我保险。

(1) 无计划自留。指风险损失发生后从收入中支付，即不是在损失前做出资金安排。当经济主体没有意识到风险并认为损失不会发生时，或将意识到的与风险有关的最大可能损失显著低估时，就会采用无计划保留方式承担风险。一般来说，无资金保留应当谨慎使用，因为如果实际总损失远远大于预计损失，将引起资金周转困难。

(2) 有计划自我保险。指在可能的损失发生前，通过做出各种资金安排以确保损失出现后能及时获得资金以补偿损失。有计划自我保险主要通过建立风险预留基金的方式来实现。

2.3　与风险有关的其他概念

2.3.1　风险管理的概念

1. 风险管理的定义及目标

风险管理又名危机管理，是指如何在一个肯定有风险的环境里把风险减至最低的管理过程。风险管理包括对风险的量度、评估和应变策略。理想的风险管理，是一连串排好优先次序的过程，使当中的可以引致最大损失及最可能发生的事情优先处理，而相对风险较低的事情则押后处理。但现实情况中，优化的过程往往很难决定，因为风险和发生的可能性通常并不一致，所以要权衡两者的比重，以便做出最合适的决定。风险管理亦要面对有效资源运用的难题。这牵涉到机会成本的因素。把资源用于风险管理，可能使能运用于有回报活动的资源减低；而理想的风险管理，正希望能够花最少的资源去尽可能化解最大的危机。

风险管理目标由两个部分组成：损失发生前的风险管理目标和损失发生后的风险管理目标，前者的目标是避免或减少风险事故形成的机会，包括节约经营成本、减少忧虑心理；后者的目标是努力使损失恢复到损失前的状态，包括维持企业的继续生存、生产服务的持续、稳定的收入、生产的持续增长、社会责任。二者有效结合，构成完整而系统的风险管理目标。

2. 风险管理的发展历史

风险管理最早起源于美国，20 世纪 30 年代，由于受到 1929～1933 年的世界性经济危机的影响，美国约有 40%左右的银行和企业破产，经济倒退了约 20 年。美国企业为应对经营上的危机，许多大中型企业都在内部设立了保险管理部门，负责安排企业的各种保险项目。可见，当时的风险管理主要依赖保险手段。1938 年以后，美国企业对风险管理开始采用科学的方法，并逐步积累了丰富的经验。20 世纪 50 年代风险管理发展成为一门学科，风险管理一词才形成。20 世纪 70 年代以后逐渐掀起了全球性的风险管理运动。20 世纪 70 年代以后，随着企业面临的风险复杂多样和风险费用的增加，法国从美国引进了风险管理并在法国国内传播开来。与法国引进的同时，日本也开始了风险管理研究。近几十年来，美国、英国、法国、德国、日本等国家先后建立起全国性和地区性的风险管理协会。1983 年在美国召开的风险和保险管理协会年会上，世界各国专家学者云集纽约，共同讨论并通过了“101 条风险管理准则”，它标志着风险管理的发展已进入了一个新的发展阶段。1986 年，由欧洲 11 个国家共同成立的“欧洲风险研究会”将风险研究扩大到国际交流范围。1986 年 10 月，风险管理国际学术讨论会在新加坡召开，风险管理已经由环大西洋地区向亚洲太平洋地区发展。

中国对于风险管理的研究开始于 20 世纪 80 年代。一些学者将风险管理和安全系统工程理论引入中国，在少数企业试用中感觉比较满意。中国大部分企业缺乏对风险管理的认识，也没有建立专门的风险管理机构。作为一门学科，风险管理学在中国仍旧处于起步阶段。进入 20 世纪 90 年代，随着资产证券化在国际上兴起，风险证券化也被引入到风险管理的研究领域中。而最为成功的例子是瑞士再保险公司发行的巨灾债券和由美国芝加哥期货交易所发行的 PCS 期权。风险管理分为“纯粹风险说”和“企业全部风险说”，纯粹风险说以美国为代表。纯粹风险说将企业风险管理的对象放在企业静态风险的管理上，将风险的转嫁与保险密切联系起来。该学说认为风险管理的基本职能是对威胁企业的纯粹风险的确认和分析，并通过分析在风险自保和进行保险之间选择最小成本获得最大保障的风险管理决策方案。该学说是保险型风险管理的理论基础。企业全部风险说以德国和英国为代表，该学说将企业风险管理的对象设定为企业的全部风险，包括了企业的静态风险(纯粹风险)和动态风险(投机风险)，认为企业的风险管理不仅要把纯粹风险的不利性减小到最小，也要把投机风险的收益性达到最大。该学说认为风险管理的中心内容是与企业倒闭有关的风险的科学管理。企业全部风险说是经营管理型风险管理的理论基础[4]。

3. 风险管理的步骤

风险管理的实施步骤，主要包括风险识别、风险估测、风险评价、选择处理风险的方法和风险管理效果评价等。

(1) 风险识别就是要弄清风险的存在情况，是经济单位和个人对所面临的以及潜在的风险加以判断、归类整理并对风险的性质进行鉴定的过程。风险的识别，一方面依靠感性认识，经验判断；另一方面可利用财务分析法、流程分析法、实地调查法、损失分析法等进行分析、归类整理。在此基础上，鉴定风险的性质，采取有效的处理措施。

(2) 风险估测就是对风险可能发生的频率以及一旦发生的可能造成的损害程度进行衡量。风险估测包括两方面的内容，一是风险可能发生的频率；二是风险损失程度。由于个别经济单位和个人没有足够的满足数理统计所要求的独立风险单位，因此，很难准确估测，为此，可以借助社会安全管理部门和保险公司的有关资料进行估测。

(3) 风险评价就是经济单位和个人对风险发生可能导致的经济后果进行经济分析的过程。它要求从风险发生频率、发生后所致损失的程度和自身的经济情况入手，分析自己的风险承受力，为正确选择风险的处理方法提供依据。

(4) 选择处理风险的方法就是对各种处理风险方法进行优化组合，把风险成本降到最低。风险的处理方法有两种类型，一是控制方法，二是财务方法。前者致力于消除、回避和减少风险发生的机会，限制风险损失的扩大；后者的重点是事先做好吸纳风险成本的财务安排，通过财务安排来降低风险成本。

(5) 风险管理效果评价就是分析、比较已实施的风险管理技术和方法的结果与预期目标的契合程度，以此来评判管理方案的科学性、适应性和收益性。由于风险性质的可变性，人们对风险认识的阶段性以及风险管理技术处于不断完善之中，因此，需要对风险的识别、估测、评价及管理方法进行定期检查、修正，以保证风险管理方法适应变化了的新情况。

2.3.2　风险投资的概念

1. 风险投资的定义

广义的风险投资泛指一切具有高风险、高潜在收益的投资，而狭义的风险投资则是指以高新技术为基础，生产与经营技术密集型产品的投资。根据美国全美风险投资协会的定义，风险投资是由职业金融家投入到新兴的、迅速发展的、具有巨大竞争潜力的企业中一种权益资本。从投资行为的角度来讲，风险投资是把资本投向蕴藏着失败风险的高新技术及其产品的研究开发领域，旨在促使高新技术成果尽快商品化、产业化，以取得高资本收益的一种投资过程。从运作方式来看，是指由专业化人才管理下的投资中介向特别具有潜能的高新技术企业投入风险资本的过程，也是协调风险投资家、技术专家、投资者的关系，利益共享，风险共担的一种投资方式。风险资本、风险投资人、投资对象、投资期限、投资目的和投资方式构成了风险投资的六要素。

2. 风险投资的特征

(1) 投资对象为处于创业期的中小型企业，而且多为高新技术企业。

(2) 投资期限至少 3～5 年以上，投资方式一般为股权投资，通常占被投资企业 30%左右股权，而不要求控股权，也不需要任何担保或抵押。

(3) 投资决策建立在高度专业化和程序化的基础之上。

(4) 风险投资人一般积极参与被投资企业的经营管理，提供增值服务；除了种子期融资外，风险投资人一般也对被投资企业以后各发展阶段的融资需求予以满足。

(5) 由于投资目的是追求超额回报，当被投资企业增值后，风险投资人会通过上市、收购兼并或其他股权转让方式撤出资本，实现增值。

3. 风险投资的运作过程

(1)融资阶段。通常，提供风险资本来源的包括养老基金、保险公司、商业银行、投资银行、大公司、大学捐赠基金、富有的个人及家族等，在融资阶段，最重要的问题是如何解决投资者和管理人(风险投资家)的权利义务及利益分配关系安排。

(2)投资阶段。投资阶段解决“钱往哪儿去”的问题。专业的风险投资机构通过项目初步筛选、尽职调查、估值、谈判、条款设计、投资结构安排等一系列程序，把风险资本投向那些具有巨大增长潜力的创业企业。

(3)管理阶段。风险投资机构主要通过监管和服务实现价值增值，“监管”主要包括参与被投资企业董事会、在被投资企业业绩达不到预期目标时更换管理团队成员等手段，“服务”主要包括帮助被投资企业完善商业计划、公司治理结构以及帮助被投资企业获得后续融资等手段。价值增值型的管理是风险投资区别于其他投资的重要方面。

(4)退出阶段。风险投资机构主要通过 IPO、股权转让和破产清算三种方式退出所投资的创业企业，实现投资收益。退出完成后，风险投资机构还需要将投资收益分配给提供风险资本的投资者。

2.4 本章小结

本章从定义、分类、构成要素三方面介绍了风险的基本概念，着重阐述了风险分析的定义、基本理论和风险分析的过程。风险分析的过程包括风险的辨识、风险的估计、风险的评价以及风险的控制四方面的内容。最后介绍了风险管理、风险投资等与风险有关的其他概念。

参考文献

[1] 陶履彬, 李永盛, 冯紫良, 等. 工程风险分析理论与实践[M]. 上海: 同济大学出版社, 2006: 8.
[2] 罗云, 樊运晓, 马晓春. 风险分析与安全评价[M]. 北京: 化学工业出版社, 2004.
[3] 郭仲伟. 风险分析与决策[M]. 北京: 机械工业出版社, 1987.
[4] 曹云, 徐卫亚. 系统工程风险评估方法的研究进展[J]. 中国工程科学, 2005, 7(6): 88-93.

第 3 章　决策的理论

风险决策分析主要应用在经济效益不确定性的概率分析与方案选优时对方案经济效益的风险比较这两个方面。决策是在多种不定因素作用下，对 2 个以上的行动方案进行选择，由于有不定因素存在，则行动方案的实施结果其损益值是不能预先确定的。风险决策可分为两类：若自然状态的统计特性(主要指概率分布)是可知的，则称为概率型决策；若自然状态的统计特性不知道，则称为不定型决策。

3.1　决策的基本概念

3.1.1　决策的定义及类型

决策是指通过分析、比较，通常指从多种可能中做出选择和决定，即在若干种可供选择的方案中选定最优方案的过程。决策是指组织或个人为了实现某种目标而对未来一定时期内有关活动的方向、内容及方式的选择或调整过程。决策主体可以是组织也可以是个人。

迄今为止，对决策概念的界定不下上百种，决策的复杂性决定了不可能有统一的看法，诸多界定归纳起来，基本有以下三种理解：一是把决策看作是一个包括提出问题、确立目标、设计和选择方案的过程，这是广义的理解。二是把决策看作是从几种备选的行动方案中做出最终抉择，是决策者的拍板定案。这是狭义的理解。三是认为决策是对不确定条件下发生的偶发事件所做的处理决定。这类事件既无先例，又没有可遵循的规律，做出选择要冒一定的风险。也就是说，只有冒一定的风险的选择才是决策。这是对决策概念最狭义的理解。

心理学界和经济学界有一个共同的研究领域就是对个人如何做出风险决策做出正确的解释。这类研究的目标就是解释并且预测在特定的环境和条件下的风险决策。一般而言，收益与概率呈负相关，与风险呈正相关，人们要获得较高的收益就必须承担较大的风险，因此完成的可能性较低；低风险则往往伴随着低收益，完成的可能性也较高。因此，这就导致了人们内心的冲突，从而需要权衡各种可能的结果，进而做出决策，这就是我们所说的风险决策。一直以来，决策者都致力于寻找一种理论来探讨人们是如何做出风险决策的。一个决策者应该怎样做风险决策？由于人类活动非常复杂，因而，管理者的决策也多种多样。不同的分类方法，具有不同的决策类型[1]。

(1) 按决策的作用分类：①战略决策。是指有关企业(国家、行业、单位等)的发展方向的重大全局决策，由高层管理人员做出。②管理决策。为保证企业总体战略目标的实现而解决局部问题的重要决策，由中层管理人员做出。③业务决策。是指基层管理人员为解决日常工作和作业任务中的问题所做的决策。

(2) 按决策的性质分类：①程序化决策。即常规的、反复发生的问题的决策。②非程序化决策。是指偶然发生的或首次出现而又较为重要的非重复性决策。

(3) 按决策的问题的条件分类：①确定性决策。是指可供选择的方案中只有一种自然状态时的决策。即决策的条件是确定的。②风险型决策。是指可供选择的方案中，存在两种或两种以上的自然状态，但每种自然状态所发生概率的大小是可以估计的。③不确定型决策。指在可供选择的方案中存在两种或两种以上的自然状态，而且，这些自然状态所发生的概率是无法估计的。

3.1.2 决策分析技术

常用的决策分析技术有：确定型情况下的决策分析，风险型情况下的决策分析，不确定型情况下的决策分析。

1. 确定型情况下的决策分析

确定型决策问题的主要特征有四个方面：①只有一个状态；②有决策者希望达到的一个明确的目标；③存在着可供决策者选择的两个或两个以上的方案；④不同方案在该状态下的收益值是清楚的。确定型决策分析技术包括用微分法求极大值和用数学规划等。

2. 风险型情况下的决策分析

这类决策问题与确定型决策只在第一点特征上有所区别：风险型情况下，未来可能状态不止一种，究竟出现哪种状态，不能事先肯定，只知道各种状态出现的可能性大小(如概率、频率、比例或权等)。常用的风险型决策分析技术有期望值法和决策树法。期望值法是根据各可行方案在各自然状态下收益值的概率平均值的大小，决定各方案的取舍。决策树法有利于决策人员使决策问题形象化，可把各种可以更换的方案、可能出现的状态、可能性大小及产生的后果等，简单地绘制在一张图上，以便计算、研究与分析，同时还可以随时补充不确定型情况下的决策分析。

3. 不确定型情况下的决策分析

如果不只有一个状态，各状态出现的可能性的大小又不确定，便称为不确定型情况下的决策。分析在决策分析的步骤方面要特别注意以下几点：

(1) 确定决策目标，这是决策的前提。衡量决策好坏的主要标准就是实现目标的程度。在确定决策目标之前，首先要把问题的时间、地点、范围弄清楚，只有把问题的界限弄清楚，才有可能从差异中用逻辑的严格方法寻找产生问题的原因，做出准确的决策。决策理论对决策目标有很多要求，如要求具体、要有针对性、要尽可能数量化、要明确目标的约束条件，要善于处理多目标与目标冲突问题等。

(2) 决策是从几个行动方案中选择一个。决策必须导致能带来变革的行动。这个行动方案必须是在决策者实施的权力范围之内的可行的方案。行动方案不是一个而是一组，且每个方案之间必须有显著的不同，或者是在所提出的行动方面，或者是在所采取的措施方面等。只有当不止一个行动方案存在，并且所有方案又不能同时推行，决策才可能有满意的结果。

(3) 必须在拟定方案中给予创新特殊的地位。创新就是在解决新的问题中寻求新的解决办法。创新能否实现，除了知识和能力外，还得有敢于冲破习惯势力与环境压力的精神。创新精神首先取决于个人的精神面貌，但也与组织制度有关，应当有意识的创造有利于调动参谋人员创新积极性的组织形式与客观条件。

评价方案的标准问题：方案的评价是方案选择的依据，标准就是看其是否是实现决策的最好的方案，这是主要的标准。同时，要充分估测到方案带来的副作用的估计，副作用往往会带来意想不到的后果。

3.1.3 决策的程序

合理的科学的决策程序必须包括四个基本步骤，即四个基本阶段。

(1) 找到问题的症结，确定决策的目标。决策目标是指在一定外部环境和内部环境条件下，在市场调查和研究的基础上所预测达到的结果。决策目标是根据所要解决的问题来确定的，因此，必须把握住所要解决问题的要害。只有明确了决策目标，才能避免决策的失误。

(2) 拟定各种可能的行动方案供选择之用。拟定可行方案，决策目标确定以后，就应拟定达到目标的各种备选方案。拟定备选方案，第一步是分析和研究目标实现的外部因素和内部条件，积极因素和消极因素，以及决策事物未来的运动趋势和发展状况；第二步是在此基础上，将外部环境各不利因素和有利因素、内部业务活动的有利条件和不利条件等，同决策事物未来趋势和发展状况的各种估计进行排列组合，拟定出实现目标的方案；第三步是将这些方案同目标要求进行粗略的分析对比，权衡利弊，从中选择出若干个利多弊少的可行方案，供进一步评估和抉择。

(3) 比较和评价各种可能的方案。备选方案拟定以后，随之便是对备选方案进行评价，评价标准是看哪一个方案最有利于达到决策目标。评价的方法通常有三种：经验判断法、数学分析法和试验法。

(4) 选出最合适的方案。选择方案就是对各种备选方案进行总体权衡后，由决策者挑选一个最好的方案。

这四个基本步骤都是大步骤、大阶段，其实每个步骤、每个阶段中又可以分成许多比较小的、小的、更小的步骤，这样就形成了一个“目标分层结构”，也称“目标手段结构”，它是一个层次复杂的系统。下一级目标往往是上一级目标的手段。决策时要考虑总目标，还要有明确的具体目标。只有这样才能做出具体的决策，制定出具体的措施，解决具体的问题，这叫目标落实。

3.2 决策的理论发展

决策理论的发展大致经历了统计决策、序贯决策、多目标决策、群体决策、模糊决策理论等几个阶段。

3.2.1　统计决策理论

所谓统计决策，广义上说，是依据统计的原理、原则和方法进行的决策；狭义地讲，是指将未来情况的发生视为随机事件，依据概率统计提供的理论和方法进行的决策。统计决策提供了在未来情况具有不确定性时，处理问题的原理和方法，在企业经营决策中有广泛的应用[2]。

1. 统计决策的应用条件

(1) 量化的决策目标。统计决策是硬技术的定量决策，其决策目标应当是能够数量化的，如最大利润、最小费用等。存在两种以上(含两种)的未来状态，亦称自然状态，简称状态。

(2) 两种以上(含两种)可供选择的行动方案，亦称备选方案，简称方案。

(3) 每种行动方案在每一种状态下的收益报偿应当是可以计量的。收益报偿是行动方案在给定状态下的结果的价值尺度，统计决策的条件是，结果是必须可计算。在企业经营决策中，一般表现为某种经济的损益，如销售收入、利润或利润率。

(4) 已知各种状态发生的可能性的大小，即掌握各种状态发生的概率。

2. 统计决策的作用

①科学的统计决策起着由决策目标到结果的中间媒介作用。②科学的统计决策提供有事实根据的最优行动方案，起着避免盲目性、减少风险性的导向效应。③统计决策在市场、经济、管理等诸多领域中有广泛的用途。

3.2.2　序贯决策理论

序贯决策是用于随机性或不确定性动态系统最优化的决策方法。

1. 序贯决策的特点

(1) 所研究的系统是动态的，即系统所处的状态与时间有关，可周期(或连续)地对它观察。

(2) 决策是序贯地进行的，即每个时刻根据所观察到的状态和以前状态的记录，从一组可行方案中选用一个最优方案(即做最优决策)，使取决于状态的某个目标函数取最优值(极大或极小值)。

(3) 系统下一步(或未来)可能出现的状态是随机的或不确定的。

2. 序贯决策的过程

序贯决策的过程是：从初始状态开始，每个时刻做出最优决策后，接着观察下一步实际出现的状态，即收集新的信息，然后再做出新的最优决策，反复进行直至最后。系统在每次做出决策后下一步可能出现的状态是不能确切预知的，主要存在以下两种情况：

(1) 系统下一步可能出现的状态的概率分布是已知的，可用客观概率的条件分布来描述。对于这类系统的序贯决策研究若状态转移律具有无后效性的系统，相应的序贯决策称为马尔可夫决策过程，可以将马尔可夫过程理论与决定性动态规划相结合解决此类序贯决策问题。

(2) 系统下一步可能出现的状态的概率分布不知道，只能用主观概率的条件分布来描述。用于这类系统的序贯决策属于决策分析的内容。

3.2.3 多目标决策理论

多目标决策是对多个相互矛盾的目标进行科学、合理的选优，然后做出决策的理论和方法。它是 20 世纪 70 年代后迅速发展起来的管理科学的一个新的分支。多目标决策与只为了达到一个目标而从许多可行方案中选出最佳方案的一般决策有所不同。在多目标决策中，要同时考虑多种目标，而这些目标往往是难以比较的，甚至是彼此矛盾的；一般很难使每个目标都达到最优，做出各方面都很满意的决策。因此多目标决策实质上是在各种目标之间和各种限制之间求得一种合理的妥协，这就是多目标最优化的过程[3]。

1. 多目标决策法的基本原理

从人们在多目标条件下合理进行决策的过程和机制上分析，多目标决策的理论主要有：①多目标决策过程的分析和描述；②冲突性的分解和理想点转移的理论；③多属性效用理论；④需求的多重性和层次性理论等。它们是构成多目标决策分析方法的理论基础。

2. 多目标决策的方法

多目标决策的方法很多，有的要用线性规划、非线性规划、目标规划等方法。这里只介绍一下多目标决策中方案有限的几种方法。①化多为少法：将多目标问题化成只有一个或两个目标的问题，然后用简单的决策方法求解，最常用的是线性加权求和法。②分层序列法：将所有目标按其重要性程度依次排序，先求出第一个最重要的目标的最优解，然后在保证前一目标最优解的前提下依次求下一目标的最优解，一直求到最后一个目标为止。③直接求非劣解法：先求出一组非劣解，然后按事先确定好的评价标准从中找出一个满意的解。④目标规划法：对于每一个目标都事先给定一个期望值，然后在满足系统一定约束条件下，找出与目标期望值最近的解。⑤多属性效用法：各个目标均用表示效用程度大小的效用函数表示，通过效用函数构成多目标的综合效用函数，以此来评价各个可行方案的优劣。⑥层次分析法：把目标体系结构予以展开，求得目标与决策方案的计量关系。⑦重排序法：把原来的不好比较的非劣解通过其他办法使其排出优劣次序来。⑧多目标群体决策和多目标模糊决策等。

3.2.4 群体决策理论

群体决策是为了充分发挥集体的智慧，由多人共同参与决策分析并制定决策的整体过程。群决策理论是随着西方国家福利经济学的发展而发展起来的。其中，参与决策的人组成了决策群体。

1. 产生群体决策的原因

产生群体决策的原因有：①决策责任分散。群体决策使得参与决策者责任分散，风险共担，即使决策失败也不会由一个人单独承担，加之权责往往不够分明，所以群体决策不如个体决策谨慎，具有更大的冒险性。②群体气氛。群体成员的关系越融洽，认识越一致，则决策时就缺乏冲突的力量，越可能发生群体转移。③领导的作用。群体决策往往受到领导的影响，而这些人的冒险性或保守性会影响到群体转移倾向。④文化价值观的影响。群体成员所具有的社会文化背景和信奉的价值观会被反映在群体决策中，如美国社会崇尚冒险，敬慕敢于冒险而成功的人士，所以其群体决策更富于冒险性。

2. 影响群体决策的因素

影响群体决策的因素有：①年龄。韦伯的一项研究显示，年龄影响决策，一般来讲，年龄低的组使用群体决策效果好；随着年龄的增长，群体决策与优秀选择的差距加大。②人群规模。一些有关群体规模与决策关系的研究得到了有益的结论：5～11 人最有效，能得出较正确的结论；2～5 人能得到一致意见；规模大的群体意见可能增加，但与人数不成正比增长，这可能是产生相关的小群体造成的；4～5 人的群体易感满意；若以意见一致为重点，2～5 人合适；若以质量一致为重点，5～11 人合适。③人际关系。团队成员彼此间过去是否存在成见、偏见，或相互干扰的人际因素，也会影响到群体决策的效果。

3. 群体决策的利弊

在多数组织中，许多决策都是通过委员会、团队、任务小组或其他群体的形式完成的，决策者经常必须在群体会议上为那些具有新颖和高度不确定性的非程序化决策寻求和协调解决方法。结果，许多决策者在委员会和其他群体会议上花费了大量的时间和精力，有的决策者甚至花费高达 80%以上的时间。因此，分析群体决策的利弊以及其影响因素，具有重要的现实意义[4]。

(1)群体决策的好处。尽管人们并不一致认为群体决策是最佳的决策方式，但群体决策之所以广泛流行，正是由于群体决策具有以下几个明显的优点：①群体决策有利于集中不同领域专家的智慧，应付日益复杂的决策问题。通过这些专家的广泛参与，专家们可以对决策问题提出建设性意见，有利于在决策方案得以贯彻实施之前，发现其中存在的问题，提高决策的针对性。②群体决策能够利用更多的知识优势，借助于更多的信息，形成更多的可行性方案。由于决策群体的成员来自于不同的部门，从事不同的工作，熟悉不同的知识，掌握不同的信息，容易形成互补性，进而挖掘出更多的令人满意的行动方案。③群体决策还有利于充分利用其成员不同的教育程度、经验和背景。具有不同背景、经验的不同成员在选择收集的信息、要解决问题的类型和解决问题的思路上往往都有很大差异，他们的广泛参与有利于提高决策时考虑问题的全面性，提高决策的科学性。④群体决策容易得到普遍的认同，有助于决策的顺利实施。由于决策群体的成员具有广泛的代表性，所形成的决策是在综合各成员意见的基础上形成的对问题趋于一致的看法，因而有利于与决策实施有关的部门或人员的理解和接受，在实施中也容易得到各部门的相互支持与配合。从而在很大程度上有利于提高决策实施的质量。⑤群体决策有利于使人们勇于承担风险。据有关学者研究表明，在群体决策的情况下，许多人都比个人决策时更敢于承担更大的风险。

(2)群体决策可能存在的问题。群体决策虽然具有上述明显的优点，但也有一些特殊的问题，如果不加以妥善处理，就会影响决策的质量。群体决策容易出现的问题主要表现在三个方面：①速度、效率可能低下。群体决策鼓励各个领域的专家、员工积极参与，力争以民主的方式拟定出最满意的行动方案。在这个过程中，如果处理不当，就可能陷入盲目讨论的误区之中，既浪费了时间，又降低了速度和决策效率。②有可能为个人或子群体所左右。群体决策之所以具有科学性，原因之一是群体决策成员在决策中处于同等的地位，可以充分地发表个人见解。但在实际决策中，这种状态并不容易达到，很可能出现以个人或子群体为主发表意见、进行决策的情况。③很可能更关心个人目标。在实践中，不同部门的管理者可能会从不同角度对不同问题进行定义，管理者个人更倾向于对与其各自部门相关的问题非常敏感。例如，市场营销经理往往希望较高的库存水平，而把较低的库存水平视为问题的征兆；财务经理则偏好于较低的库存水平，而把较高的库存水平视为问题发生的信号。因此，如果处理不当，很可能发生决策目标偏离组织目标而偏向个人目标的情况。

4. 群体决策的方法

群体决策的方法比较多，主要介绍两种常用的方法。

(1)头脑风暴法。头脑风暴法的一般步骤：①所有的人无拘无束提意见，越多越好，越多越受欢迎；②通过头脑风暴产生点子，把它公布出来，供大家参考，让大家受启发；③鼓励结合他人的想法提出新的构想；④与会者不分职位高低，都是团队成员，平等议事；⑤不允许在点子汇集阶段评价某个点子的好坏，也不许反驳别人的意见。

(2)德尔菲(Delphi method)法。①德尔菲法的特点：让专家以匿名群众的身份参与问题的解决，有专门的工作小组通过信函的方式进行交流，避免大家面对面讨论带来消极的影响。②德尔菲法的一般步骤：a.由工作小组确定问题的内容，并设计一系列征询解决问题的调查表；b.将调查表寄给专家，请他们提供解决问题的意见和思路，专家间不沟通，相互保密；c.专家开始填写自己的意见和想法，并把它寄回给工作小组；d.处理这一轮征询的意见，找出共同点和各种意见的统计分析情况；e.将统计结果再次返还专家，专家结合他人意见和想法，修改自己的意见并说明原因；f.将修改过的意见进行综合处理再寄给专家，这样反复几次，直到获得满意答案。

3.2.5　模糊决策理论

模糊决策是决策的要素(如准则及备选方案等) 具有模糊性的决策。而模糊决策法是指运用模糊数学方法来处理一些复杂的决策问题。这类问题一般具有大系统特征，系统之间的关系十分复杂，存在不能准确赋值的变量，这些变量属于模糊因素，涉及一定的主观因素，使得子系统之间、变量之间的关系不清晰，从而必须借助排序、模糊评判等方法来进行处理。

在现实生活中，很多概念都是模糊的。如高个子，身高达到多少即算高个子，并无明确的定义，不同的人会有不同的理解。另外如应聘者的能力、工作态度、性格等概念也是模糊的。这些概念的内涵是明确的，但外延是模糊的。在企业招聘的现实中，很多指标概念是模糊的，因此模糊决策法正在成为企业招聘决策中的一种很有实用价值的工具[5]。

3.3　风险决策的概念

3.3.1　风险决策的定义

风险决策是随着第二次世界大战后现代管理科学及决策科学的发展而产生的一个概念。在现代社会化生产中，决策者所面对的是一个变幻无穷的世界，科学技术的日新月异，市场供求及消费者心理的千变万化，使决策者往往要在许多可选择的方案中进行决策，而这些方案实施后可能出现的结果是决策者无法确定的，尽管决策者可以根据有关信息得知各种结果可能发生的概率。无论决策者选择哪种方案，都将要承担一定的风险，故称之为风险决策。风险决策是指决策者根据几种不同的自然状态可能发生的概率所进行的决策[6]。

风险决策一般应具备下述五个条件：①决策者的决策目标明确；②存在着两个或两个以上可供选择的决策方案；③存在着不以决策者主观意志为转移的两个以上的自然状态；④决策者能够根据可得到的信息计算出各种自然状态可能出现的概率；⑤不同的可供选择的方案在各种自然状态下的利弊可以计算出来。

具备以上五个条件的决策，就是风险决策。现代化大生产，受客观环境的制约性大，一项重大决策对环境变化适应性不同，其后果会大不一样。但风险决策绝不是盲目的，应当做各种预测，进行反复的技术经济论证，决策科学化程度越高，成功的概率就会越大。因此，风险决策已成为检验决策者素质和才能的重要决策方式。

例如：有一项工程，某建筑公司要决定是否承包。如承包后，天气好，可按期完成，就可获利润 5 万元；如承包后，天气坏，不能按期完工，则要赔偿 1 万元。假如不承包，因窝工会损失 1 千元。根据过去的统计资料，今后天气好的概率为 0.2，天气坏的概率为 0.8。这就是一个风险型决策，因为无论承包还是不承包都需承担一定的风险。决策者应在做好预测和信息反馈的情况下，敢于决断。

3.3.2　风险决策的基本准则

在风险决策时可以采用以下三种准则：

(1) 乐观准则。比较乐观的决策者愿意争取一切机会获得最好结果。决策步骤是从每个方案中选一个最大收益值，再从这些最大收益值中选一个最大值，该最大值对应的方案便是入选方案。

(2) 悲观准则。比较悲观的决策者总是小心谨慎，从最坏结果着想。决策步骤是先从各方案中选一个最小收益值，再从这些最小收益值中选出一个最大收益值，其对应方案便是最优方案。这是在各种最不利的情况下又从中找出一个最有利的方案。

(3) 等可能性准则。决策者对于状态信息毫无所知，所以对它们一视同仁，即认为它们出现的可能性大小相等。于是这样就可按风险型情况下的方法进行决策。

3.3.3 风险决策的基本原则

要解决风险决策问题，首先要确定决策原则，通常的风险决策原则有以下几种[7]：

(1) 期望值原则。期望值原则是根据各备选方案损益值的期望值大小进行决策。如果损益值用费用表示，应选择期望值最小的方案；如果损益值用收益表示，则应选择期望值最大的方案。方案 i 的损益期望值计算公式为

$$E(u_i)=\sum_{j=1}^{n}P_j u_{ij} \tag{3-1}$$

式中，P_j 为第 j 种自然状态出现的概率；u_{ij} 为方案 i 在第 j 种自然状态下的损益值；n 为自然状态的个数。

(2) 最小方差原则。方差是反映随机变量取值的离散程度的参数。方差越大，实际发生的方案损益值偏离期望值的可能性越大，从而方案的风险也越大。所以，应选择损益值方差较小的方案，这就是最小方差原则。方案 i 的损益值方差的计算公式为

$$D(u_i)=\sum_{j=1}^{n}P_j\left[u_{ij}-E(u_i)\right]^2 \tag{3-2}$$

(3) 最小风险系数原则。定义方案 i 的风险系数 $v_i=\dfrac{\sqrt{D(u_i)}}{E(u_i)}$。显然，风险系数越小方案越优。

(4) 满意原则，即定出一个足够满意的目标值，将各备选方案在不同状态下的损益值与此目标值相比较，损益值优于或等于此满意目标值的概率最大的方案即为最优方案。

(5) 总体综合评价原则。首先按上述风险决策的原则，得到方案在不同决策原则下的优劣排序。接着，进一步考虑各个方案在不同决策原则下的排序中优先的次数，定义为优序数；或者在不同决策原则下的排序中非优先的次数，定义为劣序数。然后根据决策者的不同偏好，考虑赋予各决策原则不同的权重，使综合评价方法更加合理和完善。

还有一些其他风险决策原则，如最大可能原则和效用原则等，这里不再赘述。

从上述分析可知，对于风险决策问题，采用不同的决策原则所得到的结果并非完全一致。但难以判别哪个原则好，哪个原则不好。因为它们之间没有规定一个统一的评比标准。尽管决策者可以根据其对风险的判断和态度，以及对风险的承受能力来选择原则，进行决策，但在很多情况下，所做的决策并非是最优决策，特别是当某些方案的损益期望值或方差值等并没有显著差别，但在其他方面有显著差别时，如果仍按某一决策原则选择方案，会导致错误的决策。所以，我们又提出总体综合评价原则，能够有效地解决上述问题。

3.3.4　风险决策的影响因素

影响风险决策的因素很多，而且错综复杂，但概括起来，主要有生存风险度、决策者的风险态度、方案的风险度以及该方案的损益期望值。

1. 生存风险度

风险的不利后果最严重的是导致企业破产即决策者最害怕的风险。因此，决策者应首先把握生存风险度。生存风险度就是某一决策可能造成的最大损失与致命损失之比，即生存风险度 SD=决策可能最大损失/致命损失。

生存风险度是影响决策者最重要的因素，如果生存风险度大于或等于 1，该企业就要面临破产。例如，某个企业有资产 200 万元，生命周期为 20 年，若失火的概率是每年万分之一，需支付的保险费是每年 500 元，则失火损失的期望值是 200 万元×0.0001= 200 元，显然小于 500 元，若依据损失期望值最小的决策原则，企业不应当参加保险，但企业仍然会选择参加失火保险，否则一旦失火，公司 200 万元的资产将会付之一炬。原因就是两种方案中，不参加保险方案的生存风险度远远大于参加保险方案的生存风险度问题。因为不参加保险的决策，一旦失火，则其可能的最大损失就是 200 万元，故生存风险度 SD = 200 万元/200 万元= l；若参加保险，则 SD = 500 元×20/200 万元=0.5%，远远小于 1，故以参加保险为好。

因此，决策者在进行风险管理决策时应首先考虑各种决策方案的生存风险度问题，若生存风险度等于或大于 1，则对企业是致命的影响，故应首先予以排除。否则，该企业可能要面临破产。因此，在进行风险决策时，要首先揭示各决策方案对企业的生存风险度。

2. 决策者的风险态度

风险管理决策是由人做出的，决策人的经验、胆略、判断能力以及个人偏好等主观因素对决策产生重大影响。且不同的人在同一风险环境中可能会做出不同的决策。因此，就存在决策者对待风险的态度和偏好问题。它是影响风险管理决策者做出决策的重要因素之一。企业在发展壮大过程中，其管理人员均会面临各种各样的风险决策，即使在同一风险环境中，不同的决策者可能会做出不同甚至完全相反的决策，这就涉及决策者或者说行为人的风险态度问题。风险态度，又称风险偏好特性，是风险管理决策者在对待风险上的一种心理反应。

人们对待风险的态度可分为三类：

一是风险冒险者，属于这一类型的人往往有极强的进取心和开拓精神，为了追求高收益，愿意承担较大的风险也在所不惜。在对不同的投资机会进行选择时，倾向于选择预期收益高，风险较大的方案；对于那些成功率极小，但由于预期收益很高的方案，他也乐于去争取。

二是风险保守者，该类人在经济活动中，倾向于尽可能回避风险。在进行投资决策时往往力图追求稳定的收益，而不愿冒大的风险。如果需要对各种投资机会做出选择，他会对预期收益虽大、担风险也大的项目敬而远之；而对预期收益虽少、把握较大的项目情有独钟。这样的投资者有时会错失投资良机，但在投资失败时亦不会受到致命的打击，这是处理风险的一种常用的方法，也是一种比较消极的技术方法。宁愿放弃可能的较高收益也不愿承担一点风险。

三是风险中立者，该类型的人对待风险的态度介于前两类人之间，他们对风险不甚敏感，在选择投资机会时，一般要比风险冒险型冷静一些，但又没有回避风险型那么保守，处于折中状态。

3. 风险度(R)

为了比较各种方案本身的风险，需要用一个数字来描述风险，因此，引进风险度的概念，它定义为标准方差与数学期望之比，也称为变异系数。其表达式为

$$R=S/E \tag{3-3}$$

式中，S——标准方差；E——数学期望。

风险度也影响决策者对决策方案的选择。风险度越大，则可能的收益也越大；反之越小。因此，风险冒险者喜欢选择风险度较大的方案，而风险保守者则喜欢选择风险度较小的方案。

4. 损益期望值

损益期望值是衡量某种方案优劣的重要指标，其计算方法是：首先列好每一项收入 b_i 和费用 c_i；然后再乘以每种风险得失的概率 p_i；最后计算损失总值 C 和收益总值 B，取损益价值的代数和，$B\text{-}C$ 即为损益期望值。显然，期望值越大的方案，意味着带来的可能收益也越大，因而决策者越喜欢。由于影响风险管理决策的因素众多，单以某一个因素作为风险管理决策的准则是不符合实际的，难以做出科学决策。因此，必须综合考虑，全面衡量。

3.4　本 章 小 结

本章从定义、类型、分析技术以及程序步骤四个方面阐述了决策的基本概念，描述了决策理论历经统计决策、序贯决策、多目标决策、群体决策、模糊决策理论五个发展阶段。最后阐述了风险决策的定义、基本准则、基本原则以及影响因素。

参 考 文 献

[1] 郭仲伟. 风险分析与决策[M]. 北京：机械工业出版社, 1987.
[2] 董俊花. 风险决策影响因素及其模型建构[D]. 西北师范大学, 2006.
[3] 辰子. 贝叶斯决策理论概述[J]. 中国统计, 1990(1): 41-42.
[4] 傅祥浩. 风险决策与效用理论[J]. 上海海运学院学报,1991(2): 1-9.
[5] 周昕祥. 决策效用理论及其应用[J]. 湘潭大学学报(社会科学版), 1987(2): 153-156, 108.
[6] 边慎. 决策理论研究及不确定性决策模型[D]. 华东师范大学, 2005.
[7] 王家远, 李鹏鹏, 袁红平. 风险决策及其影响因素研究综述[J]. 工程管理学报, 2014(2): 27-31.

第二篇　方　法　篇

第 4 章　风险的辨识

风险的辨识主要解决以下问题：①有哪些风险应当考虑；②引起这些风险的主要因素是什么；③这些风险所引起后果的严重程度如何。

当要进行某项事业时，能引起风险的因素是很多的，其后果的严重程度也各异。完全不考虑这些或遗漏了主要因素是不对的，但每个因素都考虑也会使问题复杂化，因而也是不恰当的。风险的辨识就是要合理的缩小这种不确定性。风险辨识是进行风险分析时要首先进行的重要工作，但迄今为止多被人们所忽视，因此妨碍了人们对问题做长远的、全面的考虑。本章将对风险辨识的理论、存在的问题和主要方法进行讨论。

4.1　风险辨识的理论和存在的问题

风险辨识理论实质上也就是有关知识、推断和搜索的理论，许多学科的研究者早就在研究人类辨识风险和危机的方法。近年来由于计算机应用和人工智能的发展，人们更加强了这方面的研究。例如怎样创造、获取、传播和描述知识等，这些理论和方法都可用于风险的辨识，本章中所列举的德尔菲法、头脑风暴法以及其他一些方法等都是近年来大力研究和使用的。风险辨识理论的另一个方面是统计推断。风险辨识从某种程度上也可说是一种分类过程。例如在研究海洋污染时要将各种进入海洋的物质分成“风险”、“安全”和“需进一步研究”三大类，这是一个经典的分类问题，为此需进行统计推断，这方面也有很多理论和方法。从风险辨识要用到概率量测这一角度来看，它又是信息、搜索、探测和报警理论的一部分。这些理论是随着军事需要而发展起来的，如译码，搜索潜艇或飞机，探测水雷和其他信号或对某些信号和模式进行报警等。对于风险的辨识来讲就是要搜索能引起危险的信号。这里同样要解决一个在信息科学中最一般的基础性问题：怎样将这一信号与背景噪声分离开来。由于风险辨识中要考虑的因素很多，不确定性严重，有些因素很难定量描述，这一信号噪声分离问题就显得更为复杂和困难[1]。

以上是关于风险辨识理论的简短讨论。风险辨识中还存有一些问题，主要有以下三个方面：①可靠性问题，即是否有严重的危险未被发现。当对一个事件进行风险辨识时，可以发现引起风险的因素有很多，其后果的严重程度也不同。如果遗漏了严重的因素，会对结果造成较大的偏差，影响风险分析的准确性。②成本问题，即为了风险辨识而进行的收集数据，调查研究或科学实验所消耗的费用。这种费用有时是很巨大的，所以对数据的收集要很好的规划，目的性要明确，尽量做到只收集有用的数据，充分利用每一个收集到的数据，用尽量少的数据说明尽可能多的问题。换句话说，这项工作本身也有一个经济效益分析问题。③偏差问题，如在进行社会调查时，主持人的意见可能会引起调查结果的偏差等。

本章中所介绍的理论和方法并不能保证解决以上 3 个问题，我们在风险辨识的过程中要随时注意这些问题。另外，怎样辨别这 3 个问题也是进一步研究的课题。

4.2 分解分析法

分解分析法就是由分解原则将复杂的事物分解成简单的容易被认识的事物，将大系统分解成小系统，从而识别可能存在的种种风险与潜在的损失。在工程项目风险识别中可采用按工程项目结构和按引起风险的因素进行分解。

4.2.1 工程项目结构分解识别法

为管理上的方便，可根据工程项目一般的分解方法，将其分解为单项工程、单位工程、分部工程和分项工程。然后，从工程项目的最小单位开始逐步识别风险。图 4-1 为某水电工程项目结构分解图，可从该项目的分项工程开始分析可能存在的种种风险。

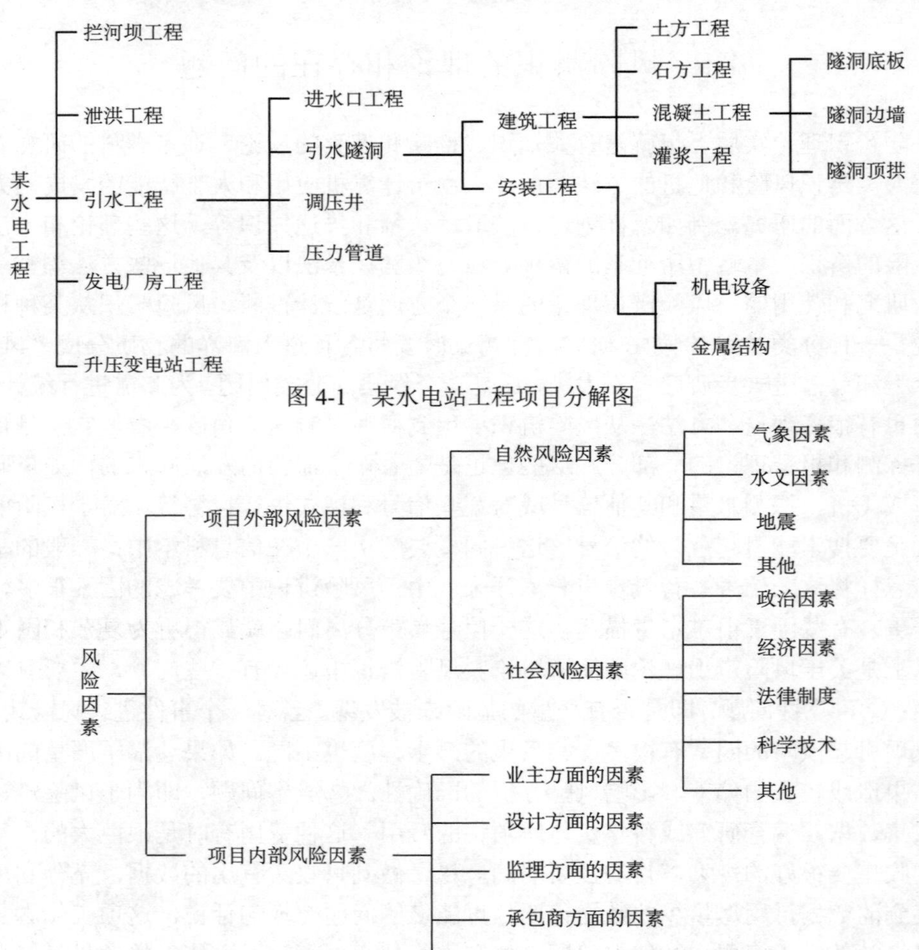

图 4-1 某水电站工程项目分解图

图 4-2 工程风险因素分解示意图

4.2.2　风险因素分解识别法

引发工程项目风险的因素多种多样，可以按照某种方法进行分解，使风险因素具体化，从而进行风险识别[2]。图 4-2 为工程风险因素的一种分解方法。

4.3　图　解　法

风险识别可以从原因查找结果，也可以从结果反找原因。从原因查找结果即是先找出工程项目在实施的过程中可能出现哪些不确定事件，这些不确定事件发生后会引起什么样的结果。例如，作为工程项目承包的投标人报价时就应该分析，实际的工程量和报价单的工程量相比会不会发生变化，工程量的增加或减少应如何报价，而报价的高低会出现什么样的风险。从结果反找原因，例如，工程项目成本增加了，是哪些因素导致了成本的增加？工程工期滞后了，是哪些因素导致了工期滞后？这实际上是风险发生后去寻找引发风险的原因。其作用是为做进一步的风险识别提供基础。

4.3.1　因果分析图

因果分析图又称特性因素图。运用箭线图形表示风险与影响因素之间因果关系的一种图解分析方法。常在使用排列图法找出影响风险的主要因素之后，用它来找出主要因素产生的根源。因果分析图也称鱼刺图、树枝图。绘制因果分析图时，可先将需要解决的风险问题写在主箭头前面，然后标出影响风险的大原因，如图 4-3 方框中 5 个方面；然后用民主讨论的方法找出中原因、小原因以及更小原因，标在图上；在此基础上找出主要原因并有针对性地制定具体措施，加以解决。因果分析图是根据核查表等方法分析风险的存在；或根据假设风险存在的基础上，而经常使用的确定风险起因的方法。图 4-3 为工程风险的因果分析图。

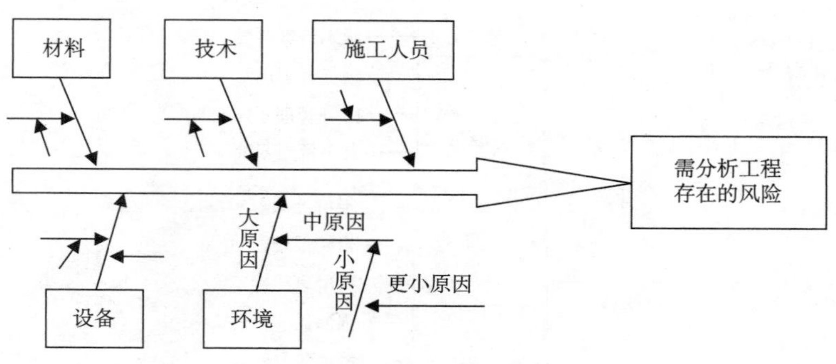

图 4-3　工程风险因果分析图

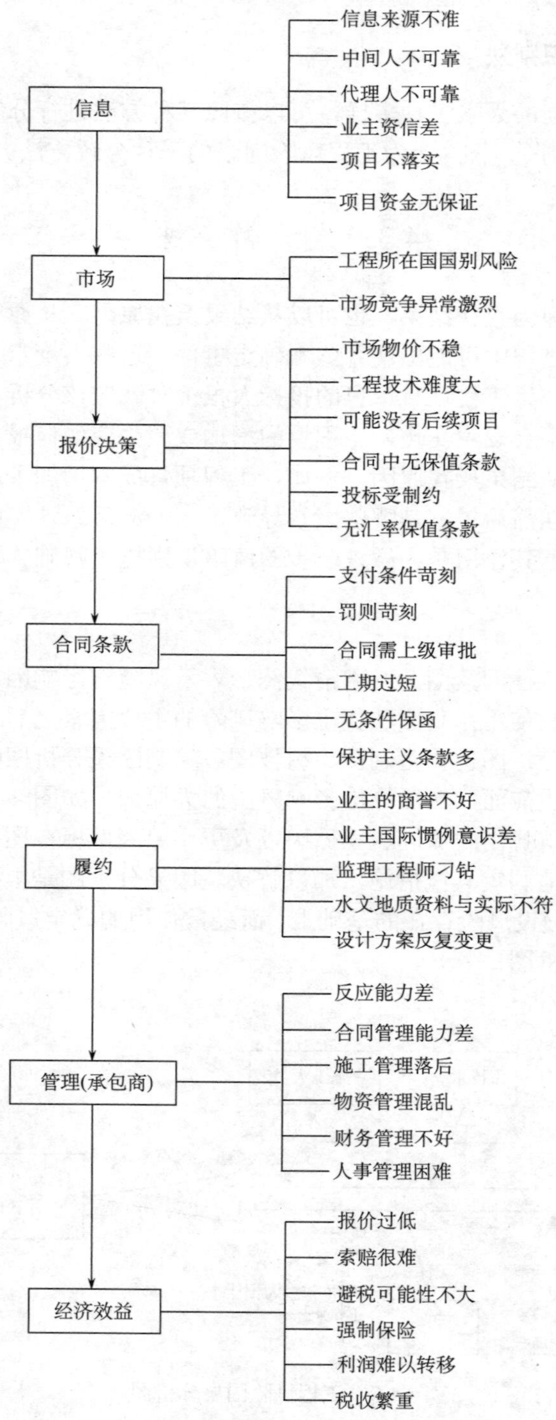

图 4-4　某国际承包工程风险辨识流程图

4.3.2　流程图

流程图是一种根据工程项目实施过程，或是根据工程项目某一部分管理过程，或某一部分结构的施工过程，按其内在的逻辑联系绘成作业流程图，再结合工程的具体情况，针对流程中的每一阶段每一环节进行调查分析识别风险的方法。这种方法实际上是将时间维和因素维相结合，由于工程项目实施阶段是确定的，因而关键在于对各阶段风险因素或风险事件的识别。风险识别的流程图方法可以应用于识别非技术风险，也可应用于识别技术风险。此方法便于发现容易引起风险事故和损失的环节和部门，但由于流程图的篇幅限制，采用这种方法所得到的风险识别结果较粗。图 4-4 为某国际承包工程风险辨识流程图。

4.4　专家分析法

由于在风险辨识阶段的主要任务是找出各种潜在的危险并做出对其后果的定性估量，不要求做定量的估计，又由于有些危险很难在短时间内用统计的方法、实验分析的方法或因果关系论证得到证实(如河流污染对癌症发病率的影响、某国的政治形势对外贸市场的影响等)。所以，专家调查方法就显得很有用处[3]。专家调查方法近年来在国内外受到很大重视并得到大力开发。实际上，我国在运用这个方法方面已有很久的历史，目前的问题是怎样很好地总结，结合我国的国情，将这些方法提高到科学化、程序化(能使用计算机进行统一处理)的高度。这些方法目前已存在不下数十种，用途广泛，远不只局限于风险的辨识。下面介绍两种用途较广、适用于风险辨识的主要方法。

4.4.1　头脑风暴法

“头脑风暴”一词是从外文 brainstorming 一词翻译过来的。这是一种刺激创造性、产生新思想的技术。这种技术是由美国人奥斯本于 1939 年首创的，首先用于设计广告的新花样，1953 年他总结经验后著书问世。brainstorming 一词直译为“头脑风暴”，原来多用于形容精神病人的胡言乱语，奥斯本则借用它来形容参加会议的人可以畅所欲言，鼓励发表不同意见，不受任何约束。这个词在国内译法较多，如头脑风暴会议、诸葛亮会议、神仙会、畅谈会、独创性意见发表会、智力激励法、集体思考法等，我们这里采用头脑风暴一词，可能比较简明贴切。头脑风暴法可以在一个小组内进行，也可以由各单个人完成，然后将他们的意见汇集起来。如果采取小组开会的形式，参加的人数不要很多，为了使大家都有充分发表意见的机会，一般只有五六个人，多则十来人，虽然也有数十人的，但极少见。如果想吸收很多人的意见，可分成几个会来开。会议时间不要太长，太长会使人疲劳、厌烦，在这种情况下是很难产生新的思想。在参加人员的选择上，应注意使参加者不感到有什么压力和约束，如不要有直接领导人参加等。如果将这种方法用于风险辨识，就要提出类似于这样的问题，如果进行某项事业，会遇到哪些危险？其危害程度如何？为了避免重复和提高效率，应当首先将已进行的分析结果向会议说明，使会议不必花很多时间去分析问题本身或在使用初步分析即可想到的问题上滞留太久，而使与会者可迅速地打开思路去寻找新的危险和危害。在会议进行过程中要遵循如下的规则：

(1)要禁止对自己或其他人所发表的思想的任何非难，要避免言辞上武断和无限上纲(如“这个意见是荒谬的……”“这是对我们领导的不信任……”等)。

(2)思想的数量是首先要求的。数量越大，出现有价值设想的概率就越大。

(3)要重视那些不寻常的、看得远的、貌似不太切合实际的思想，欢迎自由奔放的思考，思路越广越新则越好。

(4)应将这些思想进行组合，分类以及改进。应当将所有的思想，包括初步分析结果以及其他会议(如果同时分几个小组进行的话)的意见公布出来，将参加本会议的想法也写出来(如写在黑板上)，让所有人都能看得见；这是很重要的，这样做不但可以避免重复和提高效率，而且又可以促使一部分人产生新的思想。

头脑风暴专家小组一般由下列人员组成：

(1)方法论学者——风险分析或预测学领域的专家，一般可担任会议的组织者。

(2)思想产生者——专业领域的专家，人数应占小组总人数的 50%～60%。

(3)分析者——专业领域内知识比较渊博的高级专家。

(4)演绎者——具有较高逻辑思维能力的专家。

头脑风暴会议领导者在会议开始时的发言应能激起参加者的思维“灵感”，促使参加者感到急需回答会议提出的问题，或者可采取主动提问的方式活跃会议气氛。

由上述可以看出，这种会议比较适合于所探讨的问题比较单纯，目标比较明确的情况。如果问题牵涉面太广，包含的因素太多，那就要首先进行分析和分解，然后再采用此法。当然，对容易的结果还要进行详细的分析，既不能轻视，也不能盲目接受。一般来说，只要有少数几条意见得到实际应用，就算很有成绩了，有时一条意见就可能带来很大的社会经济效益。即便除原有分析结果外所有产生的新思想都被证明不合用，那么头脑风暴作为对原有分析结果的一种讨论和论证，对领导决策也是很有好处的[4]。图 4-5 为头脑风暴法的程序。

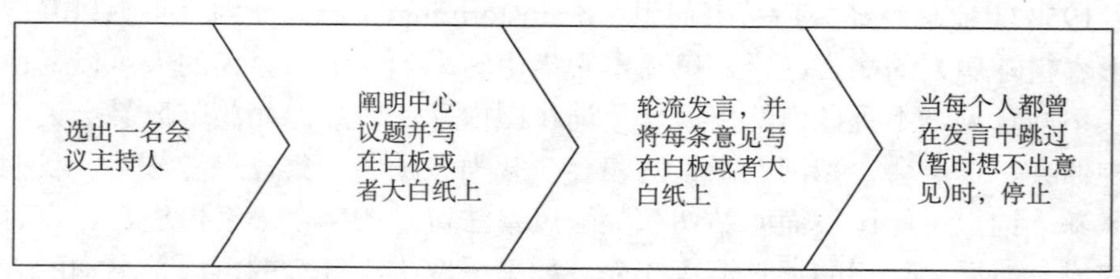

图 4-5　头脑风暴法的程序

近年来，头脑风暴法在国内外都得到了广泛的应用。例如美国国防部在制定长远科技规划中，曾邀请 50 名专家采用头脑风暴法开了两周会议。任务是对事先提出的长远规划提出异议。通过讨论，得到一个使原规划文件变为协调一致的报告，使原规划文件中，只有 25%～30%的意见得到保留。由此可见头脑风暴的价值。英国皇家邮政和美国洛克希德公司、可口可乐公司及国际商业机器公司(IBM)也运用头脑风暴法开展了预测工作。

4.4.2　德尔菲法

德尔菲(Delphi method)方法是美国著名咨询机构兰德公司于 20 世纪 50 年代初发明的。当时美国空军委托该公司研究一个典型的风险辨识课题：若苏联对美国发动核袭击，其袭击的目标会选在什么地方？后果会怎样？这种课题很难用数学模型描述，很难进行计算。因此兰德公司想出采用专家估计方法。因为保密缘故，以古希腊阿波罗神殿所在地德尔菲命名该项目，表示集中众人智慧预测准确的意思。该方法后来也被广泛用于决策过程。

1. 特点与一般程序

它有三个特点：在参加者之间相互匿名，对各种反应进行统计处理以及带有反馈地反复地进行意见测验。德尔菲方法有各种各样的程序，如 1974 年 Sachman 提出的程序如下：①用一种具有特殊形式的、非常明确的、用笔和纸可以回答的一些问题，用通信的方式寄给大家，或在某种会议上发给大家，或者通过对话式的在线的计算机控制台。参加者不能面对面。②问题条目可以由问题研究的领导者或参加者或由双方确定。③问询分两轮或多轮进行。④每一次反复都带有对每一条目的统计反馈，它包括中位值及一些离散度的量测数值(如上、下四分点的数值，即有一半的回答属于它们之间)，有时要提供全部回答的概率分布。⑤回答在四分点之外的回答者可以被请求更正其回答，或陈述其理由，对每一次的反馈皆可提供必要的信息反馈(个人之间仍保持不通姓名)。⑥随着每次反馈所获得的信息愈来愈少，可由领导人决定在某一点停止反馈，要追求意见的收敛，但并不强求。

由以上可见，德尔菲方法在某些情况下是有用的，例如，①有些问题不能用分析的方法加以解决，但专家的判断对解决问题是有益的。②对某个问题的解决可提出有益意见的专家来自各个不同的专业，他们之间一向没有什么联系。③需要征求比召开一次面对面的讨论会的参加者更多的人的意见，虽然开会讨论有时是更有效的方式。④反复召开讨论会要花费太多的时间和费用。⑤用通信方式作为补充，可以提高面对面讨论会的效率。⑥在各个人之间的意见分歧太严重或出于人事关系原因，互相之间要求用匿名方式。⑦为了保证结果的合理性，避免个人权威、资历、口才、劝说、压力等因素的影响。

2. 简单例子

由于德尔菲方法用途广，提问题的形式也是多种多样的。如对某些问题发表简单的意见或进行选择(即打“√”)，或对某些可能方案进行排序，或回答某个数字等，统计整理的方法也因此而异。下面以某项技术风险为例进行一些讨论。设某工厂计划生产某种产品甲，为此需进行投资并需一定的建设周期，根据技术风险分析，知道有一种潜在危险，即当前正在研制某种新产品乙，如果产品乙可投入大规模生产，就会将产品甲挤垮。这样，产品乙的投产日期就成为风险估计中的关键问题，如产品乙投产得晚，则生产甲就会盈利，如果投产得早，就可能亏损。现就产品乙何时能投产这一简单问题进行德尔菲方法咨询，设从 13 名专家成员回答的预测年代所得到的统计结果为：

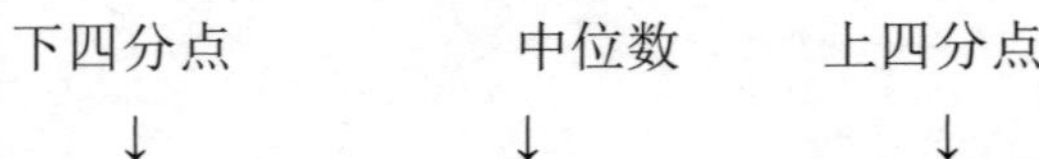

1975　1977　1980　1984　1990　1992　1995　1997　2008　2012　2020

注意在此统计结果中，中位数并不是平均值，而是将专家意见按次序排列后中间位置的数值，上、下四分点也是上半部和下半部专家意见的中位数，上、下四分点之间包含有半数的意见。可将这一统计结果反馈给所有参加者，进行第二轮征询，直至主持人满意为止。中位数常被作为专家倾向性意见，而两个四分点之差则表示意见的一致程度，差距愈小，意见愈一致；差距愈大，则说明意见分散。如差距为零，则表明意见完全一致。这种统计方法的缺点是，上、下四分点以外的专家意见对中位数完全没有影响。如果需要，我们也可以取算术平均值和方差作为统计的特征数据。为了提高数据的集中程度，也可将最大、最小值扣除后再进行平均。

3. 结果显示方法和收敛问题

使用德尔菲方法对某一事件进行预测时，所得预测的中位数与上、下四分点，通常都表现出明显的收敛趋势。这表明经过几轮征询(一般不超过四轮)之后，专家意见逐渐趋于一致。现将前述简单例子的四轮统计结果用表 4-1 和图 4-6 表示。

表 4-1　各轮预测年份的中位数及上、下四分点

轮次	中位数/年	下四分点/年	上四分点/年
1	1992	1982	2010
2	1989	1984	2000
3	1990	1986	1998
4	1988	1986	1992

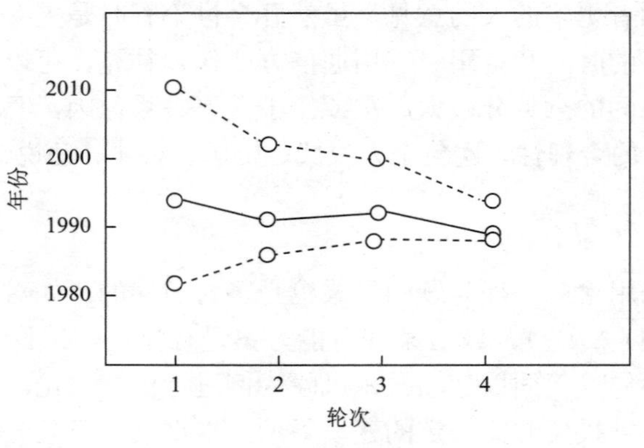

图 4-6　德尔菲法意见收敛情况

显示方式有列表和图形显示两种方式。列表形式是一种最简单的表达方式，表中应列有事件的名称和预测结果相应的中位数和四分点范围。在对预测结果处理时，主要应

考虑专家意见的倾向性和一致性。所谓倾向性是指专家意见的主要倾向是什么，或大多数意见是什么，统计上称此为集中趋势。所谓一致性是指专家意见在此倾向性意见周围分散到什么程度，统计上称此为离散趋势。意见的倾向性和一致性这两个方面对风险辨识或其他预测和决策都是需要的，专家的倾向性意见常被作为主要参考依据，而一致性程度则表示这一倾向性意见参考价值的大小，或权威程度的大小。在使用德尔菲方法时，有时还要考虑专家意见的相对重要性，这通常是用专家积极性系数与专家权威程度来表示的。所谓专家积极性系数是指专家对某一方案关心与感兴趣的程度。由于任何一名专家都不可能对预测中的每一个问题都具有足够的专业知识的权威性，这应当成为意见评定时的一个参考因素。换句话说，对于参加预测的各个专家，由于知识结构不同，各自意见的重要性也就不同，这可通过加权系数来解决[5]。

4. 征询调查表

征询调查表是进行德尔菲法的重要一环，调查表制订得好坏，直接关系着预测结果的优劣。在制订调查表时，需注意以下几点：①首先要对德尔菲法做出简要说明。因为并非众人皆知此法，加上本次调查的具体情况，以避免误解。②问题要集中，要很好排列，以引起专家回答问题的兴趣。③避免组合事件。如果一个事件包括两个方面，一个方面是专家同意的，另一方面则是不同意的，这时专家就很难做出回答。④用词要确切，含义不能模糊。⑤有时需给出预测事件实现的概率。如对某项新技术产品投放市场时间的预测，回答者可能判断在 1990 年有 50%的可能性，在 2000 年有 90%的可能性，而在 2015 年有 100%的可能性。如果不事先说明，预测者可能根据不同的概率做出回答，因而应约定一个统一的概率值(如 90%)或给出几种不同的概率。⑥调查表要简化。⑦要限制问题的数量。一般认为上限以 25 个为宜，不应超过 50 个。⑧不应强加领导者个人的意见。为了提高征询组织者的慎重态度(不乱发表)、提高被咨询者的责任心和征询表回收率，一般应付给专家适当的劳动报酬。尚需说明，征询调查表的制订是一项需要认真对待的研究工作，如怎样从一次调查中获取更多的信息量就是一个很有价值的课题，下面结合一个具体例子介绍一种多级估量方法。

某公司为了扩大产品销路，对某产品实行了新的包装，为了对市场风险做出辨识，需对用户进行调查。传统的调查表如下。

请从下面答案中选择一个：

①我非常满意这一产品的包装；(　)　②我比较满意这一产品的包装；(　)

③我不大满意这一产品的包装；(√)　④我很不满意这一产品的包装。(　)

多级估量方法的调查表如下：

(1) 我觉得您非常满意这一产品的包装，请您从下面答案中选择一个：

①完全同意(　)；　②比较同意(　)；

③不太同意(　)；　④完全不同意(√)。

(2) 我觉得您比较满意这一产品的包装，请您从下面答案中选择一个：

①完全同意(　)；　②比较同意(　)；

③不太同意(√)；　④完全不同意(　)。

(3) 我觉得您不太满意这一产品的包装，请您从下面答案中选择一个：
①完全同意（√）； ②比较同意（ ）；
③不太同意（ ）； ④完全不同意（ ）。
(4) 我觉得您很不满意这一产品的包装，请您从下面答案中选择一个：
①完全同意（ ）； ②比较同意（√）；
③不太同意（ ）； ④完全不同意（ ）。

从这个例子可以看出，在传统调查表的四个等级上用户选择了“不太满意”。是不是对于前后相邻的两个等级持同样的否定态度呢？多级估量方法的调查结果告诉我们，在其余的三个等级上用户的否定程度是有区别的，这些区别恰恰细腻地反映了用户的心理状态，反映了用户表达自己心理状态时的“动摇”的因素，正是这种动摇性，会影响他改变自己的看法。在研究市场风险的辨识时，这些都是应该考虑的因素[6]。

5. *对德尔菲方法的评价*

(1) 关于预测结果的准确性和可靠性，或者叫做信度和效度的问题，即预测结果是否能真实地反映客观存在？这一预测结果能否经得起重复试验？若由另外的专家小组或隔一段时间再来做，是否能得到同样的结果？德尔菲方法实际上就是集中许多专家意见的一种方法，这比某一个人的意见接近客观实际的概率要大，但从理论上并不能证明这一意见能收敛于客观实际，也没有算出有多少人参加最为合理。为了检验德尔菲方法预测结果的准确性或信度，美国加利福尼亚大学采用了试验的方法。在试验中，向专家组成员提出问题的原则是：①被询问人员不知道问题的答案，但有做出评定所需要的足够的原始材料；②有检查专家个人和整个小组工作质量的正确答案；③答案是用定量表示的。

实验结果表明，采用匿名反馈的德尔菲方法，其结果还是比较可信的。一般来说，预测的时间越长，准确性也越差。关于预测的可靠性或效度问题，也做了一些试验，即由三个专家组对同一组问题进行预测，结果表明，意见基本上一致。结论：用德尔菲方法所获得的意见还是具有一定参考价值的。

(2) 德尔菲方法的不足之处。①受预测者本人主观因素的影响，特别是整个过程的领导者对选择条目及工作方式等起着较大影响，因而有可能使结果产生偏差。②它有一个取得小组一致意见的趋势，但从理论上并没有证明为什么这个意见是正确的。③这种方法从根本上讲还是“多数人说了算”的方法，一般来讲是容易偏保守的，可能妨碍新思想的产生。④如果不采取措施，参加者会感到不耐烦，使意见的回收率降低，因而给予参加者一定报酬通常是必要的。

以上各点都是在用德尔菲方法时应当注意的问题。

德尔菲方法近年来在国内外都得到了广泛的应用，并且派生了很多新的方案。我们在应用时，也应根据实际情况，有所创新和发展。

4.5　幕景分析方法

4.5.1　什么是幕景分析

当我们要进行长时期的决策时，或者当需要考虑各种技术、经济和社会因素的影响时，需要有一种能辨识关键因素及其影响的方法。同样在进行风险分析时也需要一种辨识能引起危险的关键因素及其影响程度的方法。幕景分析(scenarios analysis)便是这样一种方法。一个幕景就是一项事业或某个企业未来某种状态的描绘，或者按年代的梗概进行描绘。这种描绘可以在计算机上进行计算和显示，也可用图表、曲线等进行描述。由于计算复杂和方案众多，一般都在计算机上进行。研究的重点是：当某种因素变化时，整个情况会是怎样的呢？会有什么危险发生？像电影上一幕一幕的场景一样，供人们进行研究比较。幕景分析的结果，都是以易懂的方式表示出来，大致分为两类：一类是对未来某种状态的描述，另一类是描述一个发展过程，即未来若干年某种情况的变化链。例如它可向决策人员提供未来某种投资机会的最好的、可能发生的和最坏的前景，并且可详细给出这三种不同情况下可能发生的事件和风险，供决策时参考。

幕景分析方法对以下情况是特别有用的：①提醒决策者注意某种措施或政策可能引起的风险或危机性的后果；②建议需要进行监视的风险范围；③研究某些关键性方案对未来过程的影响；④在技术飞速发展的今天，提醒人们注意某种技术的发展会给人民生活带来哪些风险(如环境污染)；⑤当有各种互相矛盾的幕景时，幕景分析就显得格外有用，一般常常在两个或六个幕景中进行选择，每端有两个幕景，中间是两个最可能的情况，通常把它们选做基本情况。

由上述关于幕景分析的论述可看出，幕景分析是扩展决策者的视野、增强决策者精确分析未来的能力的一种思维程序。但这种方法也有很大的局限性，即所谓“隧道眼光”(tunnel vision)现象，即好像从隧道中观察外界事物一样看不到全面情况，因为所有幕景分析都是围绕着分析者目前的考虑、价值观和信息水平进行的，因此可能产生偏差。这一点需要分析与决策者有清醒的估计，可与其他方法结合使用[7]。

4.5.2　筛选、监测和诊断

作为幕景分析方法的具体应用，下面讨论一下在风险辨识中用到的筛选、监测和诊断过程。近些年国内外学术界开始重视一种研究“灾变”的新学科，但迄今为止，无论是基础科学的分析研究或者是“灾变”学科的研究，都不能满足风险辨识的需要，比较实用的应用性科学技术如筛选、监测和诊断就显得特别需要。

Goodman 提出了一个描述筛选、监测和诊断关系的风险辨识各元素序列图。他认为上述三种过程都使用着相似的元素——疑因估计、仔细检查和征兆鉴别，但其顺序不同。

图 4-7 为风险辨识三元素的示意图。

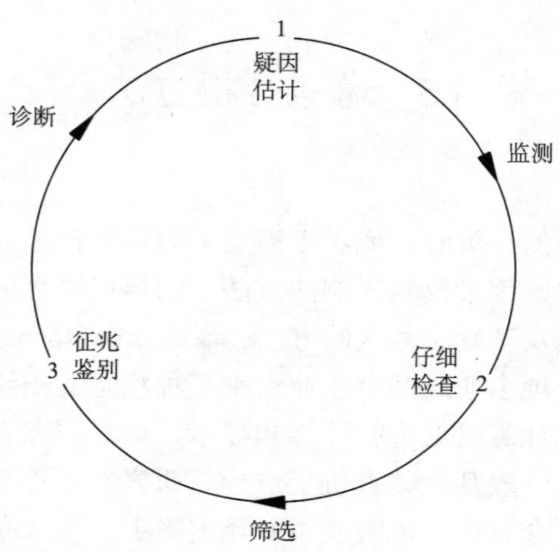

图 4-7　风险辨识三元素示意图

筛选：仔细检查→征兆鉴别→疑因估计

监测：疑因估计→仔细检查→征兆鉴别

诊断：征兆鉴别→疑因估计→仔细检查

1. 筛选

典型的筛选实例是美国环境致变物研究会 1975 年提出的研究各种排放到人类环境中的化学物质所造成影响的研究，从这个研究可以看出这是一项很复杂和花费巨大的工作。另一个实例是美国国家科学院海洋污染物评价小组 1975 年提出的建议。这个小组建议研制和试验一种海洋污染物的筛选方法以确认：哪些物质明显地会引起污染；哪些物质明显地不重要；哪些物质的影响还说不定而需要进一步研究。他们提出了一种方法并已用于一系列案例分析。他们提出的方法大致分三个阶段。第一阶段是筛选所有的物质(垃圾、挖泥船废弃物、化工废弃物、矿渣、放射性物质和生物物质等)，根据它们的数量、形式、持久性、生物积累和毒性来确定哪些物质是值得考虑的。第二阶段是对运到海里的运输情况做一个粗略的估计，并与已有所了解的造成污染危险的数量标准进行比较，如果大于这个标准，再进入第三阶段，即对运输情况(包括运输路线、运输时间等)做较详细的估算并选择新的比较标准[8]。

2. 监测

当前，有很多的筛选方案被提出，但人们更注意的还是对可能引起危险的各种因素进行监测。监测并非始于今日，关于天气和气候、地理和海洋现象的情报网早已存在，关于公共卫生的监测和控制也已受到普遍重视。美国的国家和国际监测系统指南包括了 33 个主要国际系统和 2000 个以上的国家和地区项目的信息，1975 年版就包括了 78 个国家的 60000 个监测网。1975 年以来使用的联合国全球环境监测系统(GEMS) 18 种污染源按照考虑的先后次序分成 8 组进行监测，如表 4-2 所示。监测技术还大量用于大型企业(如发电厂、化工厂等)和大型设备中事故和危险的辨识等。

表 4-2　全球环境监测系统建议的污染源先后次序

先后次序	污染源	传播介质
1	二氧化硫	空气
	放射性物质	食物
2	臭氧	空气
	DDT，有机氯化物	生物、人
3	镉及其化合物	食物、人、水
	硝酸盐与亚硝酸盐	饮水、食物
	NO 与 NO_2	空气
4	汞及其化合物	食物、水
	铅	空气、食物
	二氧化碳	空气
5	一氧化碳	空气
	石油碳氢化合物	海洋
6	氟化物	生水
7	石棉	空气
	砷	饮水
8	真菌霉素	食物
	细菌污染物	食物
	活性碳氢化合物	空气

3. 诊断

诊断技术已经大量和长期地用于诊病治病和健康检查。近年来却迅速地扩展到其他行业之中，如电子仪器的故障诊断、企业诊断等。下面结合企业诊断进行一些讨论。一个企业要确定下一阶段的经营方针(是扩大或缩小)，需要了解风险的大小情况如何和产生风险的主要环节是什么，为此首先要进行综合诊断。所谓综合诊断，是对企业经营活动从总的方面做出评价和分析，使经营诊断者能统观全局，为下一步更为具体的诊断工作打好基础。诊断的方法很多，可以由企业自行组织进行，也可请外部专家或咨询机构进行，或两者相结合。综合诊断的主要内容是：对企业的一般状况及收益性、生产性、成长性、安全性和流动性共“五性”进行评价和分析。企业的一般状况采用调查研究方法诊断，对“五性”的诊断则采用经营比率分析方法，诊断方法如下所述。

1) 企业的一般诊断

企业的一般诊断主要包括：厂容厂貌、干部和工人政治、技术和工作状况、设备运转情况、各组织机构的效能等。诊断人员可通过现场参观、面谈、德尔菲调查等方法取得情况资料。加工整理，分析研究，并做出一般评价。

2) 收益性诊断

首先要观察企业能否以销售收入抵偿生产费用并取得赢利，如果赢利，再分析收益水平高低和获利能力的大小。总资金利润率公式为

$$总资金利润率=\frac{利润总额}{总资金}$$

这是反映企业经营成效的重要指标，其值越高，表示企业获利能力越强。

销售利润率和销售总利润率的公式为

$$销售利润率=\frac{销售利润}{销售收入}$$

$$销售总利润率=\frac{利润总额}{销售收入}$$

流动资金利润率的公式为

$$流动资金利润率=\frac{利润总额}{流动资金}$$

除此之外，还可从产值利润率、成本利润率等方面加以考察。

3) 生产性诊断

生产性诊断是查明企业生产能力、生产水平和生产能力利用效果的诊断。主要指标及计算公式如下。

(1) 表示劳动生产率的指标

$$人均工业总产值=\frac{工业总产值}{职工人数}$$

$$人均销售收入=\frac{销售收入}{职工人数}$$

$$人均利润=\frac{利润总额}{职工人数}$$

$$人均净产值=\frac{净产值}{职工人数}$$

(2) 劳动装备率指标

$$劳动装备率=\frac{固定资产原值}{职工人数}$$

(3) 固定资产投资率指标

$$固定资产投资率=\frac{固定资产投资额}{固定资产原值总值}$$

(4) 反映消耗方面的指标

$$人均劳务费=\frac{劳务费}{职工人数}$$

$$劳动分配率=\frac{劳务费}{净产值}$$

4.5.3　核查表法

人们在自身先前的工程项目管理中，或者是其他人在类似工程项目的实践中，对工程项目中可能出现的风险因素，或者成功的经验和失败的教训经常会有一些归纳、总结。这些归纳、总结的资料恰好是识别工程项目风险的宝贵资料，可把这些资料列成表，然后将当前工程项目的建设环境、建设特性、建设管理现状等做比较，分析可能出现的风险[9]。表 4-3 为工程项目融资核查表。

表 4-3　工程项目融资核查表[10]

失败原因或成功的条件
1. 工程项目融资失败原因
(1) 工期延误，因而利息增加、收益推迟
(2) 成本、费用超支
(3) 技术失败
(4) 承包商财务失败
(5) 政府过多干涉
(6) 未向保险公司投保人身伤害
(7) 原材料涨价或供应短缺、供应不及时
(8) 项目技术陈旧
(9) 项目产品或服务在市场上没有竞争力
(10) 项目管理不善
(11) 对于担保物，例如油、气储量和价值估计过于乐观
(12) 项目所在国政府无财务清偿能力
2. 工程项目融资成功的必要条件
(1) 项目融资只涉及信贷风险，不涉及资本金
(2) 切实的进行了可行性研究，编制了财务计划
(3) 项目用的产品或材料的成本要有保障
(4) 价格合理的能源供应要有保障
(5) 项目产品和服务更有市场
(6) 能够以合理的运输成本将项目产品运往市场
(7) 要有便捷、畅通的通信手段
(8) 能够以预想的价格买到建筑材料
(9) 承包商富有经验，诚实可靠
(10) 项目管理人员富有经验，诚实可靠
(11) 不需要未经实验验证过的新技术
(12) 合营各方签有令各方都满意的协议
(13) 稳定友善的政治环境，已办妥有关执照和许可证
(14) 不会有政府没收的风险
(15) 国家风险令人满意

续表

失败原因或成功的条件
(16) 主权风险令人满意
(17) 对于货币、外汇风险事先已有考虑
(18) 主要的项目发起人已投入足够的资金
(19) 项目本身的价值足以充当担保物
(20) 对资源和资产已进行了满意的评估
(21) 已向保险公司缴纳了足够的保险费，取得了保险单
(22) 对不可抗力已采取了措施
(23) 成本超支的问题已经考虑过
(24) 投资者可以获得足够高的资金收益率、投资收益率和资产收益率
(25) 对通货膨胀已进行了预测
(26) 利率变化预测现实可靠

4.6 本章小结

(1) 风险的辨识就是要找出风险之所在和引起风险的主要因素，并对其后果做出定性的估计。

(2) 风险辨识是十分重要的工作，要认识到这一点并能用科学方法进行研究，以免造成巨大损失，而且造成不可估量的政治和心理上的损失。

(3) 为了做好风险辨识工作，必须有认真的态度和科学的方法，本章所介绍的分解分析方法、专家分析法、幕景分析方法等，是几种行之有效的方法。当然可用的方法还不止这些，而这些方法也不仅适用于风险辨识，也可用于其他决策问题。

(4) 在进行风险辨识工作时要注意辨识的可靠性和准确性以及工作经费的消耗等问题，力争用少量的钱可靠而准确地做好此项工作。但也需指出，对风险辨识不重视，舍不得花费人力物力，存有盲目侥幸心理，也是错误的。

(5) 关于风险辨识的理论及方法还远没有达到完善的地步，值得做进一步的研究。

参考文献

[1] 郭仲伟. 风险的辨识——风险分析与决策讲座(一)[J]. 系统工程理论与实践, 1987, 7(1): 72-77, 61.
[2] 胡静芳. 工程项目风险辨识过程研究[J]. 山西水利, 2009(6): 83-84.
[3] 童志鸣. 论风险辨识[J]. 铁道物资科学管理, 1996(1): 22-23.
[4] 柯浚哲. 头脑风暴法[J].中国研究生, 2003(2): 50-51.
[5] 王要武, 李晨洋. 项目风险辨识[J]. 企业管理, 2005(8): 50-51.
[6] 陶履彬, 李永盛, 冯紫良, 等. 工程风险分析理论与实践[M]. 上海: 同济大学出版社, 2006: 8.
[7] 河海大学水资源环境学院. 风险分析与决策[M]. 南京: 河海大学出版社.
[8] 徐妥夫. 工程项目风险辨识与评价方法研究[J]. 基建优化, 2006(3): 48-50.
[9] 郭仲伟. 风险分析与决策[M]. 北京: 机械工业出版社, 1987.
[10] 卢有杰, 卢家仪. 项目风险管理[M]. 北京: 清华大学出版社, 1998.

第 5 章　风险的估计

风险估计是指在对不利事件所导致损失的历史资料分析的基础上，应用各种管理科学技术，采用定性与定量相结合的方式，运用概率统计等方法对特定不利事件发生的概率以及风险事件发生所造成的损失做出定量估计的过程。如果风险辨识所回答的问题是：要遇到的风险是什么?则风险估计所回答的问题是：这风险有多大？风险估计就是估算风险发生的概率及其后果。本章主要讨论风险估计的理论并介绍几种风险估计的方法。

5.1　客观估计与主观估计

概率论与实际生活有着密切的联系，它在自然科学、技术科学、社会科学、军事和工农业生产中都有广泛的应用。而在风险估计中的应用尤其突出，风险估计是指在风险识别的基础上，运用概率论和数理统计，估计风险发生的概率和损失幅度，估算风险的大小。

概率的计算方法有两种，一种是根据大量试验用统计的方法进行计算；另一种是根据概率的古典定义，将事件集分解成基本事件，用分析的方法进行计算。用这两种方法得到的概率数值都是客观存在的，不依计算者或决策者的意志而转移，故称为客观概率。在计算客观概率时，我们常需要足够多的信息，例如需要足够多的试验数据或对事件本身的详细了解和分析。但在实际工作中我们经常不可能获得足够多的信息，特别是在进行风险分析时，我们所遇到的事件(如某项大工程的可行性研究或某项投资的风险分析等)，没有那么多的信息。例如，一个企业家考虑投资一个项目，有两种可能的前景：赢利或亏损。为使问题简化，暂不考虑赢利或亏损的可能数额问题。在做出决定之前，他当然估量一下赢利可能性的大小。用概率论的术语说，就是"赢利"这个事件发生的概率是多少的问题。直觉上可以接受这种说法：随着项目和外部情况的差异，不同项目赢利的概率有大有小，原则上可以用一个数去刻画它，问题是有的项目没有办法计算。这种项目构成的事件称为"一次性事件"，即一次之后再也不能重复了。在一次性事件的场合，不可能做大量试验，又因事件是将来才发生的，便无法做出准确的分析，客观概率的方法不能用。然而由于决策的需要，要求对事件出现的可能性做出估计，怎么办呢？只好由决策者或专家对事件的概率做出一个主观估计，这就是主观概率[1]。主观概率是用较少信息量做出估计的一种方法。常用的定义是：根据对某事件是否发生的个人观点，用一个 0 到 1 之间的数来描述此事件发生的可能性，此数即称为主观概率。

例如，一名决策者需要做出决定，是否能够允许在一处确有证据是一个地质断层的场所建造核电站。他必须问自己一个问题："在这个地方发生重大核事故的概率有多大？"虽然没有先前该地区发生核事故的相对频率的证据，不能用统计的方法或分析的方法得到，但是他不能因此而不做出决定。他必须运用自己最精明的判断力，确定核事故的主观概率。这种估计并不是不切实际的胡乱的猜测，而是根据自己的过去的经验和知识水平，加上合理的判断得出来的估计值。一旦概率估计出来，即使它的科学依据不足，其数值也可当作客观概率来使用。我们不应轻视主观概率的作用，也不应认为它不可靠而拒绝使用，可以将主观看做是客观概率的近似值加以使用，这总比完全不考虑要好得多。主观概率自第二次世界大战后在西方国家发展起来且正受到越来越多的关注，特别是在众所周知的贝叶斯决策理论这一领域里更是如此。

5.1.1　知识曲线

如图 5-1“知识或信息与意见范围的关系曲线”，可以看出主观概率与客观概率之间的相互关系。如知识很多(即事实很多)，就能进行事实分析。这时我们便可利用客观概率。但假如知识有限(事实很少)，我们就必须依靠意见分析或者主观概率。

知识曲线说明了主观概率的一个重要事实。当事实很少时，意见范围就大，因而，我们要预见到，在进行风险分析时由于已知的事实较少，所以意见还有很大的分歧。

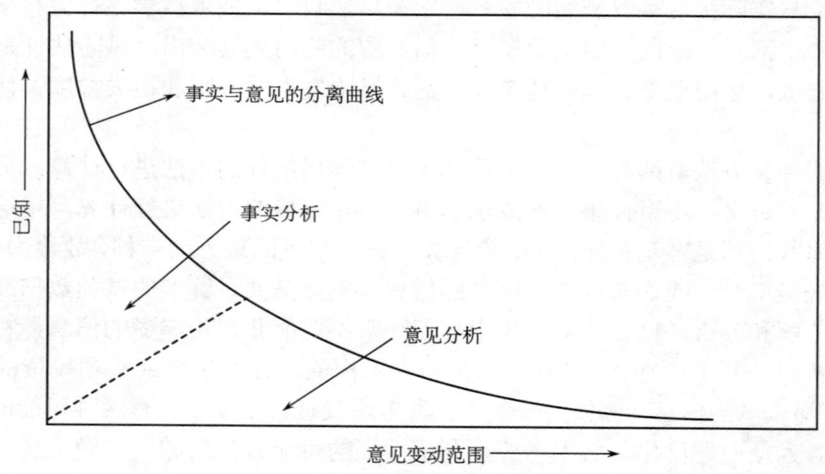

图 5-1　知识或信息与意见范围的关系曲线

5.1.2　三种估计

用客观概率对风险进行估计就是客观估计，同理，用主观概率对风险进行估计就是主观估计。在现实的风险估计中虽然常用主观估计，但我们还是想方设法增加主观估计的客观性质，尽量向客观估计靠拢。因而大量的估计是介于主观估计与客观估计之间的第三种估计。下面分别就事件发生的概率及其后果的估计进行讨论。

关于事件发生概率的客观估计与主观估计实际上是两种极端情况，如前所述，多数的是中间情况。这些中间情况的概率不是直接由大量试验或分析得来的客观概率，也不是完全由个人主观判断确定的主观概率，而是两者的合成。例如，有些是从特性相似的事件的客观概率外推而得到的。又如，多数人推测的统计结果与个别人的推测有所不同，要更客观一些，或者说接近客观概率的可能性更大一些，这也是我们有些时候对许多人进行社会调查的目的。再如，对于一个复杂事件，我们可由各组成部分的概率计算出整个事件的概率。

例如，一个关于原子核反应堆安全概率的估计，不是直接估计其安全概率，而是根据反应堆系统各部分的试验，求出各部分的安全概率，然后再按一定规则合成为整个系统的安全概率。所有以上所举处于中间状态的概率，称为“合成概率”。

风险分析应包括事件发生的概率和关于事件后果的估计两个方面。关于事件后果的估计同样有主观和客观之分。当事件的后果是可直接观测并进行定量描述时，我们称为客观后果估计。例如，对某个已知项目的投资，若干年后能获得的利益；根据市场预测经营某项产品获利的下限等。而主观后果估计会受到风险承担者本人的个人经验和价值观等因素的影响，对同一个后果，比较保守的人和比较激进的人的估计大不一样，西方人和东方人估计也可能不太一样。在对后果的主观估计与客观估计之间的估计称之为“行为后果估计”，即在考虑客观估计和主观估计的同时要对当事者本人的行为等情况有所了解，进行定性分析，反过来再对主观估计或客观估计做出适当修正。因为任何风险的估计都是由作为参与者的“人”来做出的，这样研究行为后果估计就显得非常重要，当然也更为复杂，这要求风险分析者具备行为科学和心理学方面的知识。

5.1.3　三种风险

图 5-2 中给出了事件发生概率及后果估计方法与各种风险的关系。图中横轴表示事件发生概率的估计，纵轴表示其后果的估计，两者合成为风险。这样，客观概率与客观后果估计合成为客观风险。其他包含有主观概率或主观后果估计的风险都是主观风险。包含有合成概率和行为估计的风险称作行为风险。在这种风险估计中，包含有当事人的行为表现。

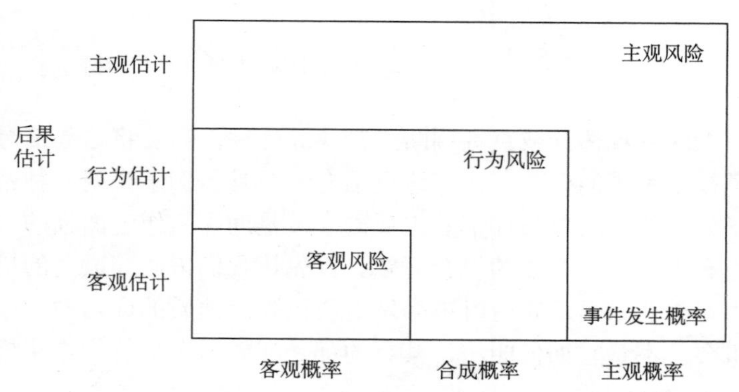

图 5-2　三种估计与三种风险的关系

传统的风险估计都是用科学实验和统计分析的方法来计算客观概率。但是近年来，随着决策学的发展，越来越多的人开始注意并研究当事人的情感表现和行为作用。因而合成概率的研究得到迅速发展，面对行为后果估计的研究也在风险分析中占据着重要的位置。但在实际的社会决策中却常依赖于主观概率估计，在决策时，决策者常会或多或少地忽视客观的科学知识，而过多的把个人感情意志加进决策过程中。这种情况是普遍存在的。在国外曾对核电站的运行风险做过研究，结果证明由于人们对于核辐射的恐惧，主观估计要远远高于客观估计。因为科学的客观估计更符合事实，应当成为政府和领导决策的依据，这就要求一方面决策者要更重视依赖客观估计，另一方面各级领导要加强个人能力的培养，要注重实际，不能“感情用事”。

5.1.4 直觉判断

直觉判断依赖于直觉思维，直觉思维是人类特有的一种非逻辑的思维方式。人脑对客观存在的现象、语词符号及其相互关系，能够进行迅速的识别、直接的理解和综合的判断。这种思维方式侧重于综合而不是分析，强调从整体上把握认识对象。直觉判断法是国际上较流行的决策法。直觉判断是主观估计的一种方式，它能迅速完成潜意识到结论的跳跃，省略了意识的严格过滤，常表现为某些个人对风险发生的概率及其后果做出很迅速的判断。有时连估计者本人都很难解释为什么他做出的这一判断是正确的。直觉判断过程是用较少的信息量快速做出结论的过程。对于那些不能进行多次试验的事件，如重大的工程项目所具有的各种风险等，直觉判断常常是一种可行的办法，我们不能一概排斥。当一个人进行判断时，他实际上是在运用他长期积累的各方面的经验，但这些丰富的信息还不能明确地或显式地表达出来，而是一种隐式的信息，但这并不妨碍他的判断可能是正确的。当然，直觉判断出偏差的可能性也是很大的。近些年来科学家们正在从各个方面探讨减少这些偏差的程序和方法。例如，德尔菲方法等便适用于风险的估计，这些方法的实质就是要利用很多人大量的直觉判断来解决个别人直觉判断容易出偏差的问题。专家系统及人工智能系统等则是用计算机辅助提高直觉判断的效率和准确性，以实现向客观估计的逼近。

5.2 主观估计的量化

为了将许多人的主观估计或直觉判断进行计算处理，需要将这些信息进行量化。关于这方面已经进行了大量的研究工作，这里结合一个具体例子说明一种带有普遍意义的方法。这个例子处理的是简单条件下的主观概率，是勘探工作者面临的一个最普遍复杂的问题，即处理有无油、气存在的机会问题。首先让我们来研究成功的机会。风险分析的这个部分有很多专业术语，它有时被叫做地质风险或地质的成功性，或存在风险，或存在油、气的机会。不管它如何叫法，其目的都是在能用于估价的事实极少时，如何评价油、气是否存在的风险。

我们如何估计地质风险？首先必须确定哪些因素对油、气的存在起控制作用。一般有三个因素：①构造；②储层；③环境。这三个因素提出的问题是：①油、气储集的构造条件或地层条件是否恰当？②有无良好的储层条件？③古环境对油、气的聚集是否适宜？

实际上，能容许提出上述三个简单问题的构造很少。我们可以想出八个、十个或更多的影响油、气存在的因素。但我们必须记住的是，估计每一个因素的数据或者经验，否则只是空谈一堆数字。如果有关的因素太多，而又缺乏数据，解决难题的办法就是把各种因素组合在一起进行概率分析。“环境”这个词显然包含着对油、气生成极为重要的许多地质变量。较为简便的办法是把这些变数作为一个整体来考虑，而不是分别作为单个的估计。就本例而言，三个因素即足以说明问题。在概率的乘法规则中，两个或更多的结果各异的独立事件的概率为其各自概率的乘积。在《勘探经济学》一书中，列举的油气勘探关键性地质参数的数据，是以五十口探井取样为基础，假设列举的这三个因素是独立变量，且每个变量发生的机会相同。这些探井为未来在同一构造带(探区内)估计其他未钻探过的构造地质成功率提供了参考性的经验。利用《勘探经济学》一书提供的三个参数，就可以计算某一构造的地质成功率，就能得到一个意见。假定我们想得到一种以上的意见(如果决策涉及的投资额很大时，我们就希望如此)，我们怎样把专家们提出的种种估计集中起来，加以处理，说明问题呢？如表 5-1 所示，是对三个参数不同的 10 种估计，而且各种估计得出的合成地质成功率估计值也不同。例如，地质学家 1 的估计是：他认为有恰当构造条件的可能性为 50%(0.5)，有良好储层的可能性为 30%(0.3)，有最佳沉积环境的可能性为 90%(0.9)，他所得的合成地质成功率估计值为三项“独立”参数的乘积，即

$$(0.5)\times(0.3)\times(0.9)=0.135$$

由此可得 10 位地质学家估计的合成地质成功率估计值，见表 5-1。

因为每一个被调查人的专业知识、认真程度都不一样，在做总的统计处理时，对每人意见的重视程度也应有所不同，因而要对每个被调查人定出一个权重系数。由谁来确定这一权重系数呢？一般采用下列方法之一或结合使用：

(1) 由被调查人根据自己的专业知识和把握性给出。

(2) 由调查组织者根据该被调查人的专业经历、成就、著作等情况给出。

(3) 由被调查人周围了解他本人情况的人给出。

表 5-1　某一构造的地质风险系数

地质学家序号	风险系数			合成地质成功率估计值
	构造	储层	环境	
1	0.5	0.3	0.9	0.135
2	0.7	0.5	0.8	0.280
3	0.4	0.7	0.7	0.196
4	0.6	0.2	0.9	0.108
5	0.8	0.9	0.8	0.576
6	0.7	0.5	0.7	0.245
7	0.6	0.8	0.8	0.180
8	0.7	0.4	0.7	0.196
9	0.8	0.7	0.8	0.336
10	0.7	0.7	0.7	0.343
平均值	0.65	0.54	0.74	0.26

权重系数的确定方法大致有以下几种：

(1) 按意见重要程度给出，如表 5-2 所示。

表 5-2　意见与权重系数

意见重要程度	不太重要	一般	很重要	非常重要
权重系数	2	4	8	10

(2) 打分的办法，一般采用十分制，对完全有把握、非常重要的人给予 10 分，对完全没有专业知识、意见完全不重要的人给予 0 分，其他人则酌情在这之间给分，最后计算出加权平均值。

$$加权平均值=\frac{\sum(数值\times 权重系数)}{\sum 权重系数} \tag{5-1}$$

(3) 使用模糊集合中的隶属度概念，从 0～1 之间选一个数表示重要性的隶属度，对完全有把握，意见非常重要的给予重要性隶属度为 1，对意见完全不重要的人给予重要性隶属度为 0，对其他人则酌情定重要性隶属度，这与第二种打分的方法很类似。模糊集合是近年来发展起来的很有实用价值的一门学科，需要进一步了解的人可参考专著《模糊集合论及其应用(第 4 版)》。

5.3　概率分布与风险度

在风险分析中，有些事件的各种风险变量变化是很难捉摸的，因此通常只能借助主观估计来分析风险概率，这是非常粗糙的。为提高精度，需要引用概率分布来描述风险变量的变化规律。在研究概率分布时，要注意充分利用已获得的信息，有时，在获得的信息不够充分的情况下，也要用主观判断和近似的方法得出概率分布，这对风险分析是十分有用的。连续分布曲线大致有光滑曲线与分段用直线描述的如阶梯形曲线两种，它们都是实际情况的近似，要视具体情况(如所获信息量的大小、计算是否方便等)来确定，不能认为哪种形式就一定优越[2]。本节只讨论风险分析中常用的概率分布。

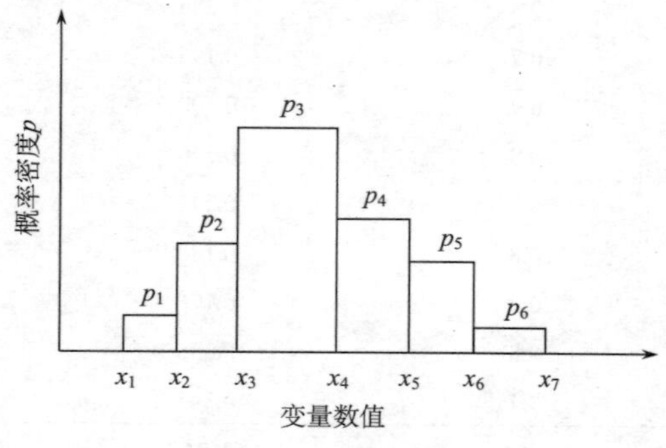

图 5-3　阶梯长方形分布

5.3.1　阶梯长方形分布

阶梯长方形的概率密度分布，如图 5-3 所示。这是风险分析中常用的分布，因为它有很多优点。这些优点是：

(1) 做估计的人有很大的自由度，可根据他自己的要求和所获信息的多少分成任意多少的区间。如果采用一般光滑曲线给出的曲形分布图，是没有这个自由度的。

(2) 在实际问题中，常需用主观概率，而主观概率的确定，常不能很精细，而是首先根据主观判定出一个优劣次序，如某区间的可能性要大于另一区间等，根据这样一个优劣次序即可大致画出概率分布图来。

5.3.2　均匀分布

当判断非常模糊，而估计者很难区分任意两值中何者更有可能时，只好用均匀分布，如图 5-4 所示。分布可看作是阶梯长方形分布的一种特殊情况，即只有一个区间。这种分布要求的信息量少且简单，所以在估计和决策时还是有用的。例如我们估计某一工程的费用是 20 万～25 万元，假定在 20 万～25 万元之间均匀分布。但显然，它距实际情况较远。但应看到，即便是这样粗略的估计也比确定性估计要符合实际，如估计消耗就是 22 万元，其他数值都不可能，更不符合实际情况。均匀分布常只用于变化影响不太大(即灵敏度不高)的因素，使用时常将取值区间估计得比实际情况要大。

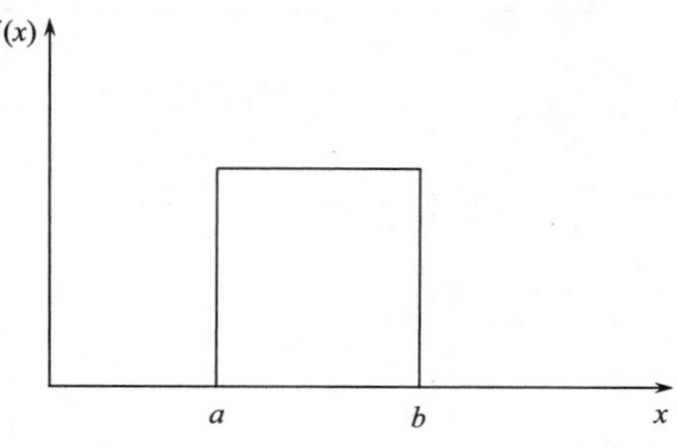

图 5-4　均匀分布概率密度函数

(1) 概率密度函数：

$$f(x)=\begin{cases}\dfrac{1}{b-a}, & a\leqslant x\leqslant b\\ 0, & \text{其他}\end{cases} \tag{5-2}$$

均匀分布的概率密度函数曲线如图 5-4 所示。

(2) 分布函数：

$$F(x)=\begin{cases}0, & x<a\\ \dfrac{x-a}{b-a}, & a\leqslant x<b\\ 1, & x\geqslant b\end{cases} \tag{5-3}$$

式(5-2)和式(5-3)中，a 和 b 为实数，且 $a<b$；a 是位置参数；$b-a$ 是比例参数。

(3) 均值：

$$\mu=\frac{a+b}{2} \tag{5-4}$$

(4) 方差：

$$\sigma^2=\frac{(b-a)^2}{12} \tag{5-5}$$

均匀分布是误差分析中常用的概率分布之一。在风险分析中，其在统计仿真蒙特卡罗方法中占有重要的地位。

5.3.3　离散型分布

对于有些断续的情况，如估计某一工程在哪一年可以投产，可用离散分布情况。风险分析中常用到的离散分布有伯努利分布(见图 5-5)、二项分布(见图 5-6)、泊松分布等[3]。

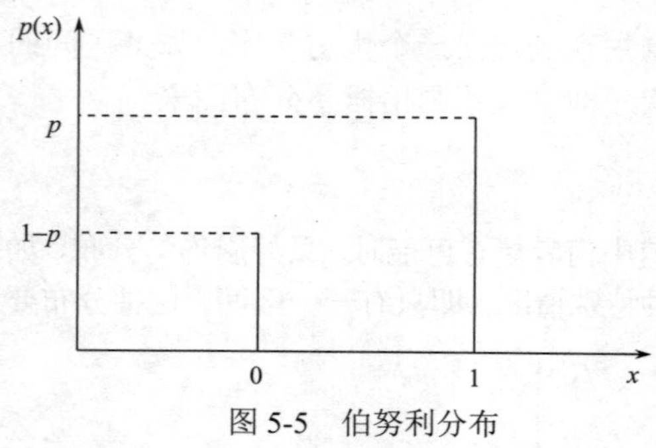

图 5-5　伯努利分布

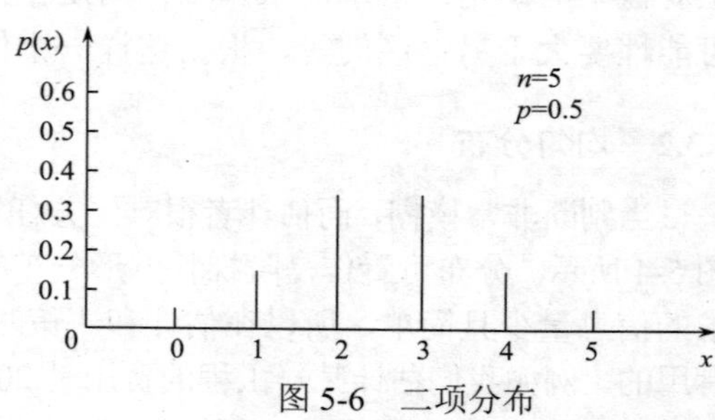

图 5-6　二项分布

1. 伯努利分布

(1) 分布律：

$$p(x)=\begin{cases}1-p,\ x=0\\ p,\ x=1\\ 0,\quad x\geqslant 1\end{cases} \tag{5-6}$$

伯努利分布的分布律，如图 5-5 所示。

(2) 分布函数：

$$F(x)=\begin{cases}0,\ x<0\\ 1-p,\ 0\leqslant x<1\\ 1,\quad x\geqslant 1\end{cases} \tag{5-7}$$

(3) 均值：

$$\mu=p \tag{5-8}$$

(4) 方差：

$$\sigma^2=p(1-p) \tag{5-9}$$

伯努利随机变量是伯努利试验的结果。其只有 2 个取值，用 1 代表成功，用 0 代表失败。

2. 二项分布

(1) 分布律：

$$p(k)=p(X=k)=C_n^k p^k q^{n-k},\quad k=0,1,2,\cdots,n \tag{5-10}$$

式中，p 为每次试验成功概率，$0\leqslant p\leqslant 1$，$p+q=1$。

二项分布的分布律如图 5-6 所示。

(2) 分布函数：

$$F(x)=\begin{cases}0,\ x<0\\ \sum\limits_{r=0}^{x}C_n^r p^r q^{n-r},\ 0\leqslant x<n\\ 1,\ n\leqslant x\end{cases} \tag{5-11}$$

(3) 均值：

$$\mu=np \tag{5-12}$$

(4) 方差：

$$\sigma^2 = npq = np(1-p) \tag{5-13}$$

二项分布是 n 次独立伯努利试验中成功次数的概率分布。

3. 泊松分布

(1) 分布律：

$$p(k) = P(X=k) = \frac{\lambda^k \mathrm{e}^{-\lambda}}{k!}(k=0,1,2,\cdots,n) \tag{5-14}$$

(2) 分布函数：

$$F(x) = \begin{cases} 0, & x<0 \\ \mathrm{e}^{-\lambda}\sum\limits_{k=0}^{x}\dfrac{\lambda^k}{k!}, & x \geqslant 0, \quad \lambda>0 \end{cases} \tag{5-15}$$

(3) 均值：

$$\mu = \lambda \tag{5-16}$$

(4) 方差：

$$\sigma^2 = \lambda \tag{5-17}$$

可以证明，当 n 很大时，二项分布可以近似地看做是以 $\lambda = np$ 为参数的泊松分布。因此，当 n 很大，且 p 较小时，可用泊松分布来近似替代二项分布进行计算。因泊松分布函数较简单，故这一结论在风险分析中经常使用。

5.3.4 阶梯形分布

阶梯形分布又称为四点估计，估计者对风险变量的最可能值有所估计，但又估计不准，只知道风险变量正常情况下在某一区间 $[c,d]$ 内变动以及在极端情况下有最小值 a 与最大值 b，正常情况与极端情况之间属于不正常情况，发生的概率比正常情况要小，这里用直线相连，这种估计常用阶梯形分布(见图 5-7)。由图可以看出，很多主观概率分布都比较符合阶梯形分布。

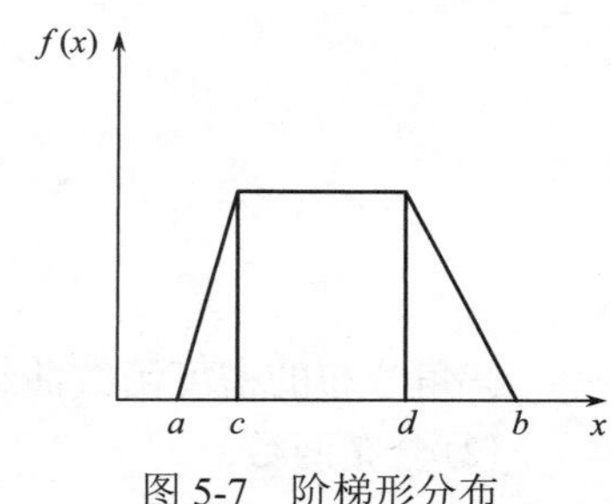

图 5-7　阶梯形分布

(1) 概率密度函数：

$$f(x) = \begin{cases} \dfrac{h}{c-a}(x-a), & a \leqslant x < c \\ \dfrac{2}{b+d-c-a}, & c \leqslant x < d \\ -\dfrac{h}{b-d}(x-b), & d \leqslant x < b \\ 0, & x<a\text{或}x>b \end{cases} \tag{5-18}$$

其概率密度曲线如图 5-7 所示。

(2) 分布函数：

$$F(x)=\begin{cases}0,\ x<a\\ \dfrac{h(x-a)^2}{2(c-a)},\ a\leqslant x<c\\ \dfrac{h(2x-a-c)}{2},\ c\leqslant x<d\\ 1-\dfrac{h(b-x)^2}{2(b-d)},\ d\leqslant x<b\\ 1,\ x\geqslant b\end{cases} \tag{5-19}$$

(3) 均值：

$$\mu=\frac{h}{6}\left[(d^2+db+b^2)-(a^2+ac+c^2)\right] \tag{5-20}$$

(4) 方差：

$$\sigma^2=\frac{h}{12}\left[(d^2+b^2)(d+b)-(a^2+c^2)(a+c)\right] \tag{5-21}$$

式中，$h=\dfrac{2}{b+d-c-a}$。

5.3.5 三角分布

三角分布是梯形分布的一种特殊情况，在勘探风险等分析中常使用到。为获得此分布只需知道最可能的数值及上下极限值。这里假设概率密度曲线成线性变化是一种粗略的近似[4]。

(1) 密度函数：

$$f(x)=\begin{cases}\dfrac{2(x-a)}{(b-a)(c-a)},a\leqslant x<c\\ \dfrac{2(b-x)}{(b-a)(b-c)},c\leqslant x<b\\ 0,\quad 其他\end{cases} \tag{5-22}$$

三角分布的密度函数曲线如图 5-8 所示。

(2) 分布函数：

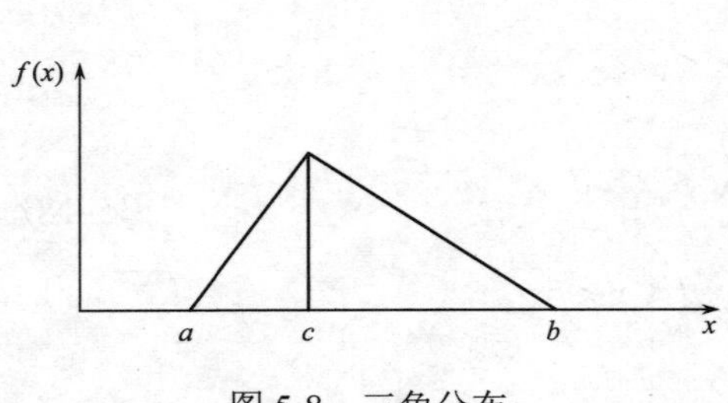

图 5-8　三角分布

$$F(x)=\begin{cases}0\ ,\ x<a\\ \dfrac{(x-a)^2}{(b-a)(c-a)}\ ,\ a\leqslant x<c\\ 1-\dfrac{(b-x)^2}{(b-a)(b-c)}\ ,\ c\leqslant x<b\\ 1\ ,\ x\geqslant b\end{cases} \tag{5-23}$$

式(5-22)和式(5-23)中，a、b 和 c 均为实数，且 $a<c<b$；a 是位置参数；$b-a$ 是比例参数；

c 为形状参数。当 $c=b$ 时，为右三角分布；当 $c=a$ 时，为左三角分布。

(3) 均值：

$$\mu=\frac{a+b+c}{3} \tag{5-24}$$

(4) 方差：

$$\sigma^2=\frac{a^2+b^2+c^2-ab-ac-bc}{18} \tag{5-25}$$

5.3.6　理论概率分布

理论概率分布也是风险估计中被大量采用的一种估计方法。理论概率分布是用数学方法抽象出来的概率分布规律，可用数学式进行精确的描述。在实际工作中，常将统计概率、主观概率和理论概率分布结合使用。如用主观概率来确定一两个参数，再用理论概率分布来描述整个过程等。理论概率分布有正态分布、二项分布、对数正态分布、贝塔分布等。二项分布在前文已叙述，下面再介绍风险分析中常用到的正态分布和对数正态分布。

1. 正态分布

(1) 密度函数：

$$f(x)=\frac{1}{\sqrt{2\pi}\sigma}\mathrm{e}^{-\frac{1}{2}\left(\frac{x-\mu}{\sigma}\right)^2},\quad -\infty<x<+\infty \tag{5-26}$$

式中，参数 μ 和 σ^2 分别称为均值和方差。

正态分布的密度函数曲线如图 5-9 所示。

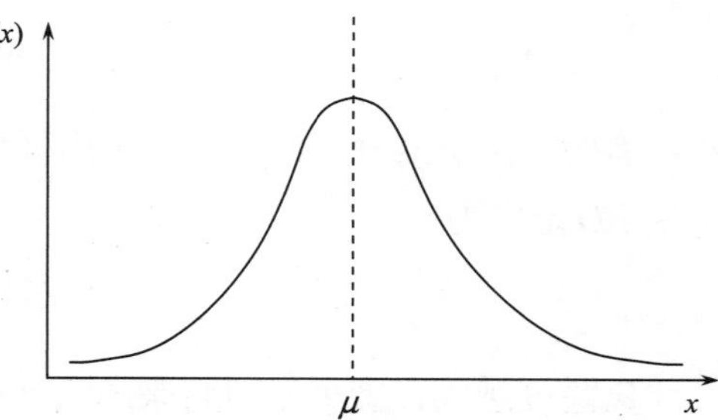

图 5-9　正态分布的密度函数曲线

(2) 分布函数：

$$F(x)=\frac{1}{\sqrt{2\pi}\sigma}\int_{-\infty}^{x}\mathrm{e}^{-\frac{1}{2}\left(\frac{x-\mu}{\sigma}\right)^2}\mathrm{d}y \tag{5-27}$$

特别地，当 $\mu=0$，$\sigma^2=1$ 时，$N(\mu,\sigma^2)$ 称为标准正态分布，记为 $N(0,1)$。标准正态分布的密度函数为

$$f(x)=\frac{1}{\sqrt{2\pi}}\mathrm{e}^{-\frac{x^2}{2}},\quad -\infty<x<+\infty \tag{5-28}$$

标准正态分布的分布函数为

$$F(x)=\frac{1}{\sqrt{2\pi}}\int_{-\infty}^{x}\mathrm{e}^{-\frac{x^2}{2}}\mathrm{d}y-\Phi(x) \tag{5-29}$$

式中，$\Phi(x)$ 称为拉普拉斯函数，可由正态分布表查得。

2. 对数正态分布

将正态分布中的 x 值换成自然对数 $\ln x$，即成为对数正态分布。

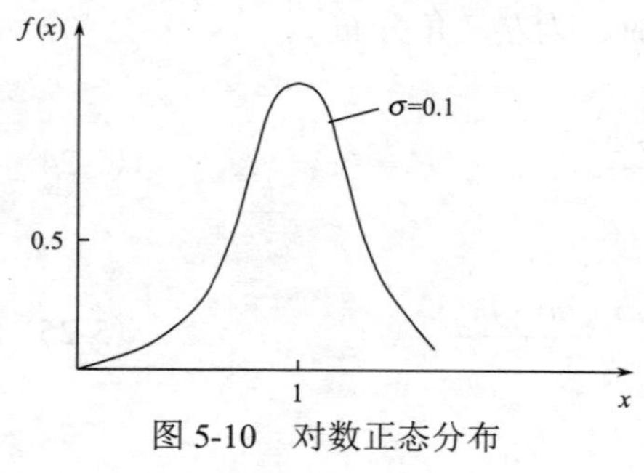

图 5-10　对数正态分布

(1) 密度函数：

$$f(x)=\frac{1}{\sqrt{2\pi}\sigma}\mathrm{e}^{-\frac{1}{2}\left(\frac{\ln x-\mu}{\sigma}\right)^2},\quad x>0 \tag{5-30}$$

式中，参数 μ 和 σ^2 分别称为均值和方差。

对数正态分布的密度函数曲线如图 5-10 所示。

(2) 分布函数：

$$F(x)=\frac{1}{\sqrt{2\pi}\sigma}\int_{-\infty}^{x}\mathrm{e}^{-\frac{1}{2}\left(\frac{\ln x-\mu}{\sigma}\right)^2}\mathrm{d}y \tag{5-31}$$

(3) 均值：

$$\mu=\mathrm{e}^{\mu+\frac{\sigma^2}{2}} \tag{5-32}$$

(4) 方差：

$$\sigma^2=\mathrm{e}^{2\mu+\sigma^2}(\mathrm{e}^{\sigma^2}-1) \tag{5-33}$$

5.3.7　风险度

应当说，给出了概率分布也就有了全部关于风险估计所需要的资料，可以进行仔细的研究。但有时，为了比较各种方案，或为了进行简单的描述，常需要用一个数字来描述风险，因此引进了风险度的概念。

当使用均值作为某变量的估计值时，风险度定义为标准方差 σ 与均值之比，在有些文献中也称为变异系数。即风险度为

$$FD=\frac{\sigma}{\mu} \tag{5-34}$$

有时，由于某种原因，并不采用平均值作为该变量的估计值，设估计值为 x_0，则风险度 FD 定义为

$$FD=\frac{\sigma-(\mu-x_0)}{\mu} \tag{5-35}$$

风险度越大，就表示对将来的估计越没有把握，风险也就越大，这个数值是决策的一个重要考虑因素。

5.4　概　率　树

概率树是一种用来分析和进行风险估计的方法，它能帮助我们探索问题之间的联系，简化问题的复杂度，使问题的内在关系清晰明了，大大降低了人们分析复杂问题的难度。下面通过一个例子来说明这种方法。

假定 A 公司正在考虑研制一种新的蓄电池。目前 A 公司拥有 28%的蓄电池市场，而它的主要竞争者 B 公司拥有 72%。A 公司研究人员由于在技术方面有了突破，有 75%的把握研制出这种新的蓄电池。如果革新成功，这种新产品将成为市场上一种新的竞争力量[5]。

在是否要研制和销售新蓄电池的决策过程中，需要很认真地估计 B 公司的反应。估计 B 公司将推出新产品相对抗的可能性为 65%。如这种情况发生，则 A 公司有 75%市场份额的可能性是 30%，占有 55%可能性为 40%，40%的可能性是 25%。销售部门还估计，如果 B 公司未能开发出新产品来对抗，则 A 公司占有 85%的市场份额的可能性是 80%，50%与 40%的可能性分别为 10%与 15%。如果 A 公司决定不开发新产品，则仍然保持占有现有的 28%的市场份额。

作为 A 公司的经理，非常关心能否至少占有 50%的市场份额。这一问题可以用概率树完满地加以描述。从图 5-11 可看出求解这个问题的过程。图中 C 表示 A 公司可以选择的行动方案，D 是 B 公司竞争的反应，E 是自然状态或市场反应，在各种状态下标注着发生的概率。为了得到至少占有 50%的市场份额的可能性，我们关心达到 50%或 50%以上的市场份额的各种事件的组合。状态 E_1、E_2、E_4 和 E_5 符合这一要求。所以，组合 $C_1D_1E_1$、$C_1D_1E_2$、$C_1D_2E_4$ 及 $C_1D_2E_5$ 都符合这一要求。占有 50%以上份额的概率应为这四种组合概率的总和，即

$$P = 0.14625 + 0.195 + 0.21 + 0.02625 = 0.5775$$

在决策过程中，我们常使用决策树，它可以简明扼要地确定可供选择的行动方案以及各种决策的可能结果，从而使得决策过程更加科学可靠。

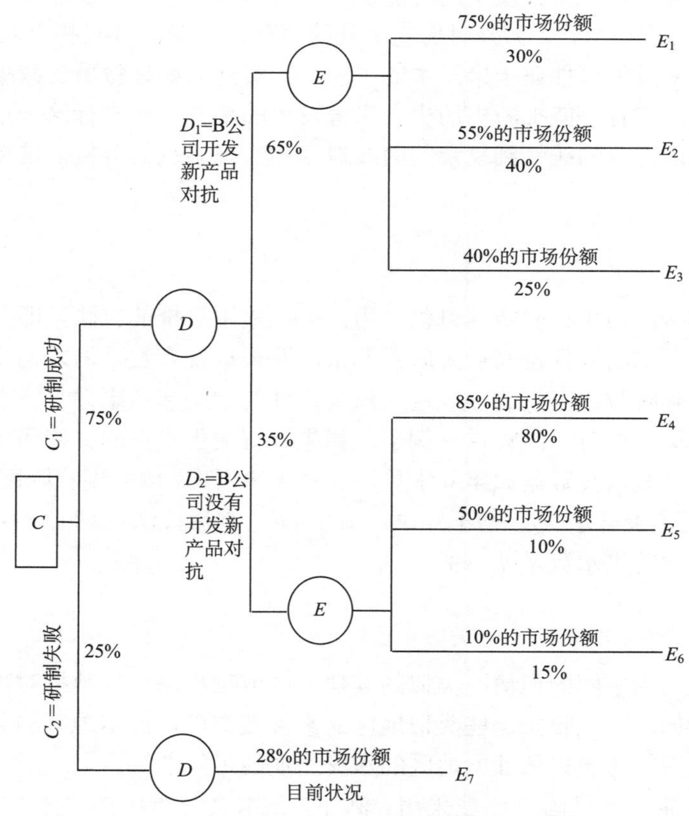

图 5-11　A 公司开发新产品的概率树

5.5 综合推断法

综合推断法是将已有数据与主观分析判断相结合的一种综合的风险发生概率的估计方法。综合推断法可分前推法、后推法和旁推法。

5.5.1 前推法

前推就是根据历史经验和数据来推断未来风险发生的概率。例如，水利工程中的防洪计算，需要考虑未来洪水的风险。为此，可根据这一地区洪灾事件的历史记录进行前推。这里也有各种可能性，如：如果历史记录呈现出明显的周期性，那么外推可认为是简单的历史重现。也就是将历史数据序列投射到未来，作为未来风险的估计。

有时不能预见洪灾发生的确切时间，前推法可根据历史数据估计出重现期的概率。有时由于历史数据往往是有限的，或者看不出什么周期性，可认为已获得的数据只是更长的关于洪灾历史数据序列的一部分，关于这一序列假设它服从某种曲线或公式表示的分布函数，根据此曲线或函数再进行外推。有时需要根据逻辑上或实践上的可能性去推断过去未发生过的事件在将来发生的可能性。这是因为历史记录往往有失误或不完整的地方，气候和环境也在变化，另外对历史事件的解释也可能掺进某些个人的意见。因此，必须考虑历史上未发生事件在未来发生的可能性。实际上如果将历史数据看做是更长数据序列的一部分，亦有可能推断出历史上未曾发生的事件。在进行这一推断工作时，要采用各种方法，从简单的统计到复杂的曲线拟合和物理系统的分析，这要用到个人或集体经验才能完成。

5.5.2 后推法

如果没有直接的历史经验数据可供使用，可以采用后推的方法，即把未知的历史事件及后果与某一已知的事件及其后果联系起来，即根据现有数据推求历史数据。这就是把风险事件归算到有数据可查的造成这一风险事件的一些起始事件上。在时间序列上也就是由后向前推算。如对于洪灾这一例子，如果没有关于洪灾的直接历史数据可查，可将洪灾的概率与一些水文数据如年降水量等联系起来考虑，例如现状降雨量 X_1 引起洪水流量 Q_1，又知历史上降水 X_2，但不知洪水流量 Q_2，则后推法估算 $Q_2=Q_1/X_1\times X_2$，即可对历史上某一时间的洪水流量做出估计[6]。

5.5.3 旁推法

旁推法就是利用不同的但情况类似的其他地区或工程项目的数据对本地区或工程项目进行外推。例如，可以收集一些类似地区的水灾数据以增加本地区的数据，或者使用类似地区一次大雨的情况来估计本地区的水灾出现的可能性等。

应当说，旁推法在我国早已被采用。例如，在水文分析中的“水文比拟法”，如X流域(流域面积 X 平方千米)只有降雨 P_i 没有流量 Q_i，选择相近流域Y(与X流域气候地形相近，流域面积 Y 平方千米，有降雨 P_j 和流量 Q_j)，则可用旁推法估算 $Q_i=Q_j\times(P_i/P_j)\times(X/Y)$。在进行风险较大的工程项目时，如果用新的建筑材料或新的工程结构时，常采用“试点”、“由点到面”的方法，这是工程中较为典型的一种旁推法。用某一项目取得的数据，去估测其他工程项目的状态，这是工程项目风险估计常用的方法之一。

5.6　蒙特卡罗(Monte Carlo)数字仿真法

5.6.1　方法概述

对于大型工程项目、大型环境与市政工程常需进行认真的风险估计，这些项目的特点是：规模大、影响大、投资大、难度大，这就决定了项目的风险也大。另外，这些项目的周期都比较长，一般合同期都超过 15 年。在这样长的时段内，市场情况、通货膨胀率、利率、技术进步情况等因素都在不断发生变化，对这些随机因素的影响要做出正确的估计是很困难的事。

对这些项目进行研究或用综合推断法都是很困难的，例如，一个小型工厂与一个生产同类产品的大型工厂对市场的影响是完全不同的，因而很难由小型工厂去外推大型工厂的情况。而近年来发展起来的数字仿真技术为此提供了有力的工具。数字仿真就是在计算过程中考虑各种随机因素的影响，把未来各年的情况用数字计算机计算和显示出来，算出多种方案及其概率分布，从而就可以对风险进行详细的估计，如图 5-12 所示，图中 $p(x_1)$，…，$p(x_n)$ 表示 n 个输入随机变量的概率分布，如市场情况、利率变化情况等；$p(y_1)$，…，$p(y_m)$ 表示 m 个评价指标，如资金利润率等。决策变量表示决策人员选择的不同方案，如不同的规模、不同的选址、不同的产品种类等。

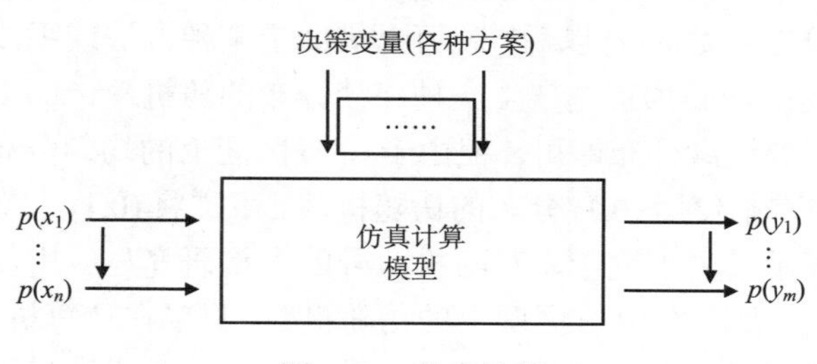

图 5-12　仿真计算

即便是使用电子计算机，要将所有可能的方案都考虑在内计算一遍也是困难的，或者要花费太多时间和费用。例如有 4 个输入变量，每个随机变量采取 10 个数值，则每一种方案就有10^4 即 1 万种不同的情况。若输入变量是连续分布的，就更难照顾到所有情况。

蒙特卡罗方法正是为了解决这一困难而设计的。这种方法可看成是实际可能发生情况的模拟，是一种试验。此方法又称统计表试验方法，是一种依据统计理论，利用计算机来研究风险发生概率或风险损失的数值计算方法。在目前的风险分析中，是一种应用广泛、相对精确的方法。蒙特卡罗方法源于第二次世界大战期间，John von Neumann 和

Ulam 对裂变物质中子的随机扩散进行模拟研究，并以世界闻名的赌城蒙特卡罗作为该项目研究的秘密代号而得名。用赌城名称作为随机模拟的名称，既反映了该方法的部分内涵，又易记忆，因而很快就得到人们的普遍接受[7]。

蒙特卡罗方法的基本思想是：若已知描述项目风险状态的概率分布，根据项目目标或规定的状态函数 $g(X_1, X_2, \cdots, X_n)$，利用抽样技术，生成符合状态变量概率分布的一组随机量 $x_1, x_2, \cdots, x_n$，将其代入状态函数 $g(X_1, X_2, \cdots, X_n)$，得到状态函数的一个随机量。如此，用同样的方法产生 N 个类似这样的状态函数的随机量。若在 N 个状态函数的随机量中有 M 个小于等于(或大于等于)项目目标或规定的值 X_0，当 N 充分大时，由大数定律，此时的频率已接近概率，因而可得工程项目的风险率 p_r，公式为

$$p_r = \lim_{n\to\infty} p\left\{g(X_1, X_2, \cdots, X_n) \leqslant X_0\right\} = \frac{M}{N} \tag{5-36}$$

或

$$p_r = \lim_{n\to\infty} p\left\{g(X_1, X_2, \cdots, X_n) \geqslant X_0\right\} = \frac{M}{N} \tag{5-37}$$

在工程项目风险分析中，当描述项目风险发生概率或风险损失的数学公式或方程包含一些非初等的分布函数时，往往问题变得较为复杂。因此难以得到解析解。运用蒙特卡罗方法的优点主要体现在：只要能正确地用数学表达式描述项目风险发生的概率，原则上说总可以找到解。在计算机上做多次试验后，其解将会取得满意的精度。

5.6.2　随机数的产生

1. 伪随机数

为了进行项目风险模拟，必须对随机变量取样，或者说产生服从某一分布的随机数，当已知随机变量的分布函数 $F(x)$ 以后，就可以借助于某种方法或手段得到服从该分布的随机数。但在这过程中，必须首先产生一种连续分布的随机数，即所谓伪随机数。从理论上说，伪随机数只要连续分布即可。但由于 (0,1) 区间上的均匀分布是最简单、最基本的连续分布，所以通常都使用 (0,1) 分布的伪随机数。下文将 (0,1) 上均匀分布的随机数简称伪随机数，用 r_i 表示。由于近年来对随机信号的大量研究与应用，伪随机数发生器在一般的计算机上都有。要产生 (0,1) 区间上的伪随机数，只要在计算机上调用此程序即可。要产生一定分布的随机数，首先要生成伪随机数，再将伪随机数进行一定的数字转换即可得到所要求的随机数。

2. 离散分布随机数的产生与逆变换法

设 x 为某种产品的销售数量，$P(x)$ 为对应数量的概率。其数值如表 5-3 所示。

表 5-3　销售数量及其概率

x	10	30	50	70
$P(x)$	0.25	0.15	0.30	0.30

利用累计概率分布即可进行转换计算。如图 5-13 所示，如果等概率密度发生器产生了某一数 r，例如 r=0.52，在图 5-13 的纵轴上找到 0.52，根据累计概率分布曲线即可找到随机数 x 的数值，图 5-13 中的数字转换规律如表 5-4 所示。

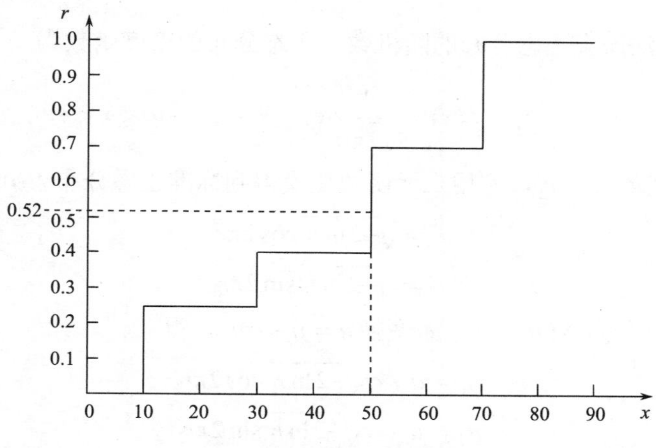

图 5-13 离散分布随机数的计算

表 5-4 r 与 x 之间的关系

r	$0<r\leqslant 0.25$	$0.25<r\leqslant 0.4$	$0.4<r\leqslant 0.7$	$0.7<r\leqslant 1.0$
x	10	30	50	70

具有其他累计概率分布的随机数的产生和以上情况方法类似，不过计算过程可能要复杂一些。

以上提到的方法具有一般的意义，称为逆变换法，这种方法同样适用于连续型分布，其步骤如下：

(1) 画出随机变量 X 的分布曲线，或求出 $F(x)$ 的解析表达式。

(2) 由等概率密度发生器产生一个随机数 a，$0\leqslant a\leqslant 1$。

(3) 在 $F(x)$ 轴上确定该随机数，即令 $r=F(x)$，从该点画水平投影线直到与 $F(x)$ 相交或与 $F(x)$ 不连续段相交。

(4) 求得与交点相应的 x 值，即为所求得服从 $F(x)$ 分布的随机数。

3. 均匀分布随机变量的产生

对任意 $a<b$，在 $[a,b]$ 均匀分布的概率密度函数 $f(x)$ 和分布函数 $F(x)$ 分别见式(5-2)和式(5-3)。由于 $F(x)$ 在 $[a,b]$ 连续，且严格单调递增，因此有了伪随机数 r，就可得

$$F(x)=\frac{x-a}{b-a}=r \tag{5-38}$$

对式(5-38)做逆变换，得 $x=a+(b-a)r$，因而得到均匀分布随机数 u 的抽样公式：

$$u=a+(b-a)r \tag{5-39}$$

4. 正态分布随机数的产生

产生服从正态分布随机数的方法很多，这里介绍两种方法，分别为上文已涉及的逆变换法和近似法。

(1)用逆变换法产生正态分布的随机数。正态分布的密度函数为

$$f(x)=\frac{1}{\sqrt{2\pi}\sigma}\mathrm{e}^{-\frac{1}{2}\left(\frac{x-\mu}{\sigma}\right)^2},\quad -\infty<x<+\infty \tag{5-40}$$

取 2 个伪随机数 r_1 和 r_2，利用二元函数变换得到标准正态分布 $N(0,1)$ 的抽样公式：

$$u_1^*=\sqrt{-2\ln r_1}\cos 2\pi r_2 \tag{5-41}$$

$$u_2^*=\sqrt{-2\ln r_1}\sin 2\pi r_2 \tag{5-42}$$

对非标准正态分布 $N(\mu,\sigma^2)$，做变换 $u=\mu+\sigma u^*$，得

$$u_1=\mu+\sigma\sqrt{-2\ln r_1}\cos 2\pi r_2 \tag{5-43}$$

$$u_2=\mu+\sigma\sqrt{-2\ln r_1}\sin 2\pi r_2 \tag{5-44}$$

(2)用近似法产生正态分布的随机数。取 n 个在 $(0,1)$ 区间上均匀分布的伪随机数 r_1，$r_2,\cdots,r_n$，则有期望值和方差分别为

$$E(r_i)=\int_0^1 xf(x)\mathrm{d}x=\int_0^1 x\mathrm{d}x=\frac{1}{2} \tag{5-45}$$

$$\sigma_i^2=Dx=\frac{1}{12} \tag{5-46}$$

由中心极限定理可知当 n 较大时，

$$\frac{\sum_{i=1}^{n}r_i-\frac{n}{2}}{\sqrt{\frac{n}{12}}}\sim N(0,1) \tag{5-47}$$

因而可得产生标准正态分布随机数的公式为

$$u=\frac{\sum_{i=1}^{n}r_i-\frac{n}{2}}{\sqrt{\frac{n}{12}}} \tag{5-48}$$

那么 n 要多大才能合适呢？实际上并不要求 n 非常大，实验证明，当 n 为 12 时已经能够获得很好的近似程度。

当取 $n=12$ 时，则得到符合标准正态分布 $N(0,1)$ 分布的随机数，公式为

$$u^*=\sum_{i=1}^{12}r_i-6 \tag{5-49}$$

对非标准正态分布 $N(\mu,\sigma^2)$，做变换 $u=\mu+\sigma u^*$，得

$$u=\mu+\sigma\left(\sum_{i=1}^{12}r_i-6\right) \tag{5-50}$$

用式(5-50)计算来产生符合 $N(\mu,\sigma^2)$ 分布的随机数极为方便。虽其为近似公式，但其有相当的精度，因而具有很好的实用价值。

5. 二项分布随机变量的产生

为了产生二项分布的随机数，只需考虑一下二项分布的原理，就可很容易地看出使用伪随机数来生成它们的原理。二项分布的实际情况是，任何一次实验只能有成功或失败两种情况，成功的概率为 P。我们可以将每次产生伪随机数的试验看做是一次试验，当此随机数落在闭区间 $(0,P)$ 中时算作事件成功，当此随机数落在左开区间 $(P,1)$ 中时算做事件失败，这样就得到了成功概率为 P 的试验。对于已经给定的定数 n 值(如在抛硬币几次)，我们只需产生 n 个等概率密度分布随机数，从中找出成功的次数 k，也就得到了一个样本值。

这种方法从原理上讲十分简单，但在用计算机计算时有一个缺点，那就是为获得每一个样本值，都需要调用 n 次随机信号发生器。如用上文提到的逆变换法就可避免这个缺点，用下例说明：

设 $n=5$ (如连抛五次硬币)，假定正面朝上为成功，则成功的概率为 $p=0.5$，求服从此二项分布的随机数。

二项分布公式为

$$P(x)=C_n^k p^k q^{n-k} \tag{5-51}$$

则其成功概率为

$$P(x)=C_5^k(0.5)^k(0.5)^{5-k} \tag{5-52}$$

由上式可算得其分布如表 5-5 所示。

表 5-5　抛五次硬币的二项分布

x	$P(x)$	累计概率
0	0.03125	0.03125
1	0.15625	0.18750
2	0.31250	0.50000
3	0.31250	0.81250
4	0.15625	0.96875
5	0.03125	1.00000

作 x 与累计概率曲线，如图 5-14 所示。运用逆变换法，只要产生一个伪随机数，便可获得一个 x 值。如当 $r=0.60$ 时，x 值便为 3，则硬币正面朝上的次数为 3 次。

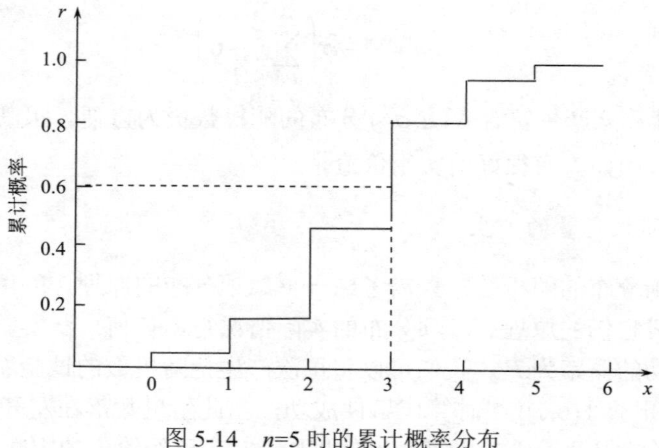

图 5-14　n=5 时的累计概率分布

6. 一般连续型分布随机数的产生方法

为了产生一般连续型分布随机数，也可采用逆变换法。例如已知三角分布的分布函数$F(x)$为

$$F(x)=\begin{cases}0,\ x<a\\ \dfrac{(x-a)^2}{(b-a)(c-a)},\ a\leqslant x<c\\ 1-\dfrac{(b-x)^2}{(b-a)(b-c)},\ c\leqslant x<b\\ 1,\ x\geqslant b\end{cases} \tag{5-53}$$

有了伪随机数r，直接应用逆变换法$u=F^{-1}(x)$，可得随机变量u的计算公式为

$$u=\begin{cases}a+\sqrt{(b-a)(c-a)r}, & 0\leqslant r\leqslant\dfrac{c-a}{b-a}\\ b-\sqrt{(b-a)(b-c)(1-r)}, & \dfrac{c-a}{b-a}\leqslant r\leqslant 1\end{cases} \tag{5-54}$$

式中，a，b，c 均为三角分布的参数。

但是并不是所有的分布函数都能用解析式来表达，应该说在多数情况下是不能的。在这种情况下，我们可以将分布曲线分成许多小区间，即用阶梯形曲线来近似地代替光滑曲线(图 5-15(a))，或者分段用直线代替(图 5-15(b))，因为折线或直线的方程很容易求得。至于分段数目要视要求的精度而定。精度要求较高时，分段数目宜多，精度要求低时，分段数目可适当减少。另一种方法就是用已知的分布形式代替，然后可以比较容易地求得相应的随机数。

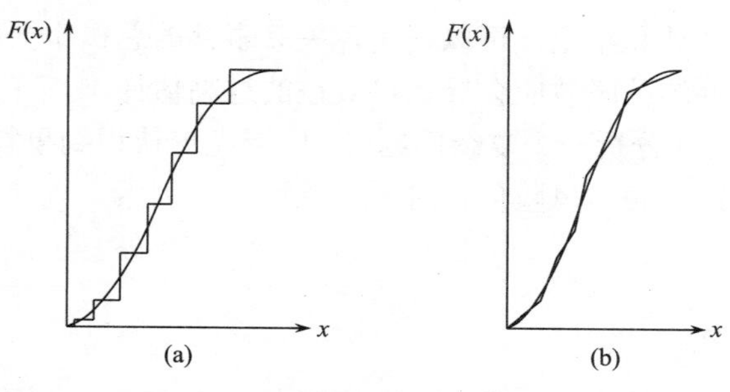

图 5-15　分布曲线的近似表示方法

5.6.3　蒙特卡罗方法总结

蒙特卡罗方法因其具有的高精度、高效率特性被风险决策者广泛地使用于工程、市场、经济等领域。但此方法只是一种数值计算方法，其自身的性质决定了它主要有以下几种缺陷：

(1) 蒙特卡罗方法在模拟试验过程中要求每一随机变量独立，为取得每组数据要进行几百上千次的计算，所需要的计算机 CPU 时间比较长，费用也比较大。所以，蒙特卡罗方法一般只在进行较精细的系统分析时才使用。

(2) 蒙特卡罗方法不是用纯数学的方法去确定各变量的数值关系，而是通过建立数学模型，在计算机上做试验，通过试验求解的一种方法。一般它只能给出模型试验的最终解，而不能得到一些中间成果。

(3) 蒙特卡罗方法是一种数值计算方法。只能给出问题的一个可行解。得不到一般的通解，要得到较精确的解，则要多次模拟，与枚举法有类似的弱点。

以上缺陷是蒙特卡罗方法自身的性质所决定的，随着计算机科学和技术的发展，这些问题将会得到不同程度的改善，此方法仍将是风险分析领域一种有力的分析计算工具[8]。

5.7　多因素相互关联效应的估计

5.7.1　关联的影响

到现在为止，在进行风险估计时，很少考虑各随机变量之间的相互影响。主要原因是，忽略这种相互影响有利于模型的建立并使分析计算工作更快而有效。分析人员都认识到考虑关联影响时，风险的辨识和估计是很困难的。但是同时，忽视各因素之间的关联影响可能得出错误的风险分析结论[9]。例如，一个石油企业寻找新油田的项目，这个项目最终能否盈利决定于一系列因素，如勘探的投入成本、勘探技术、最终发现的油田的规模等，这些因素之间是有关联的。如勘探成本与油田规模之间是密切关联的。因为，如果勘探成本投入较多，使勘探设备优良，勘探次数增加，则可能在原有基础上发现更大规模的油田，反之则可能一无所获。如果在制定计划时，都按照最好的情况来分别考虑两个因素，即考虑最低的勘探成本和发现最大规模油田的情况，会使效益估计过高，得到没有保证的乐观估计和结论。可以证明，关联事件的总概率要比单件事件的单个概率要低，忽视关联事件的关联效应会导致对效益的过高估计。

因此，风险分析者在分析一个复杂问题时，应当充分认识到事物之间关联性的影响，看清看透事物的本质，在做出风险估计时要照顾到这一因素，以能提供一个更切实际的结论。

5.7.2 关联影响的估计

在风险估计的仿真计算中，一般将关联影响分为三类。

1. 无关联

无关联，即各变量之间相互独立，互不影响。这种情况是风险分析者最希望的情况。实际上，在一般情况下，一个项目的影响因素之间都是有关联的，但是为了简单起见，即便是有经验的风险分析者也常不考虑这些关联性，如前文所述，这会导致风险估计出现偏差。

2. 完全关联

完全关联，即两个变量是完全相关的，是一种极限情况。完全关联可以有多种定义方法。最强的要求是两个变量 x 与 y 之间完全正相关或负相关，也就是要求 x 与 y 的分布具有同样的数学表达式。这样假设的条件非常严格，只有在特殊情况下才会出现。

3. 部分关联

部分关联，即两个变量之间的关系处于无关联和完全关联之间。这种情况是最普遍的，下面重点讨论两个变量 x 与 y 部分相关的问题。

1) 条件采样法

此方法首先确定某个独立变量，然后再确定非独立变量的条件概率分布数字序列，每一个序列都与独立变量的某一数值相对应。在一个模拟周期，先用随机数发生器按独立变量的概率分布函数产生独立变量的某一个数值，再确定非独立变量的相应序列，根据此序列的概率分布再产生非独立变量的随机数值。

这一方法的难处就是如何确定这些条件概率分布序列，如果变量增多，这种要求几乎是不切实际的。因此需寻找较为简单的确定条件概率的方法。

2) 分区采样法

这种方法可以说是条件采样法的一种拓展。在实际的关联估计中，分析人员并不是像条件采样法所介绍的那样在确定某个独立变量后，然后确定非独立变量的条件概率分布数字序列。他们更愿意采用确定某个独立变量后，然后确定另一变量的变化区域。如下所示。

现有 x 与 y 两个变量，x 的变化范围是 0～50，y 的变化范围是 50～100。据分析者估计当 x 取值在 0～25，y 的变化范围是 50～75；当 x 取值在 25～50，y 的变化范围是 75～100。对于分析者这一思想的实现程序如下：首先按照 x 的概率分布函数产生 x 的一个随机数，若此数在 0～25，则 y 按某一假设的概率分布密度函数产生 50～75 之间的随机数；如果产生的 x 的随机数在 25～50，则 y 按某一分布产生 75～100 之间的随机数。实际情况比这要复杂很多，方法的实现也有很大难度。

3) 分析方法

先介绍 Hillier 模型，此模型是建立在三个假设的基础上的，分别是：

(1) 两个变量之间的关系系数 r_{xy} 不随时间变化，r_{xy} 的表达式为

$$r_{xy}=\frac{\sum\left[(x-M_x)(y-M_y)\right]}{\sqrt{D_x}\sqrt{D_y}} \tag{5-55}$$

式中，M_x、M_y 分别表示 x、y 的数学期望或平均值；D_x、D_y 分别表示 x、y 的方差。x 或 y 本身是随时间变化的量，分别用 x_t、y_t 表示。不同时间的数值之间也可能是相互关联的，只是关联程度随时间的增加而减弱。其相关系数的一阶近似为

$$corr(x_t,\ x_t^*)=\frac{\sum\left[(x_t-Mx_t)(x_t^*-Mx_t^*)\right]}{\sqrt{D_x}\sqrt{Dx_t^*}}=\rho^{t-t^*},t>t^* \tag{5-56}$$

式中，Mx_t、Mx_t^* 分别表示 x_t、x_t^* 的数学期望或平均值；D_x、Dx_t^* 分别表示 x_t、x_t^* 的方差。

(2) 不同时间不同变量之间的相关系数可由下式计算得到：

$$corr(x_t,\ y_t^*)=corr(x_t,y_t)corr(x_t,x_t^*)=r_{xy}\cdot\rho^{t-t^*},t>t^* \tag{5-57}$$

现在来讨论如何估计 r_{xy} 和 ρ，进而估计出 $corr(x_{t,}y_t^*)$。关于 r_{xy} 的计算，可采用如下方法。分析者可向大家提出如下的问题，即当 x 取一个特定值 x^* 时，y 的中间值 $y_{中}$ 是多少？由此可假定此 $y_{中}$ 就是 $p(y|x=x^*)$ 的中间值。

y 的非条件概率密度分布 $p(y)$ 可由下式求出：

$$p(y)=\int_x p(y|x)g(x)\mathrm{d}x \tag{5-58}$$

式中，$g(x)$ 是 x 的概率分布。

要推导出 r_{xy}，需要对 $p(y)$ 和 $g(x)$ 做出假设。如果 x、y 均服从正态分布，即 $p(y)$～$N(\mu_y,\sigma_y^2)$ 和 $g(x)$～$N(\mu_x,\sigma_x^2)$，则可证明得如下结论：

$$p(y|x=x^*)\sim N(\mu_y+r_{xy}\frac{\sigma_y(x^*-\mu_x)}{\sigma_x},\quad \sigma_y^2(1-r_{xy}^2)) \tag{5-59}$$

因为 $y_{中}$ 是 $p(y|x=x^*)$ 的中间值，可得

$$y_{中}=\mu_y+r_{xy}\frac{\sigma_y(x^*-\mu_x)}{\sigma_x} \tag{5-60}$$

由式 (5-60) 可得

$$r_{xy}=\frac{(y_{中}-\mu_y)\sigma_x}{(x^*-\mu_x)\sigma_y} \tag{5-61}$$

这种方法还可推广到 $p(y)$ 和 $g(x)$ 的概率密度分布不是正态分布的情况，但需要将它们的概率密度函数转换成正态分布。

下面讨论计算 ρ 的方法。一般是用幕景分析的方法。分析者先创造出 5 到 10 个幕景，这些幕景是描述该项各年的情况。由各幕景计算出的 x 值可得出一阶自相关系数为

$$\rho = \frac{\sum_i (x_i - Mx_i)(x_{i-1} - Mx_{i-1})}{\sum_i (x_i - Mx_i)^2} \tag{5-62}$$

读者从以上的推导过程可以看出，考虑各随机变量相关影响的风险估计时是相当困难的。有很多条件需要假定，这难免会引起偏差。但是我们现在仍然使用这种方法，原因是这种方法虽然在计算上有些困难，但是它却能提供计算各随机变量相关程度的方法，帮助风险分析者对关联影响做出初步的估计，这总比完全不考虑好。

5.8 本 章 小 结

(1) 风险识别解决了有无风险及引起风险的主要因素的问题，风险的估计就是对风险发生的概率及其后果做出定量或定性的估计，因此也就是对风险做出量测。

(2) 风险估计有主观估计与客观估计之分。迄今为止，国内外学者对客观估计做了大量工作，并已得到广泛应用，因为客观估计比较容易进行定量计算并容易被人们所接受。但实际生活中我们所遇到的更大量的风险估计问题是单纯依靠客观估计所解决不了的，必须引进主观估计。实际上，常常是将客观估计与主观估计结合使用，因此就产生了三种估计和三种风险。

(3) 本章中重点讨论了主观估计的量化，各种常用的概率分布、概率树及综合推断法等问题。这些都是风险估计中所使用的主要方法。

(4) 蒙特卡罗方法是随着计算机的普及日益得到广泛使用的重要方法。本章中主要对该方法本身进行了讨论。蒙特卡罗方法适用于问题比较复杂、精度要求较高的场合，特别是对少数几个可行方案实行精选比较时更为必要。

参 考 文 献

[1] 郭仲伟. 风险分析与决策[M]. 北京：机械工业出版社, 1987.
[2] 陶履彬, 李永盛, 冯紫良, 等. 工程风险分析理论与实践[M]. 上海: 同济大学出版社, 2006: 8.
[3] 陈佳鑫. 应用概率论[M]. 北京: 科学出版社, 1992.
[4] 高鹏, 侍克斌, 任树轩. 水利水电工程中的风险估计[J]. 基建优化, 2007(4): 23-24, 37.
[5] 王荣.用概率树图法求解事件发生的概率[J]. 天津成人高等学校联合学报, 2004(5): 18-20.
[6] 郭仲伟. 风险的估计——风险分析与决策讲座(二)[J]. 系统工程理论与实践, 1987(2): 73-78.
[7] 林翔岳. 第四讲 风险估计(二)[J]. 水利规划, 1994(1): 59-65, 48.
[8] 刘涛, 邵东国. 水资源系统风险评估方法研究[J]. 武汉大学学报(工学版), 2005, 38(6): 66-71.
[9] 河海大学水资源环境学院. 风险分析与决策[M]. 南京: 河海大学出版社.

第 6 章　风险的评价与决策

风险的评价是指在风险辨识和风险估计的基础上，对风险发生的概率，损失程度，结合其他因素进行全面考虑，评估发生风险的可能性及危害程度，在评估的基础上，结合其他因素权衡利弊，并与公认的安全指标相比较，以衡量风险的程度，并决定是否需要采取相应的措施的过程[1]。风险的评价与决策紧密相连，评价是直接为决策服务的。决策是指通过分析、比较，通常指从多种可能中做出选择和决定，即在若干种可供选择的方案中选定最优方案的过程[2]。

6.1　风险评价的主要方法概述

6.1.1　完全回避风险的方法

完全回避风险的方法就是将风险的影响尽量降低到最低限度，因而也不再将它与其他风险或获利情况做比较讨论。最常见的是社会活动及文化生活中的各种禁令、规则和控制等。多数禁令都与基本生活需要有关，如饮食、生活习惯及婚姻等，这里只是简单的回避，不需要进一步的计算分析。有些社会上的回避风险的评价方法是为了最大限度地保证社会的安全，如对有些污染物质的允许含量规定为零，而不是经过论证的某一微量。有些禁令在逻辑上也很难说得通，如美国禁止在食物中有致癌物质，而对于饮水却没有这样绝对严格的规定。

虽然回避风险的评价方法看起来很简单，但社会和个人为什么要对某种事物采取这种决策？原因是很复杂的，包括社会因素和心理因素，与危险发生的概率及后果的大小也只有很模糊的关系。Golant 和 Burton 进行了一项案例分析。他们对 206 个调查对象征询了对于 12 种危险的态度，这些危险包括大自然的、物理的和社会的各个方面，物理方面的危险直接伤害人体，而社会方面的危险则会造成心理方面的创伤。按照对这些危险采取回避态度的人数多少做统计，结果如表 6-1 所示。在表中也给出了对各种危险有亲身经历的人数和百分数，从表中可看出一个有趣的现象，即除了车祸以外，最少经历的事件（如故意抢劫或偷盗）反而是最被人所害怕和回避的。类似的研究工作在奥地利和德国也做过。在美国还对 126 种疾病进行回避度（degree of aversion）的测量。这种测量是根据疾病的危险程度进行的。

对风险本身的回避也是一种回避风险的方式，这与风险的具体内容没有直接关系。对风险本身的回避就是宁肯获取较小的利益或付出更大的代价以换取减少风险的愿望。这种方法在社会保险业及各种风险分担活动中都被大量采用。

表 6-1　对 12 种危险采取回避方法的调查的统计

按回避人数排序	危险名称	回避人数		经历人数		按经历人数排序
		总人数	百分数	总人数	百分数	
1	车祸	160	77.7	127	81.7	4
2	被抢劫或偷盗	127	81.6	11	6.3	12
3	大旋风(4～8 月间)	110	53.4	19	9.2	11
4	森林大火	107	51.9	29	14.8	8
5	地震	106	51.5	27	13.1	9
6	被学校开除或被解雇	105	50.9	68	33.0	7
7	疾病	95	47.1	166	80.6	1
8	孤独	79	38.4	152	73.8	2
9	水灾	74	35.9	27	13.1	10
10	穷困	73	36.4	108	52.4	5
11	得罪上级	72	35.0	90	43.7	6
12	干旱	55	26.7	128	62.1	3

6.1.2　权衡风险方法

权衡风险(balancing risks)方法就是要对风险进行比较。为此需将风险的后果用某种一般的形式表达出来并加以比较。这是一个比较困难的问题，国外对此进行了许多研究，有些学者曾试图用影子价格对那些不能用一般方法进行定量描述的因素进行定量描述。国内关于这方面的研究工作才刚刚开始。Rowe 给出了一些为了进行比较而对风险后果进行评价的方法(见表 6-2)。对于每一种风险的后果他都建议了一些直接的、主观的量测和一些衍生的、间接的和解释性的量测。表中各项的顺序是按照一个人对生活的需求的各种层次(从生活上的基本要求到精神、事业上的追求)进行排列的。根据这些指标和量测即可进行各种风险的权衡。最简单普通的权衡方法是对各种事件或灾难的发生概率进行比较。风险的概率对于不同的社会，或在一个社会之中，或在一个人的一生之中，甚至在一天之中都可能有很大的不同。例如，东部非洲的车祸死亡率是北美的 50 倍，据美国 1975 年的统计，美国飞行员、矿工、农业工人和轧钢工人所遇到的风险要比一般制造业工人平均大 10 倍。风险权衡的基本出发点是存在着一些可接受的、不可避免的风险。有一些科学家在研究，对于一个社会来讲，这些可容许风险的上限和下限是多少？当然这与社会发展情况有关，为了减少风险就需付出更大代价。

表 6-2　风险后果进行评价的方法

风险名称	个体的量测		社会的量测	
	直接方法	间接方法	直接方法	间接方法
1. 非衰老死亡	为避免立即死亡或生命期打折扣所付出的代价	将所付代价用金钱数目、活动或生活方式的改变表达出来	过去年代死亡平均数，每百万人每年的死亡数，死亡原因	社会代价、人均代价为减少一个死亡所需花费的代价

续表

风险名称	个体的量测		社会的量测	
	直接方法	间接方法	直接方法	间接方法
2. 疾病与残废(痛苦和失去工作能力)	为减少痛苦的代价，衰弱引起的死亡	为预防和医治所付出的金钱数、时间与活动能力的损失，失掉的收入，失掉的社会活动	生病与受伤人数	生产力的损失、预防医疗保健的费用
3. 各种生存因素	饮食、住所和舒适	热量(卡/日)，维持生计所占收入的比例，人口密度	平均饮食、住房等水平，贫困线以下的人数及比例，出生率/死亡率	适当生存费用，为消灭贫困所需费用
4. 可耗尽的资源	满足当前与未来需要的困难、替代物的费用	价格-需求关系，可替代性	资源的缺乏，对进口的依赖，价格-需求关系，替代的伸缩性	消耗与保存的代价，国防与工业的需要，进出口平衡
5. 安全	对权利被侵犯的感受和担心意外犯罪事件政府的保安作用	前述因素的测量	维护公众权利的行动，保密等正当权利被破坏的数目，犯罪率，通货膨胀率	公众民意测评，为维护公众安全的费用
6. 结社，精神依托与爱情	参加某一组织的感受，家庭与社团活动，孤独感	前述因素的测量	离婚率，结婚率，社会风气的改变	社会团体、俱乐部等的数目、成员统计
7. 自我设计，荣誉与尊重	对于财富、权利、地位的理解与感受，物质财富，个人自由，自尊自重	收入与评价，地位	对个人目前感到满足的人数和种类	自杀率
8. 事业与成就	对于生活质量各因素的理解与自我满足	各种关于生活质量的社会活动	对于生活质量的社会测量，集体的满足	关于生活质量的社会参数

6.1.3　减少风险的成本-效益分析方法

为了减少风险，就需要采取措施，付出一定的代价。付出多大成本，能取得多大的效果，这是成本效益分析所要解决的问题。人们对不同水平的风险所付出的努力是不同的，例如，对于社会安全的风险可做如下的分析。

对死亡事故率是 1/(1000 人·年)的情况(即 1000 人一年要发生一次死亡事故)，这对每一个人都是不能接受的(相当于一人一生中有 5%～10%的可能性发生一次事故)，必须立即采取措施。对事故率为 1/(10000 人·年)的情况，人们或社会需要花费资金去减少和控制事故的发生，例如社会要为交通控制、警察与消防队等付出资金。社会上为此也需加强沟通宣传工作。对事故率为10^{-5}/(人·年)的水平，人们与社会仍要考虑，例如母亲嘱咐孩子不要玩火、玩枪，有些人宁愿不坐飞机(虽然飞机更快更舒适)等。有些宣传口号也属于这一范围，如不要独自游泳，不要让小孩接触药品等。对于事故率为10^{-6}/(人·年)的水平，人们都不再考虑了，虽然这些事故也有所发生，但人们都“听天由命”，不予注意。

Sinclair 1972 年利用国家统计数字研究了英国三个不同行业为防止事故而花费的金钱。这三个行业是农业、钢铁业和制药业。研究的目的是为了提高花一定成本所取得的效果。从这个成本效果分析中他得出了生命的内含估值，即为防止一次死亡所花费的代价，如表 6-3 所示。从表中可看出，各个行业之间的差别是很大的。

表 6-3　风险比较，英国三种行业中用于安全的支出及生命内含估值

行业	年平均风险/1000 工人			平均支出/(磅/工人)	生命估值/磅
	受伤	重伤	死亡		
农业	25.7	4.44	0.197	3(1966～1968)	15000
钢铁业	72.7	9.92	0.216	50(1969)	130000
制药业	25.0	0.42	0.020	210(1968)	10500000

如果我们能计算出一个人生命的估值，那么就可以利用表中所列出为防止死亡所付出的代价进行减少风险的成本-效益分析。西方发达国家利用保险金、医药费、生产力的损失、精神上的痛苦及对非衰老死亡的估计等数据对生命进行了估值。在一些发展中国家也对防止不同年龄段的死亡的经济代价做出了估计。

由上述可知，为了减少风险是要付出经济代价的，因此，风险能减少到何种程度，与国民经济发展水平有关，对于重大措施，特别是关于环境污染的风险，应当有长远规划，使其与国民经济协调发展。

以上讨论偏重于事故及死亡风险的减少问题，对于其他风险也是一样的。例如，为了减少生产性事故(如机器损坏)风险，或为了减少某项工程或科研工作失败的风险，都需付出一定的代价；又如，为了减少市场风险，就需进行仔细的调查研究，要花费更多的资料费、咨询费和可行性研究费等，这些在进行风险评价时都是要注意的问题，只能适当要求，不是越保险越好，也不是预测得越准确越好，而要考虑所付出的代价。

当然，有一些减少风险的措施是不用花很多钱的，这主要是提高管理水平，加强宣传教育，加强责任心等。

6.1.4　风险-效益分析方法

高风险通常伴随着高收益。多大的风险对应于多大的效益，这就是风险-效益分析所要解决的问题。在经济评价中常要进行成本-效益分析，风险-效益分析与成本-效益分析是十分相似的，这里风险就相当于社会成本的一种表现形式。

早在 1972 年，Starr 对人们对待风险与效益关系的评价就做了分析，例如乘飞机比坐火车风险要大，价钱要贵，但有些人宁可坐飞机，这是因为飞机舒适、省时等，也就是说乘飞机的效益大，他就用乘飞机的费用来描述效益的大小。当然这样估计是十分粗糙的，因为在这个费用中实际上也包含有风险的影响。而对风险，是用事故的概率进行估计的。从对乘火车、打猎、吸烟、滑雪、乘飞机、骑摩托车及自然灾害等的评价中可以发现，风险与效益的立方成正比。另一些研究人员考虑到工资、心理等多因素的影响，将风险分为自愿承担的(如打猎、滑雪等)与非自愿承担的(如触电、商业飞行等)两种，认为对于自愿承担的风险与效益的 1.8 次方成正比，而对于非自愿承担的风险，则与 7.3 次方成正比。总之，由上述可看出不论是哪一种情况都说明，只有在效益大大增加的情况下，人们才肯去承担较大的风险，这一点在经营、投资风险的评价中更是明显。实际上问题还要复杂得多，特别是社会经济大系统由于社会制度、阶级关系、经济体制与政策等因素的影响，在风险与效益的分配与评价问题上会有许多不合理现象。风险与效益对于空间、时间与社会各阶层都有集结与扩散现象，给比较与评价造成困难。在空间上，有些效益是集中的，风险是分散的，如农民施农药即属于这种情况；同样，也有风险集中与效益分散的情况，如有些职业会给少数人带来职业病却造福人类。在时间上，常有为了眼前近期的效益而造成长远的风险，如环境污染与砍伐森林；同样，也有为了长远的效益而承担当前风险的情况。在社会各阶层分配上，风险与效益集中在某一部分人身上或分散到社会上的现象更屡见不鲜。所有这些现象都给风险的评价造成困难，但应当加以考虑和研究，应当进行补偿或重新合理分配，例如，缴纳环境污染费、支付职业保健费等都属于这一类。在工程、经济的风险评价中常将风险-效益分析的方法用于多种方案或多种属性的比较上。

6.1.5　风险评价的策略分析方法

前几种方法主要是针对风险本身的，所举例子也多偏重于环境风险方面。而在一个大工程或企业的决策过程中，要考虑多方面的因素，是一个多目标的评价和决策问题，风险只是其中的一个因素，因此对风险的评价就应当将它放在整个问题当中与其他因素一起进行综合分析，显然，这时问题就显得更为复杂一些。这里介绍一种进行这种综合分析的、比较直观易懂的方法，称为“风险评价的策略分析”方法(可简称为 SAVE 方法)。该方法经过在一些大、小企业和工程项目中的实践，证明是十分有效的。

这种方法的基础是使用专家调查方法，进行打分和统计分析，最终得到评价结论。进行分析时，不是针对风险一个因素，而是对各种因素进行综合分析。例如可将一个企业的战略性决策问题有关因素归纳为四个要素：

项目——所考虑项目的性能、特点等；

条件——企业经营此项目的条件；

环境——市场、竞争、国家政策等；

风险——管理、投资等方面的风险情况。

每个要素又包括若干个因素组，共有 13 个因素组。每个因素组中包含 3～9 个因素，总共 69 个因素。例如，第 2 个要素(条件)的第 2 个因素组(技术)中，有 4 个因素：设计、工程、材料和工艺技术。整个模型框架如图 6-1 所示。

使用此方法的主要步骤：

第一步，利用专家调查方法，对各因素的优劣进行打分评价，分值范围是 1～10，1 表示最坏情况，10 表示最好情况。

第二步，根据本部门或本行业中各个因素的相对重要性，也可采用专家调查方法，确定各因素的加权系数，本方法中使用的权数范围为 1～3。权数值可在一相当长时期内相对稳定。

第三步，将打分值乘以权数，即为评分值，显然，评分值的变化范围是 1～30。

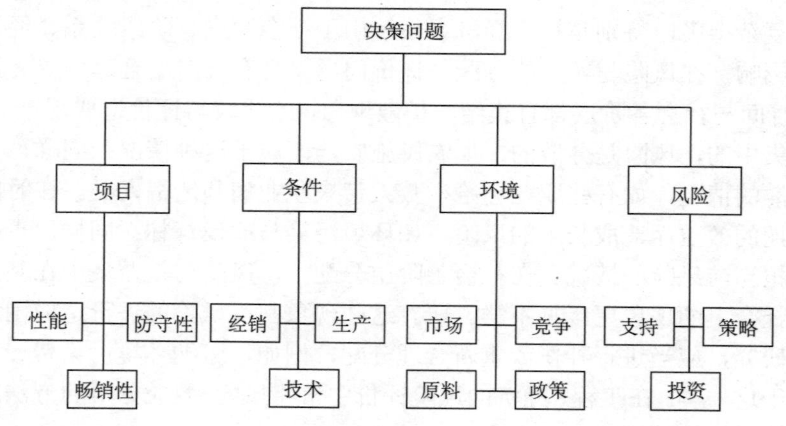

图 6-1　综合分析方法的简化模型

第四步，将一个因素组的诸因素评分值相加，可得因素组评分值。各因素组评分值之和便是相应要素的评分值。要素的最大可能值也可很容易地计算出，它就是所含诸因素权数和的 10 倍。最后可算出该要素实际评分值与最大可能值之比(称为实际 / 最大比)。

完成上述四个步骤之后，再进行综合分析，即可进行最后评价。

提出如下的评价标准作为满意解的标准：①因素打分值不小于 3；②因素组评分值的实际 / 最大比不小于 40%；③要素评分值的实际 / 最大比不小于 50%；④总评分值的实际 / 最大比不小于 60%。同时满足这四个条件的项目被认为是满意的。

由上述可以知，在使用此方法时，将整个问题分为多少要素及每个要素包括多少因素，是一个关键问题。应力求各因素之间无关联或弱关联，以提高评价精度。

6.2　期望损益准则与风险决策模型

6.2.1　期望损益决策准则

1. 期望损益决策的基本原理

一个决策变量 d 的期望值，就是它在不同自然状态下的损益值(或机会损益值)乘以相对应的发生概率之和，即

$$E(d_i)=\sum_{j=1}^{n}P(\theta_j)d_{ij} \tag{6-1}$$

式中，$E(d_i)$ 表示变量 d_i 的期望值；d_{ij} 表示变量 d_i 在自然状态 θ_j 下的损益值(或机会损益值)；$P(\theta_j)$ 表示自然状态 θ_j 的发生概率。

决策变量的期望值包括三类：①收益期望值，如利润期望值，产值期望值；②损失期望值，如成本期望值，投资期望值等；③机会期望值，如机会收益期望值，机会损失期望值等。

每一个行动方案即为一个决策变量，其取值就是每个方案在不同自然状态下的损益

值。把每个方案的各损益值和相对应的自然状态概率相乘再相加，得到各方案的期望损益值，然后选择收益期望值最大者，或者损失期望值最小者为最优方案。这种把每个方案的期望值求出来加以比较选优的方法，即为期望损益决策准则。

2. 期望收益决策准则

期望收益决策，是以不同方案的期望收益作为择优的标准。选择期望收益最大的方案为最优方案。

3. 期望损失决策准则

期望值决策法也可以从另一角度，即期望损失的角度来进行分析。期望损失决策准则以不同方案的期望损失作为择优的标准。选择期望损失最小的方案为最优方案。

6.2.2　增量分析模型

增量分析模型又称边际分析模型，是日本人佐佐木恭平提出的一种特别决策技术。前面介绍的期望损益决策准则，在行动方案和自然状态较少时，计算使用均很方便，但如果行动方案和自然状态较多时，则计算工作将十分繁重，因而感到不便。因此，在决策问题满足以下条件：①行动方案(决策变量)和自然状态(状态变量)均可以用有序的数量表示；②决策后果的损益值是决策变量与状态变量的线性函数，则可以采用增量分析法以减少计算工作量，从而因事半功倍而提高了决策的效率。

增量分析模型是应用边际原理进行风险决策的一种方法。所谓增量分析法，是指对被比较方案在成本、收益等方面的差额部分进行分析，进而对方案进行比较、选优的方法。增量分析法的具体分析过程所采用的方法是剔除法，即对所有备选方案分别进行两两比较，依次剔除次优方案，最终保留下来的方案就是备选方案中经济性最好的方案。增量分析法是对多个备选方案进行比选的基本方法，此方法不仅可以用于效益—成本比指标，同样可以用于效果—成本比和效用—成本比指标。只是由于成本与效果、成本与效用的计量指标和计量单位不同，无法通过比较来判定单一方案绝对意义上的经济性，因而当效果—成本比指标和效用—成本比指标应用增量分析法时略去了对较低成本额方案自身经济性的判定，从而略去了对方案绝对经济性的判断环节，所以最终所得的最经济方案只是在所比较的方案中经济性相对较好。

6.2.3　决策树模型

1. 决策树的结构

对风险型决策，决策树法往往会比其他决策方法更直观、清晰，便于决策人员思考和集体探讨，因而是一种形象化的决策方法。

树，是图论中的一种图的形式，因而决策树又叫决策图。它是以方框和圆圈为结点，由直线连接而成的一种树枝形状的结构。具体包括以下几个部分：

(1) 决策点和方案枝。任何风险决策，都是决策者从许多备选行动方案中选择出合理

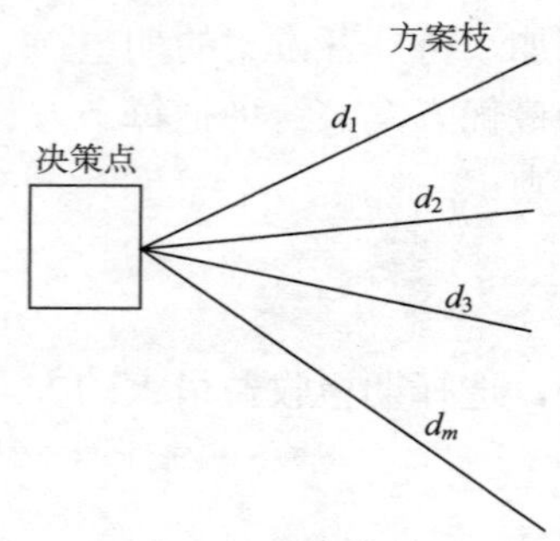

图 6-2　决策点和方案枝

程度的最佳方案。将这一局面用图表示，可绘出如图 6-2 所示形状的决策点和方案枝。在图形中，方框结点叫决策点，表示在该处必须对各行动方案做出选择。由决策点引出若干条直线，每一条直线代表一个备选行动方案，m 条直线分别表示备选方案 $d_1,d_2,\cdots,d_m$，称为方案枝，见图 6-2。

(2) 状态结点和概率枝。由于在风险决策中，每一备选方案都有多种可能不同的自然状态，所以也要在图中表示。在各个方案枝的末端画一个圆圈，叫做状态结点，由状态结点引出若干条直线，每一条直线代表一种自然状态。i 结点第 j 条直线分别表示概率为 $P_{ij}(j=1,2,\cdots,n)$ 的几种自然状态，称为概率枝，如图 6-3 所示。

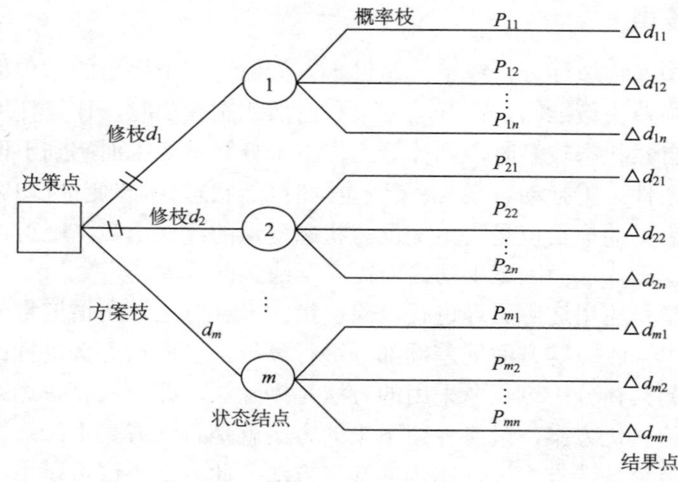

图 6-3　决策树图

(3) 结果点。每一概率枝事实上又代表了方案在该状态下的一个结果 d_{ij}。在概率枝末端画个三角，叫结果点。在结果点旁边列出不同状态下的收益值或损失值，n 条直线末端分别表示方案在 n 种状态下的损益值，以供决策之用。

一般决策问题具有多个行动方案，每个方案又常常出现多种自然状态，因此决策图形都是由左向右，由简入繁，组成一个树形的网络图。

利用决策树进行决策的过程，是由右到左逐步后退进行分析的，称为反推决策树方法。首先根据右端的损益值和概率枝的概率，计算出同一方案不同自然状态下的期望损益值，然后根据不同方案的期望损益值的大小做出选择，选择期望收益值最大(或期望损失值最小)的方案为最佳方案。对落选的方案通常在方案枝上画割切的两道短线“//”，以表示这个方案应当舍弃。最后决策树上只留下一条分枝，即为决策树中的最优方案。

2. 单级决策

一个决策问题，如果只需进行一次决策就可以选出最优方案，达到决策目的，这种决策叫做单级决策。单级决策树是只包括一个决策点即只包括一级决策的决策树。运用以单级决策树为手段的决策树模型做决策分析，简单迅速，是解决单级决策问题的有效方法之一。

3. 多级决策

一个决策问题，如果需要进行两次或两次以上的决策，才能选出最优方案，达到决策目的，这种决策称为多级决策。利用决策树可以进行多级决策。多级决策树实际上是单级决策的复合，即把第一阶段决策树(单级决策树)的每一个末梢作为下一阶段决策树(下一单级决策树)的根部，再下一阶段依此类推，从而形成枝叶繁茂的多阶段，即多级决策树。运用以多级决策树为手段的决策树模型做决策分析，也有画决策树、计算期望损益值和剪枝三个步骤，但不是在第一阶段走完三步之后再进行下一阶段，而是从左到右完成所有的第一步画决策树图之后，从右向左完成所有的期望损益值的计算，最后再从左向右对各决策点逐个剪枝。多级决策树的决策树模型常用来解决多层次的复杂的决策问题。如图 6-4 是一个二级决策树。

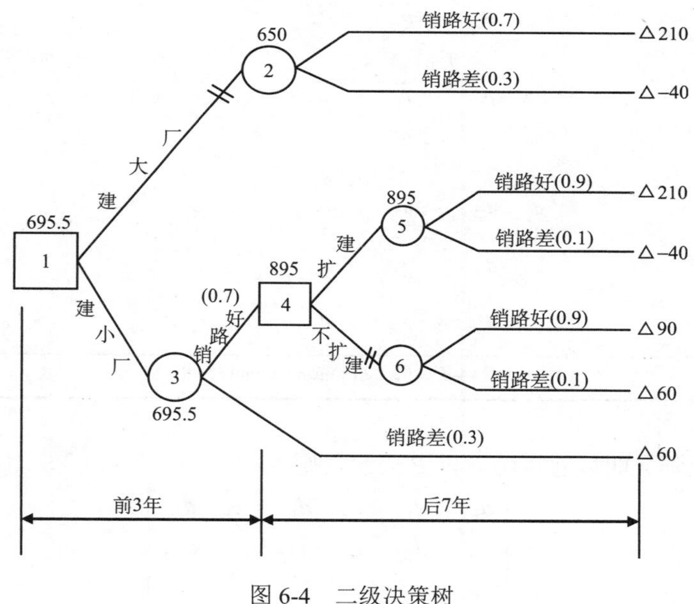

图 6-4　二级决策树

6.2.4　矩阵决策模型

矩阵决策模型是把一般的随机型决策表的各组成部分，按其内在联系转化为矩阵的表达形式，进而通过矩阵运算进行决策的一种方法。矩阵决策模型在经济活动中得到广泛的应用，为运用电子计算机进行决策运算创造了有利的条件。因而，在解决特别复杂而计算量又很大的决策问题时，常常应用矩阵决策模型。

假设 $d=\{d_1,d_2,\cdots,d_m\}$ 为决策者所有可能行动方案的集合。如果把它看作一个向量，$d_i=[1,2,\cdots,m]$ 就是它的分量，可记作：$d=[d_1,d_2,\cdots,d_m]$，称为方案向量。又设 $\theta=\{\theta_1,\theta_2,\cdots,\theta_n\}$ 为所有自然状态的集合。如果也把它看作一个向量，θ_i 就是它的分量，可记作：$\theta=[\theta_1,\theta_2,\cdots,\theta_n]$，称为自然状态向量。

若把状态 θ_j 发生的概率记作：$P(\theta_j)=P_j$，则 $[P(\theta_1),P(\theta_2),\cdots,P(\theta_n)]$ 称为状态概率向量，全部状态概率之和应等于 1，即 $\sum_{j=1}^{n}P(\theta_j)=\sum_{j=1}^{n}P_j=1$。

当自然状态 θ_j 采取方案为 d_i 时，其相应的损益值为 $D(d_i,\theta_j)$ 是 d_i 和 θ_j 的函数，简记为 d_{ij}，即 $D(d_i,\theta_j)=d_{ij}$，而方案 d_i 的期望损益值为 $E(d_i)=\sum_{j=1}^{n}P_j d_{ij}\,(i=1,2,\cdots,m)$。

现将自然状态、状态概率、行动方案、各方案对应的损益值和期望损益值用矩阵的形式列于表 6-4 中。

表 6-4　随机型决策矩阵表

行动方案	自然状态 θ_1　θ_2　$\cdots$　θ_j　$\cdots$　θ_m 状态概率 p_1　p_2　$\cdots$　p_j　$\cdots$　p_m 损益值	期望损益值 $E(d)$
d_1	d_{11}　d_{12}　$\cdots$　d_{1j}　$\cdots$　d_{1n}	$E(d_1)$
d_2	d_{21}　d_{22}　$\cdots$　d_{2j}　$\cdots$　d_{2n}	$E(d_2)$
$\vdots$	$\vdots$　$\vdots$　　$\vdots$　　$\vdots$	$\vdots$
d_i	d_{i1}　d_{i2}　$\cdots$　d_{ij}　$\cdots$　d_{in}	$E(d_i)$
$\vdots$	$\vdots$　$\vdots$　　$\vdots$　　$\vdots$	$\vdots$
d_m	d_{m1}　d_{m2}　$\cdots$　d_{mj}　$\cdots$　d_{mn}	$E(d_m)$
	决策 $\to d_r=\max[E(d)]$ 或 $d_s=\min[E(d)]$	

表中损益矩阵又叫风险矩阵，以 B 表示，则

$$B=\begin{bmatrix} d_{11} & d_{12} & \dots & d_{1j} & \dots & d_{1n} \\ d_{21} & d_{22} & \dots & d_{2j} & \dots & d_{2n} \\ \vdots & \vdots & & \vdots & & \vdots \\ d_{i1} & d_{i2} & \dots & d_{ij} & \dots & d_{in} \\ \vdots & \vdots & & \vdots & & \vdots \\ d_{m1} & d_{m2} & \dots & d_{mj} & \dots & d_{mn} \end{bmatrix}$$

我们把 $E(d)$ 看作一个列向量或列矩阵，则

$$E(d)=\begin{bmatrix} E(d_1) \\ E(d_2) \\ \vdots \\ E(d_i) \\ \vdots \\ E(d_m) \end{bmatrix}$$

该矩阵又叫期望损益值矩阵。

表 6-4 中状态概率向量 P 的转置矩阵记为

$$P^{\mathrm{T}}=\begin{bmatrix} P_1 \\ P_2 \\ \vdots \\ P_j \\ \vdots \\ P_n \end{bmatrix}$$

显然，以上三者之间存在如下关系：

$$E(d)=BP^{\mathrm{T}} \tag{6-2}$$

因为：

$$BP^{\mathrm{T}}=\begin{bmatrix} d_{11} & d_{12} & \dots & d_{1j} & \dots & d_{1n} \\ d_{21} & d_{22} & \dots & d_{2j} & \dots & d_{2n} \\ \vdots & \vdots & & \vdots & & \vdots \\ d_{i1} & d_{i2} & \dots & d_{ij} & \dots & d_{in} \\ \vdots & \vdots & & \vdots & & \vdots \\ d_{m1} & d_{m2} & \dots & d_{mj} & \dots & d_{mn} \end{bmatrix}\begin{bmatrix} P_1 \\ P_2 \\ \vdots \\ P_j \\ \vdots \\ P_n \end{bmatrix}=\begin{bmatrix} E(d_1) \\ E(d_2) \\ \vdots \\ E(d_i) \\ \vdots \\ E(d_m) \end{bmatrix} \tag{6-3}$$

根据以上期望损益值矩阵的结果，就可进行如下决策。

如果决策的标准是期望收益值最大，则 d_r 为最优方案，d_r 满足条件：

$$d_r=\max\left[E(d)\right], r\in\{1,2,\cdots,m\}$$

在计算出来的期望收益值矩阵 $E(d)$ 中，可能有相等的最大分量，这时选取最优方案需进一步计算它们的全距 R 和均方差 σ 。然后选取全距和均方差较小的方案为最优方案。

如果决策的标准是期望损失值最小，那么 d_s 为最优方案，则 d_s 满足条件：

$$d_s=\min\left[E(d)\right], r\in\{1,2,\cdots,m\} \tag{6-4}$$

6.2.5　部分期望决策模型

在企业生产销售活动中，常常遇到这类问题：在市场需要量经常变化的情况下，决策者决定企业的生产量有时难免遭受损失，比如，当生产量大于需求量时，企业产品库存增多而导致损失；而当生产量小于需求量时，也会给企业带来由于供应不足的机会损失。因此，企业决策者必须掌握需求量的变化规律，实行以需定产，以期损失最小，获利最大。部分期望决策模型就是直接用适当的概率或概率分布函数来解决这类决策问题的一种简便快捷的方法。

设日产量为I，它可以代表多个不同的方案，因此它是一个决策变量。设日需求量为u，它可能有多种不同的变化，是不以决策者的意愿为转移的，因此它是一个随机变量或状态变量。当$I \geqslant u$时，将剩余$I-u$，并导致损失。设剩余一件的损失为k_0，则共损失$k_0(I-u)$。虽然日需求量u不能确定，但日需求量u的概率密度函数$f(u)$为已知。因此，伴随一个特定值u和一个特定值$I \geqslant u$的期望剩余损失为$k_0(I-u)f(u)$。合计的期望剩余损失K_0为日需求量u的值域为$0 \leqslant u \leqslant I$的积分，即

$$K_0 = k_0 \int_0^I (I-u)\, f(u)\mathrm{d}u \tag{6-5}$$

同理，当$I<u$时，将不足$u-I$。设不足一件的损失为k_u，则合计的期望不足损失K_u为

$$K_u = k_u \int_1^{\infty} (u-I) f(u)\mathrm{d}u \tag{6-6}$$

于是，合计的期望总损失K_t为

$$K_t = K_0 + K_u = k_0 \int_0^I (I-u) f(u)\mathrm{d}u + k_u \int_1^{\infty} (u-I) f(u)\mathrm{d}u \tag{6-7}$$

为求出使期望总损失达到最小的最优日产量I^*，可对上式求导并令其等于0。即

$$\frac{\mathrm{d}K_t}{\mathrm{d}I} = k_0 F(u)\Big|_0^I - k_u - k_u F(u)\Big|_1^{\infty} = 0 \tag{6-8}$$

即

$$k_0 F(I^*) - k_u + k_u F(I^*) = 0 \tag{6-9}$$

$$F(I^*) = \frac{k_u}{k_0 + k_u} \tag{6-10}$$

式中，$F(u)$为日需求量u的累计分布函数；而$F(I^*)$为最优日产量I^*的累计概率。

因此，式(6-10)决定了使期望总损失达到最小的最佳日产量，即当$I=I^*$时，K_t达到最小。式(6-5)可进一步表示为

$$K_0 = k_0 \int_0^I If(u)\mathrm{d}u - k_0 \int_0^I uf(u)\mathrm{d}u$$

其中，第一个积分等于$If(u)$，第二个积分是u的值域为$0 \leqslant u \leqslant I$的部分期望值（$u$的全部值为$0 \leqslant u \leqslant \infty$）。若以$E_0^I(u)$表示第二个积分，则有

$$K_0 = k_0 \left[IF(I) - E_0^I(u) \right] \tag{6-11}$$

同理，式(6-6)可进一步表示为

$$K_u = k_u \int_1^{\infty} u f(u)\mathrm{d}u - k_u \int_1^{\infty} I f(u)\mathrm{d}u \tag{6-12}$$

其中，第一个积分是u的值域为$1 \leqslant u \leqslant \infty$的部分期望值，可用$E_1^{\infty}(u)$表示，第二个积分等于$I(1-F(I))$，则有

$$K_u = k_u\left[E_1^{\infty}(u) - I(1-F(I))\right] \tag{6-13}$$

可以证明，当 u 为离散型随机变量时，K_0 和 K_u 分别为

$$K_0 = k_0\left[IF(I) - E_0^I(u)\right] \tag{6-14}$$

$$K_u = k_u\left[E_{1+I}^{\infty}(u) - I(1-F(I))\right] \tag{6-15}$$

从式(6-7)和式(6-9)（或式(6-11)和式(6-13)）可以看到，K_0 和 K_u 与 u 的部分期望值 $E_0^I(u)$ 和 $E_0^{\infty}(u)$（或 $E_0^I(u)$ 和 $E_{1+I}^{\infty}(u)$）有着密切的关系，部分期望决策模型因此得名。

在企业经营管理中，与上述问题相类似的决策问题还有许多，比如，原材料购买多少，产品所需零部件怎样外购，设备维修用的零部件保持怎样的储备水平等。只要知道状态变量的概率 $f(u)$（或概率密度函数 $f(u)$）以及单位剩余损失 k_0 和单位不足损失 k_u，就可利用部分期望决策模型解决这些问题。

6.2.6　敏感性分析

自然状态概率的变化对最优方案或最优方案选择会有影响，这种分析即敏感性分析。若最优方案对自然状态概率变动的反应不敏感，这样决策可靠性就大，决策错误的风险就小。因此，在实际工作中，我们需要把概率值、损益值等在可能发生的范围内做若干次不同的变动，重复进行多次计算，借以观察期望损益值是否相差很大，是否影响最佳方案的选择。如果自然状态概率稍加变动，而最优方案保持不变，则这个方案是比较稳定的，决策可靠性大。反之，这个方案就是不稳定的，即灵敏度高，决策可靠性小，需进一步分析，加以改进。

6.3　贝叶斯决策理论

风险型决策模型，是根据预测各种事件可能发生的先验概率，然后再采用期望值标准来选择最佳决策的方案[3]。这种建立在先验概率分布的基础上而做出的决策，称为先验决策。这样的决策具有一定的风险性。因为先验概率是根据历史资料或主观判断所确定的概率，未经试验证实。而自然状态概率的变化又直接影响着期望值的计算，进而影响到决策方案的取舍。为了减少这种风险，需要较准确地掌握和估计这些先验概率。这就要通过科学试验、调查、统计分析等方法获得较为准确的补充信息，以修正先验概率，并据此确定各个方案的期望损益值，拟定出可供选择的决策方案，协助决策者做出正确的决策。一般来说，利用贝叶斯定理求出后验概率，据以进行决策的方法，称为贝叶斯决策方法。

贝叶斯决策理论为解决下述决策问题提供了科学方法：要采取的自然行动取决于某种自然状态，而该自然状态是未知的，也不受决策者的控制，然而，通过判断和实验，有可能获得有关自然状态的信息。贝叶斯决策理论的基础是贝叶斯公式。

6.3.1　贝叶斯公式

设 $A_i(i=1,2,\cdots,n)$ 是一完备事件组，事件 B 仅当完备事件组中某一事件发生时才能

发生，且概率为$P(B)$，在事件B出现的条件下，事件A_i出现的条件概率用$P(A_i / B)$表示，它可用下述贝叶斯公式求出，即

$$P(A_i/B)=\frac{P(A_i)P(B/A_i)}{P(B)} \tag{6-16}$$

式中，$P(B / A_i)$是在事件A_i出现的条件下，事件B出现的条件概率。

$P(B)$是事件B出现的全概率，即

$$P(B)=\sum_{i=1}^{n}P(A_i)P(B/A_i) \tag{6-17}$$

贝叶斯公式的证明是容易的，可根据下面公式证得

$$P(A_iB)=P(A_i)P(B/A_i)=P(B)P(A_i/B) \tag{6-18}$$

式(6-18)的文字解释为：事件A_i与事件B都出现的概率等于A_i出现的概率$P(A_i)$与条件概率$P(B/A_i)$之积或等于B发生的概率$P(B)$与条件概率$P(A_i/B)$的乘积。

6.3.2　验前分析

在贝叶斯决策中，首先要进行验前分析，有时也称为先验分析。在验前分析中，决策者要详细列出各自然状态及其概率，各种行动方案与自然状态组合的收益值或损失值。决策者可根据这些信息做出选择。当时间、人力、财力不允许搜集更完备的信息时，决策者常要进行这类决策。

本节中讨论下面的例题：某工厂要研制开发一种新型童车。首先要研究的问题是这种童车的销路和竞争者的情况。经过必要的风险估计之后，他们估计出：当新产品销路好时，采用新产品可盈利 8 万元，不采用新产品而只生产老产品时，则因其他竞争者会开发新产品，而使老产品滞销，工厂可能亏损 4 万元。当新产品销路不好时，采用新产品就要亏损 3 万元，当不采用新产品，就有可能用更多的资金来发展老产品，可获利 10 万元。假定销路好的概率为 0.6，销路差的概率为 0.4．所有数据可归纳如表 6-5 所示。

表 6-5　生产新型童车的损益值表　　　　（单位：万元）

行动方案	自然状态		
	销路好 Q_1 $P(Q_1)=0.6$	销路差 Q_2 $P(Q_2)=0.4$	期望值
A_1(采用新产品)	8	–3	3.6
A_2(不采用新产品)	–4	10	1.6

表 6-5 所示数据即为验前分析，可根据其中所列出的期望值做出决策，应选择行动方案A_1。

6.3.3　预验分析

由表 6-5 可以知，验前分析的方法并没有用到贝叶斯决策理论，当决策十分重要且时间许可时，决策者常得考虑是否要搜集和分析追加的信息。在做出这一判断之前，暂缓做出决策。企业必须为这些追加的信息付出代价，而这些信息也不可能完全准确。决策者必须权衡这些信息的费用及其对于企业的价值，对比这些信息的费用与根据验前分析所做出决策的风险和可能结果，即要回答这样一个问题："搜集追加信息对企业有多大价值"。我们将用贝叶斯理论来解决这一问题，称为扩大型预验分析。

现在来具体讨论本节的例题。根据过去市场调查的经验，企业的经销研究人员知道市场调查不可能是完全准确的，但一般能估计出调查的准确程度。表 6-6 表示获得与真实自然状态相应的调查结果的一些主观条件概率。如当市场销路好时，调查结果为销路好的概率即 $P(Z_1/Q_1)=0.8$，调查结果为销路差的概率即 $P(Z_2/Q_1)=0.1$，调查结果为不确定的概率 $P(Z_3/Q_1)=0.1$。(注意，这种分析是在实际搜集信息之前进行的)

表 6-6　调查结果的条件概率 $P(Z_j/Q_i)$

自然状态	调查结果		
	Z_1（销路好）	Z_2（销路差）	Z_3（不确定）
Q_1（销路好）	0.80	0.10	0.10
Q_2（销路差）	0.10	0.75	0.15

从表中所列的概率可以看出，销售研究人员认为，当销路较好时的调查结果，其准确性要比销路差时稍高一些，并且调查还有可能得出不确定的结果。

我们现在关心的是，当可能的调查结果为已知时，销路好与销路差两种自然状态的概率是什么。也就是要找出修正后的验前概率：$P(Q_1/Z_1)$ 和 $P(Q_2/Z_j)(j=1,2,3)$，这可以式(6-16)的贝叶斯公式求出：

$$P(Q_1/Z_1)=\frac{P(Q_1)P(Z_1/Q_1)}{P(Z_1)} \tag{6-19}$$

如根据式(6-17)得

$$P(Z_1)=P(Q_1)P(Z_1/Q_1)+P(Q_2)P(Z_1/Q_2) \tag{6-20}$$

表 6-7 为联合概率及全概率的数值，而表 6-8 中则为根据式(6-19)计算的各修正验前概率的数值。

表 6-7　联合概率和全概率

调查结果	Z_1	Z_2	Z_3	$P(Q_1)$
$P(Q_1)P(Z_j/Q_1)$	0.8×0.6=0.48	0.1×0.6=0.06	0.1×0.6=0.06	0.6
$P(Q_2)P(Z_j/Q_2)$	0.1×0.4=0.04	0.75×0.4=0.3	0.15×0.4=0.06	0.4
$P(Z_j)$	0.52	0.36	0.12	1.0

表 6-8　修正验前概率

调查结果	Z_1	Z_2	Z_3
$P(Q_1/Z_j)$	0.48/0.52=0.923	0.06/0.36=0.167	0.06/0.12=0.50
$P(Q_1/Z_j)$	0.04/0.52=0.077	0.30/0.36=0.833	0.06/0.12=0.50

由表 6-8 可看出，当调查结果也为销路好时，市场销路好（$P(Q_1/Z_j)$）的概率并不是确定的 1.0，也不是如表 6-6 所示的 0.8，也不是原来的验前概率 0.6，而是 0.923；对其他修正验前概率也可做相似的解释。

有了表 6-8 中所示的信息，就可以解答关于收集追加信息的价值问题。为此可利用决策树进行分析。图 6-5 就是包含所需要的全部信息的决策树。各个量的计算结果如图 6-5 所示，在各个决策点上采用的是数学期望较大的数值或行动方案。由图 6-5 可知，只做验前分析，不做进一步的调查研究时，采用最佳方案 A_1 可得数学期望为 3.60 万元。如果做进一步的调查研究，由于信息量的增加使我们决策更有把握，使数学期望值也有所增加，当采用进一步的调查研究时，有可能达到的数学期望值是

$$(0.52\times 7.153+0.36\times 7.66+0.12\times 3.00)\text{万元}=6.84\text{万元}>3.60\text{万元}$$

这两个数值之差 $(6.84-3.60)$万元=3.24万元，就是获得的新信息的价值。

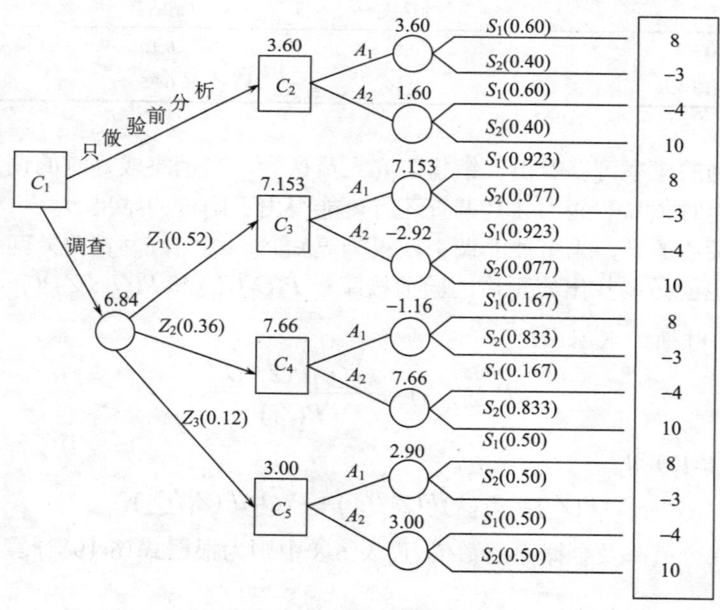

图 6-5　修正验前分析决策树

实际上，经理人员只有当调查费用小于 3.24 万元时，他才去搜集新的信息，如果多于或等于 3.24 万元，他只要选择最优的验前策略，就可以获得最大的收益。

6.3.4　验后分析

根据预验分析，如果经理人员认为采集新的信息和调查研究是合算的，他就会决定去进行这项工作。一旦取得了新的信息，决策者就会结合这些信息进行分析，计算各种方案的期望损益值，选择最佳的行动方案。结合运用这些新的信息并修正验前概率，称为验后分析。这正是发挥贝叶斯理论威力的地方。

验后分析的方法与预验分析十分相似，只是在预验分析阶段我们并未进行调查研究，提出的问题是：如果去进行调查研究，可能取得多么大的期望收益值？决策是在图 6-5 中的决策点 C_1 上进行的。在验后分析阶段，要根据实际的调查结果进行分析，因此要根据实际的调查结果 Z_1 、Z_2 或 Z_3 ，决策是在决策点 C_3 、C_4 或 C_5 上进行的(图 6-5)。例如，当调查结果为销路好(Z_1)时，应选择行动方案 A_1 ，其期望收益值为 7.153 万元(图 6-5 的 C_3 点)；同理，当调查结果为不确定(Z_3)时，应选择方案 A_2 ，其期望值为 3.00 万元；当调查结果为销路差(Z_2)时，应选择方案 A_2 ，其期望值为 7.66 万元。

在实际运用中，会遇到包含有多阶段的信息搜集和数值计算的情况，称为序贯分析。它包括一系列的验前分析和预验分析、采集新的信息和做出验后分析与决策。

贝叶斯理论提供了一个进一步研究的科学方法，对调查结果的可靠性加以数量化的评价，不是像一般决策方法中，对调查结果或者完全相信，或者完全不采用。由于任何调查结果都不可能是完全准确的，而验前知识或主观概率也不是完全不可信任的，贝叶斯分析巧妙地将这两种信息有机地结合了起来。它可以在决策过程中，根据具体情况不断地使用(例如序贯分析)，使决策更加完善和科学。

但是，贝叶斯分析方法也有它的局限性，这主要表现在它所需要的数据多，分析计算比较复杂，特别在解决复杂问题时，这个矛盾就显得更为突出。另外，有些数据必须使用主观概率。

在所有以上讨论中，收益值和损失值都是用货币的多少来进行衡量的，这只在一定范围和一定条件下是正确的。实际上问题要复杂一些，一定数量的货币对不同的人和不同的条件它的效用是不一样的。不但对于货币，对于其他衡量单位，如工作时间或带来的麻烦等，也有同样的情况。所以，在做评价和决策时，应当用效用率进行衡量，效用理论是经济学与风险分析中很重要的理论，下一节就来讨论这个问题。

6.4　风险型决策与效用准则

6.4.1　期望货币损益值准则的局限

以期望货币损益值为标准的决策方法一般只适用于下列几种情况：

(1) 概率的出现具有明显的客观性质，而且比较稳定；

(2) 决策不是解决一次性问题，而是解决多次重复的问题；

(3) 决策的结果不会对决策者带来严重的后果。

如果不符合这些情况，期望货币损益值准则就不适用，需要采用其他标准。

前面介绍风险型决策方法时，曾指出用决策后果的期望值作为选择方案的标准是最好的决策标准。这是因为，对于一定时期内要不断反复出现的相同决策来说，如果重复的决策数相当多，则决策后果的期望值也就相当于它的平均值。因此，用期望值作为决策准则的根本条件，是决策有不断反复的可能，如果没有这种可能，那么期望值准则就没有多大意义了。

所谓决策有不断反复的可能，包括下列三层含义：

第一，决策本身即为重复性决策。

第二，重复的次数比较多，尤其是当存在对于决策后果有重大影响的小概率事件时，只有重复次数相当多时才能用期望值来作为决策标准，因为只有这样其平均后果才接近于后果的期望值。

第三，每次决策后果都不会给决策者造成致命的威胁。否则，如果有此威胁，一旦真的产生此种致命后果，决策者就没有可能再做下一次决策，从而也失去了重复的可能性。

第四，采用期望值标准时，还得假定在不断重复做出相同决策时其客观条件不变，这一方面包括各自然状态的概率不变，另一方面亦包括决策后果函数 $F(d,\theta)$ 不变。其实，这两者均会变的。如果同一种决策的重复次数很多，而两次决策的时间相距很短，或是重复的时间相距很长，按具有年平均意义的期望值来做决策自然也很难令人满意。

6.4.2　效用决策理论与分析方法

1. 效用的概念

决策分析中有两个关键问题：一是对所研究现象的状态的不确定性进行量化；二是对各种可能出现的后果赋值。一般说来，状态的不确定性用各种状态出现的概率来描述，而研究出现后果的价值则要用到效用理论。

一般而言，各种行动方案可能出现的后果，通常可用收益或损失表示。它们的计量单位大多为货币单位，比如说元。然而，对某一特定决策者而言，同样的一笔钱，不同占有者的价值观完全不同。例如。同样的 100 元钱，对贫困户而言其价值不小，面对富裕户而言则价值不大。又如，某制造商获得某厂一笔订单，急需 100 万元的资金投入，为此，他想方设法弄到 100 万元，这 100 万元在他心目中的作用(或用途)就比在一般制造商心目中的作用大。至于 150 万元，也许他并不十分渴望得到这么多。也就是说，150 万元在他心目中的价值并不是 100 万元价值的 1.5 倍，不值得他花费 1.5 倍的力量去获取。

可见，人们在进行决策时，除纯经济结果的因素起作用外，往往还有主观的因素在起作用。为此，在决策分析理论中尚需引入效用的概念[4]。所谓效用，就是金钱、物品、劳务或别的事物给人提供的满足。它是度量一定数量的金钱(或别的事物)在决策者心目中的价值或者说决策者对待它们的态度的概念[5]。在风险决策中，多用来体现决策者对风险所持有的态度。

2. 效用的定义及公理

出现在后果集上的效用定义如下。

定义 1：设 C 为后果集，u 为 C 的实值函数，若对所有的 c_1，$c_2 \in C$，$c_1 \geqslant c_2$，当且仅当 $u(c_1) \geqslant u(c_2)$，则称 $u(C)$ 为效用函数（$c_1 \geqslant c_2$，读作 c_1 不劣于 c_2）。为了在效用中把不确定因素考虑进去，我们不仅要考虑选择行动 a_1 时，决策问题的全部 n 个后果 $c_1, c_2, \cdots, c_n$，后果发生的概率 $P_1, P_2, \cdots, P_n, \sum_{i=1}^{n} P_i = 1$。为此，用记号 $P = (P_1, c_1; \cdots; P_i, c_i; \cdots; P_n, c_n)$，表示后果 c_i 以概率 P_i 出现 $(i = 1, 2, \cdots, n)$，并称 P 为展望，即可能的前景。所有展望集记作 Q。展望集 Q 上的效用函数定义如下。

定义 2：在 Q 上的实值函数，如果对所有 $P_1, P_2 \in Q$，有 $P_1 \geqslant P$，并且仅当 $u(P_1) \geqslant u(P_2)$，它在 Q 上是线性的，即如果 $P_i \in P, \lambda_i \geqslant 0 (i = 1, 2, \cdots, m), \sum_{i=1}^{m} \lambda_i = 1$，则有 $u\left(\sum_{i=1}^{m} \lambda_i P_i\right) \geqslant \sum_{i=1}^{m} \lambda_i u(P_i)$，我们就称 u 为 P 上的效用函数。

效用的定义表明了越偏爱的行动效用越大，复合行动的效用用组成它的各行动的效用期望值来计算。所以，效用才反映决策者对行动后果的态度[6]。

当决策者表达他的价值观之后，不一定都是理想的(即找到与价值观一致的效用函数)。只有当决策者的价值观符合一组公理条件时，才存在与决策者价值观一致的效用函数。这组条件就是所谓的理性行为公理。此公理有几种表达方式，表述如下：

公理 1(成对可比性)：如果 $P_1, P_2 \in Q$，则或者 $P_1 > P_2$，或者 $P_2 > P_1$，或者 $P_1 \sim P$（～号读作无差异）。

公理 2(偏爱关系的传递性)：如果 $P_1, P_2, P_3 \in Q$，且 $P_1 > P_2, P_2 > P_3$，则必有 $P_1 > P_3$。

公理 3(替代性)：如果 $P_1, P_2, P_3 \in Q$，且 $0 < \alpha < 1$（α 为参数)，则 $P_1 > P_2$，当且仅当 $\alpha P_1 + (1-\alpha) P_3 > \alpha P_2 + (1-\alpha) P_3$。

公理 4(连续性，或称偏爱有界性)：如果 $P_1, P_2, P_3 \in Q$，且 $P_1 > P_2 > P_3$，则必有 $0 < \alpha < \beta < 1$，使得 $\alpha P_1 + (1-\alpha) P_3 > P_2 > \beta P_2 + (1-\beta) P_3$（$\beta$ 为参数)。

3. 效用的测定

效用的大小可用概率的形式来表示，效用值介于 0～1 之间，即 0≤效用值≤1。效用的测定方法很多，最常用的是冯·诺依曼(John von Neumann)和摩根斯特恩(Oskar Morgenstern)于 1944 年共同提出的，称之为效用标准测定法。效用的概念不仅适用于货币，而且适用于非货币事物，即运用标准测定法，亦可测出非货币事物的效用。

随机事件的效用可以等价于一确定型事件的效用，任何具有一定概率和一定损益的随机事件，总可以找到一个具有一定损益值的确定型事件与之等价。这个原理也适用于有任意多个随机结果的事件，即有 n 个可能结果 C_j，而每个可能结果具有出现概率 P_j 的随机事件(其中 $j = 1, 2, \cdots, n$)，其效用也可以等价于具有确定型当量 C^* 的效用。

即

$$u(C^*)=\sum_{j=1}^{n}P_j u(C_j) \tag{6-21}$$

这个结论告诉我们一个重要原则，即在风险型决策中评价和选择备选方案的标准可以以各备选方案的效用期望值为依据。这个原则并不要求同一决策必须反复出现，因为它是建立在随机事件的效用可等价于确定型事件的假设之上。所以这个原则可以应用于一次性风险决策。

4. 效用对坐标原点和尺度的不变性

各点的效用值，是在互相比较的意义上存在的，它是相对的概念。因此，在利用标准测定法确定效用值时，区间端点的两个效用值可任意选择(当然，最偏爱的事物的效用值应比最厌恶事物的效用值大)，它们一旦被选定，区间的任一点的效用值将被唯一确定(对同一决策者)。也就是说，效用原点(效用值为零的点)可任意选择、效用尺度可任意改变，这并不影响决策的结果。

5. 偏爱结构

由于人们的价值观不尽相同，因此不同的人对同一事物的看法不尽相同。以食物为例，有的人爱吃米饭，有的则喜爱面包。在风险型决策中，由于所研究的对象多为随机事件，存在着许多不确定性因素，决策者事先很难预测会出现哪种状态，无论采取什么行动，其产生的后果是决策者无法控制的，因此决策者要承担一定风险。不同的决策者对各种后果的好坏程度也有不同的看法，对冒风险的态度亦不尽相同。它受决策者所处的环境、本人素养以及心理状态等多种因素的影响，即取决于决策人的个性和价值观等。这种价值观就是偏爱。偏爱的构成即偏爱结构。

因人、因时而异的对后果集中各种后果的价值判断，就是后果集上的偏爱。不同的决策者对风险持有的态度也不同，即风险偏爱。决策者因时间的不同而引起的价值标准的不同就是时间偏爱。时间偏爱有两种情况：一种对决策者来说是固定的时间偏爱。例如决策者面临两种选择，一是想立即获得 100 元，一是储蓄一年后获得 108 元，有人认为 100 元同 108 元差不多，有人认为多获 8 元也有价值。另外一种情况是，由于因素很多且较为复杂而引起的时间偏爱。如，投资用于短期还是用于长期等。

6.4.3　效用函数及其构造方法

1. 效用函数的类型

从以上效用理论可知，只要测出各决策后果的效用值，即可按效用期望值的大小来评价与选择方案。所以在进行一次性(或重复性不大)的风险决策时，需要先求出各决策后果的效用值，而效用值可通过效用函数求出。由于效用函数视决策者对风险态度的不同而有所不同，即使同一决策者，在不同时期其效用函数也往往不同，因此在做决策之前应先求出效用函数。由于决策者对风险态度的不同，效用函数亦有不同类型，常见的效用函数有以下几种。

(1) 直线型效用函数。图 6-6 中直线 I 为直线型效应曲线。直线型效用函数与决策的货币效果呈线性关系。持这种效用函数的决策者，对决策风险持中立态度，他或是认为决策的后果对大局无严重影响，或是因为该项决策可以重复进行从而获得平均意义上的成果，因此不必对决策的某项不利后果特别关注而谨慎从事。由于这类效用函数呈线性关系，因此效用期望值最大的方案，也必是货币期望值最大的方案，这样决策分析者就没有必要去求出效用函数，而可以直接利用期望货币损益值来作为评价与选择方案的标准。

直线型效用函数的决策者对效用问题不是认为不完全可靠，就是未做特别考虑，完全根据损益值做决策，其效用值与损益值的对应关系是正比关系。说明决策者是一种循规蹈矩和按常规办事的人。

(2) 保守型效用曲线。图 6-6 中曲线 II 为保守型效应曲线，表示随着货币额的增多而效用递增，但其递增的速度却越来越慢。这样的决策者对于损失特别敏感(当损益值为负时，曲线的变化率大)，对收益反应迟缓(当损益值为正时，曲线的变化率小)。这种效用函数曲线相对于直线型效用线来说，其中间部分呈上凸形状，表示决策者讨厌风险，而上凸的程度越厉害，表明讨厌风险的程度越高。这说明决策者是一种不求大利、避免风险、小心谨慎和保守的人。经调查，认为大多数人是讨厌风险的，因此这类效用函数具有较大的通用性。

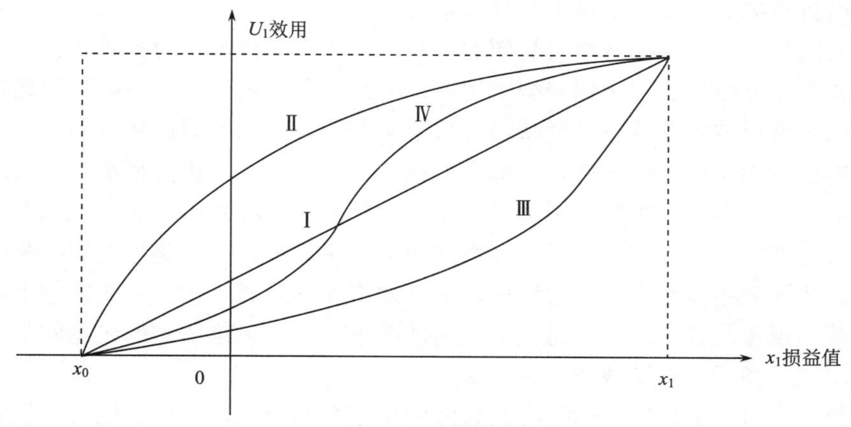

图 6-6　效用曲线

(3) 冒险型效用函数。图 6-6 中曲线 III 为冒险型效应曲线，表明随着货币额的增多而效用也随着递增，且递增的速度越来越快。这种效用函数曲线的中间部分呈下凹形状。表示决策专注于想获得大的收益而不十分关心亏损。决策者对损失反应迟缓(当损益值为负时，曲线变化率小)，而对收益反应敏感(当损益值为正时，曲线变化率大)。说明决策者是一种谋求大利，不怕风险和敢于进取的人。其效用曲线中部下凹的程度越厉害，表明决策者冒险性越大。

(4) 渴望型效用曲线。图 6-6 中曲线 IV 为冒险型效应曲线，这种效用函数表明在货币额不太大时，决策者具有一定的冒险胆略，但一旦货币额增至相当数量时，他就转为稳妥策略。这类函数所对应的曲线称为渴望型曲线。曲线上有一拐点，设为m，左段呈下凹，即小于m时，他喜欢采取冒险行动；右段呈上凸，即大于m时，他又改为稳妥策略。这表明决策者在冒险后果尚不十分严重时他敢于冒险，而一旦估计到冒险后果十分严重时就不敢冒险，只不过对不同决策者而言，其拐点所处的位置不同而已。

上述不同的效用函数，反映了决策者对风险的不同态度，即反映了决策者的主观倾向，带有一定的主观性，它反映了决策者个人的心理因素在决策中的作用。但效用亦非纯主观的东西，它仍然含有一定的客观性，这不仅因为效用大小首先还得取决于决策的客观后果(如货币收益额)，而且不同决策者之所以对效用函数产生差别也受很多客观条件的影响。例如，一个只有少量本钱(如只有1万元)的人，往往不敢去冒大额亏损(如亏几万元)的风险，因为他经不起这样冒险的不利后果；反之，一个拥有数千万元巨资的企业，却可以毫不在乎地去冒几万元亏损的风险，因为即使出现这样的后果，对企业也只有很小的影响。正因为效用函数包含有一定的客观性，所以才有在决策中应用的价值。

2. 效用函数的构造方法

前面我们介绍了冯·诺依曼和摩根斯特恩给出的标准测定法来构造效用函数。这种方法的实质，就是采用问答的方式，对决策者做一些心理测验，通过回答以了解决策者对随机事件与确定型事件在效用值上的等价关系，通过货币值及所求的对应的效用值的坐标关系，就可以得出足够多的坐标点，然后把这些点以平滑的曲线连接起来，便得到该决策者所持有的效用曲线。这也是目前常用的方法。但此法比较麻烦，因为要对决策者做反复的提问。下面介绍两种较简便的方法，以减少对决策者的提问次数。

第一种简便方法只运用于保守型效用曲线。其出发点是建立在边际效用递减的原理之上。即认为这类效用曲线就是反映边际效用递减的原理。所谓边际效用，是指新增加事物一个单位所相应增加的效用。例如人们在口渴时要喝水，第一杯水的作用最大，即其效用最大；再喝第二杯水的作用就是新增第二杯水的边际效用，它一般就不如第一杯水了；如果再增加第三杯水，则第三杯水的边际效用最小。随着满足人们的某事物的数量增多，其边际效用将越来越小，这就是边际效用递减原理。在一定的条件下，这种边际效用递减的现象是存在的。在总量很大的情况下，每一单位所占的比重就很小，此时的边际效用就相当于效用函数的一阶导数。

如果决策者对于货币的效用也存在边际效用递减的心理，那么我们可以假定货币额的边际效用同货币数额呈反比，则成立以下关系式：

$$\frac{\mathrm{d}u(x)}{\mathrm{d}x}=\frac{a}{x+b} \tag{6-22}$$

式中，x表示货币额；$u(x)$表示货币额的效用值；b的选择应使$x+b>0$。

求上述微分方程的解，可将保守型效用函数用下述形式近似地表示出来，即

$$u(x)=a\ln(x+b)+c \tag{6-23}$$

上式只有三个参数a、b、c，只要我们已知此效用曲线上的三个点(效用分别为最大值、中间值和最小值所在的三点)，就可分别求出效用函数中a、b、c三个参数值，即可唯一地求出这个效用函数来。

假定决策者的最小收益(或最大损失)值为 x_0，效用值为 $u(x_0)=0$；最大收益(或最小损失)值为 x_1，效用值为 $u(x_1)=1$，又通过对决策者进行一次标准测定法的提问，求得效用值为 0.5 所对应的收益(或损失)值为 x_m，则形成如下列方程组：

$$\begin{cases} 1 = c + a\ln(x_1 + b) \\ 0.5 = c + a\ln(x_m + b) \\ 0 = c + a\ln(x_0 + b) \end{cases} \tag{6-24}$$

可得

$$0.5 = a\ln\frac{x_1 + b}{x_m + b} \tag{6-25}$$

$$0.5 = a\ln\frac{x_m + b}{x_0 + b} \tag{6-26}$$

由于式(6-25)和式(6-26)左边相等，那么右边也相等，即得

$$\frac{x_1 + b}{x_m + b} = \frac{x_m + b}{x_0 + b} \tag{6-27}$$

即

$$(x_1 + b)(x_m + b) = (x_m + b)^2 \tag{6-28}$$

$$x_1x_0 + bx_0 + bx_1 = x_m^2 + 2bx_m + b^2 \tag{6-29}$$

$$b(x_0 + x_1 - 2x_m) = x_m^2 + 2bx_m + b^2 \tag{6-30}$$

$$b = \frac{x_m^2 - x_1x_0}{x_0 + x_1 - 2x_m} \tag{6-31}$$

求出 b 后，可代入式(6-25)或式(6-26)中求出 a，然后再把 a 和 b 值代入式(6-24)以求出 c。

第二种简便方法可运用于保守型和冒险型效用曲线。其根据决策者效用一致性原理。所谓效用的一致性，是指决策者在决策所有可能后果的范围内，其对货币额折算的效用值的标准是一致的。由以上所述可知，通过对决策者进行标准测定法的一次提问后，即可求出效用为 0.5 时所对应的货币额 x_m，则存在这样一个比率 η：

$$\eta = \frac{x_1 - x_m}{x_m - x_0} \tag{6-32}$$

这个比率 η 可以表述决策者对风险的态度。

若 $\eta>1$，则表示决策者持稳妥的态度，不太愿意冒险，此时的效用曲线很可能呈保守型。

若 $\eta<1$，则表示决策者乐于冒险，此时的效用曲线倾向于冒险型。

因为效用值只有相对性，即效用对坐标原点和尺度的不变性。因此效用曲线可以选任意起始点而不会因此改变决策者对风险的态度，也就是说不会改变 η 的值。设 x_a 和 x_b 为效用曲线上任意两点所对应的货币额，而且 $x_b > x_a$，此数额所对应的效用值为 $u(x_a)$ 和 $u(x_b)$，如果在 $u(x_a)$ 和 $u(x_b)$ 之间找个中值，即

$$u(x_1)=\frac{u(x_a)+u(x_b)}{2} \tag{6-33}$$

则此效用值所对应的货币额 x_1 应保持：

$$\frac{x_b-x_1}{x_1-x_a}=\eta \tag{6-34}$$

由上述可知 η 在整个效用曲线的任一区间都是不变的常数，这就是效用的一致性。

根据这个原理，我们在已知 η 的情况下，可以把效用曲线按效用值做 2^n 等分，就可以逐步求出相应的 2^n-1 个点所对应的货币额 $x_1,x_2,x_3,\cdots,x_{2^n-1}$（不包括 x_0 和 x_{2^n} 这已知的两点）的值，这样也就可以给出效用曲线。公式为

$$x_b-x_1=\eta(x_1-x_a) \tag{6-35}$$

得

$$x_1=\frac{1}{1+\eta}x_b+\frac{\eta}{1+\eta}x_a \tag{6-36}$$

6.4.4　效用决策模式

某些情况下，利用期望货币值作为标准的决策很难反映决策的结果，例如对非货币事物的决策。如果改用效用作为标准进行决策，则可以解决决策后果的计量问题，此时只要将原来的损益值改为相应的效用值即可[7]。对于给定的决策问题，首先找到决策人的效用曲线，计算各行动方案的期望效用，然后利用各方案期望效用大小进行决策[8]。

设决策问题有 m 个方案 $A_1,A_2,\cdots,A_m$，其自然状态为 $\theta_1,\theta_2,\cdots,\theta_n$，各自然状态发生的概率分别为 $P_1,P_2,\cdots,P_m$；第 i 方案 A_i 在第 j 种自然状态 θ_j 下的损益值记为 a_{ij}，$U(a_{ij})$ 表示损益值 a_{ij} 的效用 $(i=1,2,\cdots,m,j=1,2,\cdots,n)$。则第 i 个方案 A_i 的期望效用值为

$$U_i=\sum_{j=1}^{n}P_iu(a_{ij})\quad(i=1,2,\cdots,m)$$

如果：

$$U_d=\max[u_1]\quad(1\leqslant d\leqslant m)$$

则第 d 个方案 $A_d(1\leqslant d\leqslant m)$ 即为最佳方案。下面通过具体例子来说明效用决策模式。

某公司为扩大经营业务，欲生产一种新产品。为此决策人员拟定了两个行动方案：一是新建一个大工厂，需投资 280 万元；二是新建一个小工厂，需投资 150 万元。两者的使用期均为 8 年。他们还估计了这个期间产品销售状况以及两个方案在各销售状态下的年度收益值（见表 6-9）。问：该公司应采取哪一个方案？

表 6-9　某公司新建工厂损益矩阵　（单位：万元/年）

	自然状态	
	销路好	销路差
状态概率	0.7	0.3
方案 1：新建大厂	110	–15
方案 2：新建小厂	45	10

解：

(1) 由表 6-9 和题给出的条件，如果采用期望货币值决策标准，可画出决策树，如图 6-7 所示。

新建大厂的损益值为

$$\left[110\times0.7+(-15)\times0.3\right]\times8-280=300(\text{万元})$$

新建小厂的损益值为

$$(45\times0.7+10\times0.3)\times8-150=126(\text{万元})$$

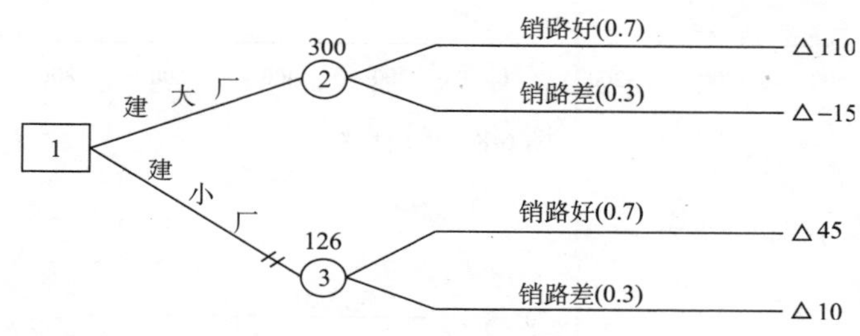

图 6-7　以损益值为标准的决策树

由图 6-7 决策树可知，该公司应取新建大厂为最优方案，因为其期望收益值为最大(300 万元)。但是，我们可以看到，若新建大厂，必须冒亏损 400(万元) $[-15\times8-280=-400(\text{万元})]$ 的风险，尽管亏损的概率较小，但仍有可能发生。如果该公司资金较少，亏损 400 万元就意味着资金无法周转而停产，甚至倒闭。那么公司负责人一般不会采取新建大厂的方案，而采取期望收益值较低的新建小厂的方案。如果公司资金力量雄厚，经受得住亏损 400 万元的打击，公司负责人又是富有进取心的，那么他可能会采取新建大厂的方案。鉴于以上种种情况，有时我们以效用作为标准进行决策比以期望损益值进行决策更加切合实际。

(2) 求决策者的效用曲线。根据给定条件可知，在 8 年内肯定销路好的情况下，新建大厂方案的收益值为 600 万元 $[110\times8-280=600\ (\text{万元})]$，新建小厂方案的收益值为 210 万元 $[45\times8-150=210\ (\text{万元})]$，而在 8 年内肯定销路差的情况下：新建大厂方案的收益值为–400 万元 $[-15\times8-250=-400\ (\text{万元})]$，新建小厂方案的收益值为 70 万元 $[10\times8-150=-70\ (\text{万元})]$。

可见，这个决策问题的最大收益值为 600 万元，最大损失值为–400 万元。规定最大收益(600 万元)时，效用值为 1，最大损失(–400 万元)时，效用值为 0，用标准测定法向决策者提出一系列问题，找出对应于若干损益值的效用值，即可绘出该决策者对此决策的效用曲线，如图 6-8 所示。

在所得曲线上可找到对应于各损益值的效用值 210 万元的效用值为 0.85，–70 万元的效用值为 0.62，600 万元的效用值为 1，–400 万元的效用值为 0。现用效用值进行决策：

新建大厂方案的效用期望值为

$$0.7\times1.0+0.3\times0=0.70$$

新建小厂方案的效用期望值为

$$0.7\times0.85+0.3\times0.62=0.78$$

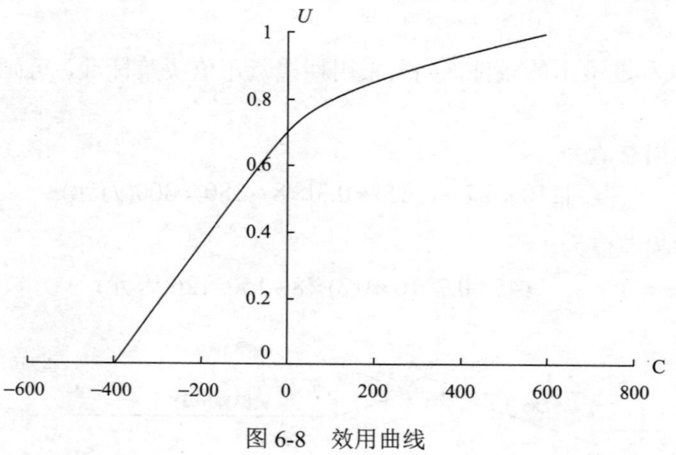

图 6-8　效用曲线

于是可得决策树如图 6-9。

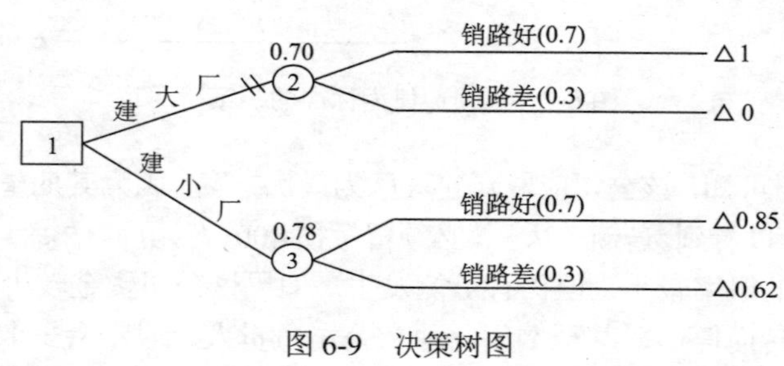

图 6-9　决策树图

由此可见，以效用值作为决策标准，应选新建小厂方案。这与期望损益值决策推测的结论不一致，原因在于决策者对风险持慎重态度，是保守型决策者。

6.5　马尔可夫分析法

6.5.1　马尔可夫理论概述

马尔可夫(A. A. Markov)是俄国数学家，以他的名字命名的数学方法称为马尔可夫方法。这种分析方法用于描述一个概率动态系统的行为过程，它为决策者根据事态发展的可能性，提供经过科学预测的未来信息。所以，美国管理学家 S.麦克劳林说：“它是利用决策系统的某一变量的现在状态和动向去预测该变量未来的状态及其动向的一种分析方法”。这种方法在自然科学和社会科学中有着广泛的应用。如水文、气象、地质以及市场、经营管理、人事管理、项目选址等方面的预测决策领域。

1. 基本概念

马尔可夫通过多次试验观测发现：在一个系统中某些因素的概率的转换过程中，第 n 次转换获得的结果常决定于前次(即第 n–1 次)试验的结果。马尔可夫对这种现象进行了系统深入的研究之后指出：对于一个系统，由一种状态转换至另一种状态的转换过程中，存在着转移概率，而且这种转移概率可以依据其紧接的前一种状态推算出来，而与该系统的原始状态和此次转移以前的有限次或无限次转移无关。系统的这种由一种状态转移至另一种状态的转移过程称为马尔可夫过程。系统状态的这种一系列转移过程即一系列马尔可夫过程的整体，称为马尔可夫链。对于某一预测对象的马尔可夫过程或马尔可夫链的运动、变化进行研究分析，进而推测预测对象的未来状况和变化趋势的工作过程，称为马尔可夫分析。

由系统(即“元”)的本质属性——矛盾对立统一性，即“含几性”可知，系统在未受外界环境条件(外信息)作用的情况下，从一种状态转移到另一种状态的马尔可夫过程中，表现了系统运动过程中的相对不变性，即系统所含的“几”(内信息)没有改变。正是由于系统运动过程中保持的这种相对不变性，才使系统运动的两种状态之间可以相互确定。这种保持相对不变的内信息就是系统保持不变的状态转移概率矩阵。

马尔可夫过程的基本概念是系统的“状态”和状态的“转移”。可见，马尔可夫过程实际上就是一个将系统的“状态”和“状态转移”定量化的系统状态转换的数学模型。这一模型主要应用在比较复杂的系统的状态转移上。当系统可完全用定义状态的变量的取值来描述时，我们说系统处于一个状态；如果系统的描述变量从一个状态的特定位变化到另一个状态的特定值时，我们就说该系统实现了状态的转移。

如果我们集中注意于系统的状态转移，而且只考虑发生转移的时刻，那么，我们就把系统状态转移当作时间离散变化的过程来考虑。如果系统的两个状态转移之间的时间是一个随机变量，那么，就要把系统状态转移当作时间连续变化的过程来考虑。

系统由一种状态到另一种状态的转换，完全是随机的。在系统的这种状态转移中，起作用的只是系统现在所处的状态和转移的概率，而与系统过去有限次以前的状态完全无关。也就是说，马尔可夫过程的状态间的转移概率，是过去 n 个状态的条件概率。即

$$P\{X(t_n)\}=P\{X(t_n)/X(t_{n-1}),X(t_{n-2}),\cdots,X(t_{n-r})\} \tag{6-37}$$

2. 马尔可夫过程基本假设条件

一阶马尔可夫过程，是指假定系统转移至次一状态的概率，仅取决于该系统前一状态的结果；二阶马尔可夫过程，是指假定系统转移至次一状态的概率，取决于紧接该系统前面两个状态的结果；同理，三阶马尔可夫过程，是指系统状态转移概率，取决于前面三个状态的结果；高阶马尔可夫过程，依此类推。

大量事例表明，系统状态转移的概率，并非完全仅只决定于系统的前一个状态，而是或多或少地受到该系统前面若干个状态的影响。因此，对系统的状态转移问题，运用二阶、三阶或高阶马尔可夫过程进行研究分析更加切合实际。但是，在此我们只限于研究一阶马尔可夫过程，理由有 2 个，如下：

(1) 大量研究表明，使用一阶马尔可夫过程已经能够得出相当可靠的结果，预测结果的准确度已经达到较高的水平，无须再用高阶马尔可夫过程进行分析。如果状态转移概率矩阵始终保持稳定状况，则此点更加确信无疑。

(2)在高阶马尔可夫过程的分析研究中，常用到难以理解的烦琐的数学推导，极不便于实际应用。

6.5.2 概率向量与概率矩阵

1. 概率向量

任意一个行向量$U=[u_1,u_2,\cdots,u_n]$，如果其内诸元素均为非负数，且其总和为1，则此行向量称为概率向量。

2. 概率矩阵及运算

在$m\times n$矩阵中，如果对于诸元素$a_{ij}\geqslant 0$，$i=1,2,\cdots,m;j=1,2,\cdots,n$，且从状态$i$转移到状态$j$的概率之和为1，即

$$P_{i1}+P_{i2}+\cdots+P_{in}=1 \quad (i=1,2,\cdots,m) \tag{6-38}$$

则矩阵

$$P=\begin{bmatrix} P_{11} & P_{12} & \dots & P_{1n} \\ P_{21} & P_{22} & \dots & P_{2n} \\ \vdots & \vdots & & \vdots \\ P_{m1} & P_{m2} & \dots & P_{mn} \end{bmatrix}$$

叫做概率矩阵。应用到马尔可夫过程的问题中，各矩阵皆为概率矩阵。

如果A和B皆为概率矩阵，则乘积AB亦为概率矩阵。据此可知，A的n次方幂A^n也是概率矩阵。

一概率矩阵P，若其有限次(如m次)方幂P^m的所有元素均为正数(只要没有零的元素存在即可)，则称P为正规概率矩阵。

任一非零行向量$U=[u_1,u_2,\cdots,u_n]$，乘以其方阵A所得结果，如果仍然固定为U(即并无改变U)，则称U为方阵A的固定点，或称U为A的固定向量，记作：

$$UA=U \tag{6-39}$$

定理：设P为概率矩阵，则

(1) P恰有一个固定概率向量t，且t的所有元素均为正数。

(2) P的$1,2,3,\cdots$次方幂的序列$P^1,P^2,P^3,\cdots$趋近于方阵T的每一列均为固定概率向量t。

(3)若M为任一概率向量，则向量序列$MP,MP^2,MP^3,\cdots$趋近于固定概率向量t。

如果一个马尔可夫链是正规的，则可以通过状态转移使系统达到某一稳定状态。在这种情况下，处于状态i的概率如用X_i表示，则其整体可用下面的行向量来表示：

$$X=\left[X_1,X_2,\cdots,X_n\right] \tag{6-40}$$

$$\sum_{i=1}^{n}X_i=1 \tag{6-41}$$

所谓系统的稳定状态，是指系统即使再经一步状态转移，其状态概率仍然保持不变

的状态。据此定义，则有

$$XP = X \tag{6-42}$$

由上面三个式子就可解出 X, X 通常称为对 P 的固有向量或特征向量。

6.5.3 状态转移矩阵

如果系统状态的变化可能产生的状态数有 r 个，即系统的状态有 $S_1, S_2, \cdots, S_r$，假设，将系统现在处于 S_i 状态而下一步转移到 S_j 状态的条件概率记为 $P_{ij}^{(r)}$，那么，系统状态总的转移情况可用下面的矩阵表示：

$$P(r) = \begin{bmatrix} P_{11} & P_{12} & \cdots & P_{1r} \\ P_{21} & P_{22} & \cdots & P_{2r} \\ \vdots & \vdots & & \vdots \\ P_{r1} & P_{r2} & \cdots & P_{rr} \end{bmatrix} \tag{6-43}$$

式(6-43)表示的概率矩阵称为系统的 r 步状态转移矩阵。

由于矩阵 $P(r)$ 中第 i 行诸元素，分别表示为 S_i 状态的系统转移到 $S_1, S_2, \cdots, S_r$ 状态的概率，故

$$\sum_{j=1}^{r} P_{ij} = P_{i1} + P_{i2} + \cdots + P_{ir} = 1 \tag{6-44}$$

定理：若 P 为某有限马尔可夫链的转移概率矩阵，则

$$P^{(r)} = P^{(r-1)} P \tag{6-45}$$

$$P^{(r)} = P^{r} \tag{6-46}$$

6.5.4 马尔可夫风险决策的应用

马尔可夫风险决策的应用很广泛，特别是概率分布是某种不常见分布时尤为适用。在对环境保护、生态平衡等问题的研究分析、预测与决策中，应用马尔可夫分析，能获得良好效果。如对确定污染物份额及其变化趋势，污染物份额的平衡条件，选择治理环境的最佳策略等问题的分析与处理，应用马尔可夫分析方法更为适宜。下面将介绍马尔可夫分析法用于选择最佳维修策略的例子，以供参考。

我们研究一个大型化工企业对循环泵进行季度检查维修的过程。按其外壳及叶轮的腐蚀程度定为五种状态下的一种。这五种状态是：

状态 1 优秀状态，无任何故障或缺陷；

状态 2 良好状态，稍有腐蚀；

状态 3 及格状态，轻度腐蚀；

状态 4 可用状态，大面积腐蚀；

状态 5 不可运行状态，腐蚀严重。

目前，该公司采用的维修策略为“单一状态”。但为了减少维修费用，正在考虑选用另外两种维修策略，即“两种状态”和“三种状态”的维修策略。具体如下：

单一状态　是指只有状态 5 一种状态被指定为泵需要进行修理的状态。即所有泵，如发现处于状态 5 时才进行修理。泵处于状态 5 的修理费用为每台平均 500 元。

两种状态　是指处于状态 4 和状态 5 两种状态的泵都需要进行修理的状态。处于状态 4 泵的每台修理费用平均 250 元。

三种状态　是指任何一台泵只要处于状态 3、状态 4 或状态 5 都需要进行修理的状态。处于状态 3 的泵平均每台修理费为 200 元。

利用马尔可夫分析法研究分析该企业对循环泵的三种维修策略(单一状态、两种状态、三种状态)中，何者维修费用最低，即择定循环泵的最佳维修策略。

表 6-10 列出了使用“单一状态”维修策略时，处于任何一种状态的泵，在下一个检查周期处于各种状态的概率。表中所列概率数据横向各行表明：在某给定检查周期 n 内，处于状态 1 的泵，在下一个周期 $(n+1)$ 处于状态 2 的概率为 0.60，处于状态 3 的概率为 0.20，处于状态 4 的概率为 0.10，处于状态 5 的概率为 0.10；至于原处于状态 2 的泵，在下一周期仍处于状态 2 的概率为 0.30，变成状态 3，4，5 的概率分别为 0.40，0.20，0.10…；鉴于所有处于状态 5 的泵都要进行修理，故它们在下一个周期仍将处于状态 1。分析计算可按下列四个步骤进行：

第一步　确定现行“单一状态”维修策略的期望季度修理费。

表 6-10　“单一状态”维修策略下泵的状态转移概率

泵在周期 n 的状态	泵在周期 $(n+1)$ 的状态				
	1	2	3	4	5
1	0.00	0.60	0.20	0.10	0.10
2	0.00	0.30	0.40	0.20	0.10
3	0.00	0.00	0.40	0.40	0.20
4	0.00	0.00	0.00	0.50	0.50
5	1.00	0.00	0.00	0.00	0.00

由表 6-10 可知，“单一状态”维修策略下，泵状态转移概率矩阵为

$$P_1 = \begin{bmatrix} 0.00 & 0.60 & 0.20 & 0.10 & 0.10 \\ 0.00 & 0.30 & 0.40 & 0.20 & 0.10 \\ 0.00 & 0.00 & 0.40 & 0.40 & 0.20 \\ 0.00 & 0.00 & 0.00 & 0.50 & 0.50 \\ 1.00 & 0.00 & 0.00 & 0.00 & 0.00 \end{bmatrix} \tag{6-47}$$

解下列矩阵方程即可求得平衡条件：

$$\begin{bmatrix} S_1\, S_2\, S_3\, S_4\, S_5 \end{bmatrix} P_1 = \begin{bmatrix} S_1\, S_2\, S_3\, S_4\, S_5 \end{bmatrix} \tag{6-48}$$

解得平衡条件为

$$S_1 = 0.199 \;\; S_2 = 0.170 \;\; S_3 = 0.180 \;\; S_4 = 0.252 \;\; S_5 = 0.199 \tag{6-49}$$

由于现行维修策略为“单一状态”策略，即只有处于状态 5 的泵才加以修理，且其

修理费为每台平均 500 元，放在“单一状态”维修策略下，每台泵一个季度的期望修理费(记作 EMC_1)为

$$EMC_1 = 500 \times 0.199 = 99.50\text{元} \tag{6-50}$$

第二步　确定“两种状态”维修策略下的期望季度维修费。

由式(6-47)“单一状态”转移概率矩阵 P_1 知，在“两种状态”维修策略下，泵状态转移概率矩阵应为

$$P_2 = \begin{bmatrix} 0.00 & 0.60 & 0.20 & 0.10 & 0.10 \\ 0.00 & 0.30 & 0.40 & 0.20 & 0.10 \\ 0.00 & 0.00 & 0.40 & 0.40 & 0.20 \\ 1.00 & 0.00 & 0.00 & 0.00 & 0.00 \\ 1.00 & 0.00 & 0.00 & 0.00 & 0.00 \end{bmatrix} \tag{6-51}$$

式(6-51)中矩阵的第四行与表 6-10 的第四行不同，这是因为现在采用了“两种状态”的维修策略，即属于状态 4 和状态 5 的泵都要进行修理，且这些泵在下一检查周期均将属于状态 1。此种情况下，新的平衡条件为

$$S_1 = 0.266 \quad S_2 = 0.228 \quad S_3 = 0.241 \quad S_4 = 0.168 \quad S_5 = 0.097 \tag{6-52}$$

在“两种状态”维修策略下，属于状态 4 和状态 5 的泵都要修理，其平均费用为每台 250 元和 500 元，这一策略的期望修理费(EMC_2)为

$$EMC_2 = 250 \times 0.168 + 500 \times 0.097 = 90.50\text{元} \tag{6-53}$$

第三步　确定“三种状态”维修策略下的期望季度维修费。

此种维修策略下，泵状态转移概率矩阵为

$$P_3 = \begin{bmatrix} 0.00 & 0.60 & 0.20 & 0.10 & 0.10 \\ 0.00 & 0.30 & 0.40 & 0.20 & 0.10 \\ 1.00 & 0.00 & 0.00 & 0.00 & 0.00 \\ 1.00 & 0.00 & 0.00 & 0.00 & 0.00 \\ 1.00 & 0.00 & 0.00 & 0.00 & 0.00 \end{bmatrix} \tag{6-54}$$

此转移概率矩阵之所以与前面的矩阵不同，是因为处于状态 3，4，5 的泵都要进行修理，而且这些泵经修理后在下一个季度均处于状态 1。此种情况下的平衡条件为

$$S_1 = 0.350 \quad S_2 = 0.300 \quad S_3 = 0.190 \quad S_4 = 0.095 \quad S_5 = 0.065 \tag{6-55}$$

处于状态 3，4，5 的泵，分别要以每台平均 200 元，250 元，500 元的费用进行修理，故“三种状态”维修策略的期望修理费(EMC_3)为

$$EMC_3 = 200 \times 0.190 + 250 \times 0.095 + 500 \times 0.065 = 94.25\text{元} \tag{6-56}$$

第四步　确定最佳维修策略。

由式(6-50)、式(6-53)和式(6-56)可知，三种可供选择的维修策略的期望修理费分别为 99.50 元，90.50 元和 94.25 元，显然，“两种状态”维修策略是费用最少的维修策略，因此也是最佳的维修策略。

在“两种状态”策略下，一台泵必须进行修理的概率为 $0.168 + 0.097 = 0.265$，此概

率虽大于“单一状态”下一台泵必须进行修理的概率 0.199，但其费用的节省是由于很多泵的修理费较低，仅 250 元，它比状态 5 的修理费 500 元要低得多。

6.6 本 章 小 结

本章首先概述了风险评价的主要方法：完全回避风险的方法、权衡风险方法、减少风险的成本—效益分析、风险—效益分析、风险评价的综合分析方法，然后详细阐述了期望货币损益准则与风险决策模型、贝叶斯决策理论、风险型决策与效用准则、马尔可夫分析法等。

参 考 文 献

[1] 郭仲伟. 风险的评价与决策——风险分析与决策讲座(三)[J].系统工程理论与实践, 1987, 7(3).

[2] 黄强, 苗隆德, 王增发. 水库调度中的风险分析及决策方法[J].西安理工大学学报, 1999, 15(4):6-10.

[3] 杜锁军. 国内外环境风险评价研究进展[J]. 环境科学与管理, 2006, (5):193-194.

[4] 徐宪平. 风险投资的风险评价与控制[J]. 中国管理科学, 2001, (4):76-81.

[5] 张验科，王丽萍，裴哲义. 综合利用水库调度风险评价决策技术研究[J].水电能源科学，2011, (11):51-54.

[6] 董俊花. 风险决策影响因素及其模型建构[D]. 兰州：西北师范大学, 2006.

[7] 王家远，李鹏鹏，袁红平. 风险决策及其影响因素研究综述[J].工程管理学报, 2014, (2):27-31.

[8] 蒋多, 陈雪玲, 李斌. 风险决策研究述评[J]. 华中师范大学研究生学报, 2009, (2):114-119.

第三篇　应　用　篇

第 7 章　防洪的风险分析与决策

洪水灾害是当今世界上损失最大的自然灾害。据联合国统计，每年全世界各种自然灾害的 60%是由于洪灾造成的。由于自然环境和社会经济历史发展的特殊条件，我国 2/3 的国土上存在着不同类型和不同程度的洪水灾害，其发生之频繁，损失之严重，在世界各国中是最为突出的，所以历朝无不把防洪减灾作为治国安邦的大事。尤其是中华人民共和国成立以来，在防洪建设方面(防洪规划、防洪工程建设、防洪非工程措施建设)，取得了举世瞩目的成就与经验，彻底改变了中华人民共和国成立之前那种洪水肆虐、民不聊生的局面。但也应清醒地看到，防洪减灾仍将是我国极其严重的问题之一。防洪系统是一个复杂的开放系统，其复杂性在于：一方面，洪水自身具有随机性、模糊性、灰色性、混沌性、分形分维性等种种不确定性，从而需要综合应用相应的学科技术加以研究，进行认识；另一方面，由于人类的介入和影响，进一步加大了防洪系统的不确定性和风险，给其客观规律的探索带来了更大的难度。因此，开展和加强防洪系统的风险分析工作，从而最大限度地降低其风险和灾害影响，是一项关系到防洪安全和国计民生的工作[1]。风险分析最早是在防洪系统领域得到较为广泛应用的。本章以风险的基本概念(风险的定义、特征和风险分析方法)为基础，在排雨水道涵洞设计、堤防河道行洪、水库大坝安全、洪水及风险管理决策等各方面对防洪系统风险分析的研究进展加以综述，并对其发展加以展望。

7.1　防洪调度的风险分析

我国许多水库承担下游地区的防洪任务，当水库坝址距防洪控制点较远时，区间洪水不容忽视。因此由水库及无调节区间组成的防洪系统最合理的调度方式是补偿调度。对于水库泄水到达防洪控制点的传播时间大于区间洪水集流时间的防洪系统，实现补偿调度需借助于洪水预报，预报误差导致的调度风险是能否实现补偿调度的关键。

7.1.1　防洪调度风险辨识

(1) 水文风险因子。包括雨洪形成过程中的各项不确定性因素，以及影响量测、计算、预报误差和抽样误差的各项因子。它们一方面来自水文事件本身的不确定性，另一方面则来自水文模型与资料分析产生的误差。

(2) 水力风险因子。包括模拟计算条件，各种模型方法的误差和其中的具有不确定性的参数，以及影响河段和洪泛区水位、流速、洪峰流量演进过程的各种不确定因素。

(3) 工程经济风险因子。防洪减灾中的工程经济风险主要来源于工程费用估计中的不确定性，经济因子的不确定性包括价格、利率变换、通货膨胀等。防洪减灾中的经济风险分析主要集中在防洪费用的风险分析、防洪工程效果即经济评价指标的概率分布研究及防洪效益的风险分析。

(4) 水工结构风险因子。包括影响基础稳定的土力学因子，影响风浪爬高、渗流管涌、泥沙冲蚀等危及工程安全的不确定性因子。

7.1.2　防洪调度风险估计

水库防洪调度的风险估计方法较多，如极限状态法、概率法、一阶二次矩阵法、马尔可夫分析法、随机微分方程及随机模拟等。由于洪水过程各个时刻的流量之间有着较强的相关性，并非相互独立，因此，无法单独地对各个时刻的流量进行直接的随机模拟，于是这里将洪水过程的预报误差转化为水库水位或水库蓄水量的随机变化过程，采用水库调洪演算的随机微分方程，对基于洪水预报误差的水库洪水预报调度防洪风险进行分析。

传统水库调洪演算的计算原理是基于水量平衡方程的常微分方程：

$$\begin{cases} \mathrm{d}V(t) = [\mu_Q(t) - \mu_q(V,t)]\mathrm{d}t \\ V(t_0) = V_0 \end{cases} \tag{7-1}$$

式中，$V(t)$ 为 t 时刻水库的蓄水量；$\mu_Q(t)$、$\mu_q(V,t)$ 分别为 $\mathrm{d}t$ 时段内的平均入库和出库流量(其中，出库流量由水库防洪调度规则以及水库库容与下泄流量关系曲线确定)；t_0 为水库的起调时刻。

水库各个时刻的下泄流量以及蓄水量可以通过式(7-1)以及水库调洪规则进行迭代求解。但在实际情况中，受洪水过程预报存在的一系列不确定性，加上在调洪过程中各种各样多源随机不确定因素的影响，导致任意两个不同的时间间隔 Δt 内，$V(t)$ 的增量 $\Delta V(t)$ 是独立的，即 $V(t)$ 符合 Wiener 过程定义的随机过程，同时也遵循马尔可夫过程；并且 $\Delta V(t)$ 服从正态分布，其均值为 $(\mu_Q(t) - \mu_q(V,t))\Delta t$，方差为 $\sigma_V^2(t)\Delta t$，$\sigma_V^2(t)$ 称为 t 时刻的蓄水量方差率。由此可以得到水库调洪演算的随机微分方程：

$$\begin{cases} \mathrm{d}V(t) = [\mu_Q(t) - \mu_q(V,t)]\mathrm{d}t + \sigma_V(t)\mathrm{d}B(t) \\ V(t_0) = V_0 \end{cases} \tag{7-2}$$

式中，$B(t)$ 均值为零，服从正态分布的标准 Wiener 过程。

与调洪演算的常微分方程相比，式(7-2)多了一个干扰随机项 $\mathrm{d}B(t)$，从而将随机过程引入了调洪演算过程分析，使得 $V(t)$ 变成一个随机过程。水库蓄水量过程的离散程度取决于方差 $\sigma_V^2(t)$，这里仅考虑入库洪水的不确定性时，其大小只与入库洪水过程的方差有关，对式(7-1)两边同时取方差，从而可以得到

$$\sigma_V(t) = \sigma_Q(t)\sqrt{\mathrm{d}t} \tag{7-3}$$

式(7-3)属于较为典型的 It_0 型随机微分方程，这里采用欧拉法进行数值求解，欧拉法的迭代公式为

$$V(j,k) = V(j-1,k) + \left[Q(j-1) - q(j-1)\right](t_j - t_{j-1}) + \sigma_V(j-1)\left[B(j) - B(j-1)\right] \tag{7-4}$$

式中，$j = 1,2,\cdots,M$ 代表时间节点，M 是时间节点的个数；$k = 1,2,\cdots,K$ 代表轨道，K 是轨道数。通过欧拉迭代公式，加上水位库容关系曲线可进一步得出第 k 条轨道上，不同时间节点的库水位值 $H(1,k), H(2,k), H(M,k)$，对每条轨道 k 以及每个时间节点 j 定义

函数 $f(j,k)$，公式为

$$f(j,k)=\begin{cases}1, \text{当} H(j,k)\geqslant Z\\0, \text{当} H(j,k)<Z\end{cases} \tag{7-5}$$

式中，Z 表示水库校核洪水位，即对同一条轨道下的每一个时间节点处的水库水位是否超过水库校核洪水位进行判断，若超过则定义为 1，否则定义为 0。接下来，对每一条轨道 k 再定义函数 $g(k)$，公式为

$$g(k)=\max f(j,k)\,(1\leqslant j\leqslant M) \tag{7-6}$$

即只要在一个时间节点处出现了防洪高水位越过水库校核水位的情况，那么就算作防洪目标遭到破坏，水库自身的防洪风险概率 P_a 为

$$P_a=\frac{\sum_{k=1}^{K}g(k)}{K} \tag{7-7}$$

由此可以对各等级洪水预报误差对应的防洪风险进行估计，确定不同预报水平下的水库防洪风险概率。当然，根据计算所得的各时刻水库蓄水量统计数据，由水库库容与下泄流量的关系曲线与防洪调度准则，可以求得各时间节点与轨道的水库下泄流量，进而可以统计下泄流量超过安全泄量的概率 P_s，对下游防洪风险进行估计。公式同上。

7.1.3　防洪调度风险评价

风险评价是根据风险估计得出的风险发生概率和损失后果，把这两个因素结合起来考虑，用某一指标决定其大小，如期望值、标准差、风险度等。再根据国家所规定的安全指标或公认的安全指标，去衡量风险的大小和程度，以便确定风险是否需要处理和处理的程度。极限控制指标的选定：极限控制指标一般情况下根据洪水频率的不同以及水库特征水位的不同而不同。对水库本身而言，应该根据不同水利枢纽如大坝的本身的情况来确定极限风险控制指标。一般情况下，我们选择校核洪水位作为极限控制指标，这是由于，当水库水位超过校核洪水位时，我们认为水库已经不再安全，即受到威胁。我们同样可以推测，在遇到调节设计洪水和下游防洪标准的洪水时，应该将设计洪水位和防洪高水位确定为极限指标。

设计洪水采用频率分析法推求，洪水调节计算应用龙格—库塔数值解法。在汛期，水位控制在某一固定的区间，一般满足 $Z_{\text{限}}\leqslant Z_i\leqslant Z_{\text{抬}}$，其中，$Z_{\text{限}}$ 为原汛限水位，$Z_{\text{抬}}$ 为预报调度设计确定的汛限水位抬高值。以汛限水位的范围作为起调水位的变动范围，并拟定几个起调水位 $Z_i=1,2,\cdots,n$。

7.1.4　防洪调度风险决策

风险决策是风险分析中的一个重要阶段。在对风险进行了识别，做了风险估计及评价，提出了若干种可行的风险处理方案后，需要由决策者充分考虑各方面影响对各种处理方案可能导致的风险后果进行全面的权衡分析，在此基础上，做出决策，即决定采用哪一种风险处理方案。进行风险决策的目的，就是为了避免决策失误，以保证采取的各

种措施能使风险可能招致的损失降到最低。在这一决策过程中，要求决策者能及时获取必要的、系统的、真实的信息，特别是有关风险的定量信息。

王燕生在《防洪调度风险分析》一文中，在分析预报误差基础上建立的预报误差风险模型，能定量地计算出由误差导致防洪调度的风险值[2]。解决了过去由于对预报误差风险导致防洪不安全程度心中无数，而不愿用补偿调度的问题。文中所提出的按区间最小洪量原则，及优化选取修正幅度而形成的安全修正过程线，可以满足下游防洪要求，在允许的风险范围内，充分利用河道过水能力，减少上游水库的防洪库容，提高水库综合利用效益；为实现合理的防洪调度探索可行之路。陈惠源等阐明了水库防洪调度的基本任务，揭示了水库调洪过程涉及的若干基本问题，分析了防洪补偿调节及错峰调度方式的应用条件，提出拦蓄洪尾运用方式的风险分析方法，并探讨防洪优化调度与实时调度相联系的途径。刘俊萍等讨论了水库洪水调度中洪水风险分析计算方法，分析了影响泄洪风险的不确定性因素，给出了随机变量的分布函数与参数。在水库防洪调度过程中，时段来水风险是最根本最重要的风险，它的大小直接影响着其他目标的实现程度。实际调度中当前时段的流域降水预测和前期时段的水库实际入库流量可以用来确定当前时段水库入库径流的概率分布密度函数。研究者可依据这个概率分布函数对调度过程中相关风险指标进行分析，例如：径流预报风险分析，放水风险分析，发电量风险分析，发电效益风险分析。研究者可以凭借这些信息，对实际调度策略进行风险评估，用以选择最优方案[3]。水文预报过程离不开确定性预报结果，因此需要加深对水文现象本质的认识，建立出更加合理有效的确定性水文预报模型。由于大量自然的水文过程既不是线性的也不是正态的，因此假定水文预报过程是线性且正态的很可能会给预报带来更大的潜在不确定性。

7.2 防洪效益的风险分析

工程项目的不确定性分析一般包括敏感性分析、盈亏平衡分析和概率分析三个方面。

水利工程的成本变化情况不显著，可变成本所占比例又较小，因此一般可不进行盈亏平衡分析。由于对不确定性因素出现的概率进行预测和估算难度较大，计算又较复杂，所以一般在进行不确定性分析时，经常只进行敏感性分析。

防洪效益是以减免洪灾损失值来定量的。严格地讲，它与工程建成后，发生设计洪水的次数密切相关。而洪水发生的随机性很强，对防洪效益的风险分析就显得十分重要了。防洪效益风险分析的理论和方法是建立在洪水发生的随机性很强，拟建工程的防护对象——洪水，在工程经济运行期内发生的次数这种随机组合的基础之上的。要解决的问题是，防洪效益现值小于某指定值的那些组合概率(亦即风险率 R)。

肖玉敏通过介绍防洪效益风险分析的基本理论、方法，并与现行方法进行对比，论述风险分析的特点和作用[4]。最后给出一组风险分析关系曲线，供工程设计时查用。

7.2.1 年效益计算与风险分析

首先讨论年效益的计算。由于防洪效益具有随机性，故年效益计算的结果应能够比较准确地描述年效益出现的大小及其可能性，频率法是比较合理的方法[5]。年效益计算的结果是否正确可靠，其关键问题是发生不同频率洪水时洪灾的估算方法及其精度。现行的计算方法是水文水利计算结合调查法、历史资料对比法。目前，随着大容量计算机的出现，洪泛区洪流演进的数值模拟方法也在开始应用，这样，可以比较准确地计算出任何频率洪水的淹没范围、淹没深度及淹没历时，进而可以估算出洪水所造成的损失。总之，无论采取何种方法，均需分别求出兴建工程前与兴建工程后洪灾损失频率曲线，对应频率的两者相减即可求出工程所减免的洪灾损失（即防洪效益）频率曲线。年效益频率曲线比较特殊，它通常具有若干零项，且部分线段非渐变，因此，实用上往往用离散型经验频率曲线表示。

设洪水频率为：$p_1, p_2, \cdots, p_m$；相应年防洪效益为$b_1, b_2, \cdots, b_m$，则年防洪效益的均值为

$$E(B_0) = \sum_{i=1}^{m}(p_i - p_{i-1})\left(\frac{b_i - b_{i-1}}{2}\right) = \sum_{i=1}^{m-1}\Delta p_i \overline{b_i} \tag{7-8}$$

式中，Δp_i为两相邻频率之差；$\overline{b_i}$为两相邻频率的防洪效益的平均值。

年效益方差、均方差及变差系数分别为

$$D(B_0) = \sum_{i=1}^{m-1}\Delta p_i\left[\overline{b_i} - E(B_0)\right]^2 \tag{7-9}$$

$$\sigma_0 = \sqrt{D(B_0)} \tag{7-10}$$

$$C_{V_0} = \frac{\sigma_0}{E(B_0)} \tag{7-11}$$

均方差与变差系数均反映了年防洪效益变化的不均匀程度，不均匀程度越大，风险也就越大。在通常情况下，年防洪效益系列的离散程度远大于年洪水系列的离散程度，远远大于年径流系列的离散程度。因此，在防洪经济评价时，进行防洪效益的风险分析是十分必要的。

7.2.2　总效益计算与风险分析

在防洪工程经济使用期n年内，设年防洪效益系列为：$B_1, B_2, \cdots, B_n$，则总效益现值(基准年为开始受益的第一年年初)Z为

$$Z = \frac{B_1}{1+r} + \frac{B_2}{(1+r)^2} + \cdots + \frac{B_n}{(1+r)^n} \tag{7-12}$$

式中，r为经济折现率；Z为随机变量$B_i(i=1,2,\cdots,n)$的函数。

由式(7-12)可知，防洪总效益Z由计算期内各年效益折算而得，则防洪总效益的变化特性是由年效益的变化特性、计算期n及折算率r共同决定的。

7.3　防洪投资风险分析与决策

20 世纪 80 年代以前，我国防洪建设资金来源渠道单一，主要靠国家拨款。80 年代以后，随着水利国民经济基础产业地位的确立，防洪投资资金来源及投入量均发生了一些变化，已逐步走上了多元化、多层次、多方式集资办水利的路子。目前，我国防洪投资的几个主要渠道是：水利基本建设投资、水利事业费、以工代赈及其他防洪资金来源。防洪工程，特别是流域防洪工程，是最重要的基础设施。防洪投资属于一种社会公益性投资，理应有法定的渠道和稳定的投入，毫无疑问，投资应该主要由政府筹措。目前，在美国、日本等发达国家，政府对防洪的投入很稳定且强度相当大。而我国在水利基建方面的投资大起大落。这种以国家投资作为主导的防洪投资模式，无论在管理上，还是在使用上都存在着许多弊端。

7.3.1　防洪投资的风险分析

防洪投资作为一种关系到人民的生命与财产安全的投资活动，人们总是期望所投资兴建的防洪工程能“绝对”减免灾害，保障安全，带来巨大的经济、社会和环境生态效益。但是，防洪投资能否达到既定的目标却是不一定的。比如，在一些地区，通过区域性防洪排涝工程的大规模建设，虽然提高了局部地区的防洪排涝能力，减少了这些地区的洪涝灾害导致的直接经济损失，取得了较大的经济效益，却同时改变了原有的由江河湖泊构成的水系统，有可能增加河流干流和重要湖泊洪水威胁的程度，使洪水灾害在不同地区之间转移，造成洪水损失搬家。这表明，人类进行改造自然的活动，有可能加剧人群之间、人与自然之间的矛盾。又如，由于防洪设计标准确定不当，既可能造成原本就不充裕的防洪资金的积压，又可能造成本可以避免的损失发生[6]。也就是说，防洪投资蕴藏着巨大的风险。按其来源，主要可分为以下几类。

(1) 自然风险——洪水的随机性。作为投资针对点的洪水在时间和空间分布上都具有随机性。而且，洪水的出现特点，虽有统计概率方面的规律，但年际变化大，洪水造成的损失年际变化更大，一般年份无灾害或灾害很小，一旦出现大洪水，损失就很大，这直接对防洪投资的经济效益造成影响，因为防洪投资的经济效益是以其减免的损失来衡量的。

(2) 防洪设计风险。这是关于防洪设计标准的确定问题。由于工程设计标准或重要参数选择失当，在小于设计洪水条件下，有相当数量的大坝发生了漫坝失事事故。这往往是因为设计者对水位库容关系的认识不足而导致的决策失误，最终影响防洪投资。

(3) 经济风险。防洪投资受益区内所有财产，包括工商业财产、农业财产、家庭财产、养殖业财产、面上工程设施财产，以及事业单位财产等，作为被保护的对象，都有潜在遭受损失的可能性。但是，财产分布是不断变化的，且随着国民经济的不断发展和人民生活水平的不断提高，财产结构也逐步变化，财产价值也在不断变化。这无疑增添了防洪效益的不确定性，进而影响到防洪投资效果，产生较大的经济风险。

(4) 技术风险。在防洪工程建设与防洪系统管理中，都需要采用大量复杂的技术。先进的技术会带来巨大的效益，但是也隐含着巨大的风险，一旦失事，损失巨大。

(5) 组织风险。在防洪投资活动中，因为组织管理不善，将影响防洪工程的进度、质量和工期。而工程竣工后能否有一个良好的管理运行机制，则直接关系到防洪投资效益的持续发挥。

7.3.2　防洪投资风险决策

防洪投资风险决策是指在风险评价的基础上，考虑对社会、经济、生态环境等方面的综合影响后，选择合适的方案。在生产实践中，应对防洪投资风险的方法主要包括以下几种。

(1) 减轻自然风险。洪水的不确定性导致了防洪投资的巨大风险，为此从洪水的成因着手，消除或减少致灾因子，是防洪投资风险控制的根本方法。生态环境的破坏是形成洪水的一个重要因素。近代人口大幅度增加，为了生存和发展，人们向自然进行了掠夺式的索取。不少河流中上游的森林被过度砍伐，坡地被过度垦殖，造成了严重的水土流失，使中小河流泥沙淤积增加，河道萎缩，山洪和地质灾害加重。为了扩大生存和发展空间，人与水争夺土地，高度开发利用沿江土地和江河冲积平原，但与水争地失控势必改变江河湖泊的自然功能，使其宣泄能力和调蓄能力降低。所以，人类应该遵循自然规律，加强水土保持、积极植树造林和保护自然生态环境，与自然和谐相处。

(2) 通过合理的防洪工程措施降低风险。在我国洪水威胁区人口密度大、土地开发利用程度极高、防洪工程措施发展很不平衡的情况下，依靠工程措施提高防洪能力，减少灾害损失，依然是当前防洪体系建设的主要方向。防洪减灾工程措施的核心是贯彻江河防洪“蓄泄兼筹，以泄为主，综合治理”的方针，点、线、面措施相结合。在各种工程措施中，堤防建设和河道整治是基础。所有措施都必须在防洪综合规划的基础上进行，相互补充，密切配合，否则可能造成上下游、左右岸之间的矛盾。如前所述，局部防洪排涝设计标准过高，不但可能造成有限的防洪排涝资金的积压，降低单位投资的效益，同时还有可能转嫁风险，或是增大防洪系统的整体风险。

(3) 通过防洪费用分摊来使受益者合理承担经济风险。由于传统的防洪投资模式是以国家的财政支出为主导，这样一旦投资出现失误，风险就由作为投资主体的国家包揽了，广大受益区与受益人群不负担或很少负担，这显然于国家的整体利益不利。防洪属于社会公益性事业，各有关地区、单位和个人都有责任和义务分摊一部分投资和运行费用。所以从多层次、多渠道筹集防洪资金来分担国家的投资风险是合理的、有必要的。经济的发展和人民生活水平的提高使企事业单位和个人的承受能力增大，故而防洪费用分摊也是可行的。

(4) 通过洪水保险来转移经济风险。保险是转移风险最常用的一种方法，洪水保险亦不例外。承灾体具有易损性，也就是说，洪灾不可避免会给个人和单位的财产带来损失。我国是一个洪涝灾害频繁、洪灾损失日益严重、工程防洪标准又普遍偏低的国家，很有必要大力推行洪水保险，来转嫁洪水灾害的风险，减少投保户的损失，保障灾害过后顺利恢复生产和生活。

7.4 本章小结

本章主要介绍了防洪的风险分析与决策。其中防洪的风险分析包括调度风险分析、效益风险分析、投资风险分析。

参考文献

[1] 傅湘, 陶涛, 王丽萍, 等. 防洪风险决策模型的应用研究[J]. 水电能源科学, 2001, 19(2):15-18.
[2] 王燕生. 防洪调度风险分析[J]. 水力发电, 1996(10):19-21.
[3] 管新建, 张文鸽. 水库防洪调度风险分析研究进展与发展趋势[J]. 中国水利, 2004(17):44-45.
[4] 肖玉敏, 王国春, 杨振霞. 防洪效益风险分析[J]. 黑龙江水利科技, 1995(2):32-36.
[5] 李存斌. 水利工程防洪效益风险分析方法的探讨[J]. 水利经济, 1988(3):17-21.
[6] 刘广明, 朱文龙, 施国庆. 防洪投资的风险分析及管理[J]. 水利经济, 2001, 19(3):21-26.

第 8 章　水库调度风险分析与决策

本章讨论水库调度风险分析所研究的内容，主要风险因子(水文、水力、工程、社会经济、人为风险因子等)及其识别方法，常用的风险分析方法(定性、定量风险分析)。在此基础上建立了概化的水库调度风险分析体系，该体系分为三层，分别为目标层(水库调度综合风险)、类别层(各类主要风险)、指标层(风险评价指标)，每一层之间存在着一种递进的描述关系[1]。针对实际问题，从上往下递推分析，首先确定所要考虑的综合风险，以此建立目标函数，继而分析其影响因素(风险因子)，最后确定每个风险因子的评价指标，对各项风险进一步进行分析，做出水库调度风险决策。

8.1　水库调度风险因子识别

对于综合利用水库调度来说，风险来源于其调度过程中存在的水文、水力、工程状态、人为管理等众多不确定性因素所造成的影响，如入库径流的随机性和洪水出现的不确定性、来水预报误差、水位库容曲线和水位下泄流量关系曲线的不确定性、人为决策失误等。但是，由于现在技术水平的限制或实际需求的差别，在对水库进行风险分析的过程中我们没有能力或者没有必要将所涉及的所有对水库调度效益产生影响的不确定性因素都在风险计算过程中予以考虑，而只需考虑对效益产生影响的主要不确定性因素即可[2]。在目前已有的研究成果中针对风险因子予以系统分析的尚不多见，例如，计算发电风险时，往往只分析径流的随机性对发电造成的影响，这对于发电调度来说是考虑不尽完善的，因为水库发电调度风险是径流随机性、预报误差、人为决策等多方面因素造成的综合结果。本节意在通过探讨识别水库调度的主要风险因素，对综合利用水库调度中的各种风险及不确定性因素进行系统分析，建立水库调度一般情况下(概化)的风险评价指标体系，提出在调度过程中广泛存在的随机性和模糊性两类主要不确定性的量化方法，并针对径流预报误差和径流与洪水过程的随机模拟方法进行探索研究，在此基础上基于函数在处理多个变量联合分布函数上的优越性，提出多个风险因子的组合量化方法。

水库调度是一个涉及多个输入和输出的复杂系统，针对这个系统要达到的目标不同也会面临不同类型的风险，而无论单独应用哪种识别风险的方法都会存在欠缺，例如，采用故障树分析法可能漏掉某些重要的风险因素；采用专家调查法可能由于专家个人知识组织结构的不同而存在人为偏差；采用幕景分析方法可能由于分析人员受现阶段信息水平限制或估计不够精确而存在局限性。因此，为了尽可能地找出水库调度存在的各类风险及引起风险的多个因素，这里综合采用故障树分析法、专家调查法和幕景分析法等多种思路进行分析考虑，而且这也是符合实际情况的。

通过分析，一般情况下，综合利用水库调度风险是多个风险要素或因子相互作用的综合结果，但其中有主观风险因子和客观风险因子，主要风险因子和次要风险因子之分。

在辨识风险因子的过程中，要充分了解所研究水库的自然环境和社会环境，剖析调度过程的各个环节，找出各种风险因子与调度风险之间的内在联系，从而鉴别出对调度产生主要影响的风险因子。在水库调度过程中，各个风险因子之间相互作用、相互影响，联系较为复杂。为分析方便，常将水库调度风险分为以下几类。

(1) 水文风险因子。水文风险因子是指对水库上游来水和当地径流的特性产生影响的各种不确定性因素，它们一方面来自水文事件本身的不确定性，另一方面则来自水文模型与资料分析产生的误差，例如雨洪转换模型、水文统计模型等的不确定性及其参数的不确定性。模型不确定性产生的原因是所选定的模型仅仅是原型中的一个，由于水文事件的样本容量以及计算手段、方法的限制，就必定会在认识水文过程时产生不确定性，即参数和模型的不确定性。在实际工作中，人们通常把径流过程或降雨过程看作随机过程，通过水文资料的统计分析，可得出它们的概率分布。

(2) 水力风险因子。主要是指由于应用不合理描述水流运动的水力模型计算水流时所造成的水力模型本身的不确定性，以及由于测量和施工误差造成的结构和材料的不确定性。例如，经模型试验得出的流量系数，三维水流模型简化为一维水流模型时的模型参数等。另外，还有由于测量误差、模型不确定性、水库中泥沙淤积、库岸坍塌等造成的水位库容曲线和水位下泄流量曲线等的不确定性。这些资料一般是水库调度所依据的基本资料，稍有偏差都可能在计算过程中将误差不断扩大，从而给调度决策带来较大的困难和影响。

(3) 工程风险因子。主要包括水库的工程情况和其调度特点两个方面。工程情况是指在设计、施工和管理运用中存在的一些不确定性因素，它们影响这些工程发挥其预定的功能；再者就是水库的工程调度特点，包括汛期运行水位、汛期起调水位、调度规则、信息获取、预报技术等。

(4) 社会经济风险因子。这里指经济、社会、政策、法令等因素，它们将不同程度地影响着调度风险的发生和效益损失的程度。

(5) 人为因子。指调度管理人员的各种决策行为。由于决策人员的风险偏好不同，如有的决策者是冒险型的、有的是保守型的、有的是中间型的，这些都将对调度结果产生不同程度的影响。

8.2　水库调度风险分析方法

水库调度风险分析方法一般分为调查方法、分析方法和系统方法 3 类。对于水库调度来说，分析方法较为简单易行，又可分为定性分析法、定量分析法以及定性和定量相结合的方法。由于水库调度中的风险基本上是一种自然的、微观的和大都可测度的风险，因此水库调度风险问题中，定性和定量相结合的风险分析方法是较为适宜的。

8.2.1　静态与动态相结合的调查方法

没有调查就没有发言权，通过对风险主体进行实际调查并掌握风险的有关信息是非常重要的；调查采用动态与静态结合的方法了解主体的现状、过去，又要归纳总结，预测它的未来。水库调度风险的调查需要投入较多的人力、财力，采用专家调查法可以事半功倍[3]。

8.2.2　微观与宏观相结合的系统方法

从系统整体性出发，通过研究风险主体内部各方面的关系、风险环境诸要素之间的关系、风险主体同风险环境的关系等，确定风险系统的目标，建立系统整体数学模型，求解最优风险决策，建立风险利益机制，进行风险控制和风险处理。该方法适用广泛，从理论上讲是较科学、理想的，但应用难度较大。

8.2.3　常用定性风险分析方法

定性风险分析方法主要是通过归纳、演绎、分析、综合等逻辑方法判断事物产生风险的性质和属性，以及依据决策者的经验和判断能力直观地评价风险存在的可能性和危险性，主要适用于风险可测度非常小的风险主体。常用的方法有故障树分析法、专家调查法、幕景分析法等。专家调查法主要包括德尔菲法、头脑风暴法、专家判断法等多种方法，其中德尔菲法首先是由美国咨询机构兰德公司的赫尔德和戈登提出的，主要是借助于专家的知识、经验和判断对风险进行评估和分析，在定性风险分析方法中应用较广，具有代表性。在水资源系统中有些不确定性因素难以分析、计算，因此该法在水库调度风险决策中具有实用价值。

8.2.4　常用定量风险分析方法

1. 概率论与数理统计分析方法

概率论与数理统计是计算水库调度风险问题中可靠性和风险率最为有力的工具。依据水库调度自身的特性以及调度过程中风险的特点，主要方法有：基于典型概率分布函数的风险率计算、基于贝叶斯原理的风险率计算、风险度分析方法。

1)基于典型概率分布函数的风险率计算

在水库调度问题中，如果影响风险主体的不确定性变量服从一些典型的概率分布(正态分布、三角分布、伽马分布、高斯分布、皮尔逊III型分布等)，则可用概率分布密度函数的积分计算风险决策指标的可靠率或风险率。

当不确定风险变量为一维随机变量 x 时，设 $f(x)$ 为其概率分布密度函数，在决策目标极大化条件下，决策指标大于等于某一规定值 x_0 的可靠率，如式(8-1)所示。

$$P(x \geqslant x_0) = \int_{x_0}^{\infty} f(x)\mathrm{d}x \tag{8-1}$$

则风险率的计算公式为

$$F(x) = 1 - P(x) = 1 - \int_{x_0}^{\infty} f(x)\mathrm{d}x = \int_{-\infty}^{x_0} f(x)\mathrm{d}x \tag{8-2}$$

在决策目标极小化条件下，风险率的计算公式为

$$F(x \geqslant x_0) = \int_{x_0}^{\infty} f(x)\mathrm{d}x \tag{8-3}$$

当不确定风险变量为多维随机变量 $x_1,x_2,\cdots,x_n$ 时，设 $f(x_1,x_2,\cdots,x_n)$ 为其联合概率密度函数，则决策目标极大化条件下的风险率计算公式为

$$F(x_1,x_2,\cdots,x_n) = \int_{-\infty}^{x_{10}}\int_{-\infty}^{x_{20}}\cdots\int_{-\infty}^{x_{n0}} f(x_1,x_2,\cdots,x_n)\mathrm{d}x_1 x_2\cdots x_n \tag{8-4}$$

决策目标极小化条件下的风险率计算公式为

$$F(x_1,x_2,\cdots,x_n) = \int_{x_{10}}^{\infty}\int_{x_{20}}^{\infty}\cdots\int_{x_{n0}}^{\infty} f(x_1,x_2,\cdots,x_n)\mathrm{d}x_1 x_2\cdots x_n \tag{8-5}$$

2) 基于贝叶斯原理的风险率计算

设有一组互斥的完备事件集 $B_1,B_2,\cdots,B_n$，即 $B_i(i=1,2,\cdots,n)$ 互不相容，且设 $P(B_i)>0$，则有 $\sum B_i = \Omega$，对于任一事件，若 $P(A)>0$，则有

$$P_r(B_i / A) = \frac{P_r(A / B_i)P_r(B_i)}{\sum_{i=1}^{n} P_r(A / B_i)P_r(B_i)} \tag{8-6}$$

式中，$P_r(B_i)$ 为先验概率，$P_r(A / B_i)$ 为与先验概率有关的条件概率，$P_r(B_i / A)$ 为后验概率，即在事件 A 发生的情况下，引起事件 B_i 发生的概率。

例如，在水库调度的过程中，设水库的下泄为事件 B_i，影响水库放水的入库流量和库水位为事件 A，则 $P_r(B_i / A)$ 即为在水库入库流量和库水位已知的前提下，水库泄水的概率。

2. 随机模拟分析方法

在水库调度系统中，存在着各种类型的风险变量，有时风险变量之间的影响机制非常复杂，因此难以确切的估计和确定各类风险变量的概率分布函数、参数及各种变量之间的相关影响。这时，采用模拟方法对复杂系统进行风险分析是一种可行的方法。其中，在众多的模拟方法当中，蒙特卡罗法是最为常用的方法。蒙特卡罗（Monte Carlo）模拟方法又称为随机模拟法或统计实验法，可以看作是对实际可能发生情况的模拟。蒙特卡罗法模拟的具体步骤为：①采用随机数生成的办法产生具有与实际情况发生概率相同或相近的随机数；②将产生的随机数输入到已建模型进行模拟实验；③经过大量多次的反复实验，通过对统计结果的分析得到风险指标变量的概率分布。蒙特卡罗法的优点在于避开了研究对象的复杂内部特性描述以及这些特性对系统行为或效益分析上的困难，而直接以系统的运用过程模拟代替系统分析。其每一个步骤都是决定随机模拟是否能够正确进行并取得成功的关键：步骤①代表系统输入的特点，要关注其所产生的随机数或序列的正确性；步骤②是系统的本身功能的反应，要关注其对系统操作的仿真性；步骤③代表系统输出的特点，要关注其输出特征值统计分析的准确性。

3. 最大熵原理

最大熵原理是 1957 年，由 Jaynes 在统计力学中提出的。在水库调度系统的风险分析中，许多不确定风险因子的随机特性无先验样本，因此可利用最大熵原理获得风险因子的概率分布进行风险的计算。最大熵法的基础是信息熵，此熵定义为信息的均值，它是对整个范围内随机变量不确定性的量度。信息论中信息量的出发点是把获得的信息作为消除不确定性的测度，而不确定性可用概率分布函数描述，这就将信息熵和广泛应用的概率论方法相联系；又因风险估计实质上就是求风险因素的概率分布，因而可以将信息熵、风险估计和概率论方法有机地联系起来，建立最大熵风险估计模型：先验信息(已知数据)构成求极值问题的约束条件，最大熵准则得到随机变量的概率分布。应用最大熵准则构造先验概率分布有如下优点：①最大熵的解是最超然的，即在数据不充分的情况下求解，解必须和已知的数据相吻合，而又必须对未来的部分做最少的假定；②根据熵的集中原理，绝大部分可能状态都集中在最大熵状态附近，其预测是相当准确的；③用最大熵求得的解满足一致性要求，不确定性的测度(熵)与试验步骤无关。最大熵法的计算量大于蒙特卡罗法，需要进行许多数学推导，计算较复杂，所以通常只应用在大型工程项目的风险分析中。

设 X_1，X_2 为两个相互独立的随机变量，X 为风险指标，关系式 X=$G(X_1, X_2)$，基于最大熵原理建立如下的风险分析模型：

$$\begin{cases} \max S = -\int_R f(x)[\ln f(x)]\mathrm{d}x \\ subject\ to: \\ \qquad \int_R f(x)\mathrm{d}x = 1 \\ \int_R x_i f(x)\mathrm{d}x = M_i (i = 1,2,3,\cdots) \end{cases} \tag{8-7}$$

4. 基于马尔可夫过程的风险分析方法

入库径流过程是影响水库调度的重要不确定变量。一般认为入库径流过程是一非平稳的随机过程系列，且各变量之间受相互关联影响。因此，水库调度过程中不确定变量相互影响的风险率计算问题可用马尔可夫过程状态转移概率进行推求。

5. 模糊数学分析方法

水库调度过程中存在众多模糊不清而且难以准确度量的不确定性因素，如库水位变化、用水、径流等，因而较适宜用模糊数学的方法进行描述。在模糊风险分析时，将系统变量视为模糊变量，同时基于模糊集理论定量评价系统的风险。

设 X=$(B_1,B_2,\cdots,B_n)$ 为一个随机事件的集合，A 为一模糊随机事件，$\mu_A(B_i)$ 为 X 上的模糊子集事件 B_i(i=1,2,$\cdots$,n) 从属于事件 A 的程度，即隶属度(常用的隶属度函数有三角

形分布、半降梯形分布、半升梯形分布等），则模糊随机事件发生的概率的表达式为

$$P_r(A)=\sum_{i=1}^{n}\mu_A(B_i)P_r(B_i) \tag{8-8}$$

6. 风险度分析法

用概率分布的数学特征如标准差 σ 或半标准差 σ-，可说明风险的大小。σ 或 σ-越大则风险越大，反之越小。因为概率分布越分散，实际结果远离期望值的概率就越大。

$$\sigma=\left(DX\right)^{\frac{1}{2}}=\frac{(X_i-MX)^2}{(n-1)^{\frac{1}{2}}} \tag{8-9}$$

或

$$\sigma\text{-}=(DX)^{\frac{1}{2}}=[(X_i-MX)^2P(X_i)]^{\frac{1}{2}} \tag{8-10}$$

σ 是仅统计 $X_i<MX$ 或 $X_i>MX$。用 σ 、σ -比较风险大小虽然简单，概念明确，但 σ -为某一物理量的绝对量，当两个比较方案的期望值相差很大时可比性差，同时比较结果可能不准确。为了克服用 σ -可比性差的不足，可用其相对量作为比较参数，该相对量定义为风险度 FD_i，即标准差与期望值的比值(方差系数)：

$$FD_i=\frac{\sigma_i}{MX}=\frac{\sigma_i}{\mu_i} \tag{8-11}$$

风险度 FD_i 越大，风险越大，反之亦然。风险度不同于风险率，前者的值可大于 1，而后者只能小于等于 1。

8.2.5 定性和定量相结合的分析方法

定性风险分析方法主要用于风险可测度很小的风险主体，定量风险分析方法是借助数学工具研究风险主体中的数量特征关系和变化，确定其风险率(或度)等，具体应用时可以灵活采用定性和定量相结合的分析方法。

8.3 水库调度概化风险分析体系

结合水库的功能和要求，经过整合考虑用如下的三层风险分析体系来概化描述，即梳理出适用于水库调度系统的风险树，如图 8-1 所示。

第一层：目标层，综合风险，即水库综合利用调度风险。目标层追求综合风险值最小，社会总效益最大，即社会总福利最大。第二层：类别层，即各类风险。主要分五大块，分别为防洪风险、发电风险、航运风险、供水风险、生态风险。第三层：指标层，即各类风险评价指标。针对每一类别的风险提出相应的风险评价指标，对此类风险的大小进一步描述。

对于以上风险分层表示的指标体系，水库调度的综合风险、各类风险以及风险评价指标是一种递进的概括与描述关系。针对每一个调度方案，指标体系的前两层可归属为

概念层指标，只能通过下一层的指标表征或量化，第三层，风险评价指标层，是本指标体系的具体量化层。

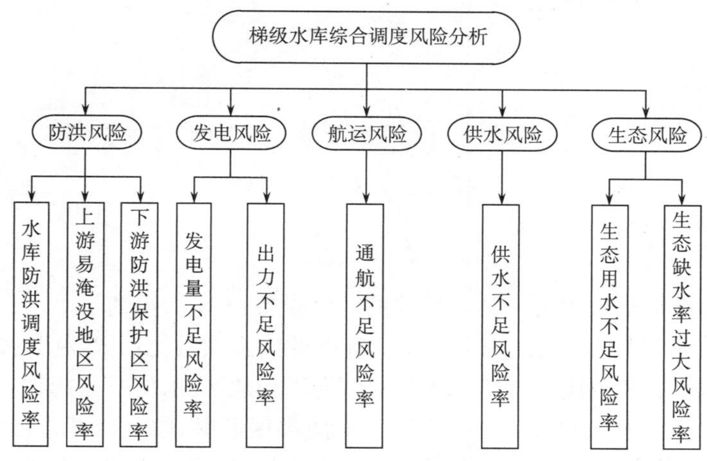

图 8-1　水库调度风险分析体系(风险树)

8.4　水库调度的风险与效益分析

由于江河湖库水位猛涨，堤坝漫溢或溃决，使客水入境而造成洪灾。洪灾除对农业造成重大灾害外，还会造成工业甚至人员生命财产的损失。为了消灾兴利，我国已兴建了近十万座大小水库。以往在多目标的水库控制运用中，人为地将有效库容用一条平线或阶梯状折线作为防洪限制水位划分为防洪和兴利上下两部分。当兴利库容蓄满后，再发生洪水，不论洪水大小、洪峰是否已过，按规定都必须迅速泄水，降到防洪限制水位。汛末又由于防洪限制水位与正常蓄水位不相衔接，水库经常蓄不满，使水量利用率降低。实际上，汛期某一时刻至汛末可能发生洪水的时段却随着时间的推移在缩小，汛初至汛末发生洪水的风险率大于汛末，如用洪水风险率等同的原则决定汛期运用水位，汛期运用水位应该由低向高，在汛末与正常蓄水位衔接。我国水库调度实践多次说明，充分考虑预报误差，采用风险分析与决策，提高汛期运用水位能取得可观的经济效益，但也不乏因缺乏理论指导盲目超蓄而造成巨大损失的例子。华中电网的丹江口水库 1989 年汛末，根据可靠的降雨径流预报和后期无特大暴雨的天气预报，将水库水位抬高 2m，增加蓄水量 14 亿 m^3，相当于增发 2.3 亿 kW·h 电量，同时抬高了 1989 年春灌灌渠进水口水位，增加了灌溉效益。风险决策可以在水库调度的很多场合采用，比如弃水的风险、蓄水的风险分析与决策问题。现就几种水库调度的风险问题论述如下。

8.4.1　洪水风险率和洪水损失期望值

无洪水预报的情况下，洪水风险率等于历史同期洪水的频率乘以当时至汛末发生洪水次数比。洪水损失等于上游水位超移民线和下游泄量超过安全泄量造成的损失。汛初洪水损失期望值等于洪水损失对洪水频率的积分(差分替代微分)。赔偿洪水损失是比设计上、下游防洪标准小的洪水由于超蓄造成的损失。洪水风险率(见式(8-13))和洪水损失期望值(见式(8-15))可按公式求得。

$$\tau_t = \frac{m_t}{M} \tag{8-12}$$

$$R_i = F_i \tau_t \tag{8-13}$$

$$L_{0p} = \sum_{i=g}^{1} l\left(F_i, Z_p\right)\Delta F_i \tag{8-14}$$

$$L_{tp} = \tau_t L_{0p} \tag{8-15}$$

式中，m_t为汛期t时至汛末大于某一标准的洪水次数；M为汛初至汛末大于某一标准的洪水总次数；τ_t为汛期t时至汛末大于某一标准的洪水次数比；R_i为洪水风险率；F_i为历史同期洪水频率；Z_p为运用水位；$l(F_i,Z_p)$为汛初从Z_p水位开始起调，发生频率为F_i的洪水造成上、下游损失总和；g为上、下游防洪保证率(如上、下游防洪保证率不同，则分别积分(差分替代微分))；L_{0p}为汛初运用水位为Z_p的洪水赔偿损失的期望值；L_{tp}为汛期t时、运用水位为Z_p的洪水赔偿损失的期望值。

有降雨径流预报时，发生预报洪水的洪水风险率为 1，洪水过程为预报过程，洪水损失可计算求解。洪水损失与汛期的运用水位，即调洪起始水位有关。汛期运用水位高于防洪限制水位，即超蓄时，遇到小于上、下游防洪标准的洪水时，有可能造成上、下游洪水损失，以保证大坝的防洪标准不变。这种损失应由决定超蓄而获利的部门赔偿。但上、下游防洪标准洪水远大于汛期常遇到的中小洪水，拦蓄次洪尾部，短期超蓄和汛末拦蓄小洪水，很少可能造成上、下游损失，超蓄赔偿的风险率不大，而获利则是显而易见的。用多次获利的收益赔偿很少遇到的小洪水损失，或者用某次获利数值与当时的洪水赔偿损失期望值比较，如果前者大，则超蓄是合理的。为此，超蓄获利的部门可以对上、下游农业，交通，工业设施，房屋等财产可能受到洪水淹没的损失进行调查，通过受淹业主认可，或通过民政、司法部门协调、裁定赔款数额，在每年汛前签订协议。协议中应明确上游超过移民线的水位与赔偿，下游超过安全泄量的流量与赔偿的对应关系。遇到比上、下游防洪标准小的洪水，由于超蓄使得上游最高水位超过移民线、下游泄量超过安全标准泄量，并产生淹没的损失，即按协议由决定超蓄而获利的单位付给赔偿，使得上、下游人民应享受到的防洪效益不受损失。必须明确的是超蓄造成的洪水损失才能赔偿，天然洪水如果已大于上、下游防洪标准，没有超蓄同样会造成上、下游损失，则不赔偿。汛期洪水赔偿损失的期望值的计算较为复杂。首先是以汛初某一运用水位为起调水位。对某一频率洪水进行调洪演算和下游洪水过程计算，如果上游水位超过移民线、下游泄量超过安全泄量，求出按协议的赔偿值。某一运用水位不同频率洪水对应不同赔偿值，得到某一运用水位的洪水频率与赔偿值关系曲线$l(F_i,Z_p)$，此曲线对频率积分(差分替代微分)如式(8-14)所示，即可得到汛初某一运用水位的洪水赔偿损失的期望值。不同的运用水位可以得到不同的汛初洪水赔偿损失的期望值。这种对应关系是在对汛期全部历史洪水进行统计的洪水频率曲线上做出来的，汛初采用某一运用水位将经历全部这些洪水的风险。因此，它是汛初的运用水位的洪水赔偿损失的期望值。虽然洪水的频率曲线代表了整个汛期的洪水的频率特性(有些水库的前、后期洪水特性有显著差异，对历史洪水可分别统计出前、后期频率曲线)。但由于时间的推移，发生洪水的可能性在减少，洪水发生次数比就是统计历史上大于某一标准的洪水，在不同时刻到汛末的次数与汛期总次数的比值。

表 8-1 是某水库不同时刻至汛末的历史洪水次数比计算表(统计 1929～1992 年汛期全部洪水。)

表 8-1　某水库汛期洪水次数比计算表

项目	5 月至 8 月 20 日	8 月下旬	9 月	10 月上旬	10 月 10 日以后
大于 5000m³/s 次数	132	13	57	20	9
至汛末次数	231	99	86	29	9
次数比 r_t	1.00	0.4288	0.3723	0.0866	0.039
大于 1000m³/s 次数	59	9	34	12	4
至汛末次数	118	59	50	16	4
次数比 r_t	1.00	0.5	0.4237	0.1017	0.0039
秋汛次数比		1.00	0.87	0.29	0.09

汛期某一时刻至汛末的洪水频率分布不变，但发生洪水次数比逐渐减少，因此 t 时运用水位为 Z_p 的赔偿损失的期望值为汛初运用水位 Z_p 的洪水赔偿损失期望值乘以发生洪水的次数比。

表 8-1 仅计算了下游损失(下游设有分洪区)。表 8-2 是某水库不同起调水位的调洪计算结果。

表 8-2　某水库调洪计算成果表

起调水位/m	152.5					153.0				
洪水频率/%	10	5	2	1	期望值	10	5	2	1	期望值
频率差分/%				0.005				0.0196	0.005	
最高库水位/m		155.67	159.95	160.0			156.31	159.98	10.0	
分洪水量/(亿 m³)	0	0	0	6.12	0.031	0	0	0.36	8.43	0.049
淹没耕地/ha	0	0	0	6187	30.7	0	0	353	8613	50
起调水位/m	153.5					154.0				
洪水频率/%	10	5	2	1	期望值	10	5	2	1	期望值
频率差分/%		0.04	0.0196	0.005			0.04	0.0196	0.005	
最高库水位/m		158.0	160.0	160.0			158.0	160.0	160.0	
分洪水量/(亿 m³)	0	2.43	1.54	11.72	0.187	0	4.64	3.09	14.26	0.319
淹没耕地/ha	0	2380	1507	12900	190	0	4633	3020	18000	298

分洪区一般不发展工业，房屋建在高台上，耕地等短期淹没损失比较少，因此暂定每公顷淹没损失 15000 元。某水库洪水赔偿见表 8-3。

表 8-3　某水库洪水赔偿损失期望值表　　（单位：万元）

水位/m	汛初	8 月 20 日	9 月 1 日	10 月 1 日
152.5	46	19.73	18.13	3.98
153.0	75	32.16	28.92	6.50
153.5	285	122.21	106.11	24.68
154.0	447	191.47	166.42	38.71

8.4.2　弃水风险率

有降雨径流预报时，预报洪水经调洪演算，如有弃水，则弃水风险率为 1；如没有弃水，其弃水风险率等于没有预报情况下的弃水风险率。

没有洪水预报时，从某一运用水位 Z_p 起调，某一个频率 f_s 洪水 F_{fs} 不弃水，扣除用水后最高水位达到防洪限制水位，则此洪水的频率 f_s 就等于汛初运用水位为 Z_p 的弃水频率 R_{vs}。

$$R_{vs} = f_s \tag{8-16}$$

按式(8-16)计算某水库不弃水蓄洪频率，结果见表 8-4。

表 8-4　某水库各种运用水位至防洪限制水位的不弃水蓄洪频率表

	水位/m	146	147	148	149	150	151	152	152.5	157
	库容/亿 m³	105	110.2	115.4	121	126	133.2	1398	143.2	1745
防洪限制水位 149m	蓄洪量/亿 m³	16	10.8	5.6	0					
	7 天发电用水/亿 m³	10	9	8						
	7 天洪量/亿 m³	26	19.8	13.6						
	洪水频率/%	10	72	98.5						
防洪限制水位 152.5m	蓄洪量/亿 m³	38.2	33	28.8	22.1	18.2	10	3.4	0	
	7 天发电用水/亿 m³	10.88	10.88	10.88	10.7	10.5	9	7		
	7 天洪量/亿 m³	49.08	43.88	38.68	32.8	28.7	19	10.4		
	洪水频率/%	26	32	41	52	65	79	93		
防洪限制水位 157m	蓄洪量/亿 m³	69.5	64.3	59.1	53.5	48.5	41.3	34.7	31.3	
	7 天发电用水/亿 m³	10.88	10.88	10.88	10.88	10.88	10.88	10.88	10.88	
	7 天洪量/亿 m³	80.38	75.18	69.98	64.38	59.38	52.18	45.38	4.48	
	洪水频率/%	8	10	13	16	21	26	35	40	

注：①考虑调峰，满发流量按 1800m³/s 计算，入流量小于 1800m³/s 时不蓄不弃。

②防洪限制水位 149m 对应夏季洪水，防洪限制水位 152.5m、157m(供水期)对应秋季洪水。

汛期任一时刻 t 在水位 Z_p 上的弃水风险率 R_{ts} 等于汛初在水位 Z_p 的弃水风险率 R_{vs} 乘以 t 时至汛末发生洪水次数与总洪水次数比 r_t。

$$R_{ts} = r_t R_{vs} \tag{8-17}$$

8.4.3　蓄不满风险率

在汛末，以正常蓄水位为防洪限制水位，蓄不满风险率等于 1 减去其弃水风险率。

$$R_{nf} = 1 - R_s \tag{8-18}$$

式中，R_{nf} 为蓄不满风险率；R_s 为从运用水位到正常蓄水位的弃水风险率。

按式(8-18)计算某水库弃水风险率，结果如表 8-5 所示。

表 8-5　某水库弃水风险率表

运行水位/m	汛初	8 月 19 日	8 月 20 日	9 月 1 日	9 月 30 日	10 月 1 日
152.5						0.041
152			0.93	0.79	0.25	0.036
151			0.79	0.67	0.21	0.026
150			0.65	0.55	0.18	0.021
149			0.52	0.44	0.14	0.016
148	0.97	0.49	0.41	0.35	0.11	0.013
147	0.90	0.45	0.32	0.27	0.09	0.010
146	0.72	0.36	0.26	0.22	0.07	0.008

8.4.4　水库调度中的几个风险问题分析与决策

以上论述，在汛期水库调度中，可以用于进行风险问题的分析与决策。

1. 汛期超蓄

考虑防洪效益的重要性，用一个大于 1 的系数乘以洪水损失(无预报时为洪水赔偿损失的期望值)，比较其与提高运用水位获利的得失，决定是否超蓄。超蓄预计效益分为两种：一种与 t 时洪水赔偿损失的期望值相对应的长期超蓄，即从 t 时至汛末，由于超蓄增加预想出力、减少弃水和降低单耗增加发电量，不用加大出力的办法消落水位；其超蓄的期望效益除上述两部分外再加上汛末由于超蓄增加的余留效益(即水库长期优化递推计算中的余留效益)。另一种是短期超蓄，即在可以预计的短时段内用加大出力的办法将水库水位消落到防洪限制水位，其超蓄效益为实行超蓄起至超蓄与不超蓄两种预计方案水位相重合时为止的两者预计发电量之差。因为超蓄期间平均超蓄值只有最大超蓄值的一半，而且只在超蓄的短时期内承担赔偿的风险，所以短期超蓄的洪水赔偿损失的期望值为汛初超蓄同样数值的洪水赔偿损失的期望值一半乘以超蓄期间历史洪水次数比(在此时段内发生的历史洪水次数与汛期历史总洪水次数的比值)。显然短期超蓄和临近汛末超蓄的洪水赔偿损失的期望值比汛初超蓄至汛末要小得多，而超蓄的效益的差别则不太大。

粗略估算某水库 1989～1992 年长短期结合超蓄效益为 2 亿 kW·h，以每千瓦时 0.115 元计算为 0.23 亿元，而洪水赔偿损失的期望值总和为 0.02 亿元。实际上采用超蓄决策无需赔偿。超蓄获利单位一般就是水库的主管单位，当其决定超蓄之前，一定要如前述方法与上、下游可能因超蓄而受损失的业主签订好协议，否则超蓄不宜采用。还应该说明以下几点：①超蓄的调洪方案不能降低大坝等挡水建筑的防洪标准。②决定超蓄，经计算将会造成上、下游损失时(有降雨径流预报)，要慎重考虑是否超蓄。若损失不大决定超蓄赔偿，要事先发出通报。③超蓄主要是针对经常遇到的一两年一遇，一年几遇的小洪水的措施。对于小洪水，在绝大多数情况下不会造成上、下游损失，不能一超蓄就索赔，超蓄增加的损失才能按协议赔偿，而且一季作物接受赔偿后，再受淹，不能重复索赔。减收少赔，即再受淹追赔的总和不得大于绝收赔偿。④上、下游防洪有一定的保证率，超过防洪保证率的洪水造成的损失，超蓄决策单位不赔偿，而应由民政部门救济解决。⑤协议签订后，任何单位在可能受淹区新增加的投入如果受淹，不赔偿。⑥因签约受赔业主或其他部门破坏防洪安全造成的损失不赔偿。⑦未签约，但实属其他业主签约前就存在的产业，实属由于超蓄致损，可给予适当赔偿。

2. 电力系统中水电站群汛期调峰

汛期水电厂都会强调其后期可能弃水，要求电网允许其不调峰，带基荷多发电，增加本厂眼前利益。甚至有些弃水风险率很小的水电厂也会冒低水位，蓄不满之险，要求满发。电力系统中，如果水电有一定比重时，汛期火电厂无力承担起全网的调峰任务，这就要求水电承担弃水风险，进行调峰。对于水电调峰任务，应由弃水风险率小的水电厂首先承担调峰任务。每一个水电厂都可以做出如前述的运用水位、时间的弃水风险率表。如果各水电厂都没有即将产生弃水的洪水预报，则可以从决策时间的运用水位查到各水电厂的弃水风险率，排出一个风险率由小到大的顺序表。若扣除火电调峰电力后，必须由水电承担弃水风险进行调峰，则可按风险率由小到大的顺序，风险率小的首先尽可能多调峰，后面的带基荷。

在弃水风险率表没有做出来之前，也可以定性的排出弃水风险率由小到大的顺序：①汛期已过，又没有即将发生弃水的洪水预报的水电厂。②水库水位在降低出力区(由于降低出力线由汛初的死水位，逐渐升高到汛末接近防洪限制水位，它符合弃水风险率由汛初最大到汛末变得最小的趋势)。③水库水位在保证出力区。④水库水位在加大出力区。⑤水库水位在防洪限制线附近。⑥水库降雨径流预报洪水将发生弃水。⑦正在弃水的水库。

这一定性顺序不一定准确，而且在每一级中可能有很多个水电厂，它们之间谁先谁后无法区分。但比没有顺序表要好些。弃水风险率小的水电厂承担调峰，少发电，抬高水位也是符合这些水电厂自身利益的。抬高水位可以降低单耗，增加后期的发电量和水头预想出力汛末提高水位可以增加蓄满率，使整个供水期获益。对电网则更加有益，弃水风险率小的水电厂承担了调峰任务，其后期期望弃水损失少，让弃水风险率大的水电厂带基荷，可以减少全网后期期望弃水损失。另外顺序表可以使电网调度的上、下级都明确哪些水电厂应该调峰，避免由于调度员难说清哪些水电厂调峰的原因而延误时间，造成电网高周波。

3. 汛末蓄水

汛末蓄水问题是水库调度的重要课题之一。汛末弃水风险率小，洪水损失的期望值也小，理应早蓄。但受到防洪限制水位的限制，防洪限制水位与正常蓄水位不衔接，大大降低了汛末蓄满率。参照蓄不满风险率，就应对蓄不满风险率大的水电厂，掌握时机，拦蓄中小洪水，甚至少发电。抬高水库的汛末水位，增加全网总的供水期水库库存电量和不蓄电能。水电有一定比重的电网供水期的电量是十分紧缺的。较多的枯季电量可以缓解电网供水期电力、电量紧张局面。

8.5 水库调度的风险决策

水库调度中由于存在大量风险决策问题，如不同的调度方案，其期望效益及相应的风险几率不同，不同的水库放水将会带来不同大小的风险等。因此，结合水库调度问题的特点研究风险决策方法具有十分重要的意义[4]。

影响风险决策的因素虽然很多，但决策应依据一定原则，根据不同的原则选择的决策是不完全一致的[5]。为了说明以下原则和方法特举下例加以说明。某水电站水库的年调度计划有 3 个不同方案，其中各方案所获年综合利用收益及相应水文年出现概率见表 8-6。

表 8-6　各调度方案所获收益及风险率结果

水文年	枯水年	中水年	丰水年
方案 a_1/亿元	7	9	13
方案 a_2/亿元	8	11	12
方案 a_3/亿元	9	10	11
概率	0.4	0.4	0.2

风险决策应依据的原则主要有乐观原则、悲观原则、折中原则、等可能性原则、总期望值最大原则、最大概率前景原则、满意原则等[6]。

(1) 乐观原则也称优势准则。此原则认为，哪个方案的前景占优势就应选取那个方案，即

$$a_j = \max_j \max_i (1(a_j, \theta_i)) \tag{8-19}$$

对上例按式(8-19)决策，在枯水年前景下应选取方案 a_3，中水年选取方案 a_2，丰水年选取方案 a_3。

(2) 悲观原则也称为最小最大准则，或称保守准则。决策者为了保险起见，要研究每

一方案下所产生的最不利结果，再在这些最不利结果中找出最好方案。

$$a_j = \min_j \min_i (1(a_j, \theta_i)) \tag{8-20}$$

对表 8-6 中数据用式(8-20)计算，方案 a_1、a_2、a_3 所对应的最不利结果分别为 7、8、9，而方案 a_3 是最有利结果，故选择方案 a_3。

(3)折中原则介于乐观原则与悲观原则之间，即对待决策的效果既不乐观，也不悲观，而是折中。

$$a_j = \max W_i = \max\{\max[1(a_j, \theta_i)] + (1-a)\min[1(a_j, \theta_i)]\} \quad a \in (0,1) \tag{8-21}$$

仍以表 8-6 资料取乐观系数 a 为 0.6，则 W_1=13+(1–0.6)×7=15.8；W_2=12+(1–0.6)×8=15.2，W_3=11+(1–0.6)×9=14.6。可见 a_1=maxW_1=15.8，取方案 a_1。

(4)等可能性原则认为最好与最坏的前景状态出现的概率相等，则按下式做决策：

$$a_j = \max 1/2\{\max[1(a_j, \theta_i)] + \min[1(a_j, \theta_i)]\} \tag{8-22}$$

(5)总期望值最大原则认为，哪个方案能取得最大的收益期望值，就选取那个方案。

$$a_j = \max \sum_{i=1}^{n} pi1(a_j, \theta_i) \tag{8-23}$$

$$a_j = \max[9(a_1), 10(a_2), 9.8(a_3)] = a_2 \tag{8-24}$$

对上例应选取方案 a_2。

(6)最大概率前景原则认为，应按诸前景状态中概率最大并且有利结果选择。

$$a_j = \max_j \left(\max_i pi \right) \tag{8-25}$$

对表 8-6 数据按式(8-25)应选枯水和中水前景，其中方案 a_2 最有利，故选择方案 a_2。

(7)满意原则认为，只要比给定的标准线好，即非劣，则选之。如给定年收益不少于 9 亿元，则方案 a_1 和方案 a_2 只有 67%符合，而方案 a_3 完全符合，故选方案 a_3。

此外还有相同概率准则(拉普拉斯准则)、概率准则、无信息的贝叶斯准则和有信息的贝叶斯准则等许多风险决策的方法。

8.6　本 章 小 结

本章首先讨论了水库调度风险因子识别，概述了水库风险分析的三种方法：静态与动态相结合的调查方法、微观与宏观相结合的系统方法、定性和定量相结合的分析方法。其次从洪水风险率和洪水损失期望、弃水风险率、蓄不满风险率以及水库调度中的几个风险问题阐述水库的风险与效益分析。最后介绍了水库调度的风险决策。

参 考 文 献

[1] 钮新强. 水库病害特点及除险加固技术[J]. 岩土工程学报, 2010(1): 153-157.

[2] 姚艳杰. 水库除险加固效益的风险评估[D]. 中国海洋大学, 2010.

[3] 胡江，苏怀智. 基于生命质量指数的病险水库除险加固效应评价方法[J]. 水利学报，2012(7):

852-859, 868.

[4] 王宁，沈振中，徐力群，等.基于模拟退火层次分析法的病险水库除险加固效果评价[J].水电能源科学, 2013(9): 65-67, 219.

[5] 徐冬梅，李璞媛，王文川，等. 基于改进灰色聚类的震损水库等级评价及除险加固顺序[J]. 南水北调与水利科技, 2017(1): 173-178.

[6] 李影. 基于组合赋权——正态云的大坝安全评价模型[J]. 人民黄河, 2017(4): 94-98.

第 9 章　水资源的风险分析与决策

9.1　水资源系统风险分析过程

水资源系统风险分析主要包括风险发生可能性和产生后果两方面，其具体内容主要包括风险辨识、风险估计、风险评价、风险处理、风险决策五个具有逻辑联系的方面。

9.1.1　水资源系统风险辨识

水资源系统风险辨识就是从系统的观点出发，综观水资源系统所涉及的各个方面，将引起风险的极其复杂的事物分解成比较简单的、容易被认识的基本单元。水资源系统风险辨识方法有专家调查法、故障树分析法(FAT 法)、幕景分析法、层次分解法等[1]。

9.1.2　水资源系统风险估计

水资源系统风险估计是在水资源系统风险识别的基础上，通过对收集的大量损失资料加以分析，运用概率论和数理统计方法，对风险发生概率及其后果做出定量的估计。估计风险，若以实际资料、数据为依据，估计成果是客观的，故称为客观估计。水资源决策系统不确定性因素众多，变化规律复杂，若不能根据实际资料定量估计风险，可以采用主观估计法进行定量估计。

9.1.3　水资源系统风险评价

水资源系统风险评价是根据风险估计得出的风险发生概率和损失后果，把这些因素结合起来考虑，用某一指标决定其大小，如期望值、标准差、风险度等[2]。

1. 水资源风险评价指标

(1) 风险率。如果把水资源系统的失事状态记为 $F \in (\lambda > \rho)$，正常状态记为 $S \in (\lambda < \rho)$，那么水资源系统的风险率为

$$r = p(\lambda < \rho) = P\{X_t \in F\} \tag{9-1}$$

式中，X_t 为水资源系统状态变量。如果水资源系统的工作状态有长期的记录，风险率也可以定义为水资源系统不能正常工作的时间与整个工作历时之比。

(2) 可恢复性。可恢复性是描述系统从失事状态返回到正常状态的可能性。它可以由条件概率来定义：

$$\beta = p(X_t \in S \mid X_{t-1} \in F) \tag{9-2}$$

一般来讲，$0 < \beta < 1$。这表明水资源系统有时会处于失事状态，但有可能恢复到正常状态，而且失事的历时越长，可恢复性越小，也就是说水资源系统在经历了一个较长

时期的失事之后，转为正常状态是比较困难的。

(3) 脆弱性。假定系统第 i 次失事的损失程度为 S_i，其相应的发生概率为 P_i，那么系统的脆弱性可表达为

$$\chi = E(S) = \sum_{i=1}^{NF} P_i S_i \tag{9-3}$$

式中，NF 为系统失事的总次数。

(4) 稳健性。稳健性是指最优解的稳定性能，其描述稳健性的表达式根据所涉及的问题有不同的表示方式，可考虑最优解或非劣解自变量变化的变化率作为稳健性指标。

(5) 风险度。用概率分布的标准差 σ 表示。σ 越大，则风险越大，反之越小。这是因为概率分布越分散，实际结果远离期望值的概率就越大。

$$\sigma = [D(X)]^{1/2} = \left\{ \sum_{i=1}^{n} [X - E(X)]^2 / (n-1) \right\}^{1/2} \tag{9-4}$$

或

$$\sigma = [D(X)]^{1/2} = \left\{ \sum_{i=1}^{n} [X - E(X)]^2 / p(X_i) \right\}^{1/2}$$

为了克服可比性差的不足，用其相对量作为比较参数，该相对量定义为风险度 FD_i，即标准差与期望值的比值(也称变差系数) $C_v = \sigma_i / E(X)$。风险度不同于风险率，前者的值可大于 1，而后者只能小于或等于 1。

2. 水资源风险评估方法

(1) 极值统计学方法。极值统计主要可用具有各自概率分布的随机变量来模拟。

令 X 为初始的随机变量，并有已知的初始分布函数 $F_x(X)$，这里主要探讨样本容量为 n 的随机变量 $F_x(X_1, X_2, \cdots, X_n)$ 的最大值，即随机变量 $Y_n = \max(X_1, X_2, \cdots, X_n)$。据此，$Y_n$ 的分布函数为

$$F_{Y_n}(y) = P(Y_n \leqslant y) = P(X_1 < y, X_2 < y, \cdots, X_n < y) = [F_x(y)]^n \tag{9-5}$$

对于式(9-5)，当 n 变得很大或 $n \to \infty$ 时，$F_{Y_n}(y)$ 是具有极限的或渐进的形式。

(2) 随机模拟法。随机模拟法可以获得某些决策指标的随机变化信息。假定函数 Y 满足：

$$Y = f(X), X = (X_1, X_2, \cdots, X_n) \tag{9-6}$$

式中，X 为服从某一概率分布的多维随机变量；$f(X)$ 为一未知或非常复杂的函数式，用解析法不能求得 Y 的概率分布(包括分布率及其他统计参数，如期望值、方差等)。

(3) 模糊风险分析方法。由于水资源系统的模糊性，则水资源系统的不确定性可以分为两类，一类是上述的随机不确定性，用随机分析的方法来描述；而另一类是模糊不确定性，用模糊数学的方法来描述。在模糊风险分析中，由于往往描述缺乏系统长期变化的信息，可将系统变量视为模糊变量，应用模糊集理论来定量评价系统的不确定性。

(4) 灰色随机风险分析方法。灰色随机风险分析法是在随机风险率的方法基础上，强调对风险率的灰色不确定性的描述和量化。针对系统的随机不确定性和灰色不确定性，建立了风险分析的灰色—随机风险率方法，并把这种方法应用于水资源系统中。

9.1.4 水资源系统风险处理

水资源系统风险处理就是根据水资源系统风险评价的结果，选择风险管理技术，以实现风险分析的目标。在充分考虑风险因素的情况下，在风险损失与避险代价之间确定合理的平衡点，并进一步对水资源系统风险进行控制。

9.1.5 水资源系统风险决策

水资源系统风险决策是介于确定性与不确定性之间的一种决策方式，是决策者根据几种不同自然状态可能发生的概率所进行的决策。常用的风险决策方法有：①期望值法。这种方法是以期望收益或损益大小而进行决策的一种方法。首先要有各事件发生的概率，然后计算各种自然状态下的条件收益或条件损益，最后计算期望值然后决策。②均值—方差两目标法。对于效益型的风险决策问题，希望 $f(x,\xi)$ 均值越大越好，且使其方差越小越好的决策。③极小化风险率法。该法是给决策者希望达到的目的或称之为希望水平 f'，求解：$\min\limits_{x\in X} P\left\{f'(x,\xi)<f'\right\}$，一般假定 $f'\leqslant\min\limits_{x\in X} E\left[f'(x,\xi)\right]$。此外，贝叶斯风险决策法、期望效用决策法、风险型动态决策法、模糊风险决策法也是经常用到的方法。

风险评估是依据现在掌握的资料信息，预估将来出现各种情势和后果的可能性。由于受到自然发展过程内在随机性、信息资料完备性以及主观认识水平的限制。除了上述的方法外，随机过程、混沌、时间序列分析、分形、神经网络、遗传算法、小波分析等现代数学分析方法，也成功地应用于多种水资源系统的风险、可靠性及不确定性的分析研究。

9.2 水资源短缺风险分析

由于社会经济的飞速发展以及降雨、径流等的随机性，在一定的时空环境下，水资源不合理开发利用与储水、供水系统不平衡会导致水资源系统缺水现象。社会经济以及人口等发展要素具有不确定性，进而导致区域供水和需水同样存在不确定性因素。因此存在一定的水资源短缺风险。水资源短缺风险即水资源发生短缺的概率以及所造成的风险的定量描述[3]。对于水资源短缺风险分析常用的方法有模糊综合评价法、物元可拓分析法和可变模糊综合评价法等。

模糊评价法(FCE)是针对评价指标边界模糊、难以量化的问题，引入隶属度的概念，将指标符合特定标准的程度进行具体量化，再运用模糊关系合成原理，对研究对象的不同样本及方案进行评价排序。该方法的优点是计算过程简单，适用范围广泛，评价结果包含的信息量较大，可对评价结果进行进一步加工，获取更丰富的信息。缺点是该方法采用最大隶属度原则进行评价时，会造成信息量的丢失，结果存在失真风险。

物元可拓分析法是针对评价指标中存在的不相容问题，用事物、特征及特征相应的量值所构成的有序三元组即物元对事物进行形式化的描述，再引入经典域、节域、关联函数等概念，对事物符合特定标准的程度进行的综合评价。该方法的优点是较好地解决了复杂问题中评价指标间模糊和不相容的问题，易于理解。缺点是实际操作中可能存在指标值超出节域范围，从而使得关联函数失效。

可变模糊评价法(variable fuzzy sets, VFS)是由我国著名学者陈守煜教授在模糊集合论的基础上创立的一种模糊数学理论。该方法侧重考虑模糊集的动态可变性，通过模糊可变集合、相对隶属度函数和相对差异函数的概念对指标体系进行量化分析来描述事物量变和质变的过程。该方法的优点在于考虑了模糊概念动态性，引入可变因子提升模型的可靠性和可信度，同时，可变模糊评价模型的评价结果为多模型评价值的阈值区间，更符合实际情况。本章将在水资源短缺风险分析的基础上，对区域水资源短缺风险分析所得到的性能指标进行综合评判，从而确定区域水资源短缺风险所达到的程度，为区域水资源规划和管理提供决策依据。

9.2.1　水资源短缺风险评价指标

对水资源短缺风险进行分析主要是因为当可供水量少于需水量时，就会出现水资源短缺问题及相应的水资源短缺风险，由此引入风险性与可靠性、易损性、重现期、可恢复性和风险度等几个风险性能要素，评估城市水资源短缺的风险性。

1. 风险性与可靠性

水资源短缺风险性和可靠性分别是指系统处于失事状态和处于正常状态的概率。如果用 S 表示正常状态的集合，用 U 表示相事状态的集合，$s(t)$ 表示 t 时刻时系统的状态，α 表示系统的可靠性，β 表示系统的风险性，则有以下的关系式：

$$\alpha = P[s(t) \in S] = \frac{1}{NS}\sum_{i=1}^{NS} I_t \tag{9-7}$$

$$\beta = P[s(t) \in U] = 1 - \alpha \tag{9-8}$$

其中，NS 为水资源系统工作的总时间；I_t 表示水资源系统的状态，即当系统正常运作时，I_t=1，反之，I_t=0。

2. 易损性

易损性表示失事后后果的严重程度。它与失事持续的时间长短无关，也与失事造成的损失无关。

为了去除需水量不同对易损性的程度造成的影响，本节采用相对值的方式计算易损性，即

$$\chi = \sum_{i=1}^{NF} VE_i \Big/ \sum_{i=1}^{NF} VD_i \tag{9-9}$$

其中，VE_i 为第 i 次水资源失事事件发生时的缺水量；VD_i 为第 i 次水资源失事事件发生

时所需的需水量。

3. 重现期

重现期是两次进入水资源短缺状态模式F之间的时间间隔，也叫平均重现期。用$d(\mu,n)$表示第n间隔时间的历时，则平均重现期为

$$\omega=\frac{1}{N-1}\sum_{n=1}^{N-1}d(\mu,n) \tag{9-10}$$

式中，$N=N(\mu)$为$0\sim t$时段内属于模式F的事故数目。

4. 可恢复性

可恢复性是描述水资源从短缺状态返回到正常状态的可能性。可恢复性越高，表明水资源能更快地从短缺状态转变为正常运行状态。它可以下面的条件概率来定义：

$$\beta=\frac{P\{X_{t-1}\subset F, X_t\subset S\}}{P\{X_t\subset F\}} \tag{9-11}$$

引入整数变量：

$$\gamma_t=\begin{cases}1, & X_t\subset F\\ 0, & X_t\subset S\end{cases}$$

$$Z_t=\begin{cases}1, & X_t\subset F\\ 0, & X_t\subset S\end{cases}$$

这样，由式(9-11)可得

$$\beta=\frac{\sum\limits_{t=1}^{NF}Z_t}{\sum\limits_{t=1}^{NF}\gamma_t} \tag{9-12}$$

一般来讲，$0<\beta<1$。这表明水资源有时会处于短缺状态，但有可能恢复正常状态，而且短缺状态的历时越长，可恢复性越小，也就是说水资源在经历了一个较长时期的短缺状态之后，转为正常状态是比较困难的。

5. 风险度

用概率分布的数学特征，如标准差σ或半标准差$\sigma-$，可以说明风险的大小。σ和$\sigma-$越大，则风险越大，反之越小。这是因为概率分布越分散，实际结果远离期望值的概率就越大。

$$\sigma=[D(X)]^{1/2}=\left\{\sum_{i=1}^{n}\left[X-E(X)\right]^2/(n-1)\right\}^{1/2} \tag{9-13}$$

或用σ，$\sigma-$比较风险大小，虽简单，概念明确，但$\sigma-$为某一物理量的绝对量，当两个比较方案的期望值相差很大时，则可比性差，同时比较结果可能不准确。

9.2.2 区域水资源短缺风险的可变模糊综合评判方法

下面采用上述定义的风险率、脆弱性、可恢复性、重现期、风险度作为水资源短缺风险的评价指标，采用可变模糊综合评判方法对水资源短缺风险进行评价。

运用可变模糊评价模型[4]对水资源短缺风险进行综合评价，步骤如下：

(1) 确定评价因素(指标)集

假设有 n 个评价因素(指标)，构造评价因素(指标)集合：$X=\{x_1,x_2,\cdots,x_n\}$，其中 $x_i\ (i=1,2,\cdots,n)$ 表示评价指标体系中第 i 个评价因素(指标)。

(2) 确定评价标准集

在相关文献及前人研究的基础上，确定各指标的评价标准，建立评价标准集合：$V=\{(v_{1i},g_{1i}),(v_{2i},g_{2i}),\cdots,(v_{ti},g_{ti})\}$，其中 $(v_{hi},g_{hi})\ (h=1,2,\cdots,t;\ i=1,2,\cdots,n)$ 表示划分的第 h 个等级中的第 i 个指标标准值的阈值区间。

(3) 确定吸引域、范围域和点值矩阵

吸引域、范围域和点值矩阵是确定相对差异函数和相对隶属度的基础，一般通过分析研究对象的物理特性或者根据专家经验确定各参数值，从而构建样本指标对评价标准等级 h 的吸引域矩阵 $I_{ab}=[a_{ih},b_{ih}]$、范围域矩阵 $I_{cd}=[c_{ih},d_{ih}]$ 和相对隶属度为 1 的点值矩阵 $M=[M_{ih}]$。

吸引域 $I_{ab}=[a_{ih},b_{ih}]$ 是指指标 i 对等级 h 表现吸引性质为主的区间范围，一般由评价等级的标准区间直接确定，若首尾两个等级未指定上、下限值，则根据专家经验确定极值。

范围域 $I_{cd}=[c_{ih},d_{ih}]$ 是指指标 i 对等级 h 可能造成一定影响的范围，一般可以根据吸引域矩阵 I_{ab} 中各评价标准区间两侧相邻区间的阈值确定，假设 h_0 为当前等级，则范围域 $I_{cd}=[c_{ih},d_{ih}]$ 由下列原则确定：

$$[c_{ih},d_{ih}]=\begin{cases}[a_{h_0-1},b_{h_0+1}], & 1<h_0<t\\ [a_1,b_{h_0+1}], & h_0=1\\ [a_{h_0-1},b_t], & h_0=t\end{cases} \tag{9-14}$$

点值矩阵 $M=[M_{ih}]$ 是吸引域 I_{ab} 中的一点，其目的是将吸引域 I_{ab} 划为两段，形成两段参考连续统，方便相对差异度的计算。考虑评价标准集合的对称性以及相对差异度最大的原则，综合专家意见，点值矩阵 $M=[M_{ih}]$ 由下列公式确定：

$$M=\begin{cases}\dfrac{a_{h_0}+b_{h_0}}{2}, & 1<h_0<t\\ a_1, & h_0=1\\ b_t, & h_0=t\end{cases} \tag{9-15}$$

吸引域 $I_{ab}=[a_{ih},b_{ih}]$、范围域 $I_{cd}=[c_{ih},d_{ih}]$ 和点值矩阵 $M=[M_{ih}]$ 的位置关系如 9-1 所示：

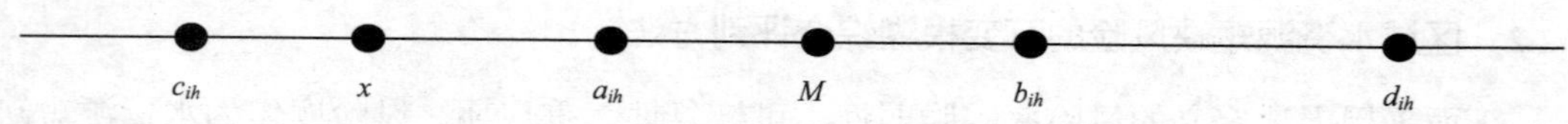

图 9-1　吸引域、范围域和点值 M 的位置关系图

根据上节关于模糊可变集合的定义可知，$[c_{ih},M]$ 和 $[M,d_{ih}]$ 是两个相互关联的参考连续统，其中集合 $[c_{ih},a_{ih}]$ 和 $[b_{ih},d_{ih}]$ 是排斥域，即 $-1\leqslant D_A(u)<0$；集合 $[a_{ih},M]$ 和 $[M,b_{ih}]$ 是吸引域，即 $0<D_A(u)\leqslant 1$；点 a_{ih} 和点 b_{ih} 为 2 个质变界点，即 $D_A(u)=0$；点 M 为吸引域中 $D_A(u)=1$ 的点值。

(4)确定相对差异度

相对差异度是可变模糊评价模型的核心，根据相对差异度的性质，构造样本指标 x 落入论域内相对差异度函数见式(9-16)~式(9-18)：

x 落入 M 点左侧区间 $[c_{ih},M]$：

$$\begin{cases} D_A(x)=\left(\dfrac{x-a_{ih}}{M-a_{ih}}\right)^{\beta}, & x\in[a_{ih},M] \\ D_A(x)=-\left(\dfrac{x-a_{ih}}{c_{ih}-a_{ih}}\right)^{\beta}, & x\in[c_{ih},a_{ih}] \end{cases} \tag{9-16}$$

x 落入 M 点右侧区间 $[M,d_{ih}]$：

$$\begin{cases} D_A(x)=\left(\dfrac{x-b_{ih}}{M-b_{ih}}\right)^{\beta}, & x\in[M,b_{ih}] \\ D_A(x)=-\left(\dfrac{x-b_{ih}}{d_{ih}-b_{ih}}\right)^{\beta}, & x\in[b_{ih},d_{ih}] \end{cases} \tag{9-17}$$

x 没有落入范围域区间 $[c_{ih},d_{ih}]$：

$$D_A(x)=-1,\quad x\notin[c_{ih},d_{ih}] \tag{9-18}$$

式中，参数 β 为非负指数，通常取 $\beta=1$。

(5)确定相对隶属度

根据相对差异度的定义，根据式(9-19)求指标 i 对评价等级 h 的相对隶属度：

$$\mu_A(x_i)_h=0.5\times(1+D_A(x_i)) \tag{9-19}$$

(6)综合相对隶属度

利用式(9-20)计算指标 i 对等级 h 综合相对隶属度：

$$\mu_h'=1\Bigg/\left[1+\left(\frac{\sum_{i=1}^{n}\left[\omega_i\left(1-\mu_A(x_i)_h\right)\right]^p}{\sum_{i=1}^{n}\left[\omega_i\mu_A(x_i)_h\right]^p}\right)^{\frac{\alpha}{p}}\right] \tag{9-20}$$

式中，$\mu_h^{'}$ 是未归一化的综合相对隶属度；ω_i 是指标权重；n 是指标个数；p 是距离参数，p=1 是海明距离，p=2 是欧式距离；α 是模型优化准则参数，α=1 是最小一乘方准则，α=2 是最小一乘方准则。

(7)综合评价

利用式(9-21)对上述综合相对隶属度进行归一化处理：

$$\mu_h=\mu_h^{'} / \sum_{h=1}^{t}\mu_h^{'} \tag{9-21}$$

得到归一化后的综合相对隶属度向量 $U_A=[\mu_1, \mu_2, \cdots, \mu_t]$。为有效避免最大隶属度原则造成的判断失真，本文采用级别特征值 H 表征各样本的综合评价等级：

$$H=(1,2,\cdots,t)\cdot U_A^{\mathrm{T}} \tag{9-22}$$

当 $h-0.5 < H \leqslant h+0.5$ 时，则该样本的评价值隶属于 h 级 $(h=1,2,\cdots,t)$。

(8)结果处理

可变模糊评价模型相比其他模型的一大优势在于它引入了可变因子，通过模型参数的交叉组合，提升评价结果的可靠性和准确度。本书采用 4 种模型参数组合 $(p=1,\alpha=1; p=1,\alpha=2; p=2,\alpha=1; p=2,\alpha=2)$ 构成四种模糊评价模型评价水资源短缺风险，形成 4 个级别特征值，为验证可变模型的稳定性，运用统计学原理，计算变异系数：

$$C_v=\frac{1}{\overline{H}}\sqrt{\frac{1}{4-1}\sum_{1}^{4}\left(H_i-\overline{H}\right)^2} \tag{9-23}$$

式中，$\overline{H}$ 为级别特征值的均值，H_i 为第 i 个参数组合模型的级别特征值。当 $C_v < 0.1$，即变异程度小于 10%时，则认为模型稳定，采用均值 $\overline{H}$ 作为最终结果，代入式(9-22)中确定评价等级。

为了比较直观地说明风险程度，将其分成 5 级[5]，风险各级别按综合分值评判，其评判标准和各级别风险的特征见表 9-1。

表 9-1　水资源系统水资源短缺风险级别评价

水资源短缺风险评价等级	风险级别	水资源系统的风险特征
v_1	低风险	可以忽略的风险
v_2	较低风险	可以接受的风险
v_3	中风险	边缘风险
v_4	较高风险	不可接受风险
v_5	高风险	灾变风险，系统受到严重破坏

9.3 本章小结

本章首先介绍了水资源系统风险分析过程，其具体内容主要包括风险识别、风险估计、风险评价、风险处理、风险决策五个方面。其次详细阐述了水资源短缺风险分析的评价指标以及常用的评价方法。一般的水资源短缺风险评价仅是对水资源短缺风险率的统计，而本章引用了多个评价指标对区域水资源短缺风险进行描述；本章在对单个水资源短缺风险性能指标计算的基础上，更进一步采用可变模糊综合评价方法对水资源短缺情况进行判别，基于多个指标评价的可变模糊综合评判方法用于水资源短缺情况评价具有一定的可操作性和实用性。

参考文献

[1] 阮本清，韩宇平，王浩，等. 水资源短缺风险的模糊综合评价[J]. 水利学报, 2005(8): 906-912.

[2] 黄明聪，解建仓，阮本清，等. 基于支持向量机的水资源短缺风险评价模型及应用[J].水利学报, 2007(3): 255-259.

[3] 罗军刚，解建仓，阮本清. 基于熵权的水资源短缺风险模糊综合评价模型及应用[J].水利学报, 2008, 39(9): 1092-1104.

[4] 王红瑞，钱龙霞，许新宜，等. 基于模糊概率的水资源短缺风险评价模型及应用[J].水利学报, 2009(7): 913-821.

[5] 韩宇平，李志杰，赵庆民. 区域水资源短缺风险决策研究[J]. 华北水利水电学院学报，2008, 29(1): 1-3.

第 10 章　水利工程建设风险分析与决策

近年来，随着水利建设资金投入的增大，水利工程项目的建设也有了飞速发展。虽然我国在几十年水利工程建设应用过程中积累了大量已建工程的动态风险资料和操作经验，但是随着一些新技术、新工艺在建设中的使用，水利工程项目在建设中面临不可预见风险发生的概率也越来越高，因此，有必要加强风险管理，增强风险辨识意识，科学运用风险分析方法，及时采取有效的和具体的风险控制手段，以减少风险发生时的损失。

10.1　水利工程建设中的风险分析

风险分析是认识项目可能存在的潜在风险因素，估计这些因素发生的可能性以及由此造成的影响，为防止或减少不利影响而采取对策的一系列活动。风险分析实质上是从定性分析到定量分析，再从定量分析到定性分析的过程，其基本流程为：风险辨识→风险估计→风险评价→风险防范[1]。

在水利工程建设中进行风险分析的目的是为了避免或减少损失，找出工程方案中的风险因素，并对它们的性质、影响和后果做出分析。

10.2　水利工程建设中的风险辨识

风险管理的首要任务就是进行风险辨识，其最主要的目的就是要判定项目究竟存在何种风险。风险辨识应注意借鉴历史经验，特别是后评价的经验。风险辨识还应运用“逆向思维”方法来审视项目，寻找可能导致项目“不可行”的因素，从而充分揭示项目的风险来源。常用的分析方法有：风险分解法、流程图法、头脑风暴法、幕景分析法等。风险辨识是一项复杂的系统工程。即使是规模很小的项目，面临的风险也是很多的，其中任何一个风险处理不好都会使项目遭受损失。因此，在进行风险辨识时，我们要遵循由粗及细、由细及粗的原则，严格界定风险的内涵并考虑风险因素之间的相关性，不轻易否定或排除某些风险，对肯定不能排除但又不能予以确认的风险按确认考虑，必要时还可进行实验论证[2]。

根据上述原则来识别水利工程建设中的风险，一般有以下几类：一是不可抗力造成的风险，有地震、洪水、泥石流、雷击等；二是火灾；三是设计缺陷、原材料缺陷、制造工艺不完善引起的事故；四是施工过程中的操作不当造成的意外；五是施工过程造成相邻区域发生的第三者伤亡和财产损失等。

10.3　水利工程建设中的风险估计

风险估计的主要目的是估计风险发生的可能性及其对项目的影响。一般来说，项目涉及的风险因素有些是可以量化的，而有些是不可量化的。风险估计常采用定性分析与定量分析相结合的方法，对不可量化的风险因素有必要进行定性分析。

由于水利工程的风险具有一定的特殊性，应具体问题具体对待。地震、洪水、泥石流、雷击等引起的事故发生的概率偏小，但事故发生后造成的财产损失巨大，后果相当严重。火灾、设计缺陷、原材料缺陷、制造工艺不完美、施工过程中操作不当等因素造成意外事故发生的概率较大，事故造成的损失可能大也可能小。上述风险可能是两种或多种同时发生，评估时的结果就会有多种。因此，要对项目面临的风险做全面的估计，针对具体问题采取具体措施。

10.4　水利工程建设中的风险评价

风险评价是在风险估计的基础上，通过相应的指标体系和评价标准，对风险程度进行划分，估算出各种风险发生的概率及其可能导致的损失大小，揭示出影响项目成败的关键风险因素，并针对关键风险因素采取防范对策[3]。

水利工程建设中面临的风险可能是由单个因素引起的，也可能是由多个因素造成的。单因素的风险评价主要是评价单个风险因素对项目的影响程度，以找出影响项目的关键风险因素。通过对水利设施的设计、施工、运行、检查及实时监测和历史监测信息的分析，在变形安全分析、渗流安全分析、结构稳定分析、抗震稳定分析的基础上，利用专家经验，对这些风险因素的重要性及风险对整体工程的有效性进行评价，计算出各风险因素的权重，确定每个风险发生的概率，并计算出每个风险因素的等级，进而获得工程整体的风险程度。在此基础上，评定该水利设施的安全类别，对安全隐患进行预警[4]。

10.5　水利工程建设中的风险防范

风险防范是在风险分析评价的基础上，利用科学的手段优化方案，在众多的方案中选优汰劣，做出最佳的决策。风险对策应具有针对性、可行性、经济性。常用的风险防范措施主要有：风险回避、风险控制、风险转移、风险自担[5]。

1. 风险回避

风险回避是在考虑到某项目的风险以及由此而引起的损失都很大时，主动放弃该项目以回避一切风险和损失的处置风险的方式。这样做虽然能够彻底消除实施该项目可能带来的风险，但同时也失去了实施该项目可能带来的收益。

水利工程项目在建设准备阶段或中间的施工环节，在不影响整体工程的情况下采取的一些取舍和变更就属于风险回避，在招投标过程中选择合格的承包商，在满足工程设计要求的条件下尽可能避开施工条件复杂、拆迁困难的区域均属于风险回避。

2. 风险控制

风险控制是针对可控性风险采取的防止风险发生、减少损失的有效方法，它也是绝大部分项目应用的主要风险防范措施。风险控制措施必须针对项目的具体情况提出，既可以是项目内部采取的技术措施、工程措施、管理措施等，也可以采取向外分散的方式来减少项目承担的风险。

洪水是水利工程建设阶段的最大风险之一，但相对于其他自然灾害，洪水能够为人们所管理和控制。我们可以估计洪水所造成的损失结果，对于不同等级或类型的洪水，可以分析出它的水位、流速、淹没范围以及损失等。并采取必要的措施分洪、泄洪、转移下游的财产，把损失降到最低。

3. 风险转移

风险转移是指项目将风险有意识地转给与其有相互经济利益关系的另一方承担的风险处置方法。水利工程建设中经常采用的风险转移方式主要有设置保护性条款；为工程合同的履行提供履约担保；投保建筑工程的意外风险。前两种方式成本低，实行容易，后一种方式成本高，程序复杂。

4. 风险自担

风险自担就是将风险损失留给项目业主自己承担。其本身存在着一定风险。在水利工程建设中，应对主动自留的风险进行周密的风险安排，将风险尽可能控制在较小的范围内。对于被动自留的风险，应采取有效的预控措施，将风险尽可能化解。

风险是复杂的，随时都可能发生。通过对水利工程建设中存在风险的分析，可知现代水利工程建设中风险管理相当重要。例如在对洪水的管理中，建立相关的风险管理体系，针对政府和公众，对大坝下游地区实施保护而制定风险应急预案，采用系统工程方法和现代管理理论，融大坝安全管理单位、国家政府相关部门、部队、交通、医疗、科研、教育以及社会救援组织等机构于一体，在大坝发生灾害性事件时，快速做出反应，为现场人员提供明确的行动指南，及时了解溃坝洪水到达下游各区域的时间以及溃坝洪水波的动力特性，确定下游区域可能遭受损失的程度，划分下游不同区域的危险等级。根据不同区域的危险等级状态，分区、分级研究应急宣传、信息发布、人员撤离、物质转移、救援救助、灾区恢复等工作。水利工程项目的建设关系到人民生命财产的安全，所以在水利工程建设中，我们一定要重视风险，加强管理，充分发挥水利设施的社会效益和经济效益，造福于人类。

10.6 实例分析

某河道上修建一座水利工程，经计算该工程的社会折现率为 10%，计算期内经济净现值为 520 万元，其他有关的经济指标见表 10-1。

表 10-1　水利工程有关的经济指标

项目	现值/万元
工程建设投资费用	741
工程移民费用	270
工程年经营成本	85
工程发电效益	1194
工程防洪效益	364
工程航运和养殖效益	58
经济净现值	520

根据工程的情况，对该工程经济效果指标即经济净现值的风险度进行分析。

工程基本风险变量数量化通常采用“三角分布”法。按专家们给出“三角分布”的 3 个估计值，求得该水利枢纽工程基本风险变量概率分布，见表 10-2。

表 10-2　某水利工程风险变量概率分布

X_1	工程发电效益/万元	1075	1194	1314	1672	2015
	概率/%	10	25	20	35	10
X_2	工程防洪效益现值/万元	109	320	405	525	1108
	概率/%	10	22	27	33	8
	累积概率/%	10	32	59	92	100
X_3	工程航运和养殖效益现值/万元	40	44	48	50	58
	概率/%	10	24	29	21	16
	累积概率/%	10	34	63	84	100
X_4	工程建设投资费用/万元	712	734	746	815	963
	概率/%	0.4	19.4	34	24	23.2
	累积概率/%	0.4	19.8	52.8	76.8	100
X_5	工程移民费用现值/万元	270	280	297	324	351
	概率/%	30	20	15	13	12
	累积概率/%	30	50	65	88	100
X_6	工程经营成本现值/万元	85	87	89	91	
	概率/%	45	45	9	1	
	累积概率/%	45	90	99	100	
X_7	工程对 NPW 的影响因子/万元	1.000	0.853	0.700	0.562	
	概率/%	39.2	53.6	9.2	1	
	累积概率/%	39.2	90.8	99	100	

依据该水利枢纽工程的特点和前述确定的基本风险变量，其工程经济净现值可用式(10-1)表示：

$$\mathrm{NPW} = x_7\left(\sum_{i=1}^{3} x_i - \sum_{i=4}^{6} x_i\right) \tag{10-1}$$

式中，x_1，x_2，x_3 分别为工程发电、防洪、航运效益现值；x_4，x_5，x_6 分别为工程建设投资、移民费用、经营成本现值；x_7 为工期对 NPW 的影响因子。

$x_i(i=1,2,\cdots,7)$ 均服从于表 10-2 所列的概率分布。

在此基础上，每假定一组 x_i，利用式(10-1)就可求得一个工程经济净现值。

通过蒙特卡罗模拟，可得到水利工程经济净现值(NPW)的样本分布曲线(概率曲线)。该项目成功的概率为 99.4%，失败的概率为 0.6%，项目的抗风险能力非常强。因此，通过在工程造价和工程效益方面的分析，表明该水利工程是安全的。

10.7　本 章 小 结

本章主要介绍了水利工程建设风险分析与决策，其具体内容主要包括水利工程建设中的风险分析、水利工程建设中的风险辨识、水利工程建设中的风险估计、水利工程建设中的风险评价、水利工程建设中的风险防范五个方面的内容。

基于风险理论对水利工程进行风险分析，通过较为合理的风险分析方法找出潜在危险因素和危险产生途径，以便更好地掌握水利工程存在的险情类别和失事规律，并对事故后果进行预测和评价，以便最终进行风险处理和决策[6]。研究并科学地解决这些问题，可为水利工程设计与加固提供决策依据，同时对工程的管理、维护和安全运行也具有十分重要的意义。

参 考 文 献

[1] 杨晓华，李盛，曾朝文. 浅谈水利水电施工企业的项目风险管理[J]. 江西水利科技，2013，39(1): 71-74.

[2] 彭正中. 浅谈水利水电工程建设的风险防范[J]. 甘肃农业, 2005(9): 45.

[3] 范双柱，万文，覃建. 水利水电工程施工投标与实施阶段的风险防范[J]. 水利水电技术，2010，41(5): 85-85.

[4] 刘雪源. 水利工程项目风险防范与解决路径[J]. 北京农业, 2015(18).

[5] 吴安利. 浅析水利工程风险的防范及解决之道. 当代经济, 2012, 7: 48-49.

[6] 江和侦，周孝德，李洋. 水利工程建设项目的风险分析[J]. 水利科技与经济, 2007, 13(2): 96-98.

第 11 章　水灾害风险分析与决策

11.1　洪水灾害风险分析与决策

洪水灾害风险分析是洪水灾害风险管理的基础性工作，是制定各项防洪减灾措施，尤其是非工程防洪减灾措施的重要依据。因此，洪水灾害风险分析对于减轻洪水灾害的损失具有重要意义，已引起人们的高度重视。

11.1.1　洪水灾害的成因分析

洪水灾害是自然和社会相互作用的结果。产生洪水的自然因素(如气候、河态、流域地形地貌等)是形成洪水灾害的主要根源，但洪水灾害不断加重却是社会经济发展(如河道设障，水土流失及工程管理不善等)的结果。而且一次较大的洪水灾害可能是诸多不利因素的组合。因此，洪水灾害的大小既取决于洪水的淹没特性(水深、流速、历时、发生时间、固体含量、上涨率、波浪冲击力等)，又受灾区人文特性(聚居情况、土地利用程度、工业、农业、交通等)的影响，现将几种主要成因分述如下[1,2]。

1. 气候成因是洪灾的主要因素

河流的洪水形成，直接受降雨和其他自然气候影响。因此，世界上洪水灾害主要集中在中低纬度热带雨林气候带和季风气候带，特别是南亚、东南亚和东亚受到季风和热带气旋(包括台风)的强烈影响，暴雨洪水和风暴潮危害特别严重。在我国，主要受太平洋影响，大陆性季风气候显著，东部地区暴雨洪水和沿海风暴潮十分频繁。这些地区降雨主要集中在汛期(一般长江以南 5～8 月，以北 6～9 月份)中的几个月，降雨量往往占全年降雨量的 60%～80%，汛中最大一个月降雨又占全年 25%～50%。西北部地区气候寒冷，低温时间长，不少河流冬季长期结冰，融冰、融雪洪水，冰凌洪水在这些地区时常发生并造成灾害。高寒地区在春夏季受强降雨和融雪的双重影响，形成混合洪水，往往是春汛的主要来源。

2. 地理、地形、地质条件对形成洪灾影响很大

从总体上讲，地理条件影响着气候变化和降雨形成。我国总的地理趋势是西部高、东部低，地处欧亚大陆东侧，跨高、中、低三个纬度，一般夏秋季受太平洋和印度洋的暖湿气流影响，降雨量较大；冬春受欧亚大陆中心和蒙古高原的干气团侵入，降雨量较少。造成东南部雨量充沛，西北部雨量稀少。从局部来看，地形条件也影响着洪涝灾害的形成。我国各大水系均自西向东注入东海、南海、渤海，径流洪水亦是自西向东递增，而各河中下游多为滨湖、河网和平原地区，因而极易造成洪涝灾害。另外河流的汇流段、弯曲段、狭窄段和河口地区等均易造成洪水泛滥。我国广大地区地表侵蚀剧烈，水土流

失严重，江河泥沙问题特别突出。黄河流域及北方河流以悬移质泥沙为主，大量淤积，长江流域及南方河流则以推移质泥沙为主，滑坡、岩崩、泥石流等山地灾害也普遍伴生存在，因而地质条件也会导致河床变化，形成洪水威胁。

3. 洪灾损失与社会经济发展密切相联

同样地区同样频率的洪水，造成的洪灾损失是不同的，它与该地区的社会经济发展情况密切相关。随着人口的增长，土地的广泛利用，劳动力的集中和生产力的提高，盲目开发土地，破坏地表植被，与水争地，行洪道人为设障，围垦河湖洲滩，降低洪水宣泄能力。由于水运的便利，许多城镇、工矿临江而建，城镇化后，“热岛”作用和下垫面的特殊变化，降雨、产流、汇流情况都有很大变化。一遇较大洪水，外洪、内涝矛盾十分突出。经济越是发展，这些地区洪灾损失越是严重。

从以上分析可知，我国洪涝灾害的重点是黄淮海平原，长江、珠江中下游平原及广大水网地区以及东南沿海(尤其是上述地区的城市)，这些地区正是我国经济最发达的地区，而现有的防洪能力普遍较弱，因而今后防洪的任务十分艰巨。

11.1.2　洪水灾害风险分析

1. 洪水灾害风险

洪水灾害风险可定义为不同强度洪水发生的概率及其可能造成的洪水灾害损失，显然，这一定义确切地反映了洪水灾害本身的自然属性和社会属性。基于这一定义，洪水灾害风险概括起来具有以下特征。

(1)洪水灾害风险的客观性。洪水灾害发生既有随机性，又具有可预测性。随机性包括洪水的不确定性、资产分布的不确定性、防洪措施运用的不确定性等多方面，其中又以洪水的不确定性为主。洪水的发生受地貌、气象、下垫面状况等多种因素的控制，而后者的随机性决定了洪水在时空分布上的随机性。可预测性是指洪水灾害发生发展的过程是有规律性的，洪水灾害这种“可测定的不确定”，反映着洪水灾害风险的存在。由于洪水灾害发生不可避免，人类尚无法完全控制洪水的发生。洪水灾害风险是客观存在的。

(2)洪水灾害风险是纯风险。风险可分为纯风险和投机风险两种。只有损失机会而没有收益机会时，就是纯风险，而投机风险是既有收益机会又有损失机会的风险。洪水灾害带来的收益与其带来的损失相比是微不足道的，因此它是纯风险。

(3)洪水灾害风险的空间性。洪水灾害同其他自然灾害一样，具有明显的空间分异特征。具体表现在两个方面：一是不同地区面临不同类型的、不同强度的洪水威胁；二是不同地区财产密度和易损失性差异也很大。即使同样强度的洪水出现在不同地区，造成的灾情也会有很大的不同。总之，不同地区面临的洪水灾害风险是不一样的，洪水灾害风险具有空间性。

(4)洪水灾害风险具有可测算性。洪水灾害风险的可测算性主要是指：洪水灾害致灾因子——洪水发生概率可以测算；承灾体价值及易损性可以测算；洪水对承灾体的损害程度可以测算，从而可以综合确定洪水灾害的风险。当然，洪水灾害风险的可测算性主要是指经济风险，洪水灾害风险的非经济风险大多是难以测算的。

2. 洪水灾害风险分析的内容

洪水灾害风险管理主要包括洪水灾害风险分析、洪水灾害风险评价及洪水灾害风险管理与决策三个部分。洪水灾害风险分析是洪水灾害风险评价的前提，而洪水灾害风险评价又是洪水灾害风险管理和决策的依据。因此，洪水灾害的风险分析是洪水灾害风险管理的核心和基础，以下将重点讨论洪水灾害风险分析的内容。

洪水灾害风险分析即分析不同强度的洪水发生的概率及其可能造成的洪水灾害损失。洪水灾害风险分析系统包括三个方面的内容：危险性分析、易损性分析和洪水灾害灾情评估。

1) 洪水危险性分析

危险性是指不利事件发生的可能性，洪水灾害的危险性是指洪水灾害系统中各种自然属性特征，可用洪水过程强度或规模(如洪峰流量、洪峰水位、洪水总量、洪水历时、洪峰流速)、洪水频率(洪水重现期)、洪水灾害影响区域及其影响程度、洪水灾害危害强度等危险性指标来表征。洪水灾害的危险性分析就是在洪水灾害系统观点的框架下，从风险诱发因素出发，研究不利事件发生的可能性，即概率。洪水危险性分析就是研究受洪水威胁地区可能遭受洪水影响的强度和频度，强度可用淹没范围、深度、历时等指标来表示，频度即概率，可以用重现期(多少年一遇)来表达。具体地说洪水危险性分析即研究不同频率的洪水淹没范围、水深、历时的时空分布，即研究洪水发生频率与洪水强度的关系。

2) 洪水灾害易损性分析

不同承灾体遭受同一强度的洪水，损失程度会不一样，同一承灾体遭受不同强度洪水损失程度也不一样，即易损性不同。所谓洪水灾害易损性是指承灾体遭受不同强度洪水可能损失程度，常常可用损失率来表示。洪水灾害损失率是描述洪水灾害直接经济损失的一个相对指标，通常指各类承灾体遭洪水灾害损失的价值量与灾前或正常年份各类承灾体原有价值量之比。洪水灾害损失率是洪水灾害经济损失评估的重要指标，分为各类承灾体分项洪水灾害损失率(如农作物洪水灾害损失率、工商企业财产洪水灾害损失率、城乡居民财产洪水灾害损失率等)和各类承灾体综合洪水灾害损失率两种。

洪水灾害易损性分析[3]是研究区域承灾体易于受到致灾洪水的破坏、伤害或损伤的特征。为此，首先识别洪水可能威胁和损害的对象并估算其价值，其次估算这些对象可能损失的程度。概括地说，洪水灾害易损性分析是研究洪水强度与损失率的关系。

3) 洪水灾害灾情评估

洪水灾害灾情评估[4]是在危险性分析和易损性分析的基础上计算不同强度洪水可能造成的损失大小。对于某一具体的承灾体，在一指定频率洪水下可能受到的损失可采用如下方法进行计算：①从洪水危险性分析结果中找出该承灾体所处位置可能遭受的洪水强度(如水深)；②从易损性分析结果中，找出该类承灾体在该洪水强度下可能的损失率；③利用上步计算的损失率乘以承灾体的价值，即得到该承灾体可能损失值。按上述步骤对研究区内所有承灾体计算损失值，累加即可得该频率洪水可能带来的总损失值和所有频率，分别计算可能损失，就可以得到洪水灾害损失的概率分布，即洪水灾害风险。

11.1.3　洪水灾害风险决策

洪水灾害风险决策是根据洪水灾害风险管理的目标和宗旨，在洪水灾害危险性分析、洪水灾害易损性分析和洪水灾害灾情分析的基础上，在面临洪水灾害风险时从可以采取的监测、回避、转移、抵抗、减轻和控制风险的各种行动方案中选择最优方案的过程，是整个洪水灾害风险管理的核心工作。影响洪水灾害风险决策分析的主要因素是洪水灾害风险的复杂性和决策准则。

洪水灾害风险决策分析的常用方法可归纳为以下 4 个步骤：

(1) 了解和识别洪水灾害各种风险因素及其性质，根据本地区的经济发展状况和所估计的风险大小确定决策的目标和原则。

(2) 针对某一客观存在的风险，收集一定的资料和信息，拟定处理洪水灾害风险的行动方案。

(3) 根据决策的目标和原则，对各种行动方案的必要性、可行性、经济性等方面进行比较论证，运用一定的决策方法选择某一最佳行动方案或某几个行动方案的最佳组合。

(4) 洪水灾害风险具有随机性和其他不确定性，需要对所选择的行动方案在具体实施过程中出现的问题反馈给决策者，从而使决策者能够及时根据客观情况的变化，对原决策方案进行评价、调整和修改。

对可能发生的超标准洪水的洪水演进路线、到达时间、淹没水深、淹没范围及流速大小等过程特征进行预测，标示洪泛区内各处受洪水灾害的危险程度的洪水风险图是一种重要的防洪非工程措施[5,6]。

11.2　涝水灾害风险分析与决策

因大雨、暴雨或长期降雨量过于集中而产生大量的积水和径流，排水不及时，致使土地、房屋等渍水、受淹而造成的灾害称为涝水灾害。自然灾害风险理论认为，风险是受损害的可能性，涝水灾害风险即涝水发生的可能性。涝水灾害风险的决定要素随着风险理论的不断发展和完善，由危险性、脆弱性和暴露性 3 个要素，发展为危险性、脆弱性、暴露性和防灾减灾能力 4 个要素。从灾害系统构成因素来看，涝水灾害是由致灾因素、孕灾环境、承灾体和灾情组成的，涝水致灾因子如暴雨在一定孕灾环境中作用于承灾体，造成了一定程度的损失，就形成了洪涝灾情。

11.2.1　涝水灾害的成因分析

涝水灾害是自然致灾因子与人为致灾因子非线性叠加的结果。涝水灾害自然致灾因子包括降雨、地形地貌、土壤特性、作物的耐淹特性、太阳黑子活动、厄尔尼诺现象的发生等，其中暴雨是涝水灾害最重要、最活跃的致灾因子，地形是控制涝渍排放的动力因素，涝水灾害通常发生在地形低洼的区域；土壤是控制涝水的介质，影响排水的土壤因素指土壤的通透性和覆盖程度。人为致灾因子包括水面率下降、城市化进程加快、种植结构调整、不当灌水方式与灌排制度、排涝标准衔接不合理及农业生产方式转变等。涝水灾害的成因分析如下。

(1) 内涝积水量增加。原因主要是全球气候变暖背景下的局部地区突发性高强度暴雨事件增加、城市热岛效应导致降雨量增加、海平面上升导致排水区地下水位上升。

(2) 蓄滞水能力降低。原因主要是城市化进程加快、湖泊围垦、土地利用率提高、旱作物种植比例的攀升导致水面率下降。据不完全统计，我国的城市化率由1949年的10.6%上升到2000年的36.22%；浙江省水稻种植面积30年间（1974～2004年）下降了59.79%，湖北省四湖流域水面积50年间（1950～2000年）下降了2100hm^2。

(3) 排水能力降低。我国的机电排水设施主要建成在20世纪70年代，老化毁损现象极为严重，装置效率明显降低，导致了机电排水能力下降；再者河道泄流能力由于城市化而下降，城市化之前的天然河湖被城市雨污水管道取而代之，这些管道设计泄流能力远低于原天然河湖排水与蓄滞水能力，导致了南方多雨城市人为涝水灾害。

(4) 需要排除的水量增加。城市化进程加快、经济作物与旱作物种植比例的提高在同等条件下增加了要求排水的数量，加剧了除涝排水能力与日益增长的安全保障需求之间的矛盾。

(5) 涝水灾害损失增加。原来涝水灾害的主要承灾体为农作物，现在向乡镇企业、工矿企业、工业与农业复合承灾体方向发展，同样情况下的暴雨涝水灾害损失增加。

11.2.2　涝水灾害风险分析

随着全球气候变化和剧烈人类活动干扰，涝水灾害致灾因子、孕灾环境和承灾体情势及其相互关系发生了深刻变化，这些变化导致了涝水灾害以及洪灾与涝灾态势出现了新的变化。20世纪90年代以来的水灾统计资料表明：涝灾在水灾损失中所占的比例有增长的新趋势，这一趋势在南方流域中下游平原地区和城市表现得尤为突出。

涝水灾害风险分析主要包括风险辨识、风险估计和分析评价。风险分析是通过对区域涝水成因、涝水特性、水利工程状况进行分析，采用历史涝水调查、水力学模型试验或数值模拟计算等方法，确定区域内不同地区的涝水危险程度（包括淹没范围、淹没水深、淹没历时、流速等）；再对区域内的社会经济状况（人口、资产等）分布和抗灾能力进行分析，得出不同高程下的主要资产类型和这些资产在不同淹没水深下的涝灾损失率，并将上述两方面的信息进行结合，估算出区域在不同频率洪水下的涝水灾害直接经济损失和间接经济损失，确定涝水灾害的风险程度；最后，根据涝灾风险分析的结果，选择不同的排涝减灾对策，考查估算不同方案的费用、效益。

涝水灾害系统由于受到自然系统、社会系统及其组合关系的影响，是一个典型的复杂系统。涝水灾害综合风险分析主要是对孕灾环境与致灾因子强度、承灾体的易损性（涝水区人口、经济状况等）以及涝水区除涝排渍能力的分析，灾害程度由这些风险因子之间相互作用共同决定。不同除涝排水地区其涝灾发生的频率、下垫面条件、暴雨特性、河网与湖泊调蓄的情况以及农作物的组成、耐淹水深与历时等各不相同，治涝工程数量、规模等也差异较大。因此，涝水灾害损失不仅与排涝设计标准有关，还与排水区自然地形条件及经济发展水平有关。

除涝排水工程所引起的生态灾害风险，是由于排水活动的盲目性和不科学性引起的，特别是对生态环境方面影响的忽视，因而具有可防止性。这种诱发环境问题的涝水生态风险，在许多情况下与涝水灾害其他风险因子具有相同的机制和相似的特性，二者也常相互反馈和叠加。涝水生态风险评价包括各类除涝排渍工程建设对流域内生态系统、环境质量的影响评估。进行生态风险评价，可据此制定改善环境、生态保护的补偿计划并逐步实施等。目前，涝水的生态环境破坏与污染影响，还未引起足够的重视，这方面的研究还处于起步阶段。

11.2.3　涝水灾害风险决策

涝水灾害风险管理的目标是选择最经济和有效的方法使风险成本最小。它可以分为灾害发生前的管理目标和灾害发生后的管理目标。灾前的管理目标是选择最经济和有效的方法来减少或避免损失的发生，将损失发生的可能性和严重性降至最低程度；灾害发生后的管理目标是当实际灾情发生后，监测实时雨情、水情和工情信息，确定最合理有效的调度方案，并组织好抢险与避难转移，尽可能减少直接损失和间接损失，使其尽快恢复到损失前的状况。

排涝区涝灾控制标准的确定以承灾体的耐淹能力为基础，将涝水的淹没历时、淹没深度作为排涝设计的主要指标和标准。

涝灾风险决策是指通过选择应对涝灾风险的一种方法或几种方法的组合，在涝灾风险评价的基础上，并考虑对社会、生态环境等方面的综合影响后，选择涝灾风险管理对策，实施涝灾风险决策。生产实际中，应对涝灾风险的方法主要有：①风险自留(不采取任何措施)；②风险回避(将人口和资产从风险区内搬出)；③涝灾损失控制(适当限制高风险区内的经济发展；建立避水庄台，建立防水房屋，搞好风险区内安全建设；设计好避难路线；做好抢险避难的宣传工作)；④风险转移(开展洪水保险和再保险)。

一方面减少涝水灾害发生的可能性，另一方面尽可能使已发生的涝水灾害的损失降到最低。加强堤防建设、河道整治以及水库工程建设是避免涝水灾害的直接措施，长期持久地推行水土保持可以从根本上减少发生涝水的机会。切实做好洪水、天气的科学预报与滞洪区的合理规划可以减轻涝水灾害的损失。建立防汛抢险的应急体系，是减轻灾害损失的最后措施。

在进行涝灾综合控制时，要全盘考虑季节、作物、蓄水与排水、自排与抽排、来水与耗水在调度中的相互关系，以求科学调度，降低费用，能最大限度地减少涝水灾害损失，从而获得最佳经济效益。但是涝灾综合控制工程能否达到既定的目标是不确定的，即存在涝灾综合控制工程调控风险，其风险评价主要是对涝水灾害事件的不确定性、调度运用方案的不确定性以及效益估算的不确定性等所导致的风险进行分析、计算。

排涝规划原则：统一规划、综合治理、蓄排兼顾、以排为主。统一规划：从全局考虑上下游，左右岸等各种关系；综合治理：建立排涝系统的同时考虑到其他方面要求；蓄排兼顾，以排为主：排涝泄水是主要选择，同时充分利用排水系统、保护区的蓄水功能、水利措施和农业措施。

11.3 干旱灾害风险分析与决策

干旱灾害是一种发源于降水异常偏少和温度异常偏高等气象要素变化，而作用于农业、水资源、生态和社会经济等人类赖以生存和发展的基础条件，并能够对生命财产和人类生存条件造成负面影响的自然灾害。与洪水等自然灾害相比，重大干旱灾害会引起更大量的人员死亡，迫使大规模人群背井离乡，甚至还会造成文明消亡和朝代更迭，是地球上最具破坏力的自然灾害之一。由于决定和影响干旱灾害的因素和环节比较复杂，干旱灾害在发生和发展过程中具有许多不确定性因素，所以从风险性角度来认识干旱灾害是十分必要的。而且，由于干旱的逐渐常态化及气候变暖和人类活动在干旱灾害中的角色不断加重，干旱灾害造成生命、经济和生态损失的风险性在逐渐加大。过去单纯以被动应急性的危机管理方式来应对干旱灾害，这不仅影响应对干旱灾害的及时性和针对性，还造成应对过程失当(要么应对过度，要么应对缺失)，导致较大的资源浪费，而且还会使干旱应急体系疲劳化，干旱应急意识减弱。

因此，在干旱减灾防灾体系中，需要突出风险管理的思想理念，这不仅可以更加有效地降低国家应对干旱灾害风险的脆弱性，而且还可以保障灾后重建基金的有效使用。从危机管理向风险管理为主转变是干旱管理现代化的必然趋势。本节在明确了干旱灾害的成因和干旱灾害的特征的前提下，对干旱灾害进行了风险分析，最后对干旱防御措施和风险管理策略进行了总结。

11.3.1 干旱灾害的成因分析

中国所处特殊地理位置所造成的降水时空分布不均是干旱灾害发生的主要原因，水土资源组合不平衡等也是导致干旱灾害频繁发生的自然因素，对水资源的不合理开发利用和水污染等一些不适当的人类活动因素也加剧了干旱的危害。对干旱灾害的成因具体分析如下[7]。

1. 天气与气候因素

1) 降水的影响

近年来，我国降水总体在持续减少，黄河流域一直在减少，其他几个流域有所波动。其中，长江流域、淮河流域波动较大，10 年平均降水的差值可达 200mm 以上，长江流域 1990～1999 年间平均降水比 1980～1989 年间减少 294mm。各流域冬半年和夏半年差值很大，降水季节分配不均，也是我国干旱灾害频发的重要原因。

2) 气温的影响

中国近几十年来各区的 10 年平均气温都在缓慢上升，不断升温会加剧各地水的蒸发，进一步加剧干旱灾害。

2. 环境资源因素

我国是世界上水土流失最严重的国家之一，水土大量流失导致土地蓄水保墒能力减弱，加剧了河道湖泊的淤积，加大了干旱灾害的危害。目前我国水土流失面积已达 35600×10^4ha，占国土面积的 31.7%。水土流失面积、土壤侵蚀强度、危害均呈加剧趋势，使干旱灾害更为严重。我国的水量和径流分布的总趋势是由东南沿海向西北内陆递减，且与耕地分布不相适应。81%水资源集中分布在长江及其以南地区，这一地区耕地面积仅占全国的 36%；淮河及其以北地区耕地面积占全国 64%，而水资源仅占全国 19%，其中黄河、淮河、海河、辽河四流域内耕地面积占全国的 42%，水资源占全国的 9%。从而形成了南方水多耕地少，水量有多余，北方耕地多而水量少，水资源短缺，加剧了北方地区的干旱灾害。

3. 社会经济因素

1) 工农业发展和经济建设

中华人民共和国成立以来我国耕地面积虽有所减少，但复种指数呈增长趋势，且主要农作物播种面积增长较快，1949 年以来，农作物单产、总产大量提高。在一定气候条件下，随着单产大幅度提高和农田需水量的大量增加，干旱相对于农业生产趋于严重。1949 年以来，我国城市化建设和工业发展迅速。随着工业总产值的增长、人口的增加和生活水平的提高，工业用水和城市用水相应增长。

2) 水利灌溉设施不足

及时灌溉是减轻干旱灾害最有效的措施。目前，全国有效灌溉面积不到总播种面积的 50%，即全国一半耕地还是靠天吃饭，丰歉受制于天，抵御自然灾害的能力十分低下。我国水利设施大部分是 1978 年以前修建的，已经运行 30～40 年，目前部分工程设施老化失修严重，而我国粮食亩产则高速增长。高速增加的粮食单产和农田需水量与缓慢发展的水利工程设施形成矛盾，遇有年内或年际连续干旱，现有水利工程设施难以发挥应有的抗旱作用。

11.3.2　干旱灾害风险分析

1. 干旱灾害的特征

干旱灾害具有一些比较显著的特征，主要表现在:

(1) 干旱灾害具有蠕变性。与地震和暴雨等突发性灾害不同，干旱灾害是气候自然波动引起的蠕变性灾害，它的发展是一个渐变过程，很难明确区分其时间和空间界限，其特征也比较模糊和复杂。所以，对干旱的灾害性往往难以及时察觉，到发现时一般已十分严重并难以逆转。

(2) 干旱灾害具有非线性。从混沌理论来看，系统状态处于分叉点时即使小的扰动都可能引起非线性变化，放大其效应。干旱灾害系统由于其随机性、动态性和多层次结构及各子系统间的关联性，蕴含着多重互动与耦合关系，任意一个子系统的变化都可能逐渐累积、放大和突变，并波及和牵动其他子系统连锁反应，具有明显的非线性特征。这也是干旱灾害多样性、奇异性及复杂性的根源。

(3) 干旱灾害具有不可逆性。这一方面表现在干旱灾害虽然发展比较缓慢，但解除却要快得多，也许只要有一场透雨就可以很快结束，甚至会出现旱涝急转，这是由于蒸散的约束性特征和降水的发散性特征共同作用的必然结果；干旱灾害的不可逆性还表现在干旱一旦发展为灾害就会逐渐渗透和蔓延到社会经济的各个方面，到那时再多的降水也难以挽回损失。

(4) 干旱灾害具有多尺度性。干旱灾害是个多时间尺度和多空间尺度的科学问题。由于降水和大气水分循环具有短期异常、年循环、年际波动、年代际异常和长期气候变化等不同时间尺度，干旱灾害也会表现出短期干旱、季节性干旱、干旱年、年代性干旱和干旱化趋势等不同时间尺度特征。一般，季节性干旱是周期性发生的，短期干旱经常发生，干旱年会时而出现，年代性干旱则比较罕见。不过，年代性干旱和干旱化趋势的灾害性最强，尤其是多时间尺度叠加在一起的干旱往往是灾难性的。

(5) 干旱灾害具有衍生性。干旱灾害通常并非独立发生，而是在干旱灾害发生后会诱发或衍生出沙尘暴、土地荒漠化和风蚀等其他自然灾害，这些自然灾害之间彼此相互作用，会形成复杂的以干旱为主导的灾害群。

(6) 干旱灾害具有很强的社会性。干旱灾害损失涉及农业、水文、社会经济以及生态环境等许多方面，社会关联性强，社会影响面大，社会关注度高。

2. 干旱灾害风险分析内容及方法

干旱灾害风险是由自然灾害风险衍生而来，指干旱的发生对自然环境和社会经济造成的影响和危害的可能性。干旱灾害风险分析是风险科学的核心，是干旱灾害风险评估和管理的基础。其分析原理是从干旱灾害系统最基本的元素着手，对各元素进行量化分析和组合，以反映干旱灾害风险的全貌。

从灾害学和自然灾害形成机制的角度出发，可将干旱灾害风险的元素分解为致灾因子危险性、孕灾环境脆弱性、承灾体暴露性和防灾减灾能力 4 个方面，具体内容见图 11-1。

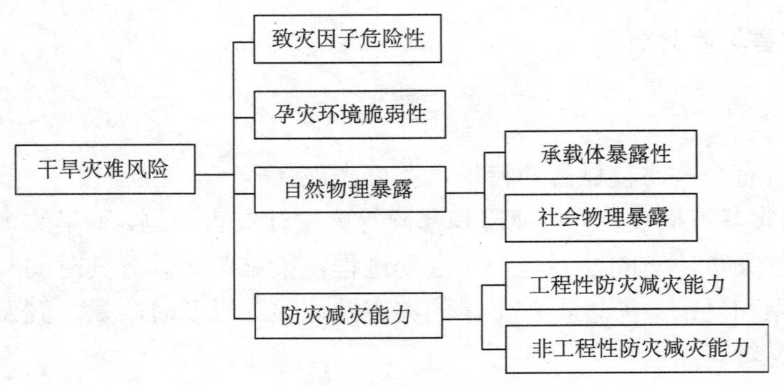

图 11-1　干旱灾害风险要素

(1) 致灾因子危险性。主要指形成干旱灾害的自然变异因素及其异常程度，主要与气象干旱的发生频率、强度和持续时间有关。通常，致灾因子危险性越高，干旱灾害风险也越大。根据灾害学理论和加权综合评价法建立干旱灾害致灾因子危险性评估模型：

$$H_j = \sum_{i=1}^{n}(h_i Q_i) \tag{11-1}$$

式中，H_j 为第 j 个区域干旱灾害危险性指数；h_i 为第 i 种因素的危险性指数；Q_i 为第 i 种因素的危险性权重；n 为因素个数。

(2) 孕灾环境脆弱性。干旱灾害脆弱性的高低具有“放大”或“缩小”灾情的作用，同时能客观反映对干旱灾害应对、缓冲和恢复能力的差异。一般而言，孕灾环境的脆弱性越高，灾害风险就越大。降低旱灾脆弱性是减灾的主要途径，更是减灾和防灾的根本。根据灾害学理论和加权综合评价法建立干旱灾害孕灾环境脆弱性评估模型：

$$S_j = \sum_{i=1}^{n}(\theta_i Q_i) \tag{11-2}$$

式中，S_j 为第 j 个区域孕灾环境脆弱性；θ_i 为第 i 种因素的脆弱性指数；Q_i 为第 i 种因素的脆弱性权重；n 为因素个数。

(3) 承灾体暴露性分析。主要考虑受干旱威胁地区承灾体的种类、范围、数量、密度、价值等。一般而言，一个地区暴露的人口数量和价值密度越多，干旱灾害风险也就越大。基于以上分析，结合研究区承灾体特点，选择人口密度和农林牧渔业总产值密度作为承灾体暴露性的评价指标。根据灾害学理论和加权综合评价法建立干旱灾害承灾体暴露性评估模型：

$$V_j = \sum_{i=1}^{n}(y_i Q_i) \tag{11-3}$$

式中，V_j 为第 j 个区域承灾体暴露性；y_i 为第 i 种因素的暴露性指数；Q_i 为第 i 种类因素暴露性权重；n 为因素个数。

(4) 干旱灾害的防灾减灾能力。它客观反映了人类对干旱灾害应付、缓冲和恢复能力的差异。防灾减灾能力主要与干旱危险区的经济水平、抗旱资金投入、公众教育水平和社会对干旱的关注度等有关。根据灾害学理论和加权综合评价法建立干旱灾害防灾减灾能力评估模型：

$$C_j = \sum_{i=1}^{n}(a_i Q_i) \tag{11-4}$$

式中，C_j 为第 j 个区域防灾减灾能力指数；a_i 为第 i 种防灾减灾能力指数；Q_i 为第 i 种防灾减灾能力权重；n 为因素个数。

对于干旱灾害，在评估的区域内四大因子是相互独立的变量，因此可以分离变量，又由于防灾减灾能力对于干旱灾害风险的作用是相反的，因此得到干旱灾害风险表达式为

$$R = H_j + S_j + V_j + (1 - C_j) \tag{11-5}$$

干旱灾害风险分析是一个非常复杂的系统，由若干层次组成，各子系统间又具有关

联的随机性和动态性，很难完全定量化各因素对干旱灾害风险的影响，因此需要在风险评估指标的选择上尽可能的体现多元化、科学性和实用性。在做好大区域、大范围总体干旱风险评估的基础上，在未来的研究中还应向着风险评估的精细化和实用性方向发展。

11.3.3 干旱灾害防御和风险决策

虽然干旱发生往往不以人的意志为转移，人类永远也无法回避或彻底消除干旱，但干旱的影响和灾害损失并不是不可避免的，而是在很大程度上要看人类采取的干旱防御措施和风险控制策略是否得当。

1. 干旱灾害防御措施

随着人类抗旱经验的积累和抗旱技术的发展，已经可以在很大程度上通过采取一些有效措施来应对或适应干旱，以达到预防和减轻干旱灾害的目的。

目前，防御干旱灾害的主要措施有:

(1) 实施干旱灾害风险管理，有效降低干旱灾害风险。干旱灾害风险管理在干旱发生前就已开展了预测、早期警报、准备、预防等工作，对降低随后而来的干旱影响更加有效。

(2) 建立科学有效的干旱指数[8]，定量监测干旱灾害的范围和程度，及时开展针对性的应对行动。虽然目前还没有哪个单一干旱指数能够十分令人满意地监测干旱强度和范围，但我们至少能够知道在哪种情况下哪种干旱指数比其他干旱指数更适合。如 Palmer 干旱指数适用于地形一致的大平原地区，而在多山地区则需要与地表水供应指数相结合才会有效。

(3) 发展干旱预测和评估方法[9]，准确预测干旱发生的时间和地点，客观评估干旱的影响程度，以便采取恰当的干旱灾害预防措施。应该对干旱进行旬、月、季、年和年代等不同时间区间的预测，并与干旱监测预警无缝隙衔接。

(4) 构建国家统一的干旱灾害综合信息系统，提高对干旱灾害的反应速度和统一行动能力。该系统能够充分集中全国干旱监测、预报、灾情和其他方面的数据信息资源，对干旱灾害进行综合预测、追踪、评估和应对，并开展针对干旱灾害的国民教育和网络互动。

(5) 加强水利工程建设，科学调配水资源。可以通过建库蓄水，对水资源实现时间调控；通过跨流域调水，对水资源实现空间调配；通过地下水开发，对水资源实现结构调整，将近期不能直接利用的地下水转化为可以直接使用的地表水。

(6) 开展人工增雨和露水收集工程，科学开发空中云水资源。一般大气中的云水资源只有小部分被转化为降水或露水，可以通过开展人工增雨和露水收集工程，提高大气中云水转化为降水和露水的比例，从而增加可利用水资源总量。

(7) 发展新的灌溉和耕作技术，提高水资源利用效率。可以通过发展喷灌、滴灌、覆膜、沟垄、套种及控制播种等技术措施，有效提高水资源的利用效率，甚至可以将无效水资源转化为有效水资源。

(8) 开发生物抗旱技术，增强对干旱灾害的适应能力。培育能够在极端干旱条件下存活并生长的转基因植物，提高作物或生态植被的抗旱能力。科学家已经研究出缓慢枯萎性的高级大豆品种，其在干旱条件下比传统品种产量高 141～282 kg/ha。

(9) 完善以客观评估干旱灾损为依据的干旱灾害救援制度。该制度既会对受灾地区恢复生产和稳定生活起到实质性的保障和激励作用，又会对利用制度漏洞或技术缺陷骗取国家救灾物资和资金的行为起到限制作用。

2. 干旱灾害风险控制策略

风险控制是应对和防御干旱灾害的重要措施。可以通过实施干旱灾害风险管理，采取干旱风险评估、缓解、转移、分担和应急准备等一系列措施，减轻面对干旱的脆弱性，提高对干旱的适应能力，有效控制干旱风险，实现对干旱灾害控制从被动向主动、从救灾向防灾、从临时应急向全程防御的系统转变。

针对干旱灾害风险形成的特点，干旱灾害风险控制有如下主要策略：

(1) 制定科学合理的干旱灾害风险管理规划，保证风险管理政策的有效性和执行力及相关财务预算的早期响应能力。比如成立由具有政治影响力单位牵头的，由部委、民间团体及利益相关单位组成的干旱防御联盟，并建立相应的制度和机制确保其持续性和运行效果。

(2) 建立干旱灾害风险分析与评估系统，提高对干旱灾害风险的早期预警水平，为采取针对性的防御措施提供科学依据。

(3) 有效影响干旱致灾因子。通过增强人工增雨能力和提高露水利用水平，减少气象干旱的频率和强度，从而降低干旱灾害的危险程度。

(4) 综合提高干旱承灾体的抗旱机能。通过开发抗旱植物品种，提高对干旱的适应性；通过实施产业多样化战略，减少社会经济对干旱的脆弱性；通过退耕或移民工程等措施减少干旱承灾体的暴露度；通过改变作物生长期缩短干旱承灾体的暴露时间。

(5) 科学改善干旱孕灾环境的条件。通过改善生态环境，降低无效蒸发量，提高水分涵养能力；通过改进水文条件，增强水资源综合保障能力；通过改进土壤条件，提高土壤保墒能力。这些方面都能够有效降低干旱孕灾环境的敏感性。

(6) 多方面增强干旱防灾能力。可以通过提高政府和社会对干旱的重视程度、加强干旱减灾防灾技术开发、加大抗旱工程建设、提高公众抗旱科学素养等多方面措施来提高干旱防灾水平，增强干旱防灾能力的可靠性。

(7) 建立干旱灾害风险共担和转移制度。干旱灾害风险共担制度可以降低个体的干旱灾害风险性，干旱灾害风险转移制度可以降低短期的干旱灾害风险性，从而提高全社会整体对干旱灾害风险的承担能力。

11.4　本 章 小 结

水灾害系统是一个涉及“人—自然—社会”的复杂大系统，从系统科学的观点出发，采用“四结合”，即定性判断与定量计算相结合、微观分析与宏观综合分析相结合、还原论与整体论相结合、科学推理与哲学思辨相结合是建立水灾害风险分析理论体系的有效途径。本章从洪水灾害、涝水灾害和干旱灾害出发，分别论述灾害的成因、分析灾害的风险，并进行风险决策。

参 考 文 献

[1] 闻珺. 洪水灾害风险分析与评价研究[D].河海大学, 2007.
[2] 水利部长江水利委员会.长江流域水旱灾害[M].北京：中国水利水电出版社, 2002.
[3] 黄诗峰.洪水灾害风险分析的理论与方法研究[D].北京：中国科学院地理研究所, 1999.
[4] 冯民权, 周孝德, 张根广. 洪灾损失评估的研究进展[J]. 西北水资源与水工程. 2002, 13(1): 32-36.
[5] 谭徐明, 张伟兵, 马建明, 苏志诚.全国区域洪水风险评价与区划图绘制研究[J].中国水利水电科学研究院学报, 2004(1): 54-64.
[6] 黄大鹏, 刘闯, 彭顺风.洪灾风险评价与区划研究进展[J].地理科学进展, 2007(4): 11-22.
[7] 荀丽丽.干旱风险的社会成因及其社会应对——以内蒙古鄂尔多斯市乌审旗为例[J].黑龙江社会科学, 2013(6): 86-90.
[8] 熊光洁. 近 50 年中国西南地区不同时间尺度干旱气候变化特征及成因研究[D].兰州大学, 2013.
[9] 袁喆. 变化环境下干旱灾害风险评价与综合应对[D].中国水利水电科学研究院, 2016.

第 12 章　水利经济风险分析与决策

水利工程大部分属于非营利性项目，由于建设周期长，建设条件复杂，社会影响大，涉及的投资和不确定因素[1]也很多。在水利工程建设各阶段，预期的经济效益与客观实际情况之间常产生偏差，这种偏差来源于外部环境的变化和人们对事物认识的局限性。水利经济风险指的是投资项目预期的投入和产出发生的偏差及其可能性。水利经济风险分析通过观察不确定性因素的统计特点，选择敏感性分析、风险分析(概率分析)或盈亏分析等不确定性分析方法[2]，定量地确定出现风险后果的可能程度。风险研究的目的在于提高决策者对于风险后果的事前认识。对水利工程经济风险评价分析是一项重要内容，对于正确决策有着重要意义。

12.1　水利工程投资项目经济风险分析

12.1.1　变量关系的风险模拟

各种水利经济评价指标常受到不同风险因素的影响，因此在计算这些评价指标时，要考虑各种风险因素。风险因素间的关系可能是独立的也可能是相互关联的。

1. 独立变量风险因素的模拟

独立变量的风险因素包含离散型和连续型的随机变量，但它们都相互独立的[3]。

1) 离散型风险变量的风险模拟

假设 $Y = f(x)$ 是离散型随机变量 X 的经济模型，为获得离散变量 X 的随机数只需将其依次代入经济模型，得到一系列 Y 值。即为 Y 的一个样本。由 Y 的样本可求模型的统计特征。

实例分析：某一工程项目，基准收益率是 5%，寿命期 20 年，年现金流量 A，最初投资 P，寿命期的残值是 L。由统计与预测资料得知，离散型随机变量 A，P，L 的累积概率分布如表 12-1。

表 12-1　离散型随机变量 A，P，L 的累积概率分布

A	平均值 A	1285	1480	1675	1870	2065
	累积概率	0.17	0.37	0.73	0.88	1.00
P	平均值 P	12500	13100	13700	14300	14900
	累积概率	0.10	0.23	0.57	0.80	1.00
L	平均值 L	720	780	810	900	960
	累积概率	0.17	0.39	0.73	0.90	1.00

本例中工程项目的模型为

$$NPW = A(P/A,i,n) + L(P/S,i,n) - P \tag{12-1}$$

用以上模拟方法求工程项目的净现值 NPW。

设(0，1)均匀分布的部分随机数如下：

0.47，0.91，0.02，0.80，0.79，0.74，0.24，0.05，0.51，0.74，…

将第一个随机数 0.47 同 A 的累积概率比较，0.37＜0.47＜0.73，取 A_1＝1675；将第二个随机数 0.91 同 P 的累积概率比较，0.80＜0.9l＜1.00，取 P_1＝14900；将第三个随机数 0.02 同 L 的累积概率比较，0＜0.02＜0.17，取 L_1＝720。

将 A_1，P_1，L_1 代入式(12-1)的模型中，得 NPW 的第一个样本值 Y_1=6245.5123；计算完毕，进行第二次模拟试验，取 0.80，0.79，0.74 三个随机数，依次与 A，P，L 比较，得 A_2＝1870，P_2＝14300，L_2＝900，得 NPW 的第二个样本值 Y_2＝9343.534。

因这种计算重复的次数相当多，有时需几百次甚至上千次，所以这种模拟过程通常需要在计算机上完成。按照以上模拟方法，得到 NPW 的一个样本，利用统计学方法，求得其数学期望与方差，并画出直方图；从这个样本，也可求出项目的其他特征，如项目的净现值小于某数的频率等，用以进行项目的经济分析。

2)连续型风险变量的风险模拟

当随机变量 X 为连续型的，在取得 X 的随机数后，将其代入经济模型，计算经济项目的经济指标及统计参数。

实例分析：一新装置，投入使用后每年可以获得 A=2500 元的收益，新装置的寿命期 N 为 12 年到 16 年，服从均匀分布。估计最初投资费用 P 服从正态分布，均值 μ=1500 元，标准差 σ=150 元，收益率为 8%，模拟该问题，并计算净现值 NPW。已知 N 的分布服从均匀分布，概率密度函数为

$$f(n) = \begin{cases} 1/4, 12 \leqslant n \leqslant 16 \\ 0, \text{其他} \end{cases} \tag{12-2}$$

由例可知，P～N(1500，150)，对于寿命期 N 这一随机变量先产生(0，1)区间的均匀分布的随机数 R，利用逆变换法，按公式 N＝12+4R 产生随机变量 N。产生最初投资 P 的随机变量，先产生 R_1，R_2；它们是相互独立的(0，1)区间内均匀分布的随机数，得公式：

$$P = 1500 + 150(-2\ln R_1)^{\frac{1}{2}} \cos 2\pi R_2 \tag{12-3}$$

净现值：

$$\text{NPW} = A \times (P/A,\ i,\ n) - P \tag{12-4}$$

通过模拟，可得表 12-2 所示 A，N，P 与 NPW 各自 10 个随机样本值的结果。

表 12-2　随机样本值

收益 A/元	寿命期 N/年	费用 P/元	净现值 NPW/元
2064.99	12	1585.06	479.93
1639.25	15	1582.38	56.87

续表

收益 A/元	寿命期 N/年	费用 P/元	净现值 NPW/元
1770.39	14	1618.85	151.54
1517.82	16	1461.82	56
1517.82	16	1485.81	32.01
1517.82	16	1493.46	24.36
1639.25	15	1624.62	14.62
1639.25	15	1324.57	314.68
1912.02	13	1474.68	437.33
1770.39	14	1859.66	−89.28

模拟 100 次，得 NPW 的一个样本，并计算得：均值 $E(\text{NPW})=243.78$；标准差 $\sigma(\text{NPW})=14.77$。项目的净现值 NPW 小于 0 的概率为 0.1。净现值的概率分布图与累积概率分布图如图 12-1 与图 12-2 所示。

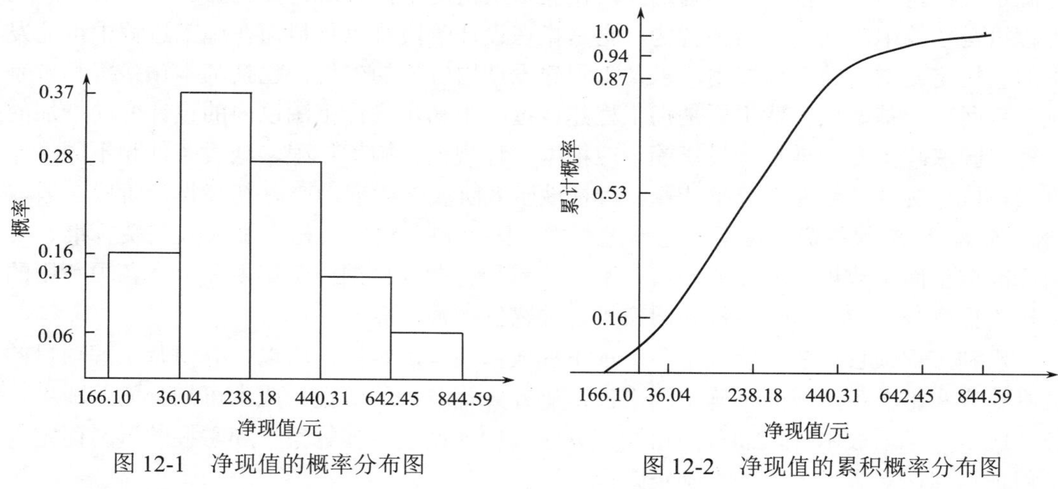

图 12-1　净现值的概率分布图

图 12-2　净现值的累积概率分布图

2. 相关联风险因素模拟

风险分析中，重要的是如何处理风险变量(即风险因素)间的相关性问题。假如风险变量之间彼此相互独立，这时风险问题的处理就简单得多；可以通过历史数据的统计、预测和专家调查法获得有关主观概率合理的数值(单点或概率分布)，进而以分析或计算机模拟技术，求出各经济指标的期望值、标准差及其概率分布。但在实际中，风险变量间往往存在着相互影响或单向影响的关系。将这种关系称为相关，其度量通常由相关系数 ρ 描述。

如上所述，度量相关性及其对项目的影响，是风险分析中的难点。

在风险分析中处理相关性的最简单方法是假设各风险因素不相关联，各风险因素完全相关(负相关或正相关)。关于不相关联的情况，可按各变量相互独立的方法进行计算。

而随机变量 X，Y 完全相关则是一种极端现象，对于这种极端情况，我们不用相关系数 ρ (–1 或+1) 来定义相关性，而可以定义为：当 X 按某比率 α 变化时，Y 也相应地变化某比率 α ，这时，我们认为 X 和 Y 完全正相关。而当 X 按某比率 α 变化时，Y 随之变化某负比率 $-\alpha$ ，即可认为 X 和 Y 完全负相关。这种定义并不要求 X 和 Y 具有完全相同类型的分布，X 和 Y 变化的比率可以不同，但却一一对应。

完全相关在经济风险分析中是比较稀少的，更普遍存在的关联影响是部分相关的统计相关性。

12.1.2　水利工程投资膨胀风险

水利工程投资估算[4,5]，实质上是一种对水利项目建设过程中未来事件的预测。但由于未来的情况受多种不确定因素的影响，因此所估算的投资不可能将未来发生的情况都做出准确的预测，因而承担着一定的风险。水利建设项目规模大、投资多、工期长，在施工过程中的自然状态和经济条件都存在着不同程度的不确定性，最终导致项目投资的不确定性；这种项目投资的不确定性，在大多数情况下，表现为投资膨胀。一般在水利工程投资估算中，列有一项预备费。它是指在设计阶段难以预料而在施工过程中可能发生的、规定范围内的工程费用，以及工程建设期内发生的差价，包括基本预备费和价差预备费两项。基本预备费主要是指工程建设过程中初步设计范围以内的设计变动增加的投资、国家政策变动增加的投资等。应根据工程规模、施工年限、地质条件和不同设计阶段，按投资合计数的百分率计算。可行性研究阶段一般取 10%，初步设计阶段一般取 5%～6%。价差预备费是指工程建设过程中，因材料、设备价格上涨和人工费标准、费用标准调整而导致投资增加的预留费用。价差预备费应根据施工年限和上述各项费用的分年度投资(不含基本预备费)和国家规定的物价指数计算。

水利工程项目投资风险源于各子项工程成本的不确定性，所以，弄清楚工程项目的成本组成和影响各组成的不确定因素，是进行风险分析的前提。成本可划分为总成本、分项成本、子项成本等，划分的粗细程度应视估计精度、计算条件和掌握的资料而定。工程项目存在着多种形式的不确定因素。

12.1.3　水利工程投资项目汇率风险分析

随着我国经济的发展，改革开放的逐步深入，以及对外经济交往的增多，水利项目单位跨国建设工程越来越多，但由于受投资大、汇率变动和结算方式的影响，水利项目的损益也随之变动。项目汇率风险是跨国水利工程项目单位面临的重要风险[6]。从宏观角度讲，汇率是国家经济管理下的一个重要调控手段和杠杆，它不仅直接影响对外贸易、资本流动与国际收支的平衡，而且对货币流通和通货膨胀也会产生一定的影响，从而对一国的财政、投资和资源配置发生作用。从微观角度讲，汇率的变动时时刻刻影响企业的对外经济活动。可以说，世界上每一个国家，每一家外汇银行，每一个从事国际经济、贸易和金融活动的部门，都受到汇率波动的影响。

由于以上种种原因，对汇率进行风险分析就显得十分必要。而汇率风险分析的关键工作——汇率预测是汇率风险分析的基础。

1. 外汇市场与外汇交易

1) 外汇的概念

外汇有静态和动态两方面的含义。从动态含义上看，外汇实际上是国外汇兑的简称，它是指一个国家的货币，通过“汇”和“兑”两项金融活动，转换成另一个国家货币的过程。具体地讲，就是把一个国家的货币兑换成另一个国家的货币，并利用国际信用工具汇往另一国，借以清偿两国因经济贸易往来而形成的债权债务关系的一个动态交易过程。从静态含义上说，外汇是一种以外币表示的用于国际间结算的支付手段。

2) 外汇市场的产生与分类

国际经济贸易往来形成了外汇的供给和需求，外汇的供求必然产生外汇交易。而外汇买卖得以进行的场所构成了外汇市场。外汇市场是由外汇需求者、供给者和进行买卖的中介机构所组成。在这里，外币债权持有者可以按一定价格向市场出售这种债权，外国货币的需求者则用本国货币在市场上购买外国货币。习惯上个人与公司客户都愿意通过银行来完成货币的兑换或买卖。银行在外汇市场上起着中间人和组织者的作用。

按外汇交易参加者划分，外汇市场包括两类：广义而言，银行与个人及公司客户之间进行的所有货币交换行为及其场所都可以称为外汇市场，又称零售市场。狭义而言，外汇市场则指银行之间的外汇买卖行为及场所，又称批发市场。通常外汇市场概念是指狭义的外汇市场。这是因为绝大部分外汇交易发生在银行同行业间外汇交易上，国际贸易和投资的外汇交易只占很少一部分。

3) 外汇交易的类型

(1) 汇率的基本概念。所谓汇率，是指在两国不同货币之间，用一国货币表示另一国货币的价格换算，也就是一国货币单位折合其他国家货币单位的换算价。

(2) 外汇交易的类型。按照交割日期不同，外汇交易基本上分为即期交易和远期交易两类。即期外汇交易：根据现在外汇市场上的国际惯例，通常把交易约定以后最迟在第二个营业日以内进行资金收付的交易叫做即期外汇交易，适用于即期外汇交易的汇率叫做即期汇率。远期外汇交易：是指在外汇买卖成交时双方签订合同，规定交易的货币、数额及适用的汇率，并于将来某个约定的时间进行交割的外汇业务活动。

除以上介绍的两种基本交易方法以外，还有掉期交易、期货交易、期权交易等方法。

2. 汇率的预测

由于汇率的起伏不定，产生了对汇率预测的需要。在不同的国际货币制度条件下，汇率呈现出不同的状态。

汇率的预测分为长期预测、中期预测以及短期预测。通常认为半年至一年的预测就属于长期预测，一个月以上至半年以内的预测为中期预测，一个月以内的预测为短期预测。在国际金融界，一般把预测方法简单划分成两类：一类是基础因素分析法，包括德尔菲专家调查法和计量经济学等方法；另一类是非基础因素分析法，包括图表分析法和的博克斯—詹金斯法。

在方法的选择上，短期预测时主要用非基础因素方法，基础因素方法作为辅助；进行长期预测时，主要用基础因素方法，非基础因素方法就不起作用。

3. 汇率(外汇)风险及防范

1) 汇率(外汇)风险定义

汇率(外汇)风险就是在国际经济、贸易、金融活动中，以外币计的资产及负债因汇率的变化而引起价值上升或下降所造成的损失。通常将承受汇率(外汇)风险的外币余额称为“受险部分”。

2) 汇率(外汇)风险的表现形式

(1) 交易风险：由于进行本国货币与外币的交换才产生的风险。以外汇买卖为业务的银行主要承担的是这种风险。银行以外的企业在以外币进行贷款或借款以及伴随外币贷款或借款而进行外汇交易时，也承担交易风险，也就是说，这种风险是以买进或卖出外汇，将来又必须反过来卖出或买进外汇作为前提才会产生的。

(2) 交易结算风险：是基于将来进行外汇交易而将本国货币与外币进行兑换，由于将来进行交易时所适用的汇率没有确定，因而存在的汇率风险。这种风险从签订交易合同确定外币计价的交易金额时就开始产生，一直到结算为止。贸易公司在进行进出口业务时，往往也承担这种风险。

(3) 评价风险：是企业进行会计处理和进行外币债权、债务决算时，由于不同计算期汇率变动带来以本币计价的价值发生变动的风险。这是财务账面上的损益，而非实际价值的变动。跨国公司主要承担这种风险。

3) 汇率(外汇)风险的防范

一般企业在对外经济交往中有以下几种方法弥补汇率(外汇)风险。

(1) 在进出口时采用本国货币计价。若在进出口时，以本国货币为计价单位进行结算，则不论汇率如何变动，都可以完全避免汇率风险。但是由于我国货币不是自由兑换货币，因此这种方法在目前行不通。但在周边国家小范围的贸易中，可以采用这种方法。

(2) 提前或推迟结算日期。进出口商将外币结算的日期提前或延迟，可以达到避免汇率风险或从汇价上获得收益的目的。如在预期外币升值、本国货币贬值的情况下，该国的出口商便可推迟结算日期，以获得更多的本国货币。而另一国的进口商在上述情况下，便可采取提前结算的方法，以减少本国货币的支付额。

(3) 调整国内的合同条件。这一方法主要适用于国内贸易商代理国内客户进出口业务。例如，办理进口业务的贸易公司，将进口的商品卖给制造厂家时，以外币计价签订合同，汇率风险就完全由制造厂家负担。一般情况下，进口商和进货对象预先在合同中就约定了一定的汇率变动范围，在这个范围内，风险由进口商负担，超过约定的范围，即与进货对象平均分摊风险。

以上所讲的内容，归根结底是风险的转移问题，并不是风险的消除。因此，在被转移的对象那里，当然还要发生风险的处理问题。风险的转移能否实现，一方面取决于商品的需求状况，另一方面取决于合同双方的实力和同行业之间的竞争状况。

(4) 以外汇买卖的方法防范汇率风险。①远期外汇买卖防范汇率风险。所谓远期外汇买卖，是指持汇人或单位，例如进出口商、企业等向银行卖出或买入一笔远期外汇，买卖金额的实际收付是在约定的将来某个时间进行，期限可以一个月、三个月、半年至一年不等，买卖双方成交时，应按照买卖规定的期限和规定的汇价交割，而不管到期时交易的货币是升值还是贬值。期货交易防范汇率风险：所谓期货买卖，就是通过一项合约，取得在某一既定日期以商定的价格买入或卖出既定数量及品质的商品的权力和责任。②期权外汇买卖防范汇率风险。外汇期权买卖实际上是一个合约，买方买进一个权利，可以在合约期满日或在此之前按规定的汇率买进预先约定数量的外汇，也有放弃合约不执行合约的权利。合约持有人称为买方，出售期权者称为卖方。外汇期权由买入期权和卖出期权两种方式商定。买入期权是这样一种合约，它的持有者得到一种权利，可以在合约期满日或在此之前按商定的汇率买进商定数量的外汇。而卖出期权，合约的持有者有权在到期日或者之前，按约定的汇率出售商定数量的外汇。由于期权购买者向卖方购得这种权利，于是卖方从一开始就承担了汇率方面的风险。因为不论市价如何变化和如何不利，只要买方要求执行合约，卖方就责无旁贷。为了补偿卖方在汇率上可能遭受的经济损失，期权交易规定合约购买者必须向合约的出售者支付一笔费用，称为保险金。这笔费用在期权合约成文后第二个工作日一次性付清，而且不可退回。作为期权的买方只需支付保险金，不负担任何义务，因此，期权的买方只有权利而不负担义务是期权的重要特征。

以上所谈的方法主要适用于短期汇率风险的防范，对于十几年以上时间的汇率风险防范，就不能采用以上方法。

12.1.4 水利工程经济评价的风险

根据国家现行规定，任何一个建设项目都必须进行可行性研究，即对项目在技术上和经济上是否可行进行评估。水利工程也不例外，在研究工程的经济可行性时，一般先从财务方面着手，然后再扩展到经济社会的范畴，考察其在国民经济和社会中的效应。国民经济评价是从国家角度分析项目对整个国民经济乃至整个社会产生的效益，也就是分析国民经济对该项目付出的代价，以及这个项目建成后可能对国民经济做出的贡献[7]。

水利工程的国民经济评价和财务评价都是研究投资效果，对项目的效益和费用进行分析，但它们之间又有着区别：

(1)工程财务评价是站在项目自身的立场上计算和分析所获得的净效益；而国民经济评价则是站在国家立场上从整个国民经济整体利益出发来计算和分析项目对国家的净效益。

(2)财务评价研究项目的财务可行性；而国民经济评价研究项目的经济可行性。

(3)财务评价把凡是项目的货币收入都认为效益，凡是项目的货币支出都计为费用；而国民经济评价把项目对国民经济所做的贡献和付出的代价计为效益和费用。

(4)财务评价一般以市场价格计价；而国民经济评价则使用影子价格计价。

在水利工程的经济评价中还应该遵循一条基本原则，即当水利项目在财务评价中认为可行，而国民经济评价认为不可行时，项目不应建设；在国民经济评价认为可行，而财务评价认为不可行时，对于关系到国计民生的大项目，应向国家有关部门提出采取相应的经济优惠政策，通过调整，使项目在财务上亦成为可行。

1. 大型水利工程国民经济评价的风险分析

1) 水利工程费用和效益的计价

在国民经济评价中，需使用一种能够真实地反映资源和产出价值的价格体系——影子价格。影子价格是商品或资源的边际变化对国民收入增长的贡献值，它是通过对市场价格进行调整，并以世界市场商品价格为基础获得的。

社会折现率反映国家消费和积累比例的政策，是调节国家资金供给与需求的手段，同时还是项目经济评价和方案比较的判别依据，它的实质是单位资金的影子价格。采用统一的社会折现率进行计算和分析，有助于投资决策的科学性。

2) 水利工程国民经济评价的指标

国民经济评价指标很多，譬如经济内部收益率、经济净现值和经济净现值率、投资净效益率、经济外汇净现值、经济换汇成本等。

3) 水利工程经济风险分析的一般途径

当各种技术、经济因素是确定值时，对于经济系统所做的分析是按确定型问题进行的；当各种技术、经济因素是随机变量时，对于经济系统所做的分析是按不确定型问题进行的。前者给出的各种经济分析结果是确定值，后者给出的各种经济分析结果是统计值。

经济系统风险因素多样，产生机制各异，事件发生的概率没有经验的统计规律可循。当某个风险因素以随机变量的形式出现在经济系统内时，特别是多种风险因素各自具有各种概率分布形式的随机变量同时发生在系统内时。这时所产生的经济效果的统计规律，是人们希望得到而难以得到的重要结果。

经济风险分析是对多种风险因素同时存在的情况下产生的经济后果的集合统计检验。分析的结果是给出费用的概率分布和数值特征，效益的概率分布及数值特征，以及统计意义下的各项经济评价指标。

解决这类问题通常可采用随机模拟法，在风险辨识和风险估计的基础上，通过构造风险因素的概率生成模型，如图 12-3 所示。在计算机上进行模拟，通过大量实验结果的统计，获得各类费用的概率分布、各类效益的概率分布和各种评价指标的概率分布，以及它们的数值特征，最终完成经济系统的统计分析工作。

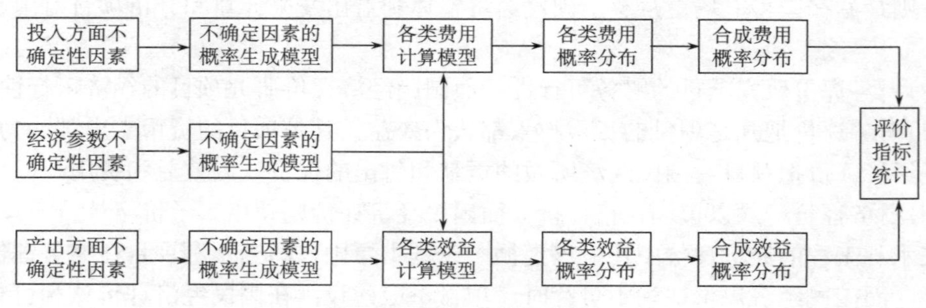

图 12-3　随机模拟法过程图

4) 水利工程风险的辨识

对该水利工程风险进行辨识时，首先应区分为投入与产出即费用与效益两部分，然后分别进行辨识。

采用的方法是，按照“分级分类”法进行。即把总费用和总效益分解成几个主要分项，再把各个分项分解为更小的分项，继续下去，然后对各个最小的分项进行风险辨识，以找出主要的风险因素。

5) 水利工程外部存在的风险因素

水利工程外部存在的风险因素主要包括汇率、经济增长与价格的不确定性。

(1) 汇率对工程的影响

研究汇率风险的目的，是为了使其损失降到最小，以减轻其给水利项目投资上带来不应有的损失。

人民币不属于自由兑换的货币，因此汇率风险要全部转嫁到我国承担，再加上我国外汇体制以美元作为标准值，外汇额度以美元计算，但实际支付时(国家间计算)可能是日元、马克等，在美元疲软的趋势下，美元贬值会使进口蒙受损失，所以人民币对美元的贬值，美元对其他货币的贬值，使得进口时承担双重贬值的汇价损失。由于汇率的变化，使得投资额增大，而一些工程需要大量的物资中，有些设备还需进口，这样必然受汇率的影响，所以我们要考虑汇率对枢纽工程以及输变电工程费用的影响。

(2) 经济增长的影响

由于我国四个现代化的目标是 20 世纪末的工、农业总产值在 1980 年基础上翻两番，我国经济增长幅度的趋势，其必然对工程项目的费用及效益产生大的影响。翻两番的经济目标使工程建设地区的经济发展将大幅度增长，引起运输量的增长，航运量必然也随经济而增长，最终会影响到航运效率。在防洪效益中，随着经济增长，洪灾损失的资产价值也要增长，这使防洪效益的意义更大。我国目前电力十分紧张，经济增长也会显示电力开发的重要性。

(3) 价格的不确定性

纵观我国物价水平，从中华人民共和国成立以来至 1989 年物价总指数所反映的价格总水平变化趋势来看，除了在严重自然灾害后，国民经济大幅度增长的 1963～1965 年期间和 1966～1972 年价格被冻结的非正常时期外，价格总水平的发展趋势是上升的，社会供给小于社会需求，国民收入超生产额分配及人民币超经济发行造成的通货膨胀导致价格总水平上升。

2. 水利投资项目财务评价

1) 财务评价的目的及风险分析的意义

投资项目的建设是为了获取一定的效益。这里的效益既包含项目的经济效益，也包含项目的社会效益。而对项目效益的考察，主要是通过对项目的经济评价来进行的。为了推进建设项目的经济评价，实现项目决策科学化，原国家计划委员会已经制定颁发了《建设项目经济评价方法与参数》(以下简称《方法与参数》)。《方法与参数》中明确规定：大中型建设项目和超限额技术改造项目必须进行项目的财务评价和国民经济评价，

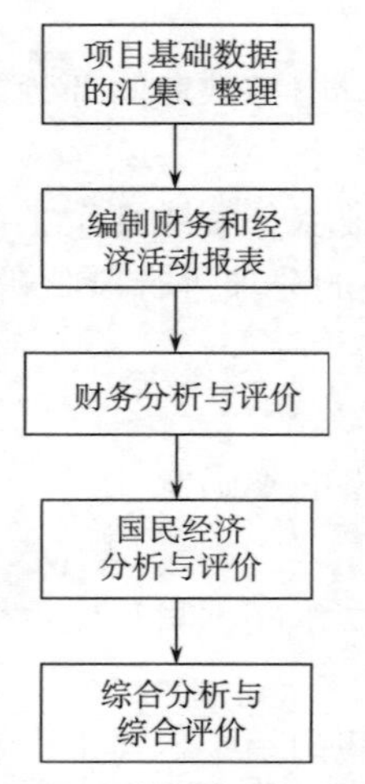

图 12-4　水利投资项目的财务评价和国民经济评价过程

以便考察项目的经济效益和社会效益。投资项目的财务评价和国民经济评价是项目可行性研究和项目评价中两个不同层次的核心内容，是对项目进行决策的重要依据，其一般过程如图 12-4 所示。

对于一般项目，财务评价先于国民经济评价进行，项目的多方案比较和优选一般都是在财务评价这一层次进行的；对于重大投资项目，则先进行国民经济评价，并在国民经济评价这一层次上进行项目的比较和优选。投资项目的财务评价是对项目投产后经济效益的一种预先估计。进行财务评价的目的是为项目的多方案优选及项目决策提供依据。作为一种决策依据，其任何变动或偏差，都会给决策造成不利的影响。这就要求项目财务评价结果要尽量真实与准确，以减少或避免项目优选中的过失和项目决策的失误。但是，由于财务评价是在投资项目正式建设之前进行的，是对项目经济效益及财务状况的一种预计，掺杂着较强的主观因素，所以其结果不可能做到绝对准确，必然带有不确定性，这种不确定性也必然会对项目的决策产生一定的影响。要解决这一矛盾，首先要对财务评价的不确定性进行分析，分析出财务评价过程中各种不确定性的大小及影响；其次提醒决策者在进行项目决策时，要充分考虑这种不确定性对决策的影响，以尽量减少决策失误带来的损失。目前对不确定性因素的分析与估计，已形成了一套较为完整的理论和方法，即风险分析的理论与方法。确定性进行定量的分析与估计，反映风险因素的综合影响，较真实地估计或评价项目的经济效益，从而使决策者能够清楚地了解和认识存在的风险，并最大限度地避免风险或控制风险。

2）财务评价中的风险与影响

(1) 财务评价中风险的产生与影响

水利项目的财务评价过程，就是在国家现行财税制度和市场价格条件下，以水利项目财务现金流估算为基础，对评价指标的计算过程。其目的是对项目的获利能力、贷款清偿能力、投资回收能力及创汇效果等做出尽可能准确的分析与评价。由于我国目前正处于深化改革之中，并逐步转入以社会主义市场经济体制为主体的阶段，所以在项目建设过程中，现行市场价格必然会发生变化，国家现行的财税制度也有可能会进行调整与完善，这些都会对项目的建设过程和投产后的财务状况产生一定的影响，另外，就项目建设本身而言，也存在着大量的不确定因素，例如设计的可靠性、施工的准备与保障、施工计划、施工技术以及施工组织与管理等问题，都可能导致建设周期的延长或项目投资的膨胀，进而影响项目的正常投产和项目的财务收益。多方筹资项目将受到资金结构变化的影响，利用外资项目还会受到国际金融市场汇率的影响等。这一切不确定因素，最终都会对投资项目的财务评价产生影响，造成财务评价结果具有一定的不确定性，即财务评价的风险，这些不确定性内容即为风险因素。

通过以上的分析可以看到，项目财务评价过程受到来自各方面风险因素的影响，根据风险因素的来源，可以将财务评价中的风险因素分成三类，分别称为工程风险、政策风险和市场风险。工程风险是指项目建设施工过程中，由于施工的设计、计划、组织等产生的风险，因其影响深远不可忽视，尤其对于建设规模较大的项目，故应给予足够的重视；政策风险主要是指国家现行财税政策有可能发生变化而产生的风险，由于国家政策具有一定的连续性与稳定性，所以对于建设周期较短的项目，政策风险较小，一般可忽略；市场风险是指市场价格变化的风险及市场产品供需结构变化的风险，特别是对项目建设所需的大宗材料及项目投产后的主要产品及原材料的市场风险，要进行充分的估计。这三类风险对项目财务评价的影响关系如图 12-5 所示。

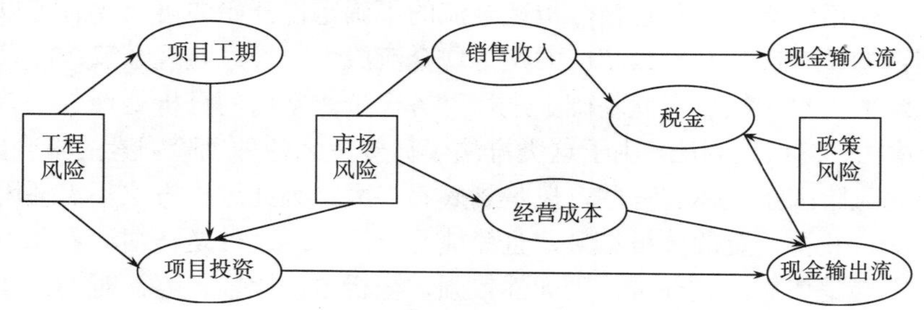

图 12-5　风险对项目财务评价的影响关系

(2) 风险分析与敏感性分析的比较

敏感性分析是水利项目评估和管理决策中常用的一种不确定性分析方法，它在假设其他因素不变的前提下分析某个因素的变动幅度对目标的影响程度，以判定因素的变化对目标影响的重要性。但由于在水利项目的评价周期内，各个不确定因素完全有可能同时发生变动，并且发生相应变动幅度的概率也不会完全相向，敏感性分析时这一实际状况缺乏必要的描述。譬如，两个具有同样敏感性的因素，在一定的变动幅度内，一个发生的概率很大，而另一个发生的概率很小，甚至可以忽略不计，则它们对目标的实际影响便不相同。再有一种可能是，甲因素敏感性较小，但发生变动的可能性较大，而乙因素的敏感性稍大，但发生变动的可能性较小，最终甲因素的实际影响可能会大于乙因素的影响。这些问题都是敏感性分析所无法解决的。因为敏感性分析只分析了风险的影响作用而忽略了风险本身发生的大小差别。风险分析技术与敏感性分析不同，它不但分析风险的影响作用，而且也同时测定和描述风险本身发生的大小，从而对风险影响的估计和描述就更加真实和确切。这种方法比敏感性分析具有更多的优越性。

(3) 财务评价风险分析的理论方法

项目财务评价以项目的财务现金流作为计算基础，而项目的财务现金流是一个随时间而变化的动态流，所以财务评价中风险因素的影响机理就更加复杂。这时不仅要考虑风险因素在某个时间截面上的影响作用，即静态影响，而且还要考虑风险因素产生影响的起始时间和延续性，即动态影响。例如投资项目所需主要原材料的市场价格波动，必然会对当年的项目投资产生影响，但仅从这一个方面分析市场价格波动风险对项目财务评价的影响是不够的，还必须进一步考察这种市场价格的波动风险发生在项目建设的哪个时期？因为即使是相同大小的市场价格风险因素，其发生在项目建设的初期和项目建设的末期，对项目投资流的影响是不同的，从而对项目财务评价结果的影响也必然是不同的。由于资金具有时间价值，所以同样大小的风险因素，发生在项目建设初期，对项目投资的影响就比较大；而若发生在项目建设的末期，对项目投资的影响就比较小。因此，投资项目财务评价风险分析与普通的风险分析方法有所不同，具有自己的特点，它需要采用动态的分析方法。

当前对投资项目进行财务评价风险分析，有两种分析层次：

第一种是在财务现金流层次上开始的分析方法。由于项目的工程风险(技术风险)、市场风险及政策风险的影响作用最终都会在现金流上表现出来，所以当只需要了解各风险因素的综合作用结果时，从直接分析现金流的不确定性开始即可。此时可以认为由于各种风险因素的综合影响，导致相应的财务现金流成为一种风险现金流，故只需分析现金流本身风险的大小，然后在此基础上进行财务评价。常用的分析处理方法有风险报酬法、风险当量法、三点预测法。由于这类方法仅直接考虑各种风险因素的综合影响后果，并不详细追究风险因素具体有哪些，风险到底有多大，因此这类方法不需耗用大量的时间和费用，即可获得一定的分析结果，且简捷易行。不足之处是在估计各风险因素的综合影响时，主要是依靠经验分析，主观性较强，分析方法比较粗略，对于一些新型建设项目，由于缺乏必要的经验，分析结果就很难做到准确可靠。另外，没有分析每个具体风险因素的大小及影响，所以该类方法不利于对建设项目进行风险控制和风险管理。

第二种分析层次是从辨识风险源这一最基本步骤开始，遵循完整的风险分析程序，依次经过风险辨识、风险估计和风险评价，最终得出影响项目财务评价的各种风险因素及其影响结果。这类方法比较细致地对建设项目进行深入分析，寻找出影响目标的所有风险因素，并对每个风险因素进行具体的分析，包括判断风险因素的作用时间及影响范围，估计风险的大小，分析风险的影响过程，然后通过解析手段或模拟手段得出各风险因素对目标的综合影响，整个分析过程较为严谨，所得结果比较准确。这类分析方法既适合于重复建设项目的风险分析，也适合于新型建设项目的风险分析，并且由于这类方法能够区分并处理每个具体的风险因素，所以对项目的风险管理和风险控制具有较强的指导作用。从辨识风险源这一分析层次开始进行分析的主要方法有两种：影响图分析方法和模拟分析方法。

12.2　水利建设单位经营风险分析决策

本节将对水利建设单位经营中几个重大问题的决策进行讨论，我们将从定性到定量两个方面进行分析，每个问题的处理无论从理论上还是从方法上都是对前面几章内容的拓广，同时，它们也是经营决策中进行经济风险分析的重要概念与方法。

12.2.1　投资决策的风险分析

投资决策是水利建设单位经营方面最重要的问题，其决策正确与否关系到水利建设单位能否利用战略性机会来改善竞争地位。对于一些大、中型项目的投资，人们主要考虑两个问题：一是项目完成后能形成多大的生产力，二是投资的回收期问题。前一个问题同市场分析密切相关，后一个问题是现金流量的分析问题，也就是投资项目的经济效益问题。如何衡量经济效益最好，有许多可供选择的准则。例如，回收期最短，各种定义下的资本回收率最大，在某个折扣回收率下的现金流量的现值最大等，每个准则都有它的优点和缺点，不同的准则对判别同一个投资项目的经济效益好与不好，其结论不仅可能不同，而且还可能产生矛盾的结果。回收期最短准则的理论通俗易懂、计算简单，容易为人们所接受理解。然而它没有考虑到货币的时间价值。如近几年来，由于物价上涨，导致人民币值下降。从全国范围计算，1988 年的 172.60 元钱只相当于 1978 年的 100 元，也可以说 1988 年的 100 元只相当于 1978 年的 57.90 元，这种高物价指数、低存款利率的凝固化政策，使人们产生“存款不如存物”之感。因而用回收期最短为依据作为中长期投资决策的准则是不恰当的。

12.2.2 负债经营的风险分析

过去，我国水利建设单位资金的来源大致有国家投资、银行贷款和动用折旧基金等三种渠道。目前，随着经济体制改革的深入发展，资金市场已逐步放开，水利建设单位资金来源的渠道也逐渐增多，除上述三种之外，还出现了社会集资和吸收国外资金的情况。伴随着商品经济的发展和水利建设单位的“转轨变型”，水利建设单位负债经营的局面已经出现。负债经营是商品经济和生产的社会化达到一定程度的必然的客观经济现象。在某些工业化程度高的国家，税法就是歧视自有资金而有利于债务资金的。债务资金的利息可以减税。所以负债在某些国家是一种普遍现象。他们认为负债是人们对未来充满信心的表现。目前，我国进行四化建设的最稀缺资源之一就是资金，如何把有限的财力合理地投入到国民经济建设中最需要的部门去、如何吸收一些工业化程度高的经济发达国家的雄厚资金，为四化建设服务是国家宏观决策的一大课题。在国家宏观政策指导下，作为一个水利建设单位如何吸收国外资本和外部资金，促进单位发展则是一个水利建设单位所要考虑的战略决策问题。

吸收国外资本和水利建设单位外资金有多种途径与方式，本节主要讨论贷款的方式。贷款必须支付利息，付息是现金流量从水利建设单位中流出，这种现金流流出是否一定小于现金流流入，这是不一定的。因而贷款负债就有经济风险。这种负债风险是每一个负债经营的水利建设单位所无法回避的问题。负债经营既有利用水利建设单位以外资金发展水利建设单位生产创收的一面，又有危害水利建设单位甚至危及水利建设单位生存的不利一面，因而为了减少负债风险，必须比较利害得失，选择最佳的负债比率来确保水利建设单位经营的顺利进行[8,9]。

12.2.3 财务管理的风险分析

财务管理[10]是一种有目的、能动的经济管理工作。水利建设单位的会计不仅要从财务上反映一个水利建设单位的经济活动的过程和结果，而且还要能起到控制一个水利建设单位的经济活动，提高水利建设单位的经济效益的积极作用。随着我国对外开放政策的不断深化，跨国水利项目不断发展，外资引进额会越来越多；同时，我国也会逐渐开展对外投资的业务，这些因素使水利建设单位的财务管理更加复杂，也更加重要。因为对外贸易、对外投资和吸收外资构成了一个十分错综复杂的大系统，影响的因素很多，如各国经济结构和环境因素的影响，各国财经政策的影响，长距离运输和通信的影响等。由于各国有国界相隔和币制不同而更增加了建设单位财务管理的难度，使财务管理变成一个包括政治、经济和社会多因素、多目标的决策分析问题。收取外汇、外汇兑换及汇兑风险的影响就成为一个新的十分重要的课题，在这个问题上过于死板或决策不当，都会造成很大的经济损失。

12.3 本章小结

本章主要从风险变量间的关系、投资膨胀、汇率、经济评价几个角度具体介绍了水利建设项目经济风险分析，又将风险分析决策研究应用于水利建设单位的经营过程，用不同方法分析不同经营状况水利建设单位应考虑的风险辨识、估计、评价和决策。

参考文献

[1] 吴泽宁, 索丽生, 王海政. 水利水电项目经济风险的模糊分析方法[J]. 河海大学学报(自然科学版), 2003(3):276-280.

[2] 赵宝璋, 李存斌. 水利工程经济效果风险分析[J]. 水利经济, 1989(3):3-8.

[3] 方国华, 黄显峰. 多目标决策理论、方法及其应用[M]. 科学出版社, 2011.

[4] 李欣欣. 渐进开放下的中国境内外资本流动: 动因、影响及风险识别[D]. 上海交通大学, 2015.

[5] 于九如, 张红梅. 大型项目投资膨胀的估计方法[J]. 天津大学学报, 1996(1):103-107.

[6] 姜丽荣. 中国对外投资企业的汇率风险研究[D]. 浙江大学, 2012.

[7] 韩意. 沿岸防护堤工程经济评价的风险分析[D]. 中国海洋大学, 2012.

[8] 郭永华. 民营企业投资风险控制研究[D]. 安徽财经大学, 2017.

[9] 李玉, 叶建华. 现代企业负债经营问题探析[J]. 兰州工业学院学报, 2017, 24(6):98-102.

[10] 张芾. 基于企业风险财务管理研究[J]. 全国流通经济, 2017(21):35-36.

第 13 章　环境风险分析与决策

环境风险分析是对人类建设活动所引发的危害发生的可能性及其对人体健康、社会经济、生态系统等造成的损失所进行的分析。环境风险分析兴起于 20 世纪 70 年代，并且作为环境影响评价的一个重要组成部分，已经受到人们越来越多的重视。进行环境风险分析并提出相应对策及措施，在一定程度上能够降低事故的发生率，也可以减小事故发生后对人类及环境的影响范围与程度。

13.1　水污染风险分析

水污染是指由有害化学物质造成水的使用价值降低或丧失，环境中的水遭到污染或破坏。水污染可分为地表水(如江河、湖泊海洋、水库等)污染以及地下水(如井、泉等)污染。 水污染主要来自生活污水、农业污水和工业废水。污染水体常见的物质有：无机物质、无机有毒物质、有机有毒物质、需氧污染物质、放射性物质、植物营养素、油类与冷却水以及病源微生物等[1]。污水中的酸、碱、氧化剂，以及铜、镉、汞、砷等化合物，苯、二氯乙烷、乙二醇等有机毒物，会危害水生生物，影响饮用水源。污水中的有机物被微生物分解时消耗水中的氧，影响水生生物的生命，水中溶解氧耗尽后，有机物进行厌氧分解，产生硫化氢、硫醇等难闻气体，使水质进一步恶化。

13.1.1　水污染风险辨识

统计显示全世界 80%的疾病来自水污染[2]，水污染风险辨识亟待开展，水污染风险辨识可以为减少突发性水污染事件提供参考依据。随着经济社会的飞速发展以及城市建设进程的加快，由于事故、人为破坏和极端自然现象所引发的水污染事件给居民饮水安全带来了不容忽视的影响。虽然水污染事件具有极强的不可预见性和多样性[3]，但是通过对以往事件的统计分析可以找出一些经验规律，从而为水源地规划、保护、预警机制建立和应急预案编制提供科学依据。

水污染的风险因素主要包括两大方面：自然因素和人为因素。自然因素是由于自然规律的变化和土壤中矿物质对水源的污染。人为因素是由于人类的生活、生产活动所造成的污染，一般所说的水污染是指人为污染。它包括工业废水污染、农业污染、生活污水污染。

工业废水是水域的重要污染源，具有量大、面积广、成分复杂、毒性大、不易净化、难处理等特点。工业废水中所含的污染物因工厂种类不同而千差万别，即使是同类工厂，由于生产过程不同，其所含污染物的质和量也不一样，因此对水污染造成的风险大小也不一样。工业除了排出的废水直接注入水体引起污染外，固体废物和废气也会引起水污染。

水污染中的农业污染由于其排放具有分散性和隐蔽性，难以引起社会公众的关注。农业污染主要由农作物栽培、牲畜饲养、农产品加工等过程中排出的，其来源主要有农田径流、饲养场污水、农产品加工污水。污水中含有各种病原体、悬浮物、化肥、农药、不溶解固体物和盐分等。污水中氮、磷等营养元素进入河流、湖泊、内海等水域，可引起富营养化；农药、病原体和其他有毒物质能污染饮用水源，危害人体健康；造成大范围的土壤污染，破坏生态系统平衡。

生活污水污染主要来自城市生活中使用的各种洗涤剂和垃圾、粪便等，多为无毒的无机盐类，生活污水中含氮、磷、硫多，致病细菌多。生活污染物质排放总量，与人口总量成正比关系。随着城市人口的增多，每个人都是污染的制造者，所以越是人口集中的大城市水质就越差；此外，上游城市的污染水也会影响下游城市的水源，造成“连环污染”。我国江河湖泊普遍遭受污染，全国75%的湖泊出现了不同程度的富营养化；90%的城市水域污染严重，南方城市总缺水量的60%～70%是由于水污染造成的；对我国118个大中城市的地下水调查显示，有115个城市地下水受到污染，其中重度污染约占40%。

利用本书风险辨识方法对水污染进行风险辨识，筛选出2个自然风险，4个人为风险，详见表13-1。

表 13-1　水污染风险因素辨识表

类别	序号	风险因素	特点
自然	1	自然规律变化	直接参与或影响水质变化
	2	土壤矿物质	组成种类繁多
人为	3	工业废水	量大、面积广、成分复杂、毒性大、不易净化、难处理
	4	农业污染	面积广、量大、分散性、隐蔽性
	5	生活污水	含氮、磷、硫多，致病细菌多
	6	生活垃圾	成分非常复杂

13.1.2　水污染风险评价

水污染风险评价是对水污染风险发生的可能性及其后果进行评价。分析水污染风险要素发生的可能性常用风险指数法、污染物模拟评价法和NAS四步法。

风险指数法是应用时间较早的水污染评价方式，其在使用前需要先建立准确的指标数据群，然后根据各指标的权重或等级核算风险数据，最终通过对风险数据的进一步评估，从而确定水污染风险的等级。地下水污染风险评价主要以风险指数法为主[4]，通过建立地下水污染风险指标体系，将污染负荷、脆弱性与地下水功能[5]三个指标进行叠加后获得一个能够表征污染风险的综合指数来反映污染风险的大小。目前国内使用这种评价方式需要借助ArcGIS软件，这一评价方法的优势在于对操作技术要求较低，而且所需要的指标均为直接指标，容易获得，也使得地下水污染风险的整体评价工作的成本偏低。但需要注意的是，这一评价方法是将污染源、包气带、地下水分别评价，忽视了污染物在整个包气带的传输过程，在评价过程中对机理考虑不够，没有从系统的角度将评价指标作为一个整体耦合。在评价时虽然借助了污染物种类的指标，但是未考虑污染物随地下水环境变迁或自净的具体情况，仅适用于综合性的风险评价，而不适合针对特定污染点进行评价因此无法正确表征地下水污染的风险。

污染物模拟评价方法是基于物理、化学以及生物学的知识，对污染物的实际变迁情况进行研究，从而弥补指数叠加评价方式的缺陷[6]。该评价方法主要是先对区域地下水的风险表征进行假设，并以模拟的方式反推风险的发生几率。其模拟的过程就是污染物在地下水环境当中随水流移动、 深入下层水的整个过程，可以有效地评估随着时间的推移污染物对地下水体的影响情况，最终利用污染物变化时的污染浓度、分布区域等指标进行加权叠加评价，获得更加准确的地下水污染风险等级[7]。这种方法的优势在于能够对地下水的污染情况进行定量的分析，同时还可以分析出污染物对水体产生的毒性影响，对周围其他环境因素构成的影响。该方式的优点在于利用科学严谨的仿真模型作为评价依据，通过数学公式对风险指标进行计算，使得整个评价过程均处于定量分析状态下。国际上通常采用 Modflow 作为模拟软件，虽然之后又出现了其他的软件，但这一软件的应用范围最广，我国也在尝试将其应用于国内地下水污染评估工作当中。但这种评价方法对操作技术要求较高，非专业人员难以开展工作。

NAS 四步法是 1983 年由美国国家科学院提出的一种针对事故、空气、水和土壤等介质污染造成人体健康风险的评价方法[8]，主要由危害鉴别(定性评价化学物质对人体健康和生态环境的危害程度)、剂量—反应评价[9](定量评估化学物质的毒性，建立化学物质暴露剂量和暴露人群不良健康效应发生率之间的关系)、暴露评价(定量或定性估计或计算暴露量、暴露频率、暴露期和暴露方式)和风险表征(利用所获取的数据来估算不同接触条件下可能产生的健康危害的强度或某种健康效应的发生概率的过程)四个方面的内容组成。该方法既可以对地下水污染进行定性分析，也可以进行定量分析、定性定量相结合，有利于风险表征结果的量化和分析，能够为风险管理决策者提供参考的同时也为污染防治和修复工作提供数据支持[10]。

水污染风险因素发生的后果十分严重。

(1)对人、畜有直接的生理毒性，用含有重金属的水来灌溉庄稼，可使作物受到重金属污染，致使农产品有毒性；绝大部分有机化学药品有毒性，它们进入江河湖泊会毒害或毒死水中生物，引起生态破坏。一些有机化学药品会积累在水生生物体内，污染水产食品，致使人食用后中毒，危及人的健康。

(2)降低水质。被有机化学药品污染的水难以净化，增加净化水的难度和成本，人类的饮水安全和健康受到威胁。

(3)引起水中藻类疯长。人类排放的含磷污水进入湖泊之后，会使湖中的藻类获得丰富的营养而急剧增长(称为水体富营养化)。 导致湖中细菌大量繁殖。疯长的藻类在水面越长越厚，终于有一部分被压在了水面之下，因难见阳光而死亡。大量增殖的细菌消耗了水中的氧气，使湖水变得缺氧，依赖氧气生存的鱼类死亡，随后细菌也会因缺氧而死亡，最终是湖泊老化、死亡。

(4)严重破坏溪流，池塘和湖泊的生态系统。

(5)破坏水生生物的生态环境，使渔业减产。

(6) 由于水污染具有能流动、流动速度快、交叉感染等特性，易引发群众恐慌，有可能导致更严重的社会不安。

13.1.3　水污染风险决策

水污染风险决策是在评价的基础上，提出降低水污染风险的措施。降低水污染风险主要从内源和外因两个方面实现。

内源即为从源头上降低水污染风险因素出现的概率。①减少和消除污染物排放的废水量。首先可采用改革工艺，减少甚至不排废水，或者降低有毒废水的毒性。②尽量采用重复用水及循环用水系统，使废水排放减至最少或将生产废水经适当处理后循环利用。③控制废水中污染物浓度，回收有用产品。尽量使流失在废水中的原料和产品与水分离，就地回收，这样既可减少生产成本，又可降低废水浓度，进而降低水污染发生的风险。

外因降低水污染风险的方法包括：①加强监测管理，制定法律和控制标准。设立国家级、地方级的环境保护管理机构，加强水质监测系统建设，拓宽监测领域，强化监测深度，完善监督手段，建立监督制度，提高监测能力和水平，执行有关环保法律和控制标准，协调和监督各部门和工厂保护环境、保护水源。②颁布有关法规，制定保护水体、控制和管理水体污染的具体条例。③在继续完善城镇污水处理技术标准体系与评估体系的基础上，筛选技术先进、经济适用、环境友好的工艺流程、处理路线、定期公布最佳实践技术。④提高污水处理费，会在一定程度上影响居民的当前利益，但是从长远来看，却是有利的。征收污水处理费对增加污水处理率、减少污染物排放等方面起着重要的作用。

当前水污染问题已经成为我国经济社会发展的最重要制约因素之一，引起了国家和地方政府的高度重视。国务院发布的《关于实行最严格水资源管理制度的意见》中明确提出：切实加强水污染防控，加强工业污染源控制，加大主要污染物减排力度，提高城市污水处理率，改善重点流域水环境质量，防治江河湖库富营养化。水污染控制与治理规划对构建和谐社会、实现可持续发展具有重大的战略意义。

13.2　土壤污染风险分析

土壤污染是指土壤受到人类生产和生活过程中所排出的有害物质的侵蚀，恶化了土壤原有的理化性状并使其丧失了生产潜力，从而导致的直接或间接危害人畜禽渔的现象[11]。我国是一个土地资源总量较大、人均土地资源占有量少、地形地貌多样、土地资源消费不均匀且开发难度较大的国家。土壤污染是一个世界性的问题，同时也已成为我国土壤退化的主要表现形式之一。

13.2.1　土壤污染风险辨识

土壤作为人类生存之本，是我们生活中必不可少的物质财富，土壤资源的利用与保护程度也是与人类社会生存、发展息息相关的。近 30 年来，随着工业化、城市化、农业集约化快速发展和经济持续增长，资源开发利用强度日增，人们生活方式迅速变化，大量未经妥善处理的污水直接灌溉农田、固体废弃物任意丢弃或简单填埋、大量不合理的化肥农药的施用与残留，这些人类在生产、生活过程中不合理的开发利用，导致了土壤资源受到污染和破坏，并以一种不容忽视的速度和趋势在全国范围内蔓延，严重影响到我国土壤生态系统的生物多样性、食物链的安全。

准确辨识土壤污染的风险因素是预防土壤污染的重要方式。土壤污染的风险因素包括：人为造成的污染源如“三废”的排放即废气、废渣、废水，过量使用的农药、化肥、污泥、重金属物、微生物、化学药品等。

(1)“三废”的排放。大气中的二氧化硫、氮氧化合物等随着雨水降落到地面上引起土壤的酸化；生活污水或工业废水灌溉，使土壤受到重金属、无机物和病原体的污染；固体废物的堆放，除占用土地外，还恶化周围环境，污染地面水和地下水，传染疾病。据统计，我国因工业“三废”污染的农田近 700 万 hm^2，使粮食每年减产 100 亿 kg。

(2)农药。农药对土壤的污染可分为直接污染和间接污染。前者是由于在作物收获期前较短的时间内施用残效期较长的农药引起的，一部分直接污染了粮食、水果和蔬菜等作物，另一部分污染的是土壤、空气和水。我国农药总施用量达 131.2 万吨，平均施用量比发达国家高出 1 倍。特别是随着种植结构的改制，蔬菜和瓜果的播种面积大幅度增长，这些作物的农药用量可超过 100kg/hm^2，甚至高达 219kg/hm^2，比粮食作物高出 1～2 倍。农药施用后在土壤中的残留量为 50%～60%，已经长期停用的六六六、滴滴涕目前在土壤中的可检出率仍然很高。

(3)化肥。随着生产的发展，化肥的使用量在不断增加，增施化肥作为现代农业增加作物产量的途径之一，在带来作物丰产的同时，过量施用化肥也会造成土壤污染，给作物的食用安全带来一系列问题。人们已注意到随之带来的环境问题，特别令人担忧的是硝酸盐的累积问题。20 世纪 90 年代，全世界氮肥使用量为 85.5×10^6t,其中我国用量占世界用量的 33.3%。我国耕地平均施用化肥氮量为 224.8kg/hm^2，其中有 17 个省的平均施用量超过了国际公认的上限 225kg/hm^2，有四个省达到了 400kg/hm^2 。

(4)污泥。城市污水处理厂处理工业废水、生活污水时,会产生大量的污泥，一般占污水量的 1%左右。污泥中含有丰富的氮、磷、钾等植物营养元素,常被用做肥料。但由于污泥的来源不同，一些有工业废水的污水中，常含有某些有害物质，如大量使用或利用不当，会造成土壤污染，使作物中的有害成分增加，影响其食用安全。

(5)重金属污染物。进人土壤的重金属污染物以可溶性与不溶性颗粒存在，如汞、铬、铜、锌、铅、镍、砷等。土壤中的铬可被植物吸收而得到的富集。我国重金属污染的土壤面积达 2000 万 hm^2，占总耕地面积的 1/60 。

(6)微生物。不合格的畜禽类粪便肥料也成了造成土壤污染的罪魁祸首。由于畜禽饲料中添加铜、铅等微量元素、动物生长激素，使得许多未被畜禽吸收的微量元素和有机污染物随粪便排出体外，污染土壤环境。

(7)化学药品污染。弃漏的化学药品如硝酸盐、硫酸盐、氧化物还有多环芳烃、多氯联苯、酚等也是常见的污染物。这些污染物很难降解，多数是致癌物质，易造成长期潜在的危险。

利用本书风险辨识方法对土地污染进行风险辨识，筛选出 7 个风险因素，详见表 13-2。

表 13-2　土地污染风险因素辨识表

序号	风险因素	特点
1	“三废”排放	范围大，量大，可流动
2	农药	范围大，量大，高毒性，隐蔽性和复杂性
3	化肥	范围大，量大，随机性，间歇性，变化范围的不确定性
4	污泥	含有大量的病原菌和寄生虫
5	重金属污染物	毒性大，对土壤污染具有不可逆转性
6	微生物	量大，转化快，繁殖快，分布广，种类多
7	化学药品污染	难降解，量大，且多致癌

13.2.2　土壤污染风险评价

土壤污染风险评价是对土壤污染风险发生的可能性及其后果进行评价。土壤污染风险评价是指土壤污染对人类活动或自然灾害的不利影响和可能性评价，是对其带来的不良结果或不期望事件发生概率的评估和定量分析。土壤污染风险评价是在研究土壤环境质量变化规律的基础上，按照一定的评估原则、评估标准和评估方法，对土壤的污染程度进行定性和定量的评定，或者评定土壤对人类健康适宜程度，评价的主要目的是提高和改善土壤环境质量，进一步提出控制和减缓土壤恶化的对策和措施。

土壤健康风险评价的核心是土壤污染物在迁移过程中引起的风险发生的可能性。评价土壤污染风险发生可能性主要通过危害判定、剂量-效应评估、暴露评估、风险表征四个步骤[12]。

危害判定即污染的识别(数据收集与分析)，是根据污染物的生物学和化学资料，判定某种特定污染物是否产生危害与风险，是致癌性效应还是非致癌性效应等。结合现场考察和已有的数据信息，初步建立概念性场地暴露模型，描述污染源分布位置、场地周边水文地理环境状况，判断关注污染物可能会影响到的受体(人群)。危害判定的关键内容是设定风险评估方向与评价方法。收集现有的场地相关信息和污染物监测数据，从而确定场地土壤中的关注污染物及其浓度，关注污染物的迁移途径，是否有受体受到威胁等。

人体暴露于一定剂量的污染物与其产生反应之间的关系称为剂量-效应关系[13]。剂量-效应评估是对有害因子暴露水平与暴露人群中不良健康反应发生率之间关系进行定量估算的过程，是风险评估的依据。

污染土壤的健康风险评估需要详细的暴露评估过程，来确定或估算(定性或定量)暴露剂量的大小、暴露频度、暴露持续时间和暴露途径，应当考虑到过去、当前和将来的暴露情况。土地利用类型不同使得主要暴露途径也不相同，例如农田污染土壤认为其健康危害主要是通过食物链传递途径。根据我国土地分类系统及不同用地方式下人群暴露于土壤污染物的活动特点，我国污染土壤健康风险评价的暴露情景分为 3 大类：农业用地、住宅用地、商业用地和工业用地。分别讨论各种情景(用地方式)可能包括的暴露途径、暴露参数的确定、暴露量的计算模型。

风险表征是对前面评估步骤进行总结，风险表征除量化风险外，也包括对风险评价的不确定性分析，是对风险水平定性与定量表达[14]的综合。量化风险采用各国的通用方法，即认为同一种污染物不同途径的致癌暴露风险可累加，同一种污染物不同暴露途径的非致癌危害可累加；同时存在的不同污染物的致癌风险可累加，不同污染物的非致癌危害也可累加。表征健康风险的方法有商值法、大量证据法、模拟模型法、经济—费用分析法等。商值法是应用最广的半定量表征方法，但是它在进行混合污染风险评估时没有考虑污染物之间的协同或抵抗效应[15]，因此其估计的风险水平会因污染物之间的相互作用而偏低或偏高。随着污染土壤风险评估相关研究工作的不断深化，需要更加强调多个学科之间的交叉与融合。这特别需要运用毒理学、生态学、流行病学、统计学、人口统计学、地理学等学科的知识与方法，完善当前的污染土壤健康风险评估方法[16]。

进入 21 世纪，污染土壤健康风险评估更加注重定量化和减小评估过程中的不确定性。污染物的协同或抵抗效应影响着污染的暴露风险，因此许多学者和机构开始研究混合污染物暴露中的相互作用与风险评价方法。当前，我国还没有一套成熟的污染土壤健康风险评价方法，这使得我国在健康风险评估中多采用国外方法。由于污染状况、饮食结构、人们的生活行为等特征不同，在暴露途径以及剂量效应方面都会不同[17]，因此国外风险评估方法在我国的适用性有待验证。

土壤污染中的土壤重金属污染风险评估常用模型法。根据功能不同，还可以将风险评估模型分为模拟模型与管理模型。模拟模型：当前主要有随机模拟模型、模糊理论模型等。随机模型是风险评价过程中常用的方法，主要是通过蒙特卡罗模拟来实现，并可进行不确定性分析与敏感性分析，确定敏感性变量[18]。管理模型：目前许多综合管理模型被开发出来用于风险评估。这些模型包含许多模块，如污染物传输模块、暴露模块、风险计算模块等。

污染土壤健康风险评估需要合理应用模型。①土壤模型。土壤模型由加拿大环境模拟及化学中心开发，该模型可以对施加在表土层的农药反应、降解和渗透的相对潜势给出简单评估。②多介质污染物变化、迁移和暴露模型。多介质污染物变化、迁移和暴露模型由美国国家暴露研究实验室暴露评价模拟中心开发，该模型可用于评估与污染排放有关的人体暴露和健康风险；可确定化学品在空气、地表水、地下水和土壤侵蚀过程中的传输以及在食物链中的累积。③土壤迁移及变化数据库和模型管理系统。土壤迁移及变化数据库和模型管理系统由美国环保署开发，该模型可以提供土壤环境中有机、无机化学品行为的定性、定量评估。④土壤-有机污染物变化及迁移暴露模型。土壤-有机污染物变化及迁移暴露模型由美国国家环境评价中心开发，适用于挥发性有机污染物导致的土壤污染风险评估，可用于确定土壤污染物在一定时间范围内的残留量；可量化土壤污染物进入大气的质量流随时间的变化状况；可通过将质量流值输入大气扩散模型中计算空气污染物浓度，也可用于计算在某个时段指定土壤深度的污染物平均浓度。⑤农药径流对地表水的污染模型。农药径流对地表水的污染模型由加拿大环境模拟及化学中心开发，该模型包括化学品和土壤类型的数据库，便于定义新的化学品和土壤并以图或表的形式输出，可用来评估在表层土壤施加农药的降解、渗透和反应规律。⑥农药根区模型。农药根区模型可以同时模拟多种农药，模拟农药与其降解产物的关系，估算农药在各介质中的浓度和通量并暴露评价。该模型还可模拟农药挥发、土壤温度、土壤气相农药的传输，模拟微生物转化、灌溉并进行特定算法以消除数值弥散。

大量未经处理的废弃物向土地系统转移，并在自然因素的作用下汇集、残留于土壤环境之中。土壤污染不像空气和水污染容易被感知，一般经过影响植物生长或地下水质量而被发现，土壤污染物还可以通过影响大气环境和水体质量，间接对人类健康造成威胁。更值得注意的是许多低浓度有毒污染物的影响是缓慢的、长期的，具有致病、致畸和致癌作用，危害有可能长达数十年乃至数代人，因此土地污染具有隐蔽性、潜伏性、积累性、地域性、长期性、复杂性，且发生后具有不可逆性等特点。

13.2.3　土壤污染风险决策

土壤污染风险决策是在评价的基础上，提出降低土地污染风险措施。对土壤污染进行风险控制，降低土壤污染风险的基础是了解区域土壤质量。土壤环境质量评价一般包括单因子污染指数法和综合污染指数法。

单因子污染指数法是指通过单因子评价，可以确定出主要的污染物以及污染程度，便于各污染物之间的比较分析。但单因子污染指数法，只能分别反映各个污染物的污染程度，不能全面、综合地反映土壤的污染程度，故当评定区域内土壤质量作为一个整体与外区域土壤质量比较，或土壤同时被多种重金属元素污染时，需将单因子污染指数按一定方法综合起来进行评价，即应用综合污染指数法进行评价。不同的综合污染指数对土壤污染情况的反映不尽相同。叠加指数法计算简便，但它对各种污染指数的作用是等量齐观的，往往不能真实反映土壤污染情况；内梅罗指数法不仅考虑了各种污染物的平均污染状况，而且考虑了其中污染程度最严重的污染物的状况，相当于给污染物以较大的权值。但是，这种方法没有考虑土壤中各种污染物对作物毒害性之差别，而且最大值所得结果的影响很大，在某些地区可能会因此偏离客观情况；带有权重的污染物指数可以全面地反映土壤中各污染物的不同作用[12]。

此外，还可以通过风险交流降低土壤污染的风险。风险评估者与公众以及管理决策部门进行风险交流可以更好地进行风险管理，有利于降低环境风险。随着 GIS、RS、GPS 技术的发展，大尺度暴露风险的空间分布规律受到关注，例如，Pennington 等建立了多介质归宿与空间分异结合的暴露模型，来研究西欧污染物释放—传输的多介质暴露风险，这对于多方位、多角度了解土壤污染风险，进而控制降低风险具有重要的参考价值。因此，风险交流也渐渐受到越来越多的关注与重视。

目前控制土壤污染的方式有：①控制人口增长，缓解人地矛盾。在作为基本生产要素的土地资源难以增加的情况下，控制人口增长是实现人地平衡的根本措施。②提高耕地的利用率。实行严格的耕地保护措施，确保耕地在现有的基础上不再减少，并采取措施落实到位。③加强农田基础设施建设，增强土地肥力。④提高农业耕作水平，推广先进实用机械。⑤开展土地综合治理，加大生态补偿工作力度。⑥优化土地利用结构，合理调整布局，改善生态环境。

土地资源的利用与管理是一个复杂的系统工程，必须综合运用多种手段和措施，才能收到良好效果。对于我国土地资源利用与管理的问题，要制定科学有效的对策，必须充分了解我国土地资源的现状及存在问题，在此基础上进行总体规划，确定利用和管理的目标、原则，并在此指导下，制定相关政策和措施，使被污染的土壤尽快得到修复和治理，防止或减少新的污染出现，让有限的土地资源得到持续的利用，发挥其应有的经济效应和社会效应。

13.3　本 章 小 结

本章主要介绍了环境风险分析中的水污染风险分析和土壤污染风险分析两个方面，阐述了目前水污染和土壤污染现状，水污染和土壤污染主要的风险因素、风险评价模型和风险降低措施。

参 考 文 献

[1] 李洪良, 黄鑫, 管郑颖, 等. 污水灌溉对地表水污染风险的量化分析[J]. 水利科技与经济, 2011(8): 1-3.
[2] 李久辉, 卢文喜, 常振波, 等. 基于不确定性分析的地下水污染超标风险预警[J]. 中国环境科学, 2017(6): 2270-2277.
[3] 常振波, 卢文喜, 辛欣, 等. 基于灵敏度分析和替代模型的地下水污染风险评价方法[J]. 中国环境科学, 2017(1): 167-173.
[4] 聂根兰. 区域地下水污染风险评价方法分析[J]. 低碳世界, 2016, (26): 12-13.
[5] 王红娜, 何江涛, 马文洁, 等. 两种不同的地下水污染风险评价体系对比分析: 以北京市平原区为例[J]. 环境科学, 2015, 36(1): 186-193.
[6] 王庆九, 王海涛, 刘春阳, 等. 化工园区水污染风险分析与对策实例研究——以南京化学工业园区为例[J]. 科学与财富, 2011(3): 140-141.
[7] 彭静, 骆辉煌, 马巍, 等. 海河蓄滞洪区洪水资源利用的水污染风险分析[J]. 中国水利水电科学研究院学报, 2005(2): 85-89, 115.
[8] 赵鹏, 何江涛, 王曼丽, 等. 地下水污染风险评价中污染源荷载量化方法的对比分析[J]. 环境科学, 2017, 38(7): 2754-2762.
[8] 张艳, 刘永, 雷波, 等. 基于多层次集对分析的退役铀尾矿库区浅层地下水污染风险评价[J]. 安全与环境学报, 2018, 18(2): 778-783.
[9] 浦烨枫. 污染场地地下水污染风险分级技术方法分析[J]. 化工管理, 2018(5): 113.
[10] 李久辉, 卢文喜, 辛欣, 等. 考虑边界条件不确定性的地下水污染风险分析[J]. 中国环境科学, 2018, 38(6): 2167-2174.
[11] 许紫峻, 汪溪远, 师庆东, 等. 准东煤矿区土壤镉污染风险评价及敏感性分析[J]. 生态毒理学报, 2018(2): 159-170.
[12] 李乔, 王淑芬, 曹有智, 等. 准东煤田周边农田土壤重金属污染生态风险评估与来源分析[J]. 农业环境科学学报, 2017, 36(8): 1537-1543.
[13] 张静, 邹滨, 陈思萱, 等. 土壤重金属污染风险时空变化模拟与分析[J]. 测绘科学, 2016, 41(10): 88-92.
[14] 吴丹亚, 庞欣欣, 王明湖, 等. 宁波市稻田土壤重金属污染状况及潜在生态风险分析[J]. 中国农业

信息, 2017 (7): 38-42.

[15] 白晓瑞, 唐景春, 师荣光, 等. 基于蒙特卡洛的土壤镍污染及健康风险分析[J]. 安全与环境学报, 2011(5): 123-126.

[16] 龙海洋, 王维生, 韦月越, 等. 矿区周边土壤中重金属形态分析及污染风险评价[J]. 广西大学学报(自然科学版), 2016, 41(5): 1676-1682.

[17] 张东, 张楚儿. 北河流域土壤重金属污染风险评价及影响因素分析[J]. 西南农业学报, 2015, 28(5): 2187-2193.

[18] 谢纪海. 武汉都市发展区表层土壤重金属污染风险分析[A]//《环境工程》编委会, 工业建筑杂志社有限公司. 《环境工程》2018 年全国学术年会论文集(下册), 2018: 4.

第四篇　实　践　篇

风险分析理论研究综述

崔家萍　唐德善

摘要：风险分析包括风险辨识、风险估计、风险评价和风险决策，应用风险分析理论，建立风险分析模型进行评价分析，通过对风险的认识、衡量和分析，以最小成本获取最大保障，确保收益的最大化。为了有效地进行水利风险的控制和决策，在实践中应对水利风险，有必要学习风险分析的理论方法。

关键词：风险分析；辨识；估计；风险评价；风险决策

1　引　言

风险分析在人类的生产生活中日益占据重要地位。一项工程的开展、一个政策的推行都需要进行专业的风险分析来作为保障的后盾。近几年兴起的人工智能(AI)，也是数字化风险分析的一种表现形式，人工智能分析当前局势的优劣，寻找最优化的决策，确保风险的最小化、获益的最大化。为认识了解风险分析的概念与意义，首先必须对“风险”有充分的认知[1]。

2　风险的基本概念

2.1　风险的定义

风险指损益结局具有不确定性的活动，也可以说是生产目的与劳动成果之间的不确定性[1]。

2.2　风险的特征

(1) 风险的普遍性：风险渗入社会、工程和个人生活的方方面面，风险无处不在，无时不有。

(2) 风险的客观性：风险不以人的意志为转移，它们是独立于人的意识之外的客观存在。

(3) 风险的社会性：风险与人类社会的利益密切相关，即无论风险源于自然现象、社会现象还是生理现象，它必须是相对于人身或财产的危害而言的。

(4) 风险的不确定性：风险及其所造成的损失总体上来说是必然的、可知的；但在个体上却是偶然的、不可知的，具有不确定性。

(5) 风险的可测性：个别风险的发生是偶然的、不可预知的，但通过对大量风险事故的观察会发现，风险往往呈现出明显的规律性。

2.3　风险的分类

风险分类是为一定的目的服务的。对风险进行科学的分类，首先是不断加深对风险本质认识的需要。通过风险分类，可以使人们更好地把握风险的本质及变化的规律性。其次，对风险进行分类，是对风险实行科学管理，确定科学控制手段的必要前提。

由于对风险分析的目的不同，可以按照不同的标准，从不同的角度对风险进行分类。根据本文分析所涉及的范围，对风险的分类主要从以下几个方面来划分。

(1) 按风险的损失对象分类：①财产风险；②人身风险；③责任风险；④信用风险。

(2) 按风险产生的效应分类：①纯粹风险；②投机风险；③收益风险。

(3) 按风险形成损失的原因分类：①自然风险；②社会风险；③经济风险；④政治风险；⑤技术风险。

(4) 按风险的形态分类：①静态风险；②动态风险。

水利风险。在开发、建设水利水电项目中会面临诸多风险，水利风险包括政策风险、建设风险、环境风险、投资风险等。①政策风险，政策风险的变化会在很大程度上影响水利水电工程建设项目的开展，具体来讲，政策风险指的是政府相关政策发生了较大的改变，或者是出台了相关的法律法规，给市场带来了一定的影响。②建设风险，水利水电建设项目规模大多数属于中等规模，但技术问题难度较大。其中，地质条件、材料供应、设备供应和工程变更等都属于主要的风险因素，一般可将其归纳为两大类，即工程施工风险和工程勘测设计风险。③环境风险，在水利水电工程建设中，对自然环境和社会环境要进行充分考虑，气候条件、自然灾害和气象条件等都属于自然环境。同时，还需要充分考虑环境保护方面的因素[2]。水电工程建设需要占用一定面积的土地，同时，还会影响土地周围的环境。具体来讲，在自然环境方面，因为水利水电工程施工周期较长、自然环境较为复杂，在工程建设中，各类自然灾害、恶劣气候和多种类型的地质条件等因素都需要考虑。④投资风险，在工程建设资金运作过程中，政策风险、工程建设风险和环境风险都会对投资风险产生较大的影响，这些风险会在较大程度上增加工程建设的投资。工程项目规模越大，工期越长，面临的工程投资风险就越大。鉴于此，就需要充分认识工程建设项目实施过程中的风险，辨识和分析可能存在的风险，结合风险的大小，来合理预测工程投资，并采取一系列有针对性的措施，使风险能够得到有效控制。

2.4　风险的构成要素

风险由风险因素、风险事件和风险结果这三个基本要素构成。这些要素的共同作用，决定了风险的存在、发展和发生。

3 风险分析的基本理论

3.1 风险分析概述

风险分析是一种辨识和测算风险，开发、选择和管理方案来解决这些风险的有组织的手段。它包括风险的辨识、风险的估计、风险的评价以及风险的决策四方面的内容。

3.2 风险的辨识

风险的辨识是指用感知、判断或归类的方式对现实的和潜在的风险性质进行鉴别的过程。

1) 风险辨识的主要方法

①流程图分析法；②头脑风暴法；③财务报表法；④分解分析法。

2) 风险辨识的基本原则

①全面性原则；②综合性原则；③效益最大化原则；④科学性原则；⑤系统性、制度化、连续性的原则。

3.3 风险的估计

风险估计是将风险进行量化和深化的过程，估计风险发生的可能性，风险一旦发生可能造成的损害。

1) 风险估计的主要方法

①调查及专家打分法；②解析方法；③蒙特卡罗模拟法。

2) 风险估计的原则

①系统性原则；②谨慎性原则；③相对性原则；④定性与定量相结合原则；⑤综合性原则。

3.4 风险的评价

风险评价是在风险估计的基础上，结合其他因素进行全面考虑，与公认的安全指标做比较，以衡量风险的程度，并决定是否需要采取相应的措施的过程[3,4]，是进行风险控制的重要依据。风险评价方法可分为定性评价、定量评价、定性与定量相结合三类，一般采用定性与定量相结合的系统方法。对项目进行风险评价的方法很多，目前较为常用的有概率分析法、层次分析法、模糊综合评价法等。

3.5 风险的决策

1) 风险决策的概念

风险决策研究人们在不确定的风险状况下对多个可能性进行选择的问题。通过风险决策的研究，可以不断完善决策分析的方法，提高决策方法的科学性，从而进一步促进决策理论的研究发展，能够使决策理论更好地与现实中的风险问题相结合，加强决策理论研究的实际根据，使决策理论可以与实践更好地相结合，帮助人们进行正确的风险决策[5]。风险决策理论可以在防汛、抗洪、水利建设等方面起到应有的作用。

2) 风险决策的方法

①决策树法；②以期望值为标准的决策方法；③期望货币损益理论方法；④贝叶斯决策理论与方法[6]。

4　总结与展望

风险分析理论正在不断地发展和完善，但是现有的理论并不是尽善尽美，因此还需要进一步对其进行探索。将来可以在更加具体的方向上对风险分析的理论进行研究，结合现阶段的研究成果以及心理方面的研究建立更加完善的决策体系[7]。

在水利工程方面，由于水利工程的特殊性，在施工建设过程中会有诸多不确定因素，累积性和发展性是水利水电工程风险的重要特征，在工程的各阶段都存在风险，对水利水电工程的安全造成威胁。如果没能及时发现和识别风险，进而采取有效措施加以控制、转移或者规避，风险就会不断累积，一旦被某种外因诱发，风险就会放大，并逐渐显现出来，当发展到一定程度时，甚至会引发不可估量、难以控制的重大事故。针对这种情况，就需要重视风险的预测和分析。在施工过程中，应设置专门的机构，配备足够的人员，密切配合其他相关部门，并结合具体的风险采取相应对策，有效实现施工目标[8]。

水利工程的风险因素包括自然风险和社会风险。自然属性的风险水平在一定程度上是不变的，取决于工程技术水平和工程措施的有效性；社会属性的风险水平是发展变化的，非技术手段能够控制或降低，只有国家主管部门、大坝建设管理者制定并执行更加科学严格的管理措施，才能控制、降低和转移大坝所带来的风险，维护国家安全和社会稳定。水利水电工程的风险是客观的、普遍存在的，但采取适当措施，也是可以防范的。在一定条件下，能够避免风险的发生或最大限度地降低风险损失。

参考文献

[1] 郭仲伟. 风险的评价与决策——风险分析与决策讲座(三)[J]. 系统工程理论与实践, 1987(3): 64-69.
[2] 杜锁军. 国内外环境风险评价研究进展[J]. 环境科学与管理, 2006(5): 193-194.
[3] 尹丽英. 水电投资项目风险评价及指标体系研究[D]. 西安: 西安科技大学, 2005.
[4] 徐宪平. 风险投资的风险评价与控制[J]. 中国管理科学, 2001(4): 76-81.
[5] 董俊花. 风险决策影响因素及其模型建构[D]. 兰州: 西北师范大学, 2006.
[6] 辰子. 贝叶斯决策理论概述[J]. 中国统计, 1990(1): 41-42.
[7] 傅祥浩. 风险决策与效用理论[J]. 上海海运学院学报, 1991(2): 1-9.
[8] 严武. 效用决策理论在风险决策分析中的应用[J]. 当代财经, 1992(2): 35-38.

水利工程风险辨识

常文倩　唐德善

摘要：本文主要对风险辨识的内容进行分析，介绍了风险辨识的常用方法，并结合水利工程的特殊性，介绍针对辨识目的选取合适的角度辨识风险的步骤，并从时间角度对水利工程风险辨识进行分析。

关键字：风险辨识；风险源；水利工程

1 引　　言

为了避免发生风险事故，人们应该预先进行风险辨识，做好提前管控工作。风险辨识是研究事故发生的基础，为了在风险事故发生前，做好充分的准备，必须正确并全部地辨识所有主要风险源和风险因素。水利工程风险多而复杂，往往很难辨识出全部主要的风险源和风险因素，因此有必要对水利工程风险辨识进行专门的探讨。风险辨识的学习和应用目的在于培养管理者的风险意识，明确各风险要素责任范围，合理划分相关者职责，严格进行安全排查，在源头上尽力避免风险的产生和发展[1]。但风险因素来源广，往往不容易全面而无遗漏地考虑引起风险事故的所有主要风险源，需要判断者对风险所处环境、风险状态、施工技术、工艺流程都有较清楚的了解。水利工程的风险辨识方法目前仍多为定性辨识，基于经验判断，受人的主观影响较大，定量的辨识方法较少。

2　风险辨识的内容

风险辨识是风险分析的第一步。只有辨识出所有主要的风险源和风险因素，并对风险事故发生的可能性和后果进行判断，针对性地提出预处理方案或控制措施，才能减小风险事故发生的概率[2]。风险估计、风险分析与风险评价的基础就是全面且有效率地辨识风险。

风险的辨识主要解决以下问题：①有哪些风险应当考虑。首先应查出风险源，即找出风险事件发生的原因。查找风险源，应当全面完整地辨识出项目所潜伏的主要风险，不能遗漏一些重要的风险。一旦遗漏任何可能的风险源，就难以有效地采取干预措施，极有可能增大风险因素转化为风险事件的概率。②引起这些风险的主要因素是什么。风险随时随地都可能发生，但并不是所有的风险因素都一定转化为风险事件，它们之间并不是必然的因果关系，而是在一定条件下转化而成的。比如工程施工中，建筑工人在高空施工是风险源，高空坠落是风险事故，但并不是高空施工的风险源就会导致高空坠落。如果工人违反安全施工章程，个人安全意识淡薄或者施工现场缺少必要的防护措施，这些条件的满足才可能使风险源转化为风险事故。这些条件就是引起风险的主要因素。③这些风险引起后果的严重程度如何。研究造成风险事故的所有因素是不现实的，一些弱小的联系对风险事故的发生影响不大，我们应该找出那些主要影响因素，抽丝剥茧，逐条分析，有针对性地控制主要因素，更有效地减少风险事故的发生。

3 风险辨识的方法

风险辨识的方法很多，介绍一些常用的方法：①风险树分析法，或称故障树分析法(FTA)，是以树状图的形式表示。用各种事件符号(如圆形、菱形、矩形等)区分表示各风险要素的性质，并以逻辑推理方法由逻辑门(与门，或门，条件与门符号)连接各风险要素，上层表示风险事件，层层往下分析引起风险事件的主要风险，引起主要风险的次要风险，直到已有统计分析数据或实验结果的基本风险(底层)，层层嵌套。事故树分析法多用于对安全系统的辨识和评价，比如应用于水利工程中施工阶段的安全风险辨识，最大的优点是不仅能够表达风险事件发生的可能过程，定性分析出潜在的风险因素，还能够定量分析事故所有可能的发生概率，求出临界系数。②专家分析法，是发展时间长，形式多样且应用广泛的评价方法。其中头脑风暴法和德尔菲法广泛地应用于风险辨识。

4 水利工程风险辨识

加强风险管理，特别是辨识工程风险，以预防风险事故，是水利工程施工企业提高风险管理水平不可忽视的环节[3]。

4.1 水利工程特点

水利工程对国民经济影响巨大，涉及相关部门多，施工难度大，施工内容复杂，易发生施工干扰。由于水利工程项目的重要性和复杂性，风险往往遍布大大小小各个环节，并且随时随处都可能发生。

4.2 水利工程风险辨识步骤

进行水利工程风险辨识，首先应明确目的。由于水利水电工程的复杂性，很难完整地辨识出整个水利工程的全部风险和风险要素，往往针对某一风险事件或者某一项目的目的进行风险辨识。为避免遗漏风险，应根据目的选取合适的角度系统分析[3~5]，主要从时间角度、空间角度、责任人等。从时间角度出发辨识水利工程风险是指按照项目的进展过程，划分为若干个阶段，依次进行风险辨识。从全生命周期项目管理角度出发，项目风险辨识主要可分为三个阶段：第一阶段是决策期；第二阶段是建设期；第三阶段是运营期。水利工程风险辨识从空间角度指将项目根据一定的依据划分为不同的标段，或者从分部分项工程的最小单位出发辨识工程风险。责任人指工程项目有关的主体，包括业主、监理、工程师等，从责任人角度出发有助于落实责任。为了保证全面辨识工程主要风险，有必要多个角度多种方法交换和交叉分析。

其次，水利工程风险辨识可据以下步骤进行。

(1)筛选。根据目的筛选出可能的风险源和风险因素。一些有经验的公司会制定危险清单。由于各项目背景条件等的不同，风险辨识也会大大不同。风险辨识中风险源和风险因素的找出应根据有关规范，参考类似工程风险分析，结合相关经验，使用上述风险辨识方法，具体分析。

(2)监控。监测筛选出各风险源和风险因素，分析其对风险事件或研究目的的影响过程。

(3)诊断。根据监控的结果，判断各风险源和风险因素间的相互关系，对风险事件或研究目的的影响程度。诊断的结果可列事故树、风险报告。

4.3 水利工程风险辨识分析

水利工程风险辨识根据项目全生命周期的时间顺序，从决策阶段、建设阶段和运营阶段分析[6]。

(1)决策阶段的风险辨识。决策阶段是指撰写工程项目建议书、可行性研究、初步设计阶段，这个时期直接影响项目的落成和规模，因此，对决策阶段进行风险辨识，处理风险，对项目建成具有重要意义。由于水利工程的特殊性，除了要考虑一般建设项目决策阶段的风险及风险源外，还应考虑以下风险。①水文风险及其风险源：水文的不确定性会影响水利工程的建设期，建设规模，建设效益，运行年限等。②环境风险及其风险源：水利工程的兴建改变了原有的天然河道，不仅会改变该流域的水文环境，对附近湿地、地质、生物都会有影响，往往要考虑环境因素。③移民风险及其风险源：工程项目建设必然会引注水流，占用土地。而移民斥资巨大，移民规模直接影响工程造价。

(2)建设阶段的风险辨识：建设阶段是项目的主要过程，其风险源也多而复杂。国家能源局发布中华人民共和国电力行业标准(DL/T 5274—2012)《水利水电工程施工重大危险源辨识及评价导则》，统一水利水电工程施工重大危险源辨识评价标准，规范评价方法。对于有经验的工程师，建议结合相关经验，根据规范选择适当的方法进行风险辨识。并采用安全检查表等方法对各风险源和风险因素进行评估，以确定各风险源和风险因素对风险事件的影响程度[7]。根据规范，应用层次分析法辨识工程项目风险，风险树如图 1。项目公司可结合具体各项目对风险因素打分，用简易评价或者其他方法辨识各风险因素对风险事件的影响[8]。

(3)运营阶段的风险辨识。运营阶段是指项目建设完成后，投入生产运行直至运行期满爆破拆除的阶段。由于水利工程一般为非营利性工程，其运营阶段的风险影响因素必然不同于一般建设工程。

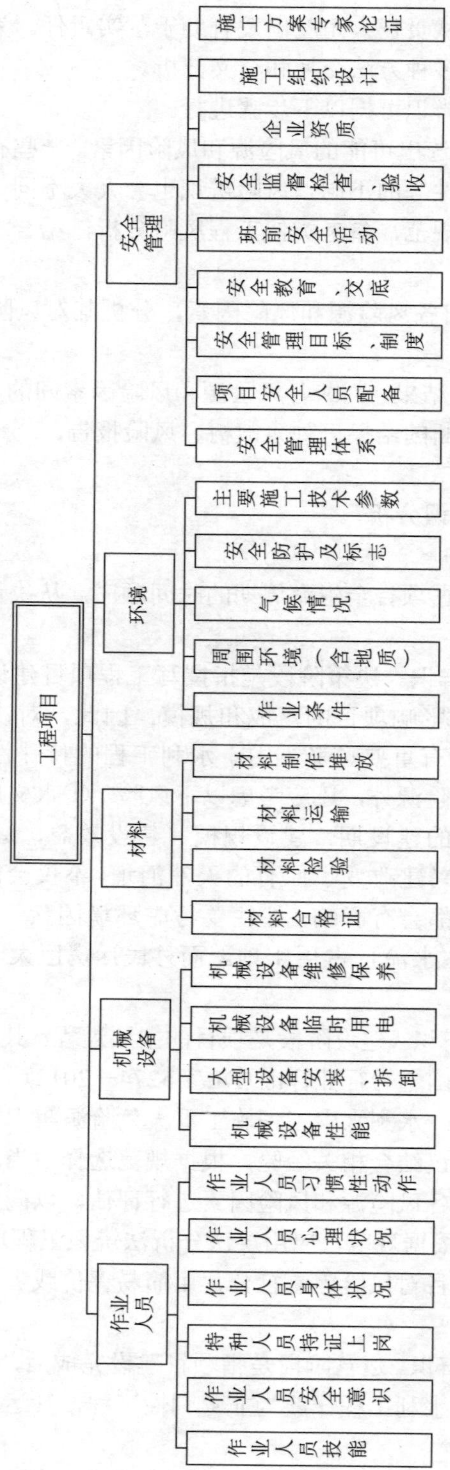

图1 工程项目建设阶段风险树[8]

参 考 文 献

[1] 郭仲伟. 风险的辨识——风险分析与决策讲座(一)[J]. 系统工程理论与实践, 1987(1): 72-77, 61.
[2] 童志鸣. 论风险辨识[J]. 铁道物资科学管理, 1996(1): 22-23.
[3] DL/T 5274—2012, 水利水电工程施工重大危险源辨识及评价导则[S].
[4] 陈伟珂, 黄艳敏. 工程风险与工程保险[M]. 天津: 天津大学出版社, 2005, 01.
[5] 潘淑庆, 李淑阔. 水利工程风险辨识的方法和应用[J]. 科学之友, 2010(12): 50-51.
[6] 胡静芳. 工程项目风险辨识过程研究[J]. 山西水利, 2009(6): 83-84.
[7] 徐妥夫. 工程项目风险辨识与评价方法研究[J]. 基建优化, 2006(3): 48-50.
[8] 王要武, 李晨洋. 项目风险辨识[J]. 企业管理, 2005(8): 50-51.

风险决策理论研究与方法应用

唐新玥　唐　彦

摘要：本文分析风险决策的概念、具有的条件和基本原则三个部分；通过水利工程风险管理设备损坏投保问题决策的实例说明效用理论决策方法在风险决策上的应用，阐述效用理论决策方法的计算过程，将列举的三个风险防范措施方案进行比较，根据效用理论标准选择最合适的投保方案。

关键词：风险决策；风险决策理论；风险决策方法；效用理论

1　绪　　论

1.1　研究背景

决策是为了达到预定目标，在若干个可供选择的行动方案中选择一个最优方案的过程。纵观人类的发展历史，最大的失误就是决策的失误。诸葛亮错估荆州形势，致使荆州地失人亡、满盘皆输，导致蜀汉由盛转衰；清政府的“闭关锁国”阻碍了生产力的发展和社会的进步，造成了近代中国被动挨打的局面；大禹治水时从鲧治水的失败中汲取教训，改变了“堵”的办法，对洪水进行疏导，最终完成治水大业；李冰父子组织修建的都江堰水利工程，使得旱涝频发的情况得到颠覆性的改变，至今还滋润着天府之国的万顷良田；南水北调工程改善黄淮海地区的水资源短缺和生态环境状况，促进北方缺水地区的经济社会发展，实现可持续发展。由历史上重大决策可以看出风险决策的重要性。因此我们要使用各种科学的方法来辨别，采取不同的措施和手段来规避可能发生的风险，最大程度的做出正确的决策，减小风险发生的可能性以及风险发生时带来的损失。

1.2　研究意义

生活的方方面面都离不开决策，风险决策的研究可以给决策者的选择带来启示和指导，正确的风险决策对历史的发展具有重要意义。风险决策是研究人们在不确定的风险状况下对多个可能性进行选择的问题。通过风险决策的研究，可以不断完善决策分析的方法，提高决策方法的科学性，促进决策理论的研究发展，能够使决策理论更好地与现实中的风险问题相结合，加强决策理论研究的实际根据，使决策理论可以与实践更好地相结合，帮助人们进行正确的风险决策[1]。风险决策的理论研究有利于解决社会中的风险问题，化风险为社会发展的机遇，有利于个人、企业和社会经济的稳定与发展。风险决策理论可以在社会治理、生产、生活、市场经济、防汛、抗洪、水利建设等方面起到重要的作用。

2 风险决策的基本概念

2.1 风险决策的定义

在信息可能不全面的情况下，决策者要在多个后果不确定的方案中进行选择，由于分析判断的失误可能会造成一定损失，这种在方案选择时要承担一定风险的决策称之为风险决策。可以按照风险的影响因素的不同分为客观与主观两种风险。前者指当决策者能够客观地推算出某一特定方案造成的特定结果的可能性时所面临的风险；后者则是当决策者在缺乏客观依据的情况下，只是凭本能或主观估计来推测某一特定方案造成特定结果出现的概率时所面临的风险。在这两个情况下做出的决策都是风险决策。

2.2 风险决策的条件

①决策人要有明确的目标。②存在几个可行方案供决策者选择。③各种方案的利益和损失可以计算出来。④存在着决策者无法控制的几种状态。⑤事后产生何种情况，决策者无法预测，只能大致得出可能的概率。

具备以上五个条件的决策，就是风险决策。现代化大生产，受客观环境的制约性大，一项重大决策对环境变化适应性不同，其后果会大不一样。但风险决策绝不是盲目的，应当做各种预测，进行反复的技术经济论证，决策科学化程度越高，成功的概率就会越大。因此，风险决策已成为检验决策者素质和才能的重要依据。

2.3 风险决策的基本原则

风险决策有以下五项基本原则：①期望值原则；②最小方差原则；③最小风险系数原则；④满意原则；⑤总体综合评价原则。

3 工程建设风险管理决策实例

某水利工程在施工建设期存在着机器设备损坏的风险，经调查分析和风险识别，引起此风险的主要因素是：①不可抗力造成的危害，存在各种可能的自然灾害；②火灾；③设计误差、材料质量问题、制造工艺粗糙等引发的问题；④工作人员施工时因操作技术不规范造成的意外。不同的情况对设备可以造成程度不一样的损坏[2]。现采用以下 3 种投保方案来应对风险：①风险自留，不投保；②部分保险，购买一部分器械的保险，设备总价值 50000 元，保险费 250 元；③全部投保，保险费 500 元。

对设备损坏进行风险分析与评价后，可得设备损失矩阵如表 1。

1) 建立效用函数关系

由题可知，这个决策问题的最大损失值为 100000 元，最小损失值为 0 元，假设效用值定为 0 的损失额为 0 元，效用值为 1 时的损失总额为 100000 元。由此可知选择损失期望效用值最小即损失最小为最佳方案。已知损失值为：$x_{\min}=0$，效用值对应为：$z(0)=0$；

损失值为：x_{max}=100000，则效用值对应为：$z(100000)=1$。本例中选择对于外部条件无论如何变化决策者都保持中立态度的定常风险偏好特性，则效用函数采用 $u(z(x))=\dfrac{1-\varphi_1^{z(x)}}{1-\varphi_1}, z(x)=\dfrac{x_i-x_{\min}}{x_{\max}-x_{\min}}$ 形式，又知道两个点(0,0)和(1,1)，此时函数中只有一个未知量 φ_1，因此只需了解决策者的偏好解出 φ_1 值即可唯一确定该函数[3]。

表 1　设备损失矩阵

决策方案		损失结果					
	损失金额	0	500	1000	10000	50000	100000
	损失概率	0.8	0.1	0.08	0.017	0.002	0.001
①风险自留		0	1000	5000	10000	50000	100000
②部分保险		250	250	250	250	250	50250
③完全投保		500	500	500	500	500	500

2) 对决策者采取询问的方式得到偏好

假设甲方案损失 0 元情况下对应的概率是 0.5，损失 100000 元情况下对应的概率是 0.5；乙方案以 1.0 的概率损失 80000 元。让决策者在两个方案中进行选择，如果他选择甲方案，则说明决策者对于乙方案不满意，降低乙方案的损失值为 60000 元，再次询问决策者，对决策者进行多次提问，了解在何种情况下决策者认为两个方案是等价的。假设最终确定为乙方案损失值为 60000 元符合要求，即决策者认为甲方案 0.5 的概率损失 0 元，0.5 的概率损失 100000 元与乙方案 1.0 的概率损失 60000 元的情况是等价的。

按照效用等价性原理，如果某工程项目建设过程中，有 α_1 的概率损失 x_1，α_2 的概率损失 x_2，且 $\alpha_1+\alpha_2=1$，则无差异关系式为

$$[\alpha_1,\ x_1;\alpha_2,\ x_2]\cong[1,\tau] \tag{1}$$

τ 为以概率 1 发生的确定损失值，式(1)表示 τ 的损失等价于以概率 α_1 发生损失 x_1 和以概率 α_2 发生损失 x_2 这一事件。

不妨设 $x_2>x_1$，我们令 $\theta=\dfrac{\tau-x_1}{x_2-x_1}$,式(1)等价于标准无差异关系式：$[\alpha_1,0;\alpha_2,1]\cong[1,\theta]$

由上述可得到，$\alpha_1=0.5$; $\alpha_2=0.5$; $x_1=0$; $x_2=100000$; $\tau=60000$,则[0.5，0；0.5，100000]等价于[1,60000], $\theta=\dfrac{60000-0}{100000-0}=0.6$，化为标准化形式为[0.5,0;0.5,1]等价于[1,0.6]，代入公式 $z(x)=\dfrac{x_i-x_{\min}}{x_{\max}-x_{\min}}=\dfrac{0.6-0}{1-0}=0.6$，将 $z(x)$=0.6 代入公式 $u(z(x))=\dfrac{1-\varphi_1^{z(x)}}{1-\varphi_1}$，解方程 $\varphi^{0.6}-0.5\varphi-(1-0.5)=0$，可得正根 $\varphi_1=2.2754$。确定出效用函数：

$$u(z(x))=\frac{(1-\varphi_1^{z(x)})}{(1-\varphi_1)}=\frac{(1-2.2754^{z(x)})}{(1-2.2754)}=\frac{(2.2754^{z(x)}-1)}{1.2754}$$

3) 计算比较各方案的损失期望效用值，选择最佳方案

(1) 计算不同方案的效用函数 $u(z(x_i))$[4~7]。

风险自留情况下，当 x_i=0，P_i=0.8 时，

$$z(0)=\frac{x_i-x_{\min}}{x_{\max}-x_{\min}}=\frac{0-0}{1-0}=0$$

$$u(0)=\frac{1-\varphi_1^{z(x)}}{1-\varphi_1}=\frac{2.27540-1}{1.2754}=0$$

将不同方案情况下的 x_i 代入公式 $z(x)=\frac{x_i-x_{\min}}{x_{\max}-x_{\min}}$ 和 $u(z(x))=\frac{(1-\varphi_1^{z(x)})}{(1-\varphi_1)}$ 同理可得具体数据见表 2。

表 2　各方案比较表

决策方案	x_i/元	z_i	$u(z_i)$	损失概率 P_i
风险自留	0	0	0	0.8
	500	0.005	0.00323	0.1
	1000	0.01	0.00647	0.08
	10000	0.1	0.06470	0.017
	50000	0.5	0.39900	0.002
	100000	1	1	0.001
	损失期望效用值 $E[u(x)]=\sum_{i=1}^{6}P_iu(z_i)=0.00374$			
	损失金额期望值 $E(x)=\sum_{i=1}^{6}P_ix_i=500$			
部分投保	x_i/元	z_i	$u(z_i)$	损失概率 P_i
	250	0.0025	0.00161	0.8
	250	0.0025	0.00161	0.1
	250	0.0025	0.00161	0.08
	250	0.0025	0.00161	0.017
	250	0.0025	0.00161	0.002
	50250	0.5025	0.40100	0.001
	损失期望效用值 $E[u(x)]=\sum_{i=1}^{6}P_iu(z_i)=0.00200$			
	损失金额期望值 $E(x)=\sum_{i=1}^{6}P_ix_i=300$			
完全投保	x_i/元	z_i	$u(z_i)$	损失概率 P_i
	500	0.005	0.00323	0.8
	500	0.005	0.00323	0.1
	500	0.005	0.00323	0.08
	500	0.005	0.00323	0.017
	500	0.005	0.00323	0.002
	500	0.005	0.00323	0.001
	损失期望效用值 $E[u(x)]=\sum_{i=1}^{6}P_iu(z_i)=0.00323$			
	损失金额期望值 $E(x)=\sum_{i=1}^{6}P_ix_i=500$			

(2) 计算不同方案下的损失期望效用值 $E\left[u(x)\right]$ 与损失金额期望值 $E(x)$。

①风险自留。

损失期望效用值：

$$E\left[u(x)\right]=\sum_{i=1}^{6}P_iu(z_i)=0\times0.8+0.00323\times0.1+0.00647\times0.08+0.06470\times0.017+0.39900\times0.002+1\times0.001=0.00374$$

损失金额期望值：

$$E(x)=\sum_{i=1}^{6}P_ix_i=0\times0.8+500\times0.1+1000\times0.08+10000\times0.017+50000\times0.002+100000\times0.001=500$$

②部分投保。

损失期望效用值：

$$E\left[u(x)\right]=\sum_{i=1}^{6}P_iu(z_i)=0.00161\times(0.8+0.1+0.08+0.017+0.002)+0.40100\times0.001=0.00200$$

损失金额期望值：

$$E(x)=\sum_{i=1}^{6}P_ix_i=250\times(0.8+0.1+0.08+0.017+0.002)+50250\times0.001=300$$

③完全投保。

损失期望效用值：

$$E\left[u(x)\right]=\sum_{i=1}^{6}p_iu(z_i)=0.00323\times(0.8+0.1+0.08+0.017+0.002+0.001)=0.00323$$

损失金额期望值：

$$E(x)=\sum_{i=1}^{6}P_ix_i=500\times(0.8+0.1+0.08+0.017+0.002+0.001)=500$$

具体数据见表 2。

(3) 比较各个方案的损失期望效用值 $E\left[u(x)\right]$ 与损失金额期望值 $E(x)$。

如果以 $E(x)$ 作为决策的标准时，部分投保的方案损失为 300，是最小的，所以选择部分投保的方案；若在损失金额期望值不能判别时，以 $E[u(x)]$ 为决策标准时，部分投保的 $E[u(x)]$=0.00200，是三个数中最小的，因此选择部分投保为最终决策方案。此案例是在水利工程建设期设备损坏风险分析基础上，运用期望效用理论计算出三个风险防范方案的损失期望效用值进行比较，选择效用值最小的方案为最终方案[8~10]。

4　结论与展望

本文介绍风险决策的概念、条件和基本原则等风险决策的基本理论；通过水利工程风险管理设备损坏投保问题决策的实例，说明效用理论决策方法在风险决策上的应用，详细阐述效用理论决策方法的计算过程，将列举的三个风险防范措施方案进行比较，根据效用理论标准选择最合适的投保方案。通过阅读本文，读者可以对风险决策理论与方法有一个初步的了解，将风险决策方法应用到实际生活中，解决社会生活中的决策问题，帮助人们选择最优方案。风险决策理论正在不断地发展和完善，无论是经济学的领域还是心理学的领域都在寻求一种理论能够对人类的决策行为进行合理的分析和解释，对多种方案的选择做出正确的决策，但是现有的理论并不是尽善尽美，因此还需要进一步对其进行探索。将来可以在更加具体的方向上对风险决策的理论进行研究，结合现阶段的研究成果建立更加完善的决策体系。

参 考 文 献

[1] 陆际恩，谭宇胜，彭波，等. 效用理论与期望损益值理论在项目风险决策中的比较[J]. 施工技术，2006(4): 66-68.

[2] 冯利军，李书全. 效用理论在工程项目风险管理决策中的应用[J]. 山西建筑, 2007(26): 14-15.

[3] 谢永平，王占伟，纪万江. 风险决策理论在水利工程施工中的应用[J]. 黑龙江水利科技，2000(1): 8-9.

[4] 任晓明，李章吕. 贝叶斯决策理论的发展概况和研究动态[J]. 科学技术哲学研究, 2013(2): 1-7.

[5] 李章吕. 贝叶斯决策理论研究[D]. 天津：南开大学, 2012.

[6] 高汝召. 贝叶斯决策理论方法的研究[D]. 青岛：山东科技大学, 2006.

[7] 董俊花. 风险决策影响因素及其模型建构[D]. 兰州：西北师范大学, 2006.

[8] 傅祥浩. 风险决策与效用理论[J]. 上海海运学院学报, 1991(2): 1-9.

[9] 严武. 效用决策理论在风险决策分析中的应用[J]. 当代财经, 1992(2): 35-38.

[10] 田雨洋. 期望效用理论在企业风险投资决策中的运用[J]. 财会通讯, 2011(5): 12-13.

城市防洪效益风险估计及应用

陆赛　唐德善

摘要：受诸多因素的影响，城市防洪效益具有随机性和不确定性的特点。因此，正确的估计城市防洪效益对降低系统风险有着重要的意义，为科学合理的决策提供支撑依据。本文以安徽某市为例，介绍了风险估计方法在城市防洪效益中的应用，并分析比较了各风险估计方法的适用范围。

关键词：城市防洪；风险估计；蒙特卡罗法

1　引　　言

随着城市化进程的不断加快，洪水对城市的危害日益显现，城市防洪问题也变得更加紧迫。城市规模的扩大必然对城市防洪有着更高的要求，因此提高城市的防洪标准势在必行。但是由于受到气候条件、地形地质和人类活动等因素的影响，洪水的形成与发展具有不确定性，与此同时，由于社会经济发展的不确定性和工程经济技术指标的波动性，城市防洪效益具有模糊性和不确定性[1]。城市防洪效益风险估计对国民经济和社会发展有着重要意义。

2　风险估计与防洪效益

2.1　风险估计的概念

风险估计是在风险识别的基础上，对事件发生的可能性及所造成的损失大小进行量化估计的过程[2]，在分析历史资料的基础上，通过概率统计等方法对该事件进行相关的量化估计。

2.2　城市防洪效益

防洪效益是防洪方案实施前后两种不同情况下，洪灾所造成的损失的差值，即防洪方案实施后所减小的洪灾损失。洪灾损失分为直接损失和间接损失。直接损失包括农林牧副渔等用地损失和国家、集体及个人的财产损失。间接损失是指由洪灾所造成的生产、交通中断所造成的损失以及恢复生产、交通所需的费用[3,4]。通常的做法是通过典型实例的调查得出间接洪灾损失占直接损失的百分比，从而得出间接损失的值。

根据图 1 洪灾损失频率曲线，可以求出不同情况下洪灾损失的数学期望。未实施防洪方案前(曲线④)的洪灾损失与实施防洪方案后的洪灾损失之差即为该方案的防洪效益。图中曲线①、②、③为不同方案实施后所对应的洪水频率及洪灾损失，各曲线所包围

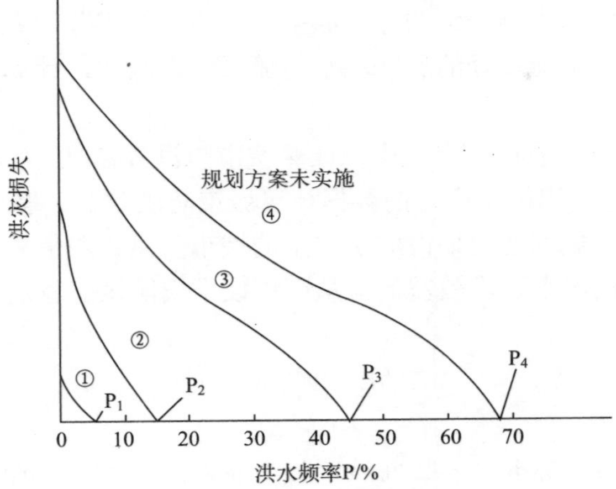

图 1 方案实施前后洪灾损失示意图

的面积即为相应的洪灾损失。曲线④所包围的面积为规划方案未实施时对应的洪灾损失，曲线④与曲线①、②、③之间的面积即为相应方案的防洪效益。用 B_i 表示 i 方案的防洪效益：

$$B_i = (A_4 - A_i) \times R \tag{1}$$

式中，B_i 为 i 方案的防洪效益；A_4 为未实施防洪方案的淹没面积；A_i 为实施防洪方案 i 的淹没面积；R 为单位面积综合损失值。

防洪区淹没的判别与减淹面积的计算。防洪区淹没的判别标准为：在某一计算年份，若对某防洪区造成洪水威胁的某一河道代表水位站的年最高水位高于基准年该河道堤段防洪墙的最低堤顶高程，则认为若无防洪体系的实施，该防洪圈在此计算年份将淹没，取应淹面积为破圩淹没面积，减淹面积为应淹面积与当年实际淹没面积之差。

单位面积综合损失值的确定。以计算年的社会经济状况为基础，以统计年鉴为主要依据，辅以典型调查和抽样调查，求得各类财产的单位面积社会资产值。

由动态经济分析的方法，防洪效益应折算到同一水平年。本例采取统一折算到工程建成初运行这一水平年，则

$$B = \sum_{i=1}^{n} \frac{B_i}{(1+S)^i} \tag{2}$$

式中，B 为总的防洪效益；S 为社会折现率，由国家有关政策规定，一般取 S=12%。

在城市防洪规划设计时，由于具体措施尚未落实，通常情况下采用以下两种方法来计算城市防洪效益：①频率法。通过对不同频率的洪水数据收集，并计算绘制出规划前的洪灾损失的频率曲线以及规划后的洪灾损失的频率曲线，通过两条曲线的比较，计算出城市防洪效益[5]。②实际年系列法。实际年系列法需要长系列水文资料，并选取具有代表性且资料较为齐全的洪水资料，逐年计算每次洪水所导致的洪灾损失，通过计算系列洪灾损失的算术平均值，以此作为多年平均洪灾损失，实际年系列法所选系列的代表

性洪水资料在很大程度上影响得到的计算成果。频率法和实际年系列法所计算的只是平均洪灾损失的计算，并不能很好的反映洪水的随机性，因此，计算结果由于简化具有较大的偏差。

在本文中，通过采用蒙特卡罗法模拟计算城市防洪效益[6]。即通过采用蒙特卡罗法模拟产生城市水文系列，用模拟产生的数据计算城市防洪效益。考虑到通货膨胀等因素，将城市防洪规划在整个规划使用期内的所产生的城市防洪效益值总值统一换算到规划的初期，这样可以计算出多个防洪效益值，从而可以求出防洪工程的效益分布。

3 实例应用

安徽某市欲提高防洪标准，其目前城市防洪能力为 20 年一遇，拟规划投资 5 亿元，采取相应的城市防洪措施，将该市的防洪能力提高到 100 年一遇。采用蒙特卡罗随机模拟方法估算该城市防洪效益。具体结果如表 1 所示。

经计算城市防洪工程经济效益的期望值为 6.366 亿元，远远大于规划投资的 5 亿元，其中标准差为 303.1 万元，偏态系数为 0.090。该规划的风险率为 32.6%，说明该工程项目防洪效益较好，并且具有一定的抵抗风险的能力。

表 1　蒙特卡罗方法估算城市防洪效益风险

实验次数	效益均值/万元	效益标准差/万元	C_v	风险率/%
1000	63454	298.6	0.087	34.2
2000	63791	302.2	0.103	30.7
3000	63665	303.0	0.093	32.6
4000	63662	302.9	0.089	32.6
5000	63664	303.1	0.090	32.6

4 总结展望

本文主要探讨了城市防洪效益的风险估计方法，并以一实例研究了蒙特卡罗方法在城市防洪效益风险估计中的应用，其结果表明用蒙特卡罗方法能通过随机数值模拟的方法解决复杂的问题，其计算结果也较为准确合理。

由于各种因素的综合影响，城市防洪效益具有随机性、模糊性、灰色性等特点，因此风险估计方法在城市防洪效益分析中有着广阔的应用前景。风险估计是风险分析中重要的一环，正确地进行风险估计对提出科学有效的风险决策方案有非常重要的意义。因此在工程实践中采用合理的风险估计方法将有利于降低系统的风险。

参 考 文 献

[1] 曹云, 徐卫亚. 系统工程风险评估方法的研究进展[J]. 中国工程科学, 2005(6): 88-93.
[2] 郭仲伟. 风险分析与决策[M]. 北京: 机械工业出版社, 1987.
[3] 夏岑岭. 城市防洪理论与实践[M]. 合肥: 安徽科学技术出版社, 2001.
[4] 黄诗峰. 洪水灾害风险分析的理论与方法研究[D]. 北京: 中国科学院地理研究所, 1999.
[5] 金光炎. 水文水资源随机分析[M]. 北京: 中国科学技术出版社, 1993.
[6] 董胜, 刘德辅. 防洪效益的随机模拟[J]. 中国海洋大学学报(自然科学版)自然科学版, 1998(1): 118-122.

基于 Copula 函数的天福庙水库洪水风险分析

晋 恬 唐 彦

摘要： 天福庙洪水风险的研究对黄柏河流域内的防洪灾害与洪水规律的认识具有重要的意义，利用 Archimedean Copula 函数对天福庙水库的洪水特征即洪峰与洪量建立联合分布模型，对其进行联合分布、量级组合遭遇概率和条件概率分析。分析表明基于 Copula 函数的峰量联合分布拟合较好，针对不同风险模型的分析全面可靠，分析结果可为天福庙水库洪水防治提供科学依据。

关键词： 多变量水文分析；Copula 函数；洪水风险分析；天福庙水库

1 引 言

洪水的风险分析需结合洪水发生的频率与洪水造成的经济损失综合考量，洪水遭遇的研究对认识流域洪水的发生规律和风险估计有着至关重要的帮助。描述洪水特征的指标有洪峰、洪量、历时等。洪水是多变量水文问题，采取多变量水文分析的方法能更好地反映洪水的特征[1]。Copula 函数作为一种研究相依性测度的方法，因为其边缘分布较灵活以及其本身形式多样化，在暴雨、洪水、干旱等多变量水文问题研究中应用广泛。本文以天福庙水文站资料为依托，结合该流域洪水的特点，选取不同时段的洪量，选取 Archimedean Copula 函数构建洪峰-洪量联合分布，进而建立峰量组合风险概率模型，可以量化该流域洪水的特征，为该流域洪水风险分析提供依据。

2 峰量联合分布函数的构建

2.1 Copula 函数

Copula 函数是连接边际分布与多元联合分布的函数。Copula 函数可以构造不拘泥于边际变量形式的多变量联合分布，解决了不同形式变量边际分布的联合分布构造问题。在考虑多个随机变量的时候，可以通过对 Copula 连接函数的刻画来体现它们的相依性，从而把它们的联合分布通过各自的边际分布用 Copula 函数的相关性结构来表达[2,3]。Copula 函数形式较多，其中 Archimedean Copula 函数参数少、结构简单、求解容易[4]，在水文多变量频率计算问题中应用广泛。

2.2 边缘分布的选择与检验

选择合适的边缘分布对 Copula 函数联合分布函数的准确程度有着至关重要的影响。本文统计了天福庙水库 1981～2001 年洪峰、3 日洪量以及 7 日洪量在水文事件的数据，选取皮尔逊 3 型分布(P-III)、广义极值分布(GEV)和 LOGN 三种概率分布函数，分别对洪峰、3 日洪量以及 7 日洪量进行拟合，采取 K-S 拟合优度检验。各边际分布理论频率点在 45°斜线附近，说明拟合程度较好，见表 1。采用 K-S 检验法对各边际分布进行拟合度检验，各边际分布统计量即不同显著性水平 α 对应 K-S 临界值见表 2。以 3 日洪量为例，P-III分布、GEV 分布、ln2 分布的统计量分别为 0.3651、0.0935、0.1074，对显著性水平 α=0.10，临界值 Dn(0.10)为 0.344，GEV 分布、ln2 分布统计量均小于临界值 Dn(0.10)，所以可以认为洪量符合 GEV 分布、ln2 分布；P-III分布统计量大于临界值 Dn(0.10)，不能通过检验，即洪量不服从 P-III分布。

表 1　边际分布参数估算表

致灾因子	分布函数	位置参数	尺度参数	形状参数
洪峰	P-III	28.007	0.005	1.078
	GEV	72.601	53.865	0.315
	ln2	4.507	0.869	
3 日洪量	P-III	−135.599	3.367	0.005
	GEV	424.664	263.837	0.048
	ln2	6.184	0.702	
7 日洪量	P-III	0.5592	2.8247	1.0775
	GEV	6.570	1.289	−0.171
	ln2	1.923	0.208	

表 2　各边际分布 K-S 拟合检验

致灾因子	P-III	GEV	ln2
洪峰	0.1108	0.1415	0.1267
3 日洪量	0.3651	0.0935	0.1074
7 日洪量	0.1158	0.1374	0.1362

2.3　联合分布计算

分别采用 Archimedean Copula 函数中的 Gumbel 函数、Clayton 函数、Frank 函数和 AMH 函数对洪峰、3 日洪量、7 日洪量进行模拟，首先计算出洪峰与 3 日洪量、洪峰与 7 日洪量下的 Kendall 相关系数 τ，然后根据 τ 计算对应联合分布下 Copula 函数的相关参数，最后采用 AIC 准则确定出不同组合下的最优 Copula 函数[5~7]。计算结果见表 3。

由表 3 可知洪峰与 3 日洪量组合以及洪峰与 7 日洪量组合之间的相关系数均大于 0.5，因此表明两个风险组合模型的相关性较强，其中洪峰与 7 日洪量组合相关性更强。通过比较 AIC 值，在两个风险组合模型中 Gumbel 函数的值均为最小值，即 Gumbel 函数为两种组合的最优 Copula 函数[8]。

表 3 Copula 函数相关参数

组合类型	函数名	τ	θ	AIC 值
洪峰与3日洪量	Gumbel	0.6378	2.7612	–112.4
	Clayton		2.1837	–99.83
	Frank		9.5199	–110.35
	AMH		0.3542	–100.83
洪峰与7日洪量	Gumbel	0.6448	2.8206	–113.45
	Clayton		3.4612	–104.58
	Frank		10.0739	–106.32
	AMH		0.6782	–111.43

3 峰量组合风险概率模型

在洪水发生时，洪水过程线不尽相同，所造成的灾害程度也千差万别。研究不同洪峰洪量组合的发生概率对该流域洪水规律的研究以及洪水风险的分析是十分必要的[9]。本文采取双变量多角度的风险分析模式。多角度是从概率分析的方式方法着手，双变量概率分析通常为条件概率、同现概率以及联合概率。具体的风险组合类型见表 4。表 4 中前两者属于条件风险概率分析，第三个为同现风险概率分析，第四个为联合风险概率分析。

表 4 风险组合类型表

风险组合	风险概率
给定 $Q_m>q$，$W_3>w$	$P(W_3>w\mid Q_m>q)=\dfrac{1-F_q(q)-F_{w_3}(w_3)+F(q,w_3)}{1-F_q(q)}$
给定 $Q_m>q$，$W_7>w$	$P(W_7>w\mid Q_m>q)=\dfrac{1-F_q(q)-F_{w_7}(w_7)+F(q,w_7)}{1-F_q(q)}$
$Q_m>q$ 和 $W_7>w$	$P(W_7>w,Q_m>q)=1-F_q(q)-F_{w_7}(w_7)+F(q,w_7)$
$Q_m>q$ 或 $W_7>w$	$P(W_7>w,Q_m>q)=1-F(q,w_7)$

首先，运用表 4 中的公式对设计洪峰与 3 日洪量组合、设计洪峰与 7 日洪量组合计算其在不同重现期下对应的条件概率值，再由表 4 的前两个条件风险概率公式计算峰量组合的条件风险概率，即当洪峰大于某一设计值时，相应时段的 3 日洪量和 7 日洪量超过某一频率值发生的概率，具体计算结果见表 5。

表 5　条件风险概率

设计洪峰与 3 日洪量组合				条件风险概率/%	设计洪峰与 7 日洪量组合				条件风险概率/%
设计洪峰 /(m^3/s)	重现期/a	3 日洪量 /×10^8m^3	重现期/a		设计洪峰 /(m^3/s)	重现期/a	7 日洪量 /×10^8m^3	重现期/a	
2323.8	200	0.2361	10	11.07	2323.8	200	0.3819	10	17.71
2323.8	200	0.3069	20	5.55	2323.8	200	0.4972	20	9.07
2323.8	200	0.3851	50	2.23	2323.8	200	0.6270	50	3.68
2323.8	200	0.5041	100	1.11	2323.8	200	0.8282	100	1.85
2323.8	200	0.6084	200	0.56	2323.8	200	1.0081	200	0.93
1846.3	100	0.2361	10	11.07	1846.3	100	0.3819	10	17.68
1846.3	100	0.3069	20	5.55	1846.3	100	0.4972	20	9.05
1846.3	100	0.3851	50	2.22	1846.3	100	0.6270	50	3.67
1846.3	100	0.5041	100	1.11	1846.3	100	0.8282	100	1.84
1846.3	100	0.6084	200	0.56	1846.3	100	1.0081	200	0.92
1332	50	0.2361	10	11.06	1332	50	0.3819	10	17.6
1332	50	0.3069	20	5.55	1332	50	0.4972	20	9.01
1332	50	0.3851	50	2.22	1332	50	0.6270	50	3.65
1332	50	0.5041	100	1.11	1332	50	0.8282	100	1.84
1332	50	0.6084	200	0.56	1332	50	1.0081	200	0.92
1012.9	20	0.2361	10	11.05	1012.9	20	0.3819	10	17.6
1012.9	20	0.3069	20	5.54	1012.9	20	0.4972	20	9.01
1012.9	20	0.3851	50	2.22	1012.9	20	0.6270	50	3.65
1012.9	20	0.5041	100	1.11	1012.9	20	0.8282	100	1.84
1012.9	20	0.6084	200	0.56	1012.9	20	1.0081	200	0.92
738.8	10	0.2361	10	11.01	738.8	10	0.3819	10	17.39
738.8	10	0.3069	20	5.52	738.8	10	0.4972	20	8.89
738.8	10	0.3851	50	2.21	738.8	10	0.6270	50	3.6
738.8	10	0.5041	100	1.11	738.8	10	0.8282	100	1.81
738.8	10	0.6084	200	0.55	738.8	10	1.0081	200	0.91

从表 5 可以看出，当发生 10 年一遇洪峰时，发生 10 年一遇洪量(3 日)的概率为 11.01%，稍大于自身的设计频率 10%；当发生 10 年一遇洪峰时，发生 10 年一遇洪量(7 日)的概率为 17.39%，明显大于自身的设计频率。对两个条件概率组合进行横向对比可以看出，在给定重现期的洪峰洪量中，设计洪峰与 7 日洪量组合所对应的条件概率值明显大于设计洪峰与 3 日洪量组合所对应的条件概率值，即说明设计洪峰与 7 日洪量的组合模型相关性更强。由于设计洪峰与 7 日洪量的相关性更强，采取设计洪峰、7 日洪量两个指标计算其同现重现期和联合重现期，其风险概率计算公式见表 4。求设计洪峰和 7 日洪量的同现风险概率和联合风险概率，结果见表 6。

表 6　同现风险概率和联合风险概率

设计洪峰/(m^3/s)	重现期/a	7 日洪量/×10^8m^3	重现期/a	同现风险概率/%	联合风险概率/%
2323.8	200	0.3819	10	0.08	10.42
2323.8	200	0.4972	20	0.04	5.46
2323.8	200	0.6270	50	0.02	2.48
2323.8	200	0.8282	100	0.01	1.49
2323.8	200	1.0081	200	0.00	1.00
1846.3	100	0.3819	10	0.17	10.80
1846.3	100	0.4972	20	0.09	5.91
1846.3	100	0.6270	50	0.03	2.97
1846.3	100	0.8282	100	0.02	1.98
1846.3	100	1.0081	200	0.01	1.49
1332	50	0.3819	10	0.34	11.70
1332	50	0.4972	20	0.17	6.83
1332	50	0.6270	50	0.07	3.93
1332	50	0.8282	100	0.03	2.97
1332	50	1.0081	200	0.02	2.48
1012.9	20	0.3819	10	0.83	14.20
1012.9	20	0.4972	20	0.42	9.58
1012.9	20	0.6270	50	0.17	6.83
1012.9	20	0.8282	100	0.09	5.91
1012.9	20	1.0081	200	0.04	5.46
738.8	10	0.3819	10	1.64	18.40
738.8	10	0.4972	20	0.83	14.20
738.8	10	0.6270	50	0.34	11.70
738.8	10	0.8282	100	0.17	10.80
738.8	10	1.0081	200	0.08	10.42

从表 6 中的同现风险概率可以看出，设计洪峰与 7 日洪量同时遭遇的概率远小于各自的设计概率；同为 10 年一遇的设计洪峰与 7 日洪量同时发生的概率为 1.64%。另外从表 6 中的联合风险概率可以看出，如果所选取洪峰洪量重现期相差较大，其联合风险概率接近于重现期较小的变量，如 200 年一遇洪峰与 10 年一遇洪量(7 日)组合的联合风险概率为 10.42%。

4　结论与建议

本文从洪水特征的角度出发，用 Copula 函数对天福庙水库洪水的峰量进行了组合分析。主要结论如下：

(1)在先确定各变量边缘分布的基础上，采用 Copula 函数中的四种不同类别的

Copula 函数构建了洪峰与 3 日洪量、洪峰与 7 日洪量两种联合分布，通过 AIC 准则选择拟合效果最优的函数，作为风险分析的依据。

(2) 通过建立天福庙水库峰量组合风险概率模型，采取双变量多角度的风险分析模式。多角度即从条件概率、同现概率以及联合概率三方面进行分析。并对不同风险分析的数据进行了合理性分析，得出洪峰与 7 日洪量的相关性更强，也反映了本流域洪水的特征。不仅考虑了洪峰和洪量的影响因素，同时通过 3 日洪量与 7 日洪量的差异，也反映了洪水的历时特征。洪水特征风险分析全面，分析结果可为黄柏河流域的防洪风险策略的制定提供科学依据。

(3) 通过 Copula 函数相关性的分析，可以根据相关性的大小确定表征洪水特征的指标，并且可对多项指标共同进行多变量联合分析。

参考文献

[1] Yoon S W, Kim J S, Moon Y I. Integrated flood risk analysis in a changing climate: A case study from the Korean Han River Basin[J]. KSCE Journal of Civil Engineering, 2014, 18(5): 1563-1571.

[2] Singh M, Singh R B, Hassan M I, et al. A Geospatial Analysis of Flood Risks and Vulnerability in Ogun-Osun River Basin, Nigeria[M]. Japan: Springer, 2014.

[3] Walczykiewicz T. Multi-criteria analysis for selection of activity options limiting flood risk[J]. Water Resources, 2015, 42(1): 124-132.

[4] Muis S, Güeneralp B, Jongman B, et al. Flood risk and adaptation strategies under climate change and urban expansion: A probabilistic analysis using global data[J]. Science of the Total Environment, 2015, 538(4): 445-457.

[5] 周孝德, 陈惠君, 沈晋. 滞洪区二维洪水演进及洪灾风险分析[J]. 西安理工大学学报, 1996(3): 244-250.

[6] 傅湘, 王丽萍, 纪昌明. 洪水遭遇组合下防洪区的洪灾风险率估算[J]. 水电能源科学, 1999(4): 23-26.

[7] 朱勇华, 胡玉林, 王新才. 汉江中下游防洪风险分析[J]. 人民长江, 2000(11): 29-30.

[8] 徐天群, 朱勇华, 董亚娟. 汉江中下游防洪风险分析中的极值分布模型研究[J]. 水利水电快报, 2001(23): 13-16.

[9] 武传号, 黄国如, 吴思远. 基于 Copula 函数的广州市短历时暴雨与潮位组合风险分析[J]. 水力发电学报, 2014(2): 33-40.

基于动态权重集对分析模型的地下水水质污染风险评价

何福娟　唐圆圆

摘要： 针对以往水质污染评价中评价指标权重相对固定的不足，提出一种基于动态权重的水质污染评价方法。首先建立地下水水质污染评价多指标评价体系，采用熵权法和层次分析法分别计算指标客观权重和主观权重，通过主客观综合赋权确定一个随指标取值变化而变化的指标动态权重。然后将集对分析模型由以往的 3 元联系度拓展为 5 元联系度，并将该权重引入改进的集对分析模型，提出基于动态权重集对分析模型对地下水水质污染进行评价。将此方法应用于宁夏石嘴山市大武口区地下水水质污染评价，结果表明：测点 1、2、5 水质级别为Ⅰ级，测点 3、4、6、7 水质级别为Ⅲ级。结合研究区地质、水文地质条件以及人类活动情况验证评价结果的科学性及合理性，并通过与综合评判法、属性识别法和模糊物元法的评价结果比较，基于动态权重集对分析模型的评价结果客观、合理，具有较好的实用性和科学性。

关键词： 动态权重；地下水；集对分析；水质评价

1　引　言

水资源是人类社会生存和发展不可替代的宝贵资源，地下水作为自然界水循环的重要组成部分，在我国国民经济发展、社会进步和生态安全等方面起着十分重要的作用[1]。由于水体本身具有复杂性、不确定性和模糊性，如何对地下水水体质量做出客观、科学的评价是国内学者研究的重点[2]。目前关于地下水水质污染评价的方法有很多，主要包括单因子评价法、层次分析法、模糊综合评判法、人工神经网络法、综合评价法、灰色聚类法以及集对分析法等，但这些传统方法主要有以下不足或欠缺：①评价内容方面，如何合理的处理评价指标与水质等级之间复杂的逻辑关系没有很好地被解决；②待评价指标权重相对固定，限制了评价模式的通用性，影响了结果的可靠性[3]；③以往利用集对分析法进行地下水水质污染评价时人为将水质等级标准划分为 3 个级别，评价结果颇为主观。为改进现有方法的不足，本文根据《地下水质量标准》划分原则，尝试运用集对分析理论将其联系度由以往 3 元拓展为 5 元联系度，采用熵权法和层次分析法分别计算评价指标客观权重以及主观权重。通过主客观综合赋权确定一个随指标取值变化而变化的指标动态权重，提出基于动态权重集对分析法对水质做出全面、客观的评价。以宁夏石嘴山市大武口区为例，对其 2015 年地下水水质进行评价，以实现该地区合理、高效开发利用和保护地下水资源的目的。

2 集对分析模型的原理及方法

集对分析理论是我国学者赵克勤于 1989 年提出的一门新的处理不确定性问题的系统理论方法，通过集对以及联系度的相关理论，研究系统中存在的确定、不确定因素以及它们之间的变化规律。在这个系统中将确定性分为“同一”与“对立”两个方面，将不确定性称为“差异”，从同、异、反三方面分析事物及其系统。同、异、反三者相互联系、相互影响、相互制约，又在一定条件下相互转化。通过引入联系度及其数学表达统一描述各种不确定性，从而将不确定性的辩证认识转化为具体的数学公式[4,5]。假设某一集对 H 由集合 A 和集合 B 组成，即在某一条件下，集对 H 由 N 个特性，其中 S 个特性为两个集合所共有，P 个特性为两个集合所对立，其余 F 个特性既不为两个集合所共有也不为两个集合所对立，属关系不确定型。具体联系度可通过如下数学表达式表述：

$$\mu=\frac{S}{N}+\frac{F}{N}i+\frac{P}{N}j=a+bi+cj \tag{1}$$

式中，μ 为联系度，反映两个集合的关联程度；i 为差异度系数；j 为对立度系数，仅做标记使用；$\frac{S}{N}$ 为两个集合的同一度，简记为 a，$\frac{F}{N}$ 为两个集合的差异度，简记为 b，$\frac{P}{N}$ 为两个集合的对立度，简记为 c，a，b，c 满足归一化条件，即 $a+b+c=1$。

3 基于动态集对分析法的水质污染评价模型

根据集对分析法的基本原理，构建基于集对分析法的地下水水质污染评价模型，首先要确定一个集对，在该评价中将各监测井评价指标实测值与地下水质量评价标准规定的各级标准值建立集对；其次计算每一个集对之间的联系度，并根据每个评价指标的重要性，确定每个评价指标的权重；然后根据联系度与权重确定监测井各级评价标准的加权联系度；最后根据加权联系度最大值所对应的级别确定地下水水质级别。

3.1 确定联系度

如何确定联系度是应用集对分析进行地下水水质污染评价的关键，本文将地下水质量标准划分为 5 个等级，因此将集对分析联系度拓展为 5 元联系度。

$$\mu=a+bi+cj+dk+el \tag{2}$$

式中，a，b，c，d，e 分别代表监测点某一评价指标实测值与地下水Ⅰ～Ⅴ级标准值的联系度，且 a，b，c，d，e 满足归一化条件，i，j，k，l 仅做标记使用。

根据水质评价指标特性，其满足越小越优型指标，联系度为

$$\mu_{sm}=\begin{cases}1+0i+0j+0k+0l & x\in[0,\ S_1] \\ \dfrac{S_2-x}{S_2-S_1}+\dfrac{x-S_1}{S_2-S_1}i+0j+0k+0l & x\in[S_1,\ S_2] \\ 0+\dfrac{S_3-x}{S_3-S_2}i+\dfrac{x-S_2}{S_3-S_2}j+0k+0l & x\in[S_2,\ S_3] \\ 0+0i+\dfrac{S_4-x}{S_4-S_3}j+\dfrac{x-S_3}{S_4-S_3}k+0l & x\in[S_3,\ S_4] \\ 0+0i+0j+0k+1l & x\in[S_4,+\infty]\end{cases} \tag{3}$$

式中，S_1，S_2，S_3，S_4分别为评价指标的界限值；m为第m项地下水水质污染评价指标；s为第s个测点；μ_{sm}为第s个测点第m项指标的联系度；x为测点s的第m项地下水水质污染评价指标的实测值；i，j，k，l仅做标记使用。

3.2　计算指标动态权重

合理确定指标权重是地下水水质污染评价的关键因素，本文结合熵权法与层次分析法确定待评价指标动态权重。熵权法计算待评价指标的客观权重，层次分析法计算评价指标的主观权重，最后主观、客观权重相结合确定一个随待评价指标取值变化而变化的动态综合权重[6,7]。

1）确定客观权重

采用熵权法确定评价指标客观权重。熵权法的原理是：如果待评价指标的无序化程度越大，则信息熵越小，该评价指标提供的信息量就越大，所对应的权重越大，反之权重越小；根据待评价各项指标的变异程度大小，能客观地计算出各个指标的权重[8]。由熵的定义，各评价对象各评价指标的熵可表示为

$$E_i=\frac{-\sum_{n}^{m}B_{iX}\ln B_{iX}}{\ln m} \tag{4}$$

式中，$B_{iX}=\dfrac{V_{iX}}{\sum_{X-1}^{m}V_{iX}}$，$V_{iX}$为第$X$（$X=1,2,\cdots,m$）个对象第$i$（$i=1,2,\cdots,n$）个指标的量值。

评价指标的熵权W和客观权重λ_i为

$$W=(\lambda_i)_{1\times n} \tag{5}$$

式中，$\lambda_i=\dfrac{(1-E_i)}{n-\sum_{i=1}^{n}E_i}$，而且满足$\sum_{i=1}^{n}\lambda_i=1$。

2）确定主观权重

采用层次分析法确定指标主观权重。层次分析法是美国运筹学家提出的一种多目标、多准则决策分析方法[9]。其原理是将复杂的结构转化为一个有层次的结构模型，根据专家的经验对每一层及每一领域的指标相互对比，建立判断矩阵，通过计算判断矩阵的最大特征值，求解特征方程：

$$AX = \lambda_{\max} X \tag{6}$$

解得 $\lambda_{\max}$ 的特征向量 $X = \{x_1, x_2, x_3, \cdots, x_n\}$，经归一化即可得各指标的权重向量：

$$\theta_i = \left(x_1 \Big/ \sum_{i=1}^{n} x_i , x_2 \Big/ \sum_{i=1}^{n} x_i , \cdots , x_n \Big/ \sum_{i=1}^{n} x_i \right) \tag{7}$$

3) 确定动态综合权重

综合权重 ω_i 由待评价指标的客观权重 λ_i 和主观权重 θ_i 综合赋权计算，即

$$\omega_i = \frac{\lambda_i \theta_i}{\sum_{i=1}^{m} \lambda_i \theta_i} \tag{8}$$

3.3 基于动态权重的集对分析模型

假设第 s 个地下水水质污染评价样本的平均联系度为 $\overline{\mu_s}$，根据式(3)计算第 m 项指标联系度 μ_{sm}，根据式(4)～(8)计算各项待评价指标的动态权重 ω_i，且满足 $\sum_{i=1}^{n} \omega_i = 1$。构造出基于动态权重的集对分析模型进行地下水水质污染评价：

$$\overline{\mu_s} = \sum_{i=1}^{n} (\omega_i \times \mu_{sm}) \tag{9}$$

式中，n 为待评价指标的数量，ω_i 为第 i 个指标的权重。

针对所要评价的水质 s，比较 $\overline{\mu_s}$ 中 a,b,c,d,e 取值的大小，即可判断出该测点地下水水质所属级别，其评判准则根据文献确定[10]，水质等级 $p = \max\{a,b,c,d,e\}$。

4 实 例 应 用

4.1 研究区现状

宁夏石嘴山市大武口区位于我国北方干旱半干旱地区，地处东经 105°58′～106°39′，北纬 34°25′～38°21′，地形开阔平坦，属内陆中温带干旱区，常年干旱少雨，年平均降雨量仅为 189.6mm，而年蒸发量却高达 2317mm，生态环境恶劣；水资源短缺问题已成为该区居民面临的严重危机问题。地下水是该区居民和工农业生产的主要水源，随着大武口区人口日益增多，需水量越来越大，供水量与需水量之间的矛盾以及地下水环境污染问题日益突出；加之人们长期不合理开采地下水，使得地下水降落漏斗逐步扩大，水量衰减，水质恶化等环境水文地质问题日趋严重，严重制约着大武口区的建设和发展[11]。由于大武口区属于工业城市，工业用水主要以地下水源为主，用水量为 0.36 亿 m^3/a，占总用水量 40%，主要集中于耗水量大的电力、煤炭、化工等行业。研究区内共有 18 眼开采井，主要用于生活及工农业用水，为了更好地了解该地区地下水水质情况，综合考虑该地区地下水空间分布特征以及含水层情况，根据监测井地下水埋深大小以及水文地质情况，选取具有代表性的 2015 年枯水期(3～8 月)的 7 口监测井的水质作为样本进行

水质评价，对石嘴山市大武口区地下水水质进行评价。

4.2　构建评价指标体系

由于地下水水质污染评价指标体系是一个比较复杂的系统，在确定评价指标时，应充分考虑各个影响指标的属性，既要各有侧重又要相互关联，选取能够从不同方面、不同角度真实客观地反映地下水水质的指标[12]。本文以宁夏石嘴山市大武口区地下水水质污染评价为例，借鉴国内学者的研究成果，充分考虑宁夏石嘴山市大武口区的自然条件、环境特点以及地下水资源状况；通过咨询专家以及结合当地地下水资源情况遴选出具有代表性的总硬度($CaCO_3$)、SO_4^{2-}、矿化度、Cl^-、Fe^{2+}、F、Ca^{2+}7 项指标进行评价。

4.3　评价准则

评价基准的制定依据是《地下水质量标准》[13]，评价标准包含Ⅰ～Ⅴ个级别；具体Ⅰ～Ⅴ级评价标准含义见表 1，评价标准见表 2，不同级别所对应的含义见表 3。

表 1　不同级别所对应的含义[13]

级别	具体含义
Ⅰ	主要反映地下水化学组分的天然低背景含量，适用于各种用途
Ⅱ	主要反映地下水化学组分的天然背景含量，适用于各种用途
Ⅲ	以人类健康基准值为依据，主要集中于生活以及工农业用水
Ⅳ	以农业和工业用水为依据，除适用于农业和部分工业用水外，适当处理可做生活饮用水
Ⅴ	不宜饮用，其他用水可根据使用目的选用

表 2　地下水水质污染评价标准[13]　（单位：mg/L）

等级	总硬度($CaCO_3$)	SO_4^{2-}	矿化度	Cl^-	Fe^{2+}	F	Ca^{2+}
Ⅰ	150	50	300	50	0.1	1	50
Ⅱ	300	150	500	150	0.2	1	100
Ⅲ	450	250	1000	250	0.3	1	150
Ⅳ	550	350	2000	350	1.5	2	200
Ⅴ	>550	>350	>2000	>350	>1.5	>2	>200

表 3　不同级别所对应的风险含义

级别	具体含义
Ⅰ	没有风险
Ⅱ	风险可忽略
Ⅲ	稍有风险
Ⅳ	有风险
Ⅴ	有大风险

4.4 数据来源及权重的确定

1）数据来源

为了能够尽可能精确的反映宁夏石嘴山市大武口区地下水水体质量，综合考虑该地区地下水空间分布特征以及含水层情况，根据监测井地下水埋深大小以及水文地质情况，选取具有代表性的 7 口监测井的水质作为样本进行水质评价；利用 2015 年的枯水期实测数据，对其（3～8 月）各月的检测数据取均值，具体各测点取值见表 4。

表 4　各测点实测值　　（单位：mg/L）

监测井	总硬度（$CaCO_3$）	SO_4^{2-}	矿化度	Cl^-	Fe^{2+}	F	Ca^{2+}
1	146.20	45.00	356.00	75.00	0.25	1.5	75.00
2	396.32	75.82	458.21	42.68	0.02	0.80	45.21
3	308.01	48.23	1500.69	245.29	0.05	1.8	165.25
4	230.11	240.20	1563.65	158.00	0.98	1	85.75
5	345.00	158.65	245.98	25.62	1.15	1	35.00
6	451.00	250.01	750.60	200.09	1.07	1	125.36
7	460.21	155.25	1850.00	185.50	0.08	1.5	115.85

2）确定权重

指标权重由式(4)～(8)确定。以总硬度计算过程为例，由式(4)、式(5)求得客观权重$\lambda_{总硬度}$=0.116，根据层次分析法求得主观权重$\theta_{总硬度}$=0.198，最后求得动态权重$\omega_{总硬度}$=0.162。同理可计算其他指标的动态权重。具体结果见表 5。

表 5　评价指标权重

指标权重	评价						
	总硬度（$CaCO_3$）	SO_4^{2-}	矿化度	Cl^-	Fe^{2+}	F	Ca^{2+}
客观权重（λ_i）	0.116	0.114	0.196	0.216	0.150	0.103	0.105
主观权重（θ_i）	0.198	0.137	0.115	0.155	0.125	0.150	0.120
动态权重（ω_i）	0.162	0.110	0.159	0.237	0.133	0.109	0.089

4.5 地下水水质污染评价

以测点 1 为例，根据式(3)求得各项指标相对于水质标准的联系度，以总硬度和 SO_4^{2-} 为例：$\mu_{1,总硬度}=1+0i+0j+0k+0l$；$\mu_{1,SO_4^{2-}}=1+0i+0j+0k+0l$。

再采用综合评判法、属性识别法以及模糊物元法[5,14]所得评价结果进行比较，具体见表 6。

表 6　不同评价方法评价结果对比

方法	测点 1	测点 2	测点 3	测点 4	测点 5	测点 6	测点 7
集对分析法	I	I	III	III	I	III	III
综合评判法	I	I	III	III	II	III	III
属性识别法	I	I	III	III	II	III	III
模糊物元法	I	I	III	III	I	III	III

由表 6 可知：①大武口区 7 个测点地下水水质级别属于Ⅰ～Ⅲ级，测点 3、4、6、7 水质略差，测点 1、2、5 水质较好，根据地下水质量标准划分，该地区地下水可以用于生活以及工农业用水。②基于动态权重集对分析模型所得水质评价结果与综合评判法、属性识别法以及模糊物元法所得地下水水质污染评价结果基本一致。测点 5 水质评价结果略有不同，评价结果难免受到人为因素的影响，导致最终评价结果级别偏高。所以认为测点 5 利用集对分析法得到的评价结果是合理的。

由表 7 可以看出，测点 3、4、5、6、7 稍有风险，测点 1、2 没有风险，由此可见，此地区水质良好。

表 7　不同测点所对应的风险级别

测点	测点 1	测点 2	测点 3	测点 4	测点 5	测点 6	测点 7
风险级别	I	I	III	III	I	III	III

5　结　论

(1) 运用动态集对分析模型对宁夏石嘴山市大武口区地下水水质进行评价，充分考虑各个影响指标的属性，建立合理的评价指标体系，结果显示该地区测点 1、2、5 水质级别属于Ⅰ等级，测点 3、4、6、7 水质级别属于Ⅲ等级。

(2) 考虑到影响地下水水质的诸多物理、化学、生物因素具有很多不确定性，应用集对分析理论构造地下水水质污染评价模型，在确定各项评价指标的权重时引入随指标取值变化而变化的指标动态权重，使得评价指标权重分配更加合理。

(3) 本文结合研究区地质、水文地质以及人类活动情况，综合分析评价结果的科学性及合理性，结果表明基于动态权重集对分析模型的评价结果客观、合理，具有较好的实用性和科学性。

(4) 由于集对分析法在处理“联系度”的数学结构方面理论有一定的欠缺，今后还需开展更深入的研究。

参 考 文 献

[1] 孙大鹏. 黄土台原灌区地下水水质污染评价及防污对策研究[D]. 陕西: 长安大学, 2008.
[2] 孟宪萌，胡和平. 基于熵权的集对分析模型在水质综合评价中的应用[J]. 水利学报，2009，40(3):

257-262.

[3] 张伟. 基于人工神经网络吉林市地下水水质现状评价及预测研究[D]. 吉林: 吉林大学, 2007.

[4] 侯保灯, 赵庆绪, 王焱, 等. 基于集对分析模型的岷江上游流域震后水质综合评价[J]. 水力发电, 2010(1): 12.

[5] 孟宪萌. 基于过程模拟的越流区承压含水层脆弱性评价研究[D]. 北京: 清华大学, 2010.

[6] 李聪, 申思然, 刘江, 等. 基于动态权重的土质岸坡稳定性模糊评价方法[J]. 长江科学院院报, 2013, 30(1): 15-20+25.

[7] 闫滨, 钱静宇, 郭超. 基于动态权重的综合指标权重确定及应用[J]. 沈阳农业大学学报, 2014, 45(1): 58-61.

[8] 刘勇, 高建华, 丁志伟. 基于改进熵权法的中原城市群城镇化水平综合评价[J]. 河南大学学报, 2011(1): 50-55.

[9] 李晓峰, 刘宗鑫, 彭清娥. TOPSIS 模型的改进算法及其在河流健康评价中的应用[J]. 四川大学学报, 2011(3): 15-21.

[10] 赵克勤. 集对分析及其初步应用[M]. 杭州: 浙江科学技术出版社, 2000.

[11] 边博. 宁夏石嘴山市地下水水质预测及评价模型研究[D]. 西安: 西安理工大学, 2005.

[12] 邱林, 唐红强, 陈海涛, 等. 集对分析法在地下水水质污染评价中的应用[J]. 节水灌溉, 2007(1): 13-15.

[13] 国家技术监督局. GB/T14848—93 地下水质量标准[S]. 国家技术监督局, 1994.

[14] 舒军龙, 潘仲麟. 属性识别理论模型在环境质量评价中的应用[J]. 干旱环境检测, 1998, 12(4): 224-227.

基于投影寻踪评价模型的用水效率风险评价

王冬冬　唐　彦

摘要：为科学评价我国城市用水效率风险，基于用水效率红线，从生产用水、生活用水、生态用水三个方面建立用水效率风险等级评价指标体系。在已有研究基础上，综合考虑区域特征，确立了高度风险、中高风险、中度风险、中低风险、低风险5个等级评价标准，并利用基于实数编码的加速遗传算法(real coded accelerating genetic algorithm，RAGA)的投影寻踪法(projection pursuit，PP)构建用水效率风险等级评价模型。以上海市为例，对其2008～2015年连续8年的用水效率风险等级进行评价。结果表明，上海市近8年用水效率风险逐年下降，与实际相符，该模型可为今后城市用水效率风险等级评价提供新的思路。

关键字：投影寻踪；风险评价；用水效率

1 研究背景

水资源匮乏问题已经成为全球焦点问题，不少国家、城市水荒现象逐渐凸显，中国人均水资源量仅为世界平均水平的四分之一，水资源短缺严重。随着人类社会的逐步发展，人们对于水资源的需求、水质的要求都在逐渐提高，极大地增加了水系统的压力。我国用水效率相比发达国家差距较大，因此国务院明确提出了用水效率红线，旨在提高我国用水效率，实现水资源高效利用[1~3]。用水效率反映了地区水资源在生态、生产、生活三方面的利用状况，因此，关于用水效率风险的研究可以对我国用水状况起到一定的警示作用。近年来国内学者相继从多个角度开展了一系列的水资源利用风险研究。凌子燕利用主成分分析法对广东省区域水资源紧缺进行了风险评价，表明湛江已经进入了水资源紧缺高风险区域；李章平利用循环组合模型对洞庭湖流域水资源短缺进行了风险评价；张学霞利用空间聚类分析方法对松辽流域水资源利用进行了风险评价，表明松辽流域水资源利用风险总体呈现出嫩江流域和松花江流域偏高，其他流域风险较低的结果。本文在现有的研究基础上，从生产、生活和生态三个角度构建用水效率风险评价指标体系，建立基于RAGA优化的投影寻踪（projection pursuit, PP）[4]用水效率风险等级评价模型。并将模型应用于上海市，通过分析计算，可对我国上海市用水效率状况进行客观评价，并为其用水效率的提高提供一定依据。

2 用水效率风险评价指标体系

评价指标体系的建立遵循以下原则[5]：系统性、科学合理性、客观性、无关性、可操作性等。在综合各种因素的前提下，应客观合理地选择独立并且具有代表性的指标，进而对评价对象进行系统客观科学的评价。国务院 2012 年发布的《关于实行最严格水资源管理制度的意见》，划定了用水效率控制红线，要求从工业、农业方面提高用水效率。考虑到我国水资源利用主要集中在生产、生活、生态三个方面，因此作者以用水效率红线、我国用水的实际情况为依据将用水效率风险评价指标划分为生产、生活、生态三个准则层：①生产用水。生产用水效率低下的主要原因为工农业用水量与固定资产投入较多，而效益较低，其中生产用水效益主要包括工业增加值、农业产值、工业用水效益、农业用水效益、人均 GDP。工农业用水量越大，生产用水效益越小，用水效率越低，对风险的正效益越大。②生活用水。生活用水效率低下的主要原因为生活用水投入较多，而生活用水效益较低。生活用水效益主要包括承载人口与水资源供需满意度。生活用水量越大对风险的正效益越大，生活用水效益越小，用水效率越低，用水效率风险越大。③生态用水。生态用水效率低下的主要原因为生态用水投入与污水处理厂数量较多，而生态用水效益较低。生态用水效益主要包括污水处理率、污水处理能力、工业重复用水率、城市绿化率和新增绿地面积。生态用水量越大对风险的正效益越大，生态用水效益越小，对风险的正效益越大。

通过 DELPH[6]法、专家咨询法[7]等对指标进行筛选整合，构建了如表 1 所示的用水效率风险评价指标体系。

表 1　用水效率风险评价指标体系

目标层 A	准则层 B	指标层 C	计算方法	量纲
用水效率风险	生产用水 B_1	工业用水量 C_1	查阅资料	亿 m^3
		农业用水量 C_2	查阅资料	亿 m^3
		工业增加值 C_3	查阅资料	亿元
		农业产值 C_4	查阅资料	亿元
		工业用水效益 C_5	工业增加值/工业用水	元/m^3
		农业用水效益 C_6	农业产值/农业用水	元/m^3
		人均 GDP C_7	GDP/城市总人口	万元
		固定资产投资 C_8	查阅资料	亿元
	生活用水 B_2	生活用水量 C_9	查阅资料	亿 m^3
		承载人口 C_{10}	查阅资料	万人
		水资源供需满意度 C_{11}	定性指标问卷调查	无量纲
	生态用水 B_3	污水处理能力 C_{12}	查阅资料	万 t/d
		污水处理率 C_{13}	污水处理量/污水总量	%
		工业重复用水率 C_{14}	重复利用工业用水/工业污水	%
		生态用水量 C_{15}	查阅资料	亿 m^3
		污水处理厂数量 C_{16}	查阅资料	座
		城市绿化率 C_{17}	绿地面积/城市面积	%
		新增绿地面积 C_{18}	查阅资料	ha

3　用水效率风险等级评价模型

用水效率风险等级评价是一个多指标、高维度的问题，其评价是通过数学的方法，利用已有的指标数据，建立相应的评价模型，利用该模型结合样本数据，对样本所处等级进行确定。投影寻踪法是一种新兴的分析处理多维度数据的方法，它在分析和处理高维度的数据时可以极大程度的降低原始数据维数。投影寻踪法以其处理高维数据以及避免人为主观成分、实现客观评价的特点，在多种评价中得到人们的广泛使用。本文采用RAGA 优化的投影寻踪法构建用水效率风险等级评价模型[8]，进而对用水效率风险等级做出客观评价。投影寻踪法是高维度问题的一种有效处理方法，其基本原理就是通过最大化投影指标函数，以此来确定最优的投影方向，从而将高维度数据投影到低维度子空间上，通过对低维度空间中数据的分析，使研究结果更加清晰，从而达到对高维度原始数据进行研究的目的[9]。

4　实 例 研 究

上海市集经济、航运、科技等于一体，2018 年其 GDP 位于中国城市首位，在我国经济发展中具有极其重要的地位。上海市位于长江入海口，全市土地面积为 6340km^2，辖区内有 16 个区。近年来上海市城市化发展迅速，人口增长迅猛，城市发展对水的需求逐渐增加。截至 2015 年末，上海市全市人口为 2415.27 万人，2015 年全市用水量为 76.64 亿 m^3。随着人口逐渐增加，上海市探索了一条以节水减排和改善环境为主导的节水型社会建设主体模式，实施了一批重大节水工程。为了检验上海市系列高效用水工程的效果，上海市用水效率风险评价的研究具有极其重要的意义。

4.1　用水效率风险等级划分

目前对于用水效率风险等级的划分还没有一种确定的划分标准。评价等级的划分应遵循以下的原则：①准确把握当地的用水特点；②充分考虑城市用水效率现状；③结合现有的研究成果。根据上海市近 20 年水资源公报指标原始数据，采用 K-均值聚类方法，将用水效率风险划分为五个评价等级：Ⅰ高风险、Ⅱ中高风险、Ⅲ中度风险、Ⅳ中低风险、Ⅴ低风险。各个等级划分的标准如表 2 所示。其中指标 C_1，C_2，C_8，C_9，C_{10}，C_{15}，C_{16} 对用水效率风险具有正向作用，其值越大，风险越大；其余指标对用水效率风险具有负向作用，其值越大，风险越小。各年份的指标原始数值如表 3 所示。

表 2　上海市用水效率风险等级划分标准

评价指标	不同风险等级样本标准值				
	Ⅰ高风险	Ⅱ中高风险	Ⅲ中度风险	Ⅳ中低风险	Ⅴ低风险
C_1	80	60	40	20	0
C_2	19	17.5	15	10	0

续表

评价指标	不同风险等级样本标准值				
	Ⅰ高风险	Ⅱ中高风险	Ⅲ中度风险	Ⅳ中低风险	Ⅴ低风险
C_3	0	3000	5000	6500	7500
C_4	0	200	300	350	450
C_5	0	50	100	160	180
C_6	0	10	16	20	25
C_7	0	5	7	9	12
C_8	7000	6000	4500	3000	0
C_9	20	15	10	6	0
C_{10}	2500	2000	1500	500	0
C_{11}	0	0.6	0.7	0.8	0.9
C_{12}	0	400	600	730	780
C_{13}	0	60	70	80	95
C_{14}	0	0.6	0.7	0.77	0.89
C_{15}	1.2	0.8	0.5	0.3	0
C_{16}	65	60	55	40	0
C_{17}	0	20	30	40	50
C_{18}	0	500	1000	1200	1400

表 3　上海市用水效率风险评价指标原始数值

评价指标	上海市连续 8 年风险评价指标值							
	2008 年	2009 年	2010 年	2011 年	2012 年	2013 年	2014 年	2015 年
C_1	79.6	84.2	55.6	44.0	44.0	46.2	39.1	37.4
C_2	17.05	17.11	17.08	16.81	17.45	16.26	14.57	14.24
C_3	5785	5375	6457	7231	7159	7237	7363	7111
C_4	280.7	283.1	287	314.1	320.8	325.4	322.1	287.8
C_5	72.7	63.9	76.1	130	162.8	156.5	188.5	189.9
C_6	16.5	16.5	16.8	18.7	18.4	20	22.1	20.2
C_7	7.25	7.76	7.33	8.26	8.5	9.01	9.73	10.31
C_8	4829.3	5273.3	5317.7	5067.1	5254.4	5647.8	6016.4	6352.7
C_9	12.14	12.63	12.79	12.9	13.27	13.71	12.75	12.51
C_{10}	1888.5	1921.3	2302.7	2347.5	2380.4	2415.2	2425.7	2415.3
C_{11}	0.81	0.88	0.7	0.68	0.73	0.76	0.66	0.62
C_{12}	672.3	686.5	684.1	694.1	701.1	784.3	787.7	794.6
C_{13}	75.5	78.9	81.9	84.7	85.6	87.7	89.8	92.8
C_{14}	0.818	0.821	0.824	0.826	0.828	0.83	0.832	0.834
C_{15}	0.59	0.62	0.63	0.71	0.73	0.78	0.79	0.82
C_{16}	50	52	53	53	53	53	53	53
C_{17}	38	38.1	38.15	38.2	38.3	38.4	38.5	38.6
C_{18}	1290	1096	1223	1063.1	1037.9	1050	1105	1190

注：表格中数据来自 2008～2015 年上海市水资源公报

4.2 评价模型应用

1)用水效率风险等级评价过程

在所有风险评价指标中，C_1，C_2，C_8，C_9，C_{10}，C_{15}，C_{16}为越大越优型；其余均为越小越优型。在RAGA优化中，定义初始父代种群数量为400，加速迭代次数为20，交叉概率取0.7，变异概率为0.7。依据前文所述评价模型步骤，利用MATLAB语言编写评价计算程序，算得最佳投影向量为：a^*=(0.1682,0.1973,0.3236,0.2381,0.4053,0.3936,0.1491,0.1931,0.1823,0.0259,0.4053, 0.1531,0.2032,0.1778,0.2819,0.1704,0.2681,0.2813)。

Ⅰ，Ⅱ，Ⅲ，Ⅳ，Ⅴ五个风险等级所对应的投影特征值分别为：4.0235, 2.4682, 1.5401, 0.9205,0.0498；上海市2008～2015年风险投影值分别为：1.6301,1.6246,1.6167,1.4205, 1.3097, 1.2623,1.1623,1.2141。根据各个风险等级的投影特征值 Z_i^*，绘制风险等级-投影特征值散点图，如图1所示。

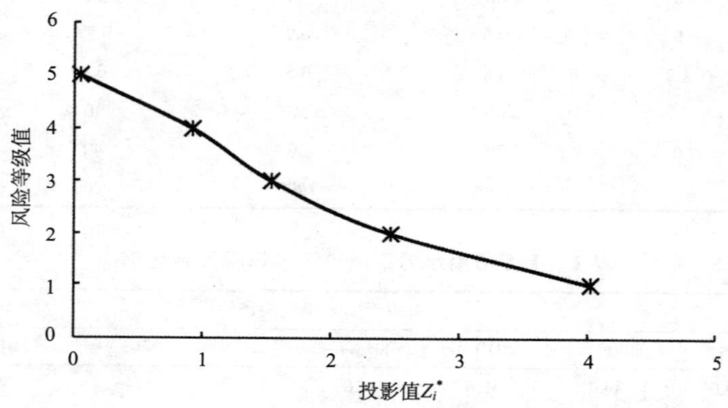

图1 用水效率风险等级值与投影特征值关系散点图

根据数值分析拟合得到用水效率风险等级评价模型，如下式所示

$$y_i^* = 0.0538(Z_i^*)3 - 0.1891\ (Z_i^*)2 – 1.1207\ Z_i^* + 5.0724$$

评价模型的误差计算结果如表4所示。

表4 投影寻踪评价模型误差分析

y_i^*准确值	y_i^*计算值	绝对误差	相对误差/%
1	1.0063	0.0063	0.63
2	1.9632	0.0368	1.84
3	3.0944	0.0944	3.14
4	3.9225	0.0775	1.93
5	5.0161	0.0161	0.32

由表 4 可知，该模型绝对误差均值为 0.04622，相对误差均值为 1.572%，所以该用水效率风险等级评价模型准确度相对较高，可以用于上海市 2008～2015 年的用水效率风险等级评价。将上海市 2008～2015 年投影值分别代入到评价模型中，得到上海市 2008～2015 年用水效率风险等级值分别为：2.976、2.983、2.994、3.253、3.041、3.465、3.599、3.529，由此可以看出上海市 2008～2010 年用水效率风险等级为Ⅲ级，中度风险，2011～2015 年用水效率风险等级为Ⅳ级，中低风险。

2) 评价结果分析

上海市的用水效率风险总体呈现下降趋势，在 2008～2010 年中，上海市用水效率风险处于中度风险级别，主要原因是生活用水投入激增，但产出值涨幅相对平稳，造成生活用水效率大幅下降。在 2011～2015 年中，上海市用水效率风险处于中低风险等级，主要原因是生产、生活、生态用水效率均较稳定，随着生产用水投入的增加，生产用水效益大幅度增长，GDP 增长较明显；人口为近几年最低，生活用水投入较少，从而使生活用水效率处于较高状态。近年来，上海市根据水务一体化管理体制，建立了最严格水资源管制体系框架，使用水投入逐渐减少，但 GDP、生产用水效益持续增加；又由于增加了节水器具普及率，使生活用水效率逐年提升。由于用水效率提升效果显著，从而逐步降低了用水效率风险。这表明上海市近年来一系列提升用水效率的工程以及政策，可以为其他省市减小用水效率风险指明方向。上海市仍可进一步积极响应国家“用水效率红线”相关内容，建立最严格水资源管理体系，以饮用水安全为保障重点，以节水减排为切入点，进而减小水资源承载力风险。此外，上海市还可成立最严格水资源管理检查小组，落实考核成绩奖惩措施；鼓励市民节水，实施梯级水价。

5 结 论

(1) 本文从生产、生活、生态三个角度提出用水效率风险等级评价指标体系，立足上海市的用水现状制定了 5 个等级划分标准，为以后的用水效率风险评价提供了新的思考方向。

(2) 利用投影寻踪法提出了用水效率风险等级评价模型的构建方法，并利用该模型对上海市 2008～2015 年的用水效率风险等级做出评价，输出结果与客观事实相符，表明了该模型的科学性、合理性，为以后的用水效率风险等级评价提供了新的思考方向。

参 考 文 献

[1] 左其亭，张云. 人水和谐量化研究方法及应用[M]. 北京：中国水利水电出版社，2009.

[2] 汪恕诚. 人与自然和谐相处——破解中国水问题的核心理念[J]. 今日国土，2004(2)：6-9.

[3] 左其亭，刘欢，马军霞. 人水关系的和谐辨识方法及应用研究[J]. 水利学报，2016，47(11)：1363-1370+1379.

[4] 戴会超，唐德善，张范平，等. 城市人水和谐度研究[J]. 水利学报，2013，44(8)：973-978.

[5] 黄显峰，贾永乐，方国华. 基于投影寻踪法的城市水生态文明建设评价[J]. 水资源保护，2016，32(6)：117-122.

[6] 郭潇，方国华，章哲恺. 跨流域调水生态环境影响评价指标体系研究[J]. 水利学报，2008，39(9)：

1125-1130.

[7] 冯彩云, 许新桥, 孙振元. 北京近自然园林绿地植物群落综合评价指标体系研究[J]. 安徽农业大学学报, 2014, 41(6): 950-955.

[8] 孔越, 陈娟. 社区卫生服务满意度指标体系中专家咨询法的可靠性分析[J]. 解放军预防医学杂志, 2007, 25(4): 259-261.

[9] 杨廷伟. 一种改进的基于实数编码的遗传算法以及在水库调度中的应用[J]. 中国水运, 2017, 17(1): 165-166+190.

基于改进云模型的水库除险加固效益风险评价

刘展志　唐　彦

摘要：针对水库除险加固效益评价，从经济、社会、生态环境效益三个方面构建效益评价指标体系，确定评价等级与标准，提出改进云模型进行综合评价。该模型将投影寻踪法和熵权法计算得到的客观权重与云模型计算的初始权重相耦合，利用组合评价法计算指标权重，根据指标等级与标准计算云模型的三个特征值(期望 *Ex*，熵 *En*，超熵 *He*)，采用条件云发生器计算各指标的隶属度，进行综合评价。以湖北省宜昌市黑湾水库为实例进行评价，结果表明，黑湾水库除险加固治理后的整体效益评价处于效益一般等级，满足了预期效益，与实际情况相符，验证了改进云模型评价方法的有效性和实用性。

关键词：水库除险加固；效益评价体系；改进云模型；投影寻踪法；熵权法

1 引　　言

水库是重要水利工程设施，我国是全世界拥有水库最多的国家。根据《第一次全国水利普查公报》，我国共有水库 98002 座，总库容达到 9323.12 亿 m^3，包括已建水库 97246 座，其总库容达 8104.1 亿 m^3；在建水库 756 座，总库容为 1219.02 亿 m^3[1]。水库在防洪、发电、供水等方面发挥着巨大的作用，但由于建设年代久远、管理维护不到位、自然灾害等原因，我国存在大量病险水库。而这些病险水库的存在不仅阻碍水库的正常运行，还对下游城市设施和人民安全有巨大威胁。近年来，我国高度重视病险水库相关问题，进行除险加固工作，并在中央补助项目中开展了专项整治[2]。目前，各地水库相关除险加固工作陆续开展完成，但还存在部分水库整治不合格问题。因此，还需要对已完成除险加固项目的工程重新评价，对于未满足评价要求的水库要做进一步的治理[3,4]。钮新强[5]总结水库相关病害及其特点并介绍了各类除险加固技术；姚艳杰[6]把风险分析理论与水库除险加固相结合，建立风险模型，进行了风险评估分析；胡江[7]采用生命质量指数，通过风险效益分析计算溃坝损失和增量收益；王宁[8]建立除险加固效果评价体系，通过模拟层次分析法计算指标进行评价；徐冬梅[9]对震损水库进行研究，通过模糊聚类分析法确定水库加固顺序。这些方法中有的数据要求高、权重较难确定，有的定性成分过多、主观性强。组合评价法是将几种评价方法进行组合，通常选择将主观赋权和客观赋权相结合，一定程度上避免了主观的随意性，同时又具有一定的倾向性。云模型是一种新的评价方法，该方法兼具模糊性和随机性，比较客观精确，能够较好地实现定性与定量之间的转化。李影[10]以变形、渗流、环境三方面构建评价体系，通过组合赋权和正态云进行大坝安全评估计算；侯炳江[11]将组合赋权-云模型应用于水质评价，也取得了较好的成果，但他们在计算组合权重时均采用博弈论建立模型，各自方法本身的权重矩阵无法很好确定。运用云模型计算权重时，由于初始权重的选择往往具有较强的主观性，本文通过组合权重来改进云模型，并通过条件云模型进行各指标隶属度的计算，能够客观全面体现病险水库除险加固后的工程效益，便于调整水库治理方案。

2 效益评价指标体系

2.1 指标体系构建

水库建设能够发挥防洪、灌溉、发电、水产饲养等作用，但病险水库可能会给社会带来严重危害。我国目前进行水库除险加固效益评价时往往参照大坝水库相关规范标准，还没有建立自成体系的评价系统。一般病险水库除险加固效益评价应包括治理方案、工程质量、施工技术、运行维护管理、综合治理效果等方面[12]。对水库治理进行效益评价具有一定的指导意义，能作为工程依据，同时也是治理工作的前提与基础，能够帮助治理方案的建立和改进。由于资料限制，本文指标体系建立主要参考文献[13]，从经济影响、社会影响与环境影响三大方面建立效益评价指标体系[13]，具体见表 1。

表 1 水库除险加固综合效益评价体系

体系	序号	指标	指标含义
经济效益 B_1	1	防洪增量效益 C_1	水库经过治理后增加的防洪能力，在避免洪灾损失方面的潜在效益
	2	灌溉增量效益 C_2	水库经过治理后增加的灌溉能力，在农业灌溉方面增加的潜在效益
	3	经济净现值 C_3	通过社会折现率将项目在总计算期内各年净效益均折算到计算期初的现值总和
	4	经济内部收益率 C_4	项目在计算期内的经济净现值累积达到零时的折现率
	5	经济效益费用比 C_5	项目效益现值与项目费用现值的比值
	6	投资回收期 C_6	项目净效益能够偿还全部投资所需要的时间
社会效益 B_2	7	单位保护面积投资 C_7	总投资与水库保护面积的比值
	8	单位保护人口投资 C_8	总投资与水库保护人口的比值
	9	水资源利用率 C_9	新增灌溉面积与地区总耕地面积的比值
	10	社会稳定 C_{10}	社会稳定的促进水平，是一个定性指标
	11	居民生活质量 C_{11}	居民生活质量提高水平，是一个定性指标
	12	就业效益 C_{12}	工程提供就业人数的总投资比值
生态环境效益 B_3	13	水环境影响 C_{13}	对水环境的影响程度，是一个定性指标
	14	生态平衡 C_{14}	对生态平衡的影响程度，是一个定性指标
	15	水土流失量 C_{15}	工程治理中造成的土壤流失和侵蚀数量

2.2 评价等级与标准

本文将评价体系根据效益评价分为 5 个等级，分别是效益极佳、较好、一般、较差、极差，考虑各地区发展程度不同，差异较大，对定量指标以实测值与预期值的比值作为评判该指标达到预期效益的程度，然后确定合理的等级范围阈值，并采用置信度计算最终评价结果，具体分级等级与标准见表 2。

表 2 水库除险加固综合效益评价等级与标准

序号	体系	指标	评价等级				
			效益极佳	效益较好	效益一般	效益较差	效益极差
1	经济效益 B_1	防洪增量效益 C_1	[2,2.5)	[1.5,2)	[1,1.5)	[0.5,1)	[0,0.5)
2		灌溉增量效益 C_2	[2.2,2.5)	[1.7,2.2)	[1,1.7)	[0.7,1)	[0,0.7)
3		经济净现值 C_3	[1.6,1.9)	[1.3,1.6)	[1,1.3)	[0.6,1)	[0,0.6)
4		经济内部收益率 C_4	[2,2.5)	[1.5,2)	[1,1.5)	[0.5,1)	[0,0.5)
5		经济效益费用比 C_5	[1.8,2.2)	[1.4,1.8)	[1,1.4)	[0.6,1)	[0,0.6)
6		投资回收期 C_6	[0,0.5)	[0.5,1)	[1,1.5)	[1.5,2)	[2,2.5)
7	社会效益 B_2	单位保护面积投资 C_7	[0,0.5)	[0.5,1)	[1,1.5)	[1.5,2)	[2,2.5)
8		单位保护人口投资 C_8	[0,0.5)	[0.5,1)	[1,1.5)	[1.5,2)	[2,2.5)
9		水资源利用率 C_9	[2,2.5)	[1.5,2)	[1,1.5)	[0.5,1)	[0,0.5)
10		社会稳定 C_{10}	[4,5)	[3,4)	[2,3)	[1,2)	[0,1)
11		居民生活质量 C_{11}	[4,5)	[3,4)	[2,3)	[1,2)	[0,1)
12		就业效益 C_{12}	[2,2.5)	[1.5,2)	[1,1.5)	[0.5,1)	[0,0.5)
13	生态环境效益 B_3	水环境影响 C_{13}	[4,5)	[3,4)	[2,3)	[1,2)	[0,1)
14		生态平衡 C_{14}	[4,5)	[3,4)	[2,3)	[1,2)	[0,1)
15		水土流失量 C_{15}	[0,0.6)	[0.6,1)	[1,1.4)	[1.4,1.9)	[1.9,2.3)

3 改进云模型评价

改进云模型是一种比较科学合理的方法[14]。可以选择将熵权法[15]、投影寻踪法[16]与云模型结合，使求得的权重更客观合理，改进云模型评价计算过程，见图 1。

4 实 例 研 究

4.1 工程概况

黑湾水库位于湖北省宜昌市，水库承雨面积达 0.76km^2，为Ⅴ等小(2)型水库，是一座以灌溉为主，兼具防洪、养殖等多种用途的水库。水库运行期间暴露出许多安全隐患，

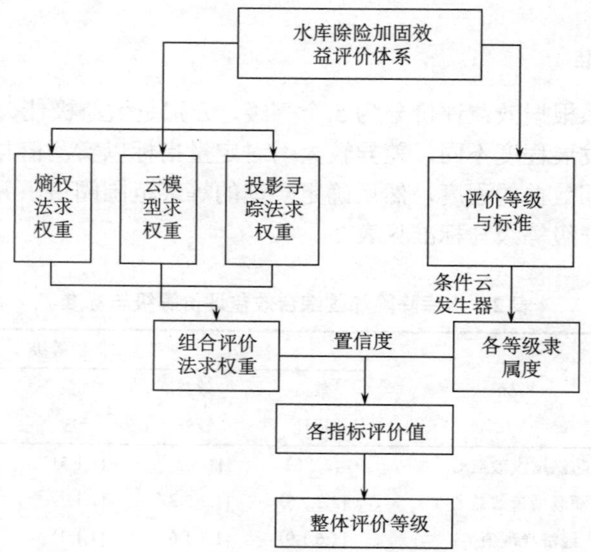

图 1　改进云模型评价计算过程

如坝顶、心墙高度未达标，溢洪道建设未完成，大坝上游坡道未护砌，浪坎，下游坡道未平整，排水反滤设备未整修，被鉴定为三类坝。为确保水库能安全运行，对大坝心墙做加高处理、对溢洪道进行修改扩建、重新设计修建斜拉式进水口以及启闭机房，实施了多项水库除险加固工程。具体指标参数见表 3。

表 3　水库除险加固综合效益评价指标

体系	序号	指标	指标值
经济效益 B_1	1	防洪增量效益 C_1	10 万元
	2	灌溉增量效益 C_2	9 万元
	3	经济净现值 C_3	20 万元
	4	经济内部收益率 C_4	10.6%
	5	经济效益费用比 C_5	1.13
	6	投资回收期 C_6	9.4a
社会效益 B_2	7	单位保护面积投资 C_7	0.6435 万元/ha
	8	单位保护人口投资 C_8	0.0197 万元/人
	9	水资源利用率 C_9	24.364%
	10	社会稳定 C_{10}	3.7
	11	居民生活质量 C_{11}	2.4
	12	就业效益 C_{12}	0.3391 人/万元
生态环境效益 B_3	13	水环境影响 C_{13}	2.1
	14	生态平衡 C_{14}	2.8
	15	水土流失量 C_{15}	50.6t

4.2 指标权重计算

云模型计算出各子系统权重占比与各个指标在各子系统中权重。各指标体系的模拟权重呈正态分布，通过求均值来求出对应的权重结果，见表4。

表4　云模型确定指标权重

体系	指标	期望 Ex	熵 En	超熵 He	在子体系中的权重	整体权重 u^*
经济效益 B_1		0.392	0.017	0.004	—	0.391
	防洪增量效益 C_1	0.403	0.009	0.005	0.403	0.158
	灌溉增量效益 C_2	0.267	0.006	0.003	0.267	0.104
	经济净现值 C_3	0.137	0.003	0.001	0.137	0.053
	经济内部收益率 C_4	0.080	0.002	0.001	0.080	0.031
	经济效益费用比 C_5	0.069	0.003	0.001	0.070	0.027
	投资回收期 C_6	0.045	0.002	0.001	0.044	0.017
社会效益 B_2		0.308	0.020	0.004	—	0.309
	单位保护面积投资 C_7	0.193	0.007	0.000	0.193	0.060
	单位保护人口投资 C_8	0.373	0.008	0.004	0.373	0.115
	水资源利用率 C_9	0.189	0.004	0.000	0.189	0.059
	社会稳定 C_{10}	0.126	0.003	0.001	0.126	0.039
	居民生活质量 C_{11}	0.074	0.002	0.001	0.074	0.023
	就业效益 C_{12}	0.045	0.001	0.001	0.045	0.014
生态环境效益 B_3		0.301	0.029	0.008	—	0.300
	水环境影响 C_{13}	0.266	0.027	0.004	0.267	0.080
	生态平衡 C_{14}	0.434	0.025	0.009	0.434	0.130
	水土流失量 C_{15}	0.300	0.018	0.006	0.299	0.090

由表4可以看出，单纯用云模型进行权重计算时，由于各指标赋权时带有较强的主观倾向性，各指标权重差距较大，个别指标如投资回收期、居民生活质量、就业效益等指标占比偏低，无法客观科学地求出权重。故本文通过组合评价法改进云模型，投影寻踪法、熵权法以及最终的组合评价法计算出的权重见表5。

表5　改进云模型求权重

体系	指标	云模型	熵权法	投影寻踪法	组合评价法
经济效益 B_1	防洪增量效益 C_1	0.158	0.083	0.102	0.117
	灌溉增量效益 C_2	0.104	0.045	0.070	0.084
	经济净现值 C_3	0.053	0.070	0.042	0.043
	经济内部收益率 C_4	0.031	0.091	0.060	0.056
	经济效益费用比 C_5	0.027	0.070	0.043	0.034
	投资回收期 C_6	0.017	0.074	0.042	0.026

续表

体系	指标	云模型	熵权法	投影寻踪法	组合评价法
社会效益 B_2	单位保护面积投资 C_7	0.060	0.067	0.096	0.082
	单位保护人口投资 C_8	0.115	0.076	0.101	0.124
	水资源利用率 C_9	0.059	0.098	0.073	0.086
	社会稳定 C_{10}	0.039	0.077	0.060	0.058
	居民生活质量 C_{11}	0.023	0.072	0.053	0.038
	就业效益 C_{12}	0.014	0.051	0.077	0.038
生态效益 B_3	水环境影响 C_{13}	0.080	0.029	0.055	0.038
	生态平衡 C_{14}	0.130	0.062	0.099	0.128
	水土流失量 C_{15}	0.090	0.035	0.027	0.048

由表 5 可以看出，经过组合评价法改进的云模型求出的各个指标权重相对于单纯云模型的权重有了部分修正，一些权重较小的指标在组合评价的调整下权重增加，而原本较为重要的指标权重仍然保持其相对优势的权重。

4.3　评价等级计算

通过对边界等级标准的三个特征值(期望 Ex，熵 En，超熵 He)的改进，本文根据黑湾水库各评价指标的指标值以条件云模型进行隶属度计算，并应用置信度准则进行指标等级判断[17~19]，具体计算结果见表 6、表 7。

表 6　条件云模型求各指标隶属度

序号	指标	指标值	评价指标隶属度					置信度评价
			效益极佳	效益较好	效益一般	效益较差	效益极差	
1	防洪增量效益 C_1	1.667	0.000	0.950	0.050	0.000	0.000	II
2	灌溉增量效益 C_2	1.5	0.000	0.033	0.967	0.000	0.000	III
3	经济净现值 C_3	1.25	0.000	0.184	0.810	0.006	0.000	III
4	经济内部收益率 C_4	1.33	0.000	0.046	0.951	0.003	0.000	III
5	经济效益费用比 C_5	1.13	0.000	0.003	0.944	0.053	0.000	III
6	投资回收期 C_6	1.175	0.000	0.000	0.000	0.000	1.000	V
7	单位保护面积投资 C_7	1.073	0.000	0.000	0.000	0.000	1.000	V
8	单位保护人口投资 C_8	0.493	0.000	0.000	0.000	0.000	1.000	V
9	水资源利用率 C_9	1.218	0.000	0.007	0.973	0.020	0.000	III
10	社会稳定 C_{10}	3.7	0.000	0.998	0.002	0.000	0.000	II
11	居民生活质量 C_{11}	2.4	0.000	0.005	0.969	0.026	0.000	III
12	就业效益 C_{12}	1.13	0.000	0.002	0.910	0.088	0.000	III
13	水环境影响 C_{13}	2.1	0.000	0.000	0.713	0.287	0.000	III
14	生态平衡 C_{14}	2.8	0.000	0.141	0.858	0.001	0.000	III
15	水土流失量 C_{15}	1.446	0.000	0.000	0.000	0.000	1.000	V

表 7　除险加固整体置信度计算表

指标	指标权重	效益极佳	指标置信度	效益较好	指标置信度	效益一般	指标置信度	效益较差	指标置信度	效益极差	指标置信度
C_1	0.117	0.000	0.000	0.950	0.111	0.050	0.006	0.000	0.000	0.000	0.000
C_2	0.084	0.000	0.000	0.033	0.003	0.967	0.082	0.000	0.000	0.000	0.000
C_3	0.043	0.000	0.000	0.184	0.008	0.810	0.035	0.006	0.000	0.000	0.000
C_4	0.056	0.000	0.000	0.046	0.003	0.951	0.053	0.003	0.000	0.000	0.000
C_5	0.034	0.000	0.000	0.003	0.000	0.944	0.032	0.053	0.002	0.000	0.000
C_6	0.026	0.000	0.000	0.000	0.000	0.000	0.000	0.000	0.000	1.000	0.026
C_7	0.082	0.000	0.000	0.000	0.000	0.000	0.000	0.000	0.000	1.000	0.082
C_8	0.124	0.000	0.000	0.000	0.000	0.000	0.000	0.000	0.000	1.000	0.123
C_9	0.086	0.000	0.000	0.007	0.001	0.973	0.084	0.020	0.002	0.000	0.000
C_{10}	0.058	0.000	0.000	0.998	0.058	0.002	0.000	0.000	0.000	0.000	0.000
C_{11}	0.038	0.000	0.000	0.005	0.000	0.969	0.037	0.026	0.001	0.000	0.000
C_{12}	0.038	0.000	0.000	0.002	0.000	0.910	0.034	0.088	0.003	0.000	0.000
C_{13}	0.038	0.000	0.000	0.000	0.000	0.713	0.027	0.287	0.011	0.000	0.000
C_{14}	0.128	0.000	0.000	0.141	0.018	0.858	0.110	0.001	0.000	0.000	0.000
C_{15}	0.048	0.000	0.000	0.000	0.000	0.000	0.000	0.000	0.000	1.000	0.048
各等级置信度			0.000		0.202		0.500		0.019		0.279
整体置信度			0.000		0.202		0.702		0.721		1.000

由表 7 可知，最终水库除险加固效益等级属于效益一般等级，达到了预期的效益值，但仍有部分指标未达标，如投资回收期、单位保护面积投资、单位保护人口投资，其评价等级均较差，在以后的治理过程中可以吸取经验，尽量避免再出现此类问题；而水土流失可以通过后续措施进一步整治，如植被种植、工程治理等。

4.4　评价结果分析

由上述权重和隶属度的计算表可以看出，黑湾水库的除险加固措施取得了一定的成效，其最终效益达到效益一般等级，满足预期效益，但仍存在较大的进步空间，个别指标效益未满足要求，需要在未来进一步加强措施。通过与文献[13]对比发现，其使用遗传算法改进的层次分析法计算权重，主观性较强，本文采用组合评价改进云模型，使计算的权重更客观科学，同时通过修正云模型的三个特征值(期望 Ex，熵 En，超熵 He)计算指标隶属度。本文计算出的最终评价等级与实际一致，验证了云模型的准确性。

改进云模型的优缺点：通过组合评价法改进的云模型在计算权重时综合考虑了主观倾向性与客观性，其计算方法选取指标权重使其与各评价方法所求得的权重差值平方最小也较好理解。云模型不仅具有模糊性还具有一定的随机性，计算过程中其模拟的数据较多，更加精确可靠。通过对边界等级的修正处理，云模型可以更好地处理边界等级隶属度问题，但其本身也存在初始数据要求多，计算较为复杂的缺点。

5 结 语

水库除险加固是近年来水库治理的重点项目，但目前对于水库除险加固治理后的效益评价仍比较少。云模型是一种新的评价方法，该方法兼具模糊性和随机性，比较客观精确，能够较好实现定性与定量之间的转化。本文将改进云模型应用于水库除险加固的评价，分别计算各指标的权重与相应的隶属度，得出最终的评价等级，并与文献[13]进行对比，验证云模型的合理性。

但是，改进云模型在计算过程中存在初始数据要求多，计算过程较为复杂，云模型三个特征值的确定也仍需进一步的研究[20,21]。

参 考 文 献

[1] 中华人民共和国水利部，中华人民共和国国家统计局．第一次全国水利普查公报[J]．中国水利，2013(7): 1-3.

[2] 杜雷功．全国病险水库除险加固专项规划综述[J]．水利水电工程设计, 2003(3): 1-5+64.

[3] Arslan H, Rosassanchez L. Failure analysis of the granite for a dam foundation[J]. Environmental Geology, 200854: 1165–1173.

[4] Okeke A C, Wang F W, Mitani Y. Influence of Geotechnical Properties on Landslide Dam Failure Due to Internal Erosion and Piping[C]. Landslide Science for a Safer Geoenvironment, 2014: 623-631.

[5] 钮新强．水库病害特点及除险加固技术[J]．岩土工程学报, 2010(1): 153-157.

[6] 姚艳杰．水库除险加固效益的风险评估[D]．青岛：中国海洋大学, 2010.

[7] 胡江，苏怀智．基于生命质量指数的病险水库除险加固效应评价方法[J]．水利学报，2012(7): 852-859+ 868.

[8] 王宁，沈振中，徐力群，等．基于模拟退火层次分析法的病险水库除险加固效果评价[J]．水电能源科学, 2013(9): 65-67+ 219.

[9] 徐冬梅，李璞媛，王文川，等．基于改进灰色聚类的震损水库等级评价及除险加固顺序[J]．南水北调与水利科技, 2017(1): 173-178.

[10] 李影．基于组合赋权-正态云的大坝安全评价模型[J]．人民黄河, 2017(4): 94-98.

[11] 侯炳江．基于组合赋权的水质综合评价云模型及其应用[J]．水电能源科学, 2016(8): 24-27.

[12] 吴焕新．病险水库除险加固治理效果综合评价体系研究[D]．济南：山东大学, 2009.

[13] 黄显峰，黄雪晴，方国华，等．基于 GA-AHP 和物元分析法的水库除险加固效益评价[J]．水电能源科学, 2016(10): 141-145.

[14] 刘丽，张礼兵，金菊良．基于遗传算法的组合评价模型[J]．合肥工业大学学报(自然科学版)，2004(8): 899-902.

[15] 孟宪萌，胡和平．基于熵权的集对分析模型在水质综合评价中的应用[J]．水利学报，2009(3): 257-262.

[16] 王芳，冯艳芬，卓莉，等．基于改进遗传算法投影寻踪的大城市郊区耕地安全综合评价[J]．热带地理, 2013(4): 373-380+406.

[17] 李德毅，刘常昱，杜鹢，等．不确定性人工智能[J]．软件学报, 2004, 15(11): 1583-1594.

[18] 李德毅，刘常昱．论正态云模型的普适性[J]．中国工程科学, 2004, 6(8): 28-34.

[19] 魏光辉，董新光．基于云模型的区域水资源开发利用评价[J]．水资源与水工程学报，2014(2)：71-74+80.

[20] Peng T, Zuo W L, Liu Y L. Genetic algorithm for evaluation metrics in topical web crawling[J]. Computational Methods, 2006(30): 1203-1208.

[21] 丁昊，王栋. 基于云模型的水体富营养化程度评价方法[J]. 环境科学学报, 2013, 33(1): 251-257.

基于模糊综合评价的城市水资源短缺风险分析

张宇虹　唐　彦

摘要：复杂的水资源系统必定在开发利用时存在一定的不稳定性和风险性，为此，本文选取风险率、可恢复性、易损性、重现期和风险度等几个评价指标衡量城市水资源短缺的风险程度，采用模糊综合评价的方法研究城市水资源短缺风险，确定城市水资源短缺风险所到达的严重程度，最后以萍乡市为实例进行分析研究，对该城市进行供需水量预测分析，研究水资源短缺风险问题，对萍乡市水资源短缺风险进行评估，进而提出缓解萍乡市水资源短缺问题的解决措施，为水资源管理提供一定的可行依据。

关键词：城市水资源短缺；风险性能指标；风险分析；模糊综合评价

1 引　　言

国内外学者对于水资源短缺问题进行了较为深入的研究。Jinno 在研究福冈地区干旱时期的水资源短缺风险问题时，也对整个区域水资源短缺问题进行了探讨[1]。顾文权等在南水北调中线调水后的汉江中下游干流供水风险评估研究中选用可靠性、恢复性、易损性、协调性和缺水指数作为新的指标体系，取得了一定的成果[2]。阮本清等在对京津地区进行水资源短缺风险评价时，选用模糊综合评价模型[3]。黄明聪等在研究闽东南地区水资源问题时，建立了支持向量机的水资源短缺风险评价模型对其水资源短缺问题进行了评价[4]。罗军刚等利用熵权法计算评价指标的权重，切实解决了评价指标的权重分配问题[5]。王红瑞等在研究基于模糊概率的水资源短缺风险评价模型及应用时，对水资源短缺风险中的敏感因子和致险因子进行了区分[6]。陈继光在研究诱导有序加权平均算子在水资源状况评估中的应用时，考虑指标权重确定过程中人数与权重成正比的特点，并将其应用在水资源评估中[7]。魏歆等利用投影寻踪模型与灰色关联法相结合的方法，对水资源短缺风险因子进行筛选[8]。本文在选取多项风险性能指标的基础上，结合模糊综合评价的方法，对城市水资源短缺进行了风险分析。

2 风险性能指标

对城市水资源短缺风险进行分析主要是因为当可供水量少于需水量时，就会出现水资源短缺问题及相应的水资源短缺风险，由此引入风险率、可恢复性、易损性、重现期、风险度等几个风险评价指标，评估城市水资源短缺的风险性。值得注意的是，风险度与风险率是完全不一样的概念，风险度的取值可以比 1 大，但是风险率只是一个概率，它的取值一定比 1 小或者是等于 1。

3 实例研究

3.1 研究城市概况

萍乡市地处江西省偏西部地区，该市包括安源区、湘东区两个区和芦溪县、上栗县和莲花县三个县。萍乡市的地貌特征属于丘陵地貌，多处于江南丘陵地区。萍乡市地处赣湘水系分水岭，市内无过境河流，资源性缺水、工程性缺水、水质性缺水并存。年平均降雨量约为 60 亿 m^3，地表径流流量约为 35 亿 m^3，地表水资源总量约为 34 亿 m^3，地下水资源总量约为 4 亿 m^3。

3.2 供需水预测

对城市的供需水预测，主要是对需水量和供水量进行预测，本文侧重对需水量的预测，简要地对供水量进行预测，比较供需水量的大小，从而分析得出萍乡市缺水量的大致情况，为后续对该市城市水资源短缺的风险分析研究做准备工作。

1) 需水量预测

需水预测的常用方法主要有灰色预测法、定额分析法、回归分析法以及 BP 神经网络预测法等。其中，灰色预测法虽在数据缺乏时较为有效，但也需要符合预测值变化规律的数据序列作为蓝本，因此对基础数据的要求较高；回归分析法虽然能够构建预测值与影响因素之间的因果关系，但是需要较为完整的基础数据支撑，且需要深入研究系统内在的影响机理，因此并不适合采用该方法进行预测；BP 神经网络预测法则更适用于短期预测和动态预报。相比较而言，定额分析法原理简单、直观，易于操作，它通过对用水户历史数据的整合分析制定出用水定额，具有较强的针对性，在预测区域需水量这样大范围而波动平稳的对象时也具有一定的可靠性，并且能够较为方便地根据各种影响因素及政策的变化及时进行调整，符合萍乡市水资源需水量预测的实际需求，因此本文采用定额分析法分析计算生活需水量及农业需水量。萍乡市各类用水在不同水平年的需水情况预测具体见表 1～表 5。

表 1 萍乡市生活需水量预测结果

水平年	人口预测/万人		人均定额用水/[L/(人·d)]		生活需水量/万 m^3		
	城镇	农村	城镇	农村	城镇	农村	合计
2013 年	117.41	68.86	220	120	9428.02	3016.07	12444.09
2020 年	152.70	43.07	230	130	12819.17	2043.67	14862.84
2030 年	182.53	20.28	250	150	16655.86	1110.33	17766.19

表 2 萍乡市农业需水量预测结果 （单位：万 m^3）

保证率	水平年	林牧渔需水量	灌溉需水量	牲畜需水量	合计
P=50%	2013 年	889.36	24205.98	431.83	25527.17
	2020 年	734.02	20658.76	492.09	21884.87
	2030 年	587.23	16527.08	560.98	17675.29

续表

保证率	水平年	林牧渔需水量	灌溉需水量	牲畜需水量	合计
P=75%	2013 年	933.85	25416.28	431.83	26781.96
	2020 年	770.73	21691.74	492.09	22954.56
	2030 年	616.56	17353.39	560.98	18530.93

表 3　萍乡市工业及建筑业需水量预测结果　(单位：亿 m^3)

水平年	工业用水	建筑业用水	合计
2013 年	4.77	0.061	4.831
2020 年	7.77	0.12	7.89
2030 年	9.45	0.218	9.668

表 4　萍乡市生态需水量预测结果　(单位：万 m^3)

保证率	水平年	道路	河湖水面	绿地	合计
P=50%	2013 年	705.50	170.40	226.13	1102.02
	2020 年	773.92	176.25	387.88	1338.05
	2030 年	848.98	182.31	665.32	1696.61
P=75%	2013 年	705.50	205.19	272.36	1183.04
	2020 年	773.92	213.00	468.98	1455.90
	2030 年	848.98	221.11	807.54	1877.63

表 5　萍乡市第三产业需水量预测结果　(单位：万 m^3)

水平年	2013 年	2020 年	2030 年
第三产业需水	2289.64	4804.75	9849.74

故不同水平年萍乡市的总需水量预测结果如表 6 所示。

表 6　萍乡市总需水量预测结果　(单位：亿 m^3)

保证率	水平年	生活需水	生产需水	生态需水	合计
P=50%	2013 年	1.24	7.61	0.11	8.78
	2020 年	1.49	10.56	0.13	11.96
	2030 年	1.78	12.43	0.17	14.28
P=75%	2013 年	1.24	7.74	0.12	8.92
	2020 年	1.49	10.67	0.15	12.09
	2030 年	1.78	12.51	0.19	14.38

2) 供水量预测

由于不同的来水条件、工程状况在不同阶段各有不同、需水要求不一，供水量预测也是水资源短缺分析的重要组成部分，主要包括预测不同水平年、不同保证率下的可供水量。

所谓城市可供水量，就是指在水资源可持续使用的前提下，城市能够提供的最大水量，它主要是受到项目工程的供水能力大小等方面的约束，而针对求解萍乡市两区三县的可供水量时的约束主要是水利工程的供水能力。不同水平年萍乡市的可供水量预测结果如表 7 所示。

表 7　萍乡市供水量预测结果　（单位：万 m^3）

研究分区	2013 年		2020 年		2030 年	
	P=50%	P=75%	P=50%	P=75%	P=50%	P=75%
安源区	11113.42	10622.38	11373.42	10870.38	11639.51	11910.73
湘东区	23515.85	22360.51	28600.85	27246.51	30785.41	31199.53
芦溪县	20869.85	20221.59	21189.65	20466.59	21514.35	20714.53
上栗县	14809.27	13958.83	15207.27	14304.83	15615.97	14659.41
莲花县	18156.66	16948.35	20210.66	18896.35	21496.29	21068.25
合计	88465.05	84111.66	96581.85	91784.66	101051.5	99552.45

3.3　水资源短缺风险评价

对供需平衡进行分析计算后，可以得到 2020 年、2030 年这两年规划水平年的城市水资源短缺风险评价指标值，具体计算结果见表 8 和表 9。

表 8　萍乡市 2020 年水资源短缺风险评价指标值

研究分区	风险率	可恢复性	易损性	重现期	风险度
安源区	0.86	0.29	0.75	2.29	1.19
湘东区	0.10	0.87	0.12	9.05	0.12
芦溪县	0.00	1.00	0.00	7.00	0.15
上栗县	0.21	0.72	0.20	6.79	0.34
莲花县	0.00	1.00	0.00	—	0.00

表 9　萍乡市 2030 年水资源短缺风险评价指标值

研究分区	风险率	可恢复性	易损性	重现期	风险度
安源区	0.91	0.17	0.82	1.87	1.47
湘东区	0.17	0.79	0.17	8.63	0.18
芦溪县	0.12	0.85	0.14	9.68	0.10
上栗县	0.48	0.61	0.31	4.15	0.46
莲花县	0.00	1.00	0.00	—	0.00

再推算各评价指标的权重，得出 2020 年水资源短缺的风险率、易损性、可恢复性、重现期及风险度这五项指标的权重向量为：A_{2020}=(0.3076,0.1377,0.1274,0.3174,0.1099)，2030 年各项指标的权重向量为：A_{2030}=(0.3078,0.1414,0.1274,0.3174,0.1060)。

根据表 8、表 9 中萍乡市各分区水资源短缺性能指标值，我们通过计算隶属度从而建立模糊关系矩阵 R，以安源区为例

$$R_{安源}=\begin{bmatrix} 0 & 1.000 & 0.143 & 0 & 0.717 \\ 0.014 & 0 & 0.250 & 0.075 & 1.000 \\ 0.033 & 0 & 0.999 & 1.000 & 0.322 \\ 1.000 & 0 & 0 & 0.978 & 0.554 \\ 0.235 & 0 & 1.000 & 0.733 & 0.416 \end{bmatrix}$$

由公式 $B=A\times R$ 计算得出该市水资源短缺风险综合评价为 $B_{安源}=(0.6221,0.5287,0.3156,0.3076,0.3494)$。

同理，我们可以计算出其他区或县的综合评价结果。萍乡市 2020 年、2030 年两个水平年的水资源短缺风险模糊综合评价的结果见表 10、表 11。

表 10　萍乡市 2020 年水资源短缺风险评价结果

研究分区	V5	V4	V3	V2	V1	综合评价
安源区	0.6221	0.5287	0.3156	0.3076	0.3494	V5
湘东区	0.0000	0.0000	0.0000	0.3628	0.6372	V1
芦溪县	0.0000	0.0000	0.0000	0.3642	0.6358	V1
上栗县	0.0000	0.0000	0.1528	0.2864	0.2466	V2
莲花县	0.0000	0.0000	0.0000	0.3527	0.6473	V1

表 11　萍乡市 2030 年水资源短缺风险评价结果

研究分区	V5	V4	V3	V2	V1	综合评价
安源区	0.7024	0.1546	0.0573	0.0688	0.0724	V5
湘东区	0.0000	0.0000	0.0000	0.2917	0.7083	V1
芦溪县	0.0000	0.0000	0.0000	0.3576	0.6424	V1
上栗县	0.0000	0.1724	0.2414	0.0405	0.1429	V3
莲花县	0.0000	0.0000	0.0000	0.3628	0.6372	V1

综合前文和表 10、表 11 不难看出，湘东区、芦溪县、莲花县处于水资源短缺的低风险状态，且这种状况不会产生太大的变化；上栗县水资源短缺状况已经从较低风险提升到中风险，并且在未来还有上升的趋势；而安源区始终处在水资源短缺的高风险状态，且预测在短期内并没有得到较大的改善。可见萍乡市的水资源量分配很不合理，因此对萍乡市的水资源采取有效的短缺处理及风险调控措施已经迫在眉睫。

3.4　对策建议

应对水资源短缺风险的有效措施有很多，风险转移则是其中之一，它是指选择一些有效的调控举措，将某个地区所要面临的风险小部分地转移到其他一个或多个地区上去，以求达到这些地区共同承担风险的目的。针对水资源短缺风险的风险转移，它的具体措

施有城市调水、水权交易、水资源短缺风险的投保等方式。

对于萍乡市而言，我们可以通过从莲花县、芦溪县等水资源相对富足的地区实施调水，供给水资源短缺严重的安源区以分担安源区的水资源供需压力；也可以从其他城市或流域调水，将部分水资源短缺压力转移给其他的城市或流域。

4 总结及展望

本文选取风险率、易损性、可恢复性、重现期以及风险度作为水资源短缺风险评价指标，在确定各风险评价指标值基础上，推求了各个评价指标的权重，建立了水资源短缺风险模糊综合评价模型。

针对萍乡市进行实例探讨，预测出萍乡市各个行政分区 2020 年、2030 年两个代表水平年水资源短缺风险的评价结果，结果表明萍乡市安源区的水资源短缺问题已经十分严重，因此解决该区的水资源短缺问题已经是刻不容缓的大事。

在本文的研究中，由于人类生产活动、社会经济发展、科技进步创新这些因素都存在不确定性，而这些是影响水资源的重要方面，再加上预测趋于理想化、比较片面，与实际状况是否相符不得而知，所以在以后的研究中可以尝试寻求一种更为完善的方法，更准确的预测未来水资源状况。

参考文献

[1] Jinno, Kenji. Risk assessment of a water supply system during drought[J]. International Journal of Water Resources Development, 1995, 11(2): 185-204.

[2] 顾文权, 邵东国, 阳书敏. 南水北调中线调水后的汉江中下游干流供水风险评估[J]. 南水北调与水利科技, 2005, 3(4): 19-21.

[3] 阮本清, 韩宇平, 王浩, 等. 水资源短缺风险的模糊综合评价[J]. 水利学报, 2005(8): 906-912.

[4] 黄明聪, 解建仓, 阮本清, 等. 基于支持向量机的水资源短缺风险评价模型及应用[J]. 水利学报, 2007(3): 255-259.

[5] 罗军刚, 解建仓, 阮本清. 基于熵权的水资源短缺风险模糊综合评价模型及应用[J]. 水利学报, 2008, 39(9): 1092-1104.

[6] 王红瑞, 钱龙霞, 许新宜, 等. 基于模糊概率的水资源短缺风险评价模型及应用[J]. 水利学报, 2009(7): 913-821.

[7] 陈继光. 诱导有序加权平均算子在水资源状况评估中的应用[J]. 数学的实践与认识, 2010, 40(5): 135-138.

[8] 魏歆, 董小小, 唐棣, 等. 水资源短缺风险因子的筛选模型[J]. 数学的实践与认识, 2011, 41(23): 140-146.

基于洪水预报误差的水库防洪调度风险分析

刘　娇　唐　彦

摘要：为研究洪水预报误差这一风险因素对水库防洪调度所带来的影响，参考已有研究成果，通过洪水预报精度评价指标反推洪水过程预报误差分布规律；认为洪水预报误差最终会体现在入库洪水过程的不确定性上，进而改进水库调洪演算常微分方程，加入随机项，从而将洪水预报误差的不确定性转化为水库水位过程的随机性，由此统计分析基于洪水预报误差的水库防洪调度风险率。同时通过一计算实例，探讨当洪水预报精度水平到达何种程度时，水库防洪调度的风险率控制在合理的范围内，为开展防洪预报调度提供科学依据。

关键词：风险分析；洪水预报误差；随机微分方程；确定性系数

1　引　　言

传统的水库防洪调度过程，是采用适当的计算方法，根据拟定的设计洪水过程线和确定的汛限水位，求出库水位和下泄流量的变化过程线，从而确定合理可行的水库防洪调度规则。其过程不考虑洪水预报且汛限水位固定，结果往往会导致进入汛期后，管理者为了避免防洪风险而盲目降低水库水位至汛限水位，造成水资源浪费与水库防洪库容闲置，以至于到了汛末难以拦蓄足够洪水至正常兴利水位，从而造成水库兴利库容的闲置[1]。现如今，随着时代科学技术的发展，尤其是洪水预报、气象预报等理论、方法以及手段的进步，对短期洪水进行预见的能力有了很大的提高[2]，增大了水库预蓄或预泄的可能性，甚至同时提高水库上、下游防洪标准，从而为实现汛限水位的动态控制、缓解水库防洪和兴利的矛盾创造了条件。但不管科技如何进步，水文预报的误差往往难以避免，加上其他各种不确定性因素的综合作用，很有可能给水库及其上下游防洪带来风险，所以对洪水预报带来的误差进行风险分析是水库安全实施预报调度方式的关键。本文主要研究在水库的设计洪水过程、泄流能力曲线、水位库容曲线等条件不变的情况下，洪水预报误差对水库防洪调度带来的风险，探讨当洪水预报精度到达何种程度的时候，才能将防洪预报调度风险率控制在满足要求的范围内。

2　洪水预报的不确定性分析及其分布规律

洪水预报资料是水库防洪预报调度的主要依据，洪水预报的不确定性也就成了造成水库防洪调度风险的主要因素[3]。洪水预报的不确定性来源于实测降雨误差、信息遥测系统和决策通信系统的稳定性差异、决策水平限制[4]以及水文模型结构、水文现象模糊随机性、模型参数优选、模型确定性和不确定性输入等误差的不确定性[5]，最终，这些不确定性因素都将积累到洪水预报误差上。根据这一点，我们就可以通过预报精度来综合反映洪水预报的误差及其不确定性。洪水包含洪水过程、洪量和洪峰三个要素，相应的洪水预报误差就可以分为洪水过程、洪量和洪峰的预报误差，以上三种误差的分布规律现在主要分为两类，一类一般呈对数正态分布、正态分布、P-III分布等，往往是对实测预报误差资料进行分析；另一类常假定服从正态分布，依据来水预报规范分析。洪水三要素中，主要是通过后一种方法确定洪水过程预报误差的分布规律，根据其预报方案等级的关系(预报精度指标)来反推预报误差的标准差[6]。在洪水调度过程中，洪水预报的不确定性最后都会表现在入库洪水过程的不确定性上。其中，通过 Monte-Carlo 随机模拟，洪峰与洪量误差可以叠加在原入库洪水过程上，将入库洪水过程加上洪峰或洪量的预报误差项，而洪水过程预报的不确定性可以转化为库水位过程线的随机性。参考前人的研究成果[6]由确定性系数推导洪水过程预报误差的分布规律，认为洪水过程预报总是围绕在实际洪水过程线上下做着随机波动，其各个时刻的平均值刚好是实测洪水过程相应时刻的数值，因此可以将预报洪水过程的均值线简化为实测洪水过程线。其中，洪水预报精度水平决定了预报洪水过程围绕实测洪水过程线的波动幅度。由以上分析我们可以得到洪水过程预报的相对误差近似为服从均值为 0、方差为 σ^2 的正态分布。在实际调洪运用过程中，确定性系数是衡量预报洪水过程与实测过程吻合程度的重要指标，表征洪水预报过程的离散程度，是洪水过程预报误差的综合反映，两者之间有着某种联系。已知其公式为

$$R^2 = 1 - \frac{\sum_{i=1}^{n}(Q_t' - Q_t)^2}{\sum_{i=1}^{n}(Q_t - \overline{Q}_t)^2} \tag{1}$$

式中，Q_t 为实测洪水过程线；Q_t' 为预报洪水过程线；$\overline{Q}_t$ 为实测洪水过程线的均值。则有

$$\sum_{t=1}^{n}(Q_t' - Q_t)^2 = (1-R^2)\sum_{t=1}^{n}(Q_t - \overline{Q})^2 \tag{2}$$

令洪水过程预报相对误差

$$\varepsilon_t = \frac{Q_t' - Q_t}{Q_t}, \quad \varepsilon_t \sim N(0,\ \sigma^2)$$

则

$$\sum_{t=1}^{n}\varepsilon_t{}^2 Q_t{}^2 = (1-R^2)\sum_{t=1}^{n}(Q_t - \overline{Q})^2 \tag{3}$$

两边同时取期望并开方，则有洪水过程预报相对误差的标准差为

$$\sigma=\sqrt{\frac{(1-R^2)\sum_{i=1}^{n}(Q_t-\overline{Q})^2}{\sum_{t=1}^{n}{Q_t}^2}} \tag{4}$$

由于洪水过程预报的相对误差服从正态分布，即$\varepsilon_t \sim N(0,\ \sigma^2)$，因此也可认为预报洪水过程流量也服从均值为实测过程线$\mu_Q(t)$（即Q_t）、均方差为$\sigma_Q(t)=\sigma\mu_Q(t)$的正态分布。从式(4)中可知，在已知实测洪水过程的情况下，洪水过程预报误差的分布规律取决于洪水预报精度水平(即确定性系数)的大小。由此，在水库设计阶段进行水库防洪调度的洪水预报风险分析时，此方法适用于缺乏预报误差资料的情况。

3　基于洪水预报误差的水库防洪调度风险识别

洪水预报误差的不确定性即是水库防洪调度的风险源，产生风险的情况除了多报漏报，还主要表现为两种情况：当洪水预报偏小，那么实际来水量将大于预报等级洪水，按预报洪水等级进行调度可能导致水库水位超过校核水位，甚至造成漫坝的情况；当洪水预报偏大，提前改变泄流方式而加大泄量，有可能超过下游安全泄量而增加下游的防洪风险。由此，水库防洪调度基于洪水预报不确定性所产生的风险主要分为以下两个方面[7]：大坝安全风险和下游防洪风险。

3.1　大坝安全风险

水库发挥兴利效益以及达到防洪目标的前提与保障是大坝的安全运行。当产流预报出现漏报误差、洪水预报偏小，或实际泄流能力小于设计泄流能力，可能导致调洪前期泄流偏小，调洪最高水位偏高，对水库本身防洪安全不利。因此，这里将大坝安全风险定义为在水库调度过程中，水库水位超过校核洪水位甚至坝顶高程导致漫坝的可能性。设水库的调洪高水位为Z_s，校核洪水位为Z_x，D表示调洪高水位超过校核洪水位的事件，即$D=(Z_s>Z_x)$，则大坝安全风险率P_a可定义为

$$P_a=P(D)=P(Z_s>Z_x) \tag{5}$$

其中，大坝自身的安全风险可从两方面进行分析：①发生校核洪水时大坝的安全性。②发生超过校核洪水的可能性以及大坝的安全性。

3.2　下游防洪风险

当产流预报出现空报误差、洪水预报偏大，或实际泄流能力大于设计泄流能力，可能导致调洪前期泄流偏大，导致下游防护点的组合流量超过安全泄量。因此，下游防洪风险指水库在按照同频率洪水对应的水库调洪规则进行调洪运用时，因洪水预报的不确定性，导致水库最大泄量超过相应频率洪水防洪要求的下游安全泄量的可能性。这里设发生某频率标准的洪水为随机事件A，其频率为$P(A)$，相应频率洪水水库下泄流量超过下游安全泄量的随机事件为B，其发生的概率为$P(B)$，则其对应的防洪目标破坏的事件

为 $D=(AB)$。下游防洪风险率 P_s 可定义为

$$P_s = P(D) = P(AB) = P(A)P(B/A) \tag{6}$$

4 基于洪水预报误差的水库防洪调度风险分析

我国某水库的设计洪水标准为100年，校核洪水标准为1000年，校核洪水位为204m，坝顶高程为206m。将1996年典型洪水以同频率放大法放大，得到频率为0.01%的校核洪水过程线，并以此作为已知的实测入库洪水过程。通过洪水预报，对水库采用预报预泄的方式进行防洪调度，有效预见期为10h。其中，调度规则如下：起初预泄流量取预见期平均入库流量的最大值，如果该值大于2200m^3/s(一级控泄流量)，按2200m^3/s下泄，除非水库水位达到200m；当水库水位达到200m后，对于超过2400 m^3/s(二级控泄流量)的预泄流量，按2400m^3/s下泄，否则还是按预见期内平均入库流量的最大值下泄，并要控制水位不超过汛限水位203m；如果尽力进行水位控制后，水库水位仍然会超过203m，那么就按水库的泄流能力敞泄。

根据当地洪水预报方案等级以及预报水平确定洪水预报精度，参考《水文情报预报规范》的规定，一般将预报精度分为甲、乙、丙三个等级，但要想正式发布预报，必须要达到甲、乙两个等级的预报精度水平。因此，这里为了简化计算，尚且只考虑甲、乙两种等级预报方案下水库防洪预报调度的风险分析。由洪水预报规范可知，甲、乙两种等级的预报精度水平对应的确定性系数分别为0.90～1.00和0.70～0.90。现取两种等级范围的中间值R^2=0.95和R^2=0.80来代表甲等级和乙等级预报精度水平，分析不同的确定性系数值对水库防洪调度风险的影响。

按照前面由确定性系数反推而得的洪水过程预报误差分布规律，将调洪演算时长以1h的间隔划分，按照式(4)计算两种预报精度水平(确定性系数)下的均方差σ，进而求出入库洪水过程的均方差$\sigma_Q(t)=\sigma\mu_Q(t)$（$\sigma_Q(t)$为实测洪水过程），从而求得水库调洪演算随机微分方程的水库蓄水量方差$\sigma_V(t)=\mu_Q(t)\sqrt{\mathrm{d}t}$，利用MATLAB软件以常微分方程的欧拉迭代公式代码为基础进行改进，解出该随机微分方程的迭代格式[8,9]，得出水库蓄水量在每个时刻的分布情况。再根据该水库的水位库容曲线查得每个时刻的库水位分布情况，其中，该水库水位库容（$V-H$）关系曲线如下：

$$V=(1.564+0.0457H+0.0158H^2)\times10^8(\mathrm{m}^3)$$

取轨道数K=100，相应的可得到100条轨道的库水位线的随机分布，由此可计算大坝自身安全的防洪风险率P_a。统计甲、乙两种代表预报精度水平下的水库自身防洪风险率以及超过下游安全泄量风险率(以得到的库水位随机分布数据为基础，通过库水位与下泄流量关系曲线查得下泄流量的随机分布，进而统计下泄流量超过安全泄量的风险率)，见表1。其中，当确定性系数R^2=1时，表示洪水过程预报与实际来水过程是相吻合的，也就是说按照洪水预报进行水库防洪调度，其对应的风险率都为零。相应的，当洪水预报精度降低，其对应的防洪风险率也就相应的提高。

表 1　不同预报精度水平下的水库防洪调度风险率

R^2	σ	大坝安全风险率 P_a	下游防洪风险率 P_s
1.0	0	0	0
0.95	0.149	3.87×10^{-6}	0
0.80	0.198	1.89×10^{-5}	0.9×10^{-5}

为确定当预报精度到达什么等级(即洪水预报确定性系数达到多少)，才能将水库自身防洪风险率控制在合理的范围内，现从不同洪水预报精度等级下选择有代表性的确定性系数值，分别计算其水库自身防洪风险率。以洪水预报确定性系数为横坐标，水库自身防洪风险率为纵坐标，简单制成如图 1 所示的水库自身防洪风险率与确定性系数的关系曲线。从曲线中发现，若防洪风险率的合格范围不超过1.5×10^{-6}，那么防洪预报精度不确定性系数 R^2 必须要达到 0.80。

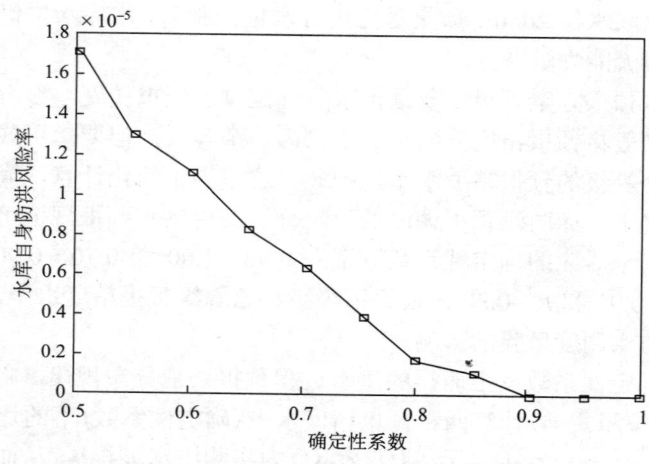

图 1　大坝安全风险率与确定性系数关系曲线

5　总结与展望

本文分析了防洪预报调度相对于常规调度的优越性及其所带来的风险问题，主要研究了洪水预报误差这一单风险因素对水库防洪调度所带来的影响。根据前人提出的风险估计方法，通过不确定性系数对洪水过程预报误差的分布规律进行了反推，并明确了该方法的适用条件。认为水库蓄水过程的随机程度应随洪水过程的变化而变化，进而分析了水库蓄水过程与洪水过程预报误差分布规律的关系，将洪水过程预报误差的不确定性转化为水库调洪演算库水位过程的不确定性，通过 Euler 法对随机微分方程进行数值求解，统计库水位超过校核水位以及下泄流量超过安全泄量的概率，即为风险率。同时以某水库为例进行了实例分析，探讨了当洪水预报精度水平到达何种程度时，水库防洪调度的风险率在合理的范围内。除了洪水预报误差，影响水库防洪调度决策的不确定性因素还包括洪水、洪水典型选择、初始起调水位、泄量误差、调度滞时、风浪壅高、大坝高程的随机性等。水库防洪调度风险分析风险因素和防洪目标多而复杂，还需要更综合全面的深入研究，今后需要进一步研究的重点内容[3]有：①考虑多因素综合作用下的风险分布及其概率估算方法。②加入决策者主观因素的考虑，并将其定量化。③以更为健全的风险指标评价体系，对防洪调度方案进行评价与决策。

参考文献

[1] 方国华, 黄显峰. 多目标决策理论、方法及其应用[M]. 北京: 科学出版社, 2011.

[2] 管新建, 张文鸽. 水库防洪调度风险分析研究进展与发展趋势[J]. 防汛抗旱, 2004, 17: 44-45.

[3] 焦瑞峰. 水库防洪调度多目标风险分析模型及应用研究[D]. 郑州: 郑州大学, 2004.

[4] 刁艳芳, 王本德. 基于不同风险源组合的水库防洪预报调度方式风险分析[J]. 中国科学: 技术科学, 2010, 40(10): 1140-1147.

[5] 韩红霞. 基于水库防洪预报调度方式的风险分析[D]. 大连: 大连理工大学, 2010.

[6] 闫宝伟, 郭生练. 考虑洪水过程预报误差的水库防洪调度风险分析[J]. 水利学报, 2012, 43(7): 803-807.

[7] 吴涛. 基于风险分析的防洪决策支持系统[D]. 成都: 四川大学, 2006.

[8] Cleve B. Moler. MATLAB 数值计算 [M]. 北京: 机械工业出版社, 2006.

[9] 陈守煌. 水库调洪数值解析法的理论、模式与程序[J]. 重庆交通学院学报, 1983, (1): 60-69.

区域水资源短缺风险评价方法研究

李　敏　唐　彦

摘要：为了评价区域水资源短缺风险程度，在风险评价理论方法的基础上，建立了层次分析法和模糊数学法隶属度评价相结合的区域水资源风险评价体系，并以汉江流域中下游地区湖北省内6个市区为研究对象，运用该体系评价该区域的水资源短缺程度，表明该体系方法在水资源短缺风险评价方面的合理性及实用性。

关键词：区域水资源短缺；风险评价；层次分析法；模糊数学法

1　研究背景

水是生命的源泉，是人类生活和社会经济发展不可替代的必需资源。随着科技的快速发展，人类活动的加剧，对水资源不合理的利用和浪费越来越剧烈，自然界有限的水资源在不断地减少。虽然我国水资源总量丰富，但是依照现在的科技水平，许多水资源还不能开发利用，而且我国是一个人口大国，人均水资源占有量远远低于世界平均水平。近年来，随着干旱气候的频发及经济社会的快速发展导致水资源需求剧增，水资源短缺问题已经成为制约经济社会可持续发展的重要原因，因此进行水资源短缺风险分析成为科学发展的必然趋势。区域水资源是否短缺简单地说就是由需水量和供水量两个要素决定的。水资源系统风险简单概括为在特定的时空环境条件下，水资源系统中所发生的非期望事件及其概率以及由此产生的经济和非经济损失[1]。随着水资源短缺问题的日益加剧，水资源短缺风险分析的研究已引起了国内外的广泛关注，许多学者已经开展了这一方面的研究，提出了许多研究方法。但是，由于影响水资源短缺风险的因素众多且具有随机性、模糊性和不确定性，难以用确定的风险评价模型进行描述，增加了评价的难度。

2　区域水资源短缺风险评价的方法

风险评价在风险辨识和风险分析的基础上，对风险发生的概率、风险发生后的损失程度以及其他因素进行全面考虑，对风险发生的概率及损害程度进行评价，与相应的安全标准进行对比确定危害的程度，并决定是否需要采取相应的措施的过程[2,3]。

水资源短缺风险评价应在风险辨识和风险分析及客观数据的基础上，确定适当的风险评价体系，计算相应的风险指数来反映区域水资源短缺的程度。水资源短缺风险评价的影响因素众多，因此属于综合评价。近年来许多学者对多因素综合评价进行了大量研究，提出了许多方法，有层次分析法(AHP)、模糊数学法、数学模拟、模糊综合评价法等，这些方法应用在水资源短缺风险评价体系中可得出较准确的评价结果[4~6]。但是这些方法算法各不相同且各有利弊，在进行区域水资源短缺风险评价时，层次分析法能够对风险评价体系中各个指标的权重进行精确地计算，但是在选取评价指标时具有强烈的主观性；模糊数学法能够对各个指标的风险度进行分析，但是该方法不适合多层次因素分析；数学模拟受许多条件的限制，如数学公式的选择、不同区域条件等；模糊综合评价法能够把定性问题转化为定量问题，具有结果清晰、系统性强的特点，能较好地解决模糊的、难以量化的问题[7]。区域水资源短缺风险评价是一个综合性的系统工作，水资源短缺受到许多不确定性因素的影响，任何一种方法都很难进行全面的评价。因此本文采用层次分析法与模糊数学法隶属度评价相结合的方法，将抽象的评价体系和算法具体化。

层次分析法是将与决策有关的要素分解成不同的层次，在各层次上进行定性和定量分析的方法。首先根据系统内部影响因素之间的隶属关系，建立各种影响因素有序层次，并以同一层次的各种影响因素按照上一层次影响因素准则，构造判断矩阵，进行两两判断比较，计算出各影响因素的权重，根据综合权重按最大权重原则确定最优目标，从而对目标的相对重要性进行定量描述[8,9]。应用层次分析法建立水资源短缺风险评价体系，选取风险评价指标后，需要将各个指标数值与水资源短缺风险指数相互关联，常见方法是用模糊数学评价法，通过划分数值区间将指标数值转换为风险隶属度，从而建立指标数值与风险指数之间的关系。

3 实 例 分 析

汉江，又称汉水，汉江河，为长江最大的支流，常与长江、淮河、黄河并列，合称“江淮河汉”。汉江流经陕西、湖北两省，在武汉市汉口龙王庙汇入长江。河长 1577km，流域面积 1959 年前为 17.43 万 km^2，位居长江水系各流域之首；1959 年后，减少至 15.9 万 km^2。干流湖北省丹江口以上为上游，河谷狭窄，长约 925km；丹江口至钟祥为中游，河谷较宽，沙滩多，长约 270km；钟祥至汉口为下游，长约 382km，流经江汉平原，河道蜿蜒曲折逐步缩小。

表 1 水资源短缺风险评价指标

目标层	状态层	指标层	计算方法
A1	水资源量	A1.1 人均水资源量	资源量/总人口
		A1.2 单位平方水资源量	水资源总量/总面积
A2	社会需求	A2.1 万元 GDP 耗水量	总用水量/GDP(万元)
		A2.2 农业平方用水量	农业用水量/农业用地总面积
		A2.3 人均用水量	总用水量/总人口
A3	水资源储备	A3.1 水库蓄水比	水库蓄水量/总水资源量
		A3.2 地下水资源系数	地下水资源量/总水资源量
A4	供水	A4.1 人均供水量	供水量/总人口
		A4.2 供水率	供水总量/水资源总量
A5	水环境	A5.1 生活污径比	生活废水排量/总供水量
		A5.2 工业污径比	工业废水排量/总供水量

本文选择汉江流域中下游地区湖北省内十堰、襄阳、荆门、天门、仙桃、武汉 6 个市作为研究对象，使用层次分析法和模糊数学法相结合的方法对汉江流域中下游地区水资源短缺进行风险评价。

3.1 指标的选定及权重计算

为了分析汉江中下游流域湖北省内各市水资源短缺原因、主要风险来源以及确定水资源短缺的风险指数、不同地区的风险差异，因此要建立包括主要风险来源的风险评价指标体系，选取的风险评价指标要反映出水资源短缺风险来源，既要有内在联系、相互补充，又要具有独立性和代表性。因此建立风险指标体系如表 1 所示。

层次分析法的计算步骤：①构造判断矩阵。判断矩阵是由各层次 n 个下层指标两两比较重要性以此得到量化数值，由这些量化值组成的 n 阶比较判断矩阵。本文使用 1～5 标度法获得相对重要性量化数值，强因子与弱因子比较，1、2、3、4、5 五个数值分别指代重要性程度为相等、稍微重要、明显重要、非常重要、极其重要；弱因子与强因子比较则使用 1～5 的倒数数值，本文共构建 6 个判断矩阵。②计算权重。指标单排列权重计算采用判断矩阵的特征根法，利用 MATLAB 软件完成矩阵最大特征值及特征向量的计算。状态层—指标层 6 个判断矩阵单排列完成后，用各指标单排列权重乘以对应的状态层因子单排列权重得到所有指标权重。③一致性检验。首先计算衡量一个成对比较矩阵 A (n>1 阶方阵) 不一致程度的指标 $CI=(\lambda_{max}-n)/(n-1)$；其次计算检验成对比较矩阵 A 一致性的平均随机一致性指标 RI，它只与矩阵的阶数有关；最后计算成对比较矩阵 A 的随机一致性比率 $CR=CI/RI$。当 $CR<0.1$ 时，判定成对比较矩阵 A 满足一致性要求，或其不一致程度在可接受的范围内；否则就调整成对比较矩阵 A，直到达到满足要求的一致性为止。各指标权重计算结果及一致性检验见表 2。

表 2　指标体系权重计算结果及一致性检验

目标层	状态因子权重	指标因子权重			一致性检验
		a1	a2	a3	
A1	0.37	0.13	0.24	--	0.003
A2	0.23	0.05	0.08	0.10	0.005
A3	0.19	0.11	0.08	--	0.008
A4	0.12	0.05	0.07	--	0.007
A5	0.09	0.06	0.03	--	0.006

本文中指标层各判断矩阵 CR 值均小于 0.1，表明判断矩阵满足一致性要求，指标单排列权重值计算分配合理。

3.2 确定隶属度

水资源短缺风险评价指标体系建立后，需要将各个指标数值与水资源短缺风险指数相联系，本文采用模糊数学评价法把两者联系起来，通过划分数值区间将指标数值转换为风险隶属度，从而建立指标数值与风险指数之间的关系。将评价区域内每个指标的实测值转化为风险隶属度，对评价区域所有指标风险隶属度加权求和得到评价区域内的风险指数。这样就可以对区域水资源短缺进行比较完善的风险评价。本文风险隶属度取值1～5，数字越小则风险隶属度越低。根据水资源短缺风险从低到高将隶属度划分为5级(V1～V5)，隶属度分级标准见表3。

表3 区域水资源短缺指标体系隶属度分级标准

状态因子	指标因子	单位	风险隶属度				
			V1	V2	V3	V4	V5
水资源量	人均水资源量	m^3	>2000	1600～2000	1200～1600	800～1200	<800
	单位平方水资源量	m^3	>4.5	3.5～4.5	2.5～3.5	1.5～2.5	<1.5
社会需求	万元GDP耗水量	m^3	>500	400～500	300～400	200～300	<200
	农业平方用水量	m^3	<0.55	0.55～0.6	0.6～0.65	0.65～0.7	>0.7
	人均用水量	m^3	<300	300～400	400～500	500～600	>600
水资源储备	水库蓄水比	—	>0.8	0.5～0.8	0.3～0.5	0.1～0.3	<0.1
	地下水资源系数	—	>0.4	0.35～0.4	0.3～0.35	0.25～0.3	<0.25
供水	人均供水量	m^3	>800	600～800	400～600	200～400	<200
	供水率	%	>0.6	0.4～0.6	0.2～0.4	0.1～0.2	<0.1
水环境	生活污径比	—	<0.1	0.1～0.2	0.2～0.25	0.25～0.3	>0.3
	工业污径比	—	<0.05	0.05～0.07	0.07～0.1	0.1～0.15	>0.15

采用近几年湖北省水资源公报数据，按照上述评价过程对十堰、襄阳、荆门、天门、仙桃、武汉6个市区进行汉江流域湖北省水资源短缺风险评价，天门、仙桃2个市区没有A3.1指标(水库蓄水比)，将A3.1的权重分配给A3.2(地下水资源系数)，获得各市指标风险隶属度如表4所示。

表4 汉江流域中下游风险评价隶属度

	A1.1	A1.2	A2.1	A2.2	A2.3	A3.1	A3.2	A4.1	A4.2	A5.1	A5.2
汉江流域	1	1	2	3	3	2	2	3	2	2	1
十堰	1	1	4	5	1	1	2	4	5	3	1
襄阳	4	4	2	5	3	4	2	3	2	2	1
荆门	3	4	1	4	5	2	3	2	2	2	1
天门	5	5	1	4	3	0	3	3	1	1	1
仙桃	1	1	4	5	1	1	2	4	5	3	1
武汉	5	3	5	4	4	5	3	4	1	1	1

3.3 评价结果及分析

由于目标层水资源风险评价指数介于1～5之间，参考其他学者的研究分析报告，按风险值从低到高将水资源短缺风险划分为 4 个等级：低风险(<3.5)、中风险(3.5～3.75)、高风险(3.75～4.0)、极高风险(>4.0)，综合风险指数及风险等级如表 5 所示。

表 5　汉江流域中下游风险指数及风险等级

	A1	A2	A3	A4	A5	总风险指数	风险等级
汉江流域	0.37	0.98	0.65	0.25	0.08	2.33	低
十堰	0.37	0.91	0.59	0.49	0.12	2.48	低
襄阳	1.65	1.06	0.72	0.26	0.14	3.83	高
荆门	1.17	1.21	0.84	0.28	0.13	2.63	低
天门	1.52	1.08	0.81	0.24	0.26	3.91	高
仙桃	1.33	0.95	0.86	0.23	0.12	3.49	低
武汉	1.21	1.14	0.93	0.28	0.14	3.70	中

计算结果显示，汉江流域中下游属于低度水资源短缺风险，水资源短缺风险主要来源于社会需求高、水资源储备不足两个方面。水资源量、供水、水环境三类风险程度较低，说明在湖北汉江流域并不存在先天水资源短缺，河湖众多的天然优势为缓解区域水资源短缺提供了有利条件；供水、水环境等两类优势一定程度上缓解了水资源短缺的风险等级。汉江流域中下游湖北省内 6 个行政区水资源短缺风险由高到低依次为：天门、襄阳、武汉、仙桃、荆门、十堰。

4　结　语

本文运用层次分析法、模糊数学法的隶属度评价构建了水资源短缺风险评价模型。通过汉江流域中下游地区湖北省内 6 个行政区水资源短缺风险评价，表明该模型能够较全面考虑引起水资源短缺的因素和指标，客观地反映汉江流域中下游湖北省内水资源短缺风险指数，同时该模型计算方法操作简单、实用性强，是一种较为科学有效的水资源短缺风险评价模型。但这种方法也存在一定的缺点，主要是在评价的过程中要人为设定各种指标及权重，这样使得评价过程中主观因素太强，使评价结果不够精准。而且区域水资源短缺受各种随机因素的影响，例如降雨、径流等，供水量和需水量也存在不同程度的不确定性，选取的风险评价指标会直接影响评价的结果，进而影响决策的确定。

南水北调中线工程自 2014 年开始调水，调水后汉江流域水资源短缺的研究，涉及更多的因素，下泄水量的减少，水环境容量的降低，势必影响甚至加剧水资源供需的矛盾，本文对这些问题没有进行深入探讨，这也是今后应该研究的内容。

参 考 文 献

[1] 张中旺. 南水北调中线工程与汉江流域可持续发展[M]. 武汉：长江出版社, 2007.
[2] 许应石, 李长安, 张中旺, 等. 湖北省水资源短缺风险评价及对策[J]. 长江科学院院报, 2012(11): 5-10.
[3] 李九一, 李丽娟, 柳玉梅, 等. 区域尺度水资源短缺风险评估与决策体系——以京津唐地区为例[J].

地理科学进展, 2010, 29(9): 1041-1048.
[4] 阮本清, 韩宇平, 王浩, 等. 水资源短缺风险的模糊综合评价[J]. 水利学报, 2005, 36(8): 906-912.
[5] 韩宇平, 李志杰, 赵庆民. 区域水资源短缺风险决策研究[J]. 华北水利水电学院学报, 2008, 29(1): 1-3.
[6] 刘涛, 邵东国. 水资源系统风险评估方法研究[J]. 武汉大学学报(工学版), 2005, 38(6): 66- 71.
[7] 王红瑞, 钱龙霞, 许新宜, 等. 基于模糊概率的水资源短缺风险评价模型及其应用[J]. 水利学报, 2009, 40(7): 813-821.
[8] 罗军刚, 解建仓, 阮本清. 基于熵权的水资源短缺风险模糊综合评价模型及应用[J]. 水利学报, 2008, 39(9): 1092-1104.
[9] 宋晓秋. 模糊数学原理与方法[M]. 徐州: 中国矿业大学出版社, 1999.

城市供水风险分析

石　林　张　玉

摘要：本文简单阐述了城市供水风险分析主要理论与方法，并以江苏省盐城市京杭运河管道供水项目为例，对其进行了广义的风险分析，辨识项目中存在的风险因子，估计出各风险因子的概率，运用层次分析法对该市的供水项目进行风险分析。风险因素主要集中在自然破坏、爆管事故与水质污染三个方面，其中爆管事故风险等级最高。最终根据风险评估的结果提出了相应的对策，可以为类似的长距离城市供水系统风险评估的研究提供参考。

关键词：城市供水；风险分析；层次分析法

1　引　言

随着城市化进程的不断加快，城市供水作为城市建设过程中一项重要的措施，其安全越来越受到人们的重视。如 2005 年 11 月位于黑龙江省内的中国七大河之一松花江发生了水污染事件，造成流经城市 400 万以上的人 4 天不能正常用水；2006 年 5 月 24 日，江苏省南京市内某自来水厂主干输水管发生爆裂，造成局部受淹，且受淹区域停水 2 天；2006 年 5 月 29 日，太湖因蓝藻大规模暴发，造成城市用水水源受到严重的污染，70%的无锡市城市居民饮用水出现困难。供水水源污染及其他供水事故已经不是偶然性的突发事件，我国城市供水目前已经进入了比较高的风险期。因此，对城市供水风险问题进行研究有着重要的实际意义。

风险分析实质上是从定性分析到定量分析，再从定量分析到定性分析的过程，其基本流程为：风险辨识、风险估计、风险评价、风险控制。对城市供水系统中存在的风险进行风险分析的目的是为了避免或减少损失，找出城市供水系统中的风险因素，并对它们的性质、影响和后果做出分析，并结合以上分析给出相应的应对策略[1~3]，以保证国民生活水平不断提高和经济水平的快速发展。

2　风险分析的基本理论和方法

2.1 风险分析的基本理论

风险分析包括风险辨识、风险估计、风险评价以及风险控制这四方面的内容。

1) 风险辨识

风险辨识是对现实的风险和潜在的风险性质进行鉴别的过程。风险辨识的主要任务就是从错综复杂环境中找出系统所面临的风险。风险辨识常用的方法主要有头脑风暴法、流程图分析法、分解分析法以及财务报表法。根据城市供水的特点，适合采用分解分析法对项目中的风险因素进行识别。

2) 风险估计

风险估计主要是根据以往出现的风险事件所造成的损失，城市供水风险分析通过采用概率统计的方式将城市供水每一个阶段可能出现的风险事件、出现的时间、造成的后果以及影响的范围进行评估。风险估计中主要的估计方法有以下 3 种。

(1) 客观估计。通过大量试验或分析的方法得到事件发生的概率进行风险估计。

(2) 主观估计。当很难计算出风险的客观概率时，由决策者或专家对事件发生的概率做出一个主观判断。

(3) 合成估计。为了增加主观估计的客观性，出现了介于主观估计和客观估计之间的合成估计方法，常用的合成估计方法有主外推法，主外推法包括前推、后推、旁推 3 种方法。

3) 风险评价

项目风险评价方法可分为定性评价、定量评价、定性与定量相结合三类，有效的项目风险评价方法一般采用定性与定量相结合的系统方法。对项目进行风险评价的方法很多，目前较为常用的有概率分析法、层次分析法、模糊综合评价法等。

4) 风险控制

风险控制是指风险管理者为消灭或减少风险事件发生的各种可能性，或者为减少风险事件发生时造成的损失而采取的各种措施和方法。风险控制的 4 种方法是：风险回避、损失控制、风险转移以及风险自留。

2.2 风险分析常用的方法

风险分析目前常用的方法有层次分析法、蒙特卡罗法、概率分析法、贝叶斯网络法和故障树分析法等。

层次分析法是一种定性和定量相结合的多因素决策分析方法，可以简化问题的复杂性，直接对相互制约、相互联系的众多风险因素的复杂风险事件进行评估分析。其基本思路是根据系统要分析的目标和问题的性质，把要评估的风险事件分解为多个不同的风险因素，并按照它们之间的隶属关系及关联影响，聚成不同的层次，形成一个多层次的结构模型，最终把风险事件的系统分析归结为最底层因素即供决策的方案、措施等，并对优劣次序进行排序，进而把权重排序问题简化为一系列成对因素的比较判断的问题。

层次分析法决策的思路是首先对风险因素进行分解，然后进行比较判断，最后对风险做出综合评价。层次分析法的特点是所需定量信息少、简洁实用。因此，其很容易被决策者掌握和使用，尤其经常在目标风险事件构成因素比较复杂且必要数据又相对缺乏的情况下使用，因而，被广泛应用于多种风险事件的分析当中。

3　城市供水风险分析应用实例

3.1　供水项目的基本资料

盐城市京杭运河管道引水工程横跨宝应、建湖、盐城市区、大丰、射阳等地区，地域面积广泛，土层分布有一定差异。该地区地貌单元部分为里下河平原，一般在自然地面下 50m 深度范围内，各土层主要由黏性土、粉性土及砂质土等组成。盐城市大部分建筑场地属抗震不利地段，河流堤岸附近属抗震危险地区。城市中心区的地震动力加速度为 0.10g(相当于 7 度)。

原水从运河通过自流管穿越运河大堤以后，进入取水泵房预沉曝气池，简单沉淀和充氧后，增压提升，输送 46.59km 后，进入建湖境内，设置中途增压泵站，该泵站向盐龙湖方向和建湖方向分水。采用开放式调节水池增压方式，设置 2 组水泵，分别向盐龙湖、建湖城南地面水厂供水。主线方向，原水进入盐龙湖增压泵站，输水距离为 37.33km。盐城市中心城区方向利用现有的盐龙湖取水泵站和新建盐龙湖增压泵站向城东水厂和盐龙湖水厂供水。大丰方向利用新建盐龙湖增压泵站增压，输水距离为 43.29km。射阳方向，先输水 45.08km 至射阳增压泵站，再次增压，考虑到输水时间较长，采用开放式水池，并进行充氧曝气，继续增压至射阳明湖水厂，输水距离为 39.37km。

3.2　风险分析的基本资料

1) 风险因子的辨识

根据不同原则与角度，可以将供水项目风险划分为不同的类型。比如根据风险发生的来源，可以划分成经济风险、社会风险、政治风险、自然风险、技术风险以及人员风险六种类型；根据风险的大小，可以划分成宏观风险与微观风险；根据风险发生的频率，可以划分成极少风险、稀少风险、偶然风险以及经常性风险；根据供水系统结构的不同，则可以划分成输配水子系统、水源地子系统、取水构筑物子系统以及水处理设施子系统四种风险类型[4]。根据风险来源的性质，可将盐城市供水工程中存在的风险分为以下几种大类别。一是不可抗拒的自然破坏造成的风险，有地震、洪水等；二是设备老化、管网老化、操作不当引起的爆管事故，如爆管事故等；三是运行过程中的操作不当或者其他原因造成的意外，如水质污染等。

2) 风险估计

(1) 自然破坏。盐城市位于苏北平原，东临黄海，全区地势平坦，是江苏省唯一无基岩出露的地区。全境范围内全部为第四系覆盖层，地质构造复杂，盐城市周围 300 km 范围内，以淮阴—响水口断裂为界，划分为南部的下扬子断块和西北部的鲁苏断块。活动断层是制约本市地震的主要因素。根据史料记载，公元 701 年以来盐城市陆上、近海海域曾发生 30 次中强以上(M4.6 级以上)地震，邻近区域发生的一些强震也对盐城产生不同的影响。盐城市经济近年来发展迅速，加上人口稠密，即使发生中强地震也会给人民生命和财产造成重大损失。因此，地震灾害可能会对供水工程造成极大的破坏[5]。盐城市输水工程空间跨度比较大，渠道沿线山体纵横，结构复杂，植被覆盖率低，部分山体存在断层和滑坡，遇地震易发生山体坍塌，砸断或填埋渠道而中断输水，同时输水管线上的调压塔、泵站等建筑物由于抗震等级低，自身被震损概率高。

(2)爆管事故。针对爆管事故，由设备老化、管网老化和运行期间运营人员操作不当引起的爆管，可采用工程类比法。采用与盐城市供水管网规模相近的其他市进行工程类比，用相近市的已发生爆管事故代替盐城市供水项目可能发生的爆管事故。

(3)水质污染。供水管网中存在的水质风险，主要有以下两种指标：余氯、浊度。水质污染可以通过实验设备检测出来。采用德尔菲法实现标准化分析各类风险因素，通过对风险可能性 k_1 与严重性 k_2 量化，描述供水系统风险发生的频率和危害程度，初步获得单风险因素的风险值。

3)风险评价

(1)单风险因素评价

在风险估计中考虑风险影响和风险概率两方面，对风险因素给供水工程带来的影响进行直接评估。根据专家直接判断，得出风险概率所处的量化等级。

①列出所有风险因素，共 7 项，如表 1 所示。

②依次估计这些风险因素发生概率的可能性，形成 0～10 的分值；依次估计这些风险因素发生后的影响，形成 0～10 分值。

③将以上两部分分值相乘：风险值=发生频率×危害程度。

④判断风险等级，如表 2 所示。

表 1　盐城市供水项目风险因素风险值

目标层	准则层	子准则层				
	子系统	风险因素	发生频率	危害程度	风险值	风险等级
供水风险 A	自然破坏 B_1	地震 C_1	1	10	10	四
		洪水 C_2	2	10	20	四
	爆管事故 B_2	管网老化 D_1	8	5	40	二
		设备老化 D_2	5	8	40	二
		误操作 D_3	9	7	63	一
	水质污染 B_3	浊度 E_1	5	8	40	三
		余氯 E_2	9	2	18	四

表 2　风险等级表

风险因素风险值	等级	措施
60～100	一	不惜成本阻止其发生
40～60	二	安排合理费用阻止其发生
20～40	三	安排费用降低发生后造成的损失
0～20	四	发生后再采取措施

(2) 指标权重计算

①根据目标及评价准则，建立递阶层次结构模型，如表 1 所示，其中供水风险即为目标层，自然破坏、爆管事故、水质污染子系统为准则层，风险因素、发生频率等为子准则层。

②确定指标的权重，引入 1～5 共 5 个等级，如表 3 所示。

表 3　标度及其含义

标度	含义
1	表示两个因素相比，相同重要性
2	表示两个因素相比，前者稍微重要
3	表示两个因素相比，前者明显重要
4	表示两个因素相比，相同强烈重要
5	表示两个因素相比，相同极端重要

③构造比较判断矩阵。对于子准则层，根据各元素相对重要性的比较结果，可以得到一个两两比较判断矩阵，进而得到评价矩阵。如表 4～表 7 所示。

表 4　判断矩阵 A-B

A	B_1	B_2	B_3	W_A
B_1	1	2	2	0.48
B_2	1/2	1	3	0.35
B_3	1/2	1/3	1	0.17
最大特征值：3.1356				

表 5　判断矩阵 B_1-C

B_1	C_1	C_2	W_{B_1}
C_1	1	1/5	0.17
C_2	5	1	0.83
最大特征值：2.0000			

表 6　判断矩阵 B_2-D

B_2	D_1	D_2	D_3	W_{B_2}
D_1	1	1/3	1/4	0.12
D_2	3	1	1/3	0.27
D_3	4	3	1	0.61
最大特征值：3.0735				

表 7　判断矩阵 B_3-E

B_3	E_1	E_2	W_{B_3}
E_1	1	1/3	0.23
E_2	3	1	0.77
最大特征值：2.0000			

④计算风险的综合重要度。在计算各层要素对上一层某一要素的相对重要度之后，即可从最上层开始，自上而下求出各风险因素的综合评价 $W_{ij}=W_i\times W_j$(即准则 i 下措施 j 指标的综合权重)。按照 W_{ij} 的值，对各风险因素进行优化排序，可获得所有风险因素重要度的排序结果 W_A=(0.47，0.35，0.17)。

⑤根据准则层风险值=风险因素值归一化权重矩阵，即可得到 3 个子系统的风险值，如下所示：

$$W_1=(10,20)\times W_{B_1}=18.40$$
$$W_2=(40,40,63)\times W_{B_2}=54.06$$
$$W_3=(40,18)\times W_{B_1}=23.05$$

则盐城市供水系统的风险值为：$W=(18.40,54.06,23.05)\times W_A=50.94$

综合得出，盐城市供水系统风险等级为二级，需要警惕。其中，爆管事故的风险等级最高，且风险因素主要集中在运行误操作中，需要加强运营人员的培训与管理。

4) 风险控制

根据风险评估的结果，提出如下风险控制对策。

(1) 自然破坏。盐城地区是江苏省乃至华东地区中强地震最为活跃的地区，该地区地震活动具有明显的海强陆弱特点和成团成片分布的丛集性特征，对于该区地震危险性的主要影响，本文认为应该特别注意未来可能发生在盐城陆地上、周边地区的中强地震以及南、黄海海域的 6 级以上中强地震。针对可能发生的地震问题应从两方面入手：①首先在供水系统设计时，注意考虑抗震设计，加大管道镇墩的重量，提高泵站和调压塔的抗震标准；在管路易发生位移的地方应设置柔性接头，避免管道在地震作用下破坏。其次是设置应急供水，在主要提水泵站断电的时候，使用备用燃油提水泵，保证泵站的正常运行。②在居民区应设置应急供水源，如周边邻近城镇没有受损水厂的出水，城市备用或曾废弃的地下水源，如绵竹市将曾废弃的二水厂的大口井作为应急供水水源，以及配有发电机的企业及私人自备深井。

(2) 爆管问题。①针对爆管发生的空间聚集特征，将爆管相对集中的区域内埋设的管段列为重要检测对象，加强日常的漏水监测，对于爆管严重区域内的管段可以列为重点改造对象，争取尽早更新改造。②针对爆管发生的时间分布特征，可以建立以季节气候为影响因素的爆管事故预测系统，适时改变管网运行压力，以减小气候温度对管网的影响。③合理选用供水管网管材。选用管材的基本原则是：承压能力强，运行可靠，使用年限长，施工方便，造价低。发生爆管的管材主要是灰口铸铁管与镀锌钢管，而球墨铸铁管的爆管率很低。因此尽量避免使用灰口铸铁管、镀锌钢管。小管径可以采用 PE 管、钢塑复合管，不建议采用 PVC 管和玻璃钢管。

(3) 水质问题。对饮用水质量进行评价水的浊度是一项重要指标。当水的浊度增高时，不仅影响感观性状，而且意味着水中有存在细菌和病毒的潜在危险性。降低饮用水浊度，可以相应降低水中的微生物、铁、锰等多项指标。降低水中浊度，可以采取以下措施：①对供水管网加强管理，尤其对供水分界线附近及管网末端的在线监测，必要时对管道进行冲洗，放水处理。②目前盐城市供水管道很大一部分为灰口铸铁管，铺设时间久，管道老化现象严重，由此引发的浊度超标现象频繁。因此有必要选用优质管材。在管网改造和管网扩建过程中尽量采用球墨铸铁管或钢管等优质管材。

余氯是管网水质风险控制的主要目标。提高供水分界线以及管网末端的余氯浓度是解决管网水质问题的主要任务。根据盐城市供水的特点，提高管网余氯浓度可以采取以下几个措施：①适当在夏季增加初始余氯浓度。盐城市夏季的温度较高，管网水温度一般在 21℃左右，处于管网末端停留时间长的管网水温度会更高。因此，增加初始余氯浓度可以有效降低余氯衰减速度，从而提高管网水中余氯浓度。②适当增加二次加氯点。适当增加二次加氯点可以有效解决管网供水分界线和管网末端的余氯偏低问题，而且可以减少水厂出水的投氯量，降低运行成本。

4 总　　结

采用层次分析法对江苏省盐城市京杭运河管道供水项目风险进行分析。盐城市供水项目的总体风险接近二级，且风险因素主要集中在爆管事故上，需要进行设备的及时检修和运行管理，特别是运营人员的培训。同时根据供水系统风险评估的结果提出了相关的风险对策。值得注意的是，风险评估的过程是一个不确定的过程，其中许多风险因子及其发生频率和危害因素有一定的主观性，可以对风险因素进行监督和控制，以进一步优化供水系统风险评估体系。

参 考 文 献

[1] 李景波, 董增川, 王海潮, 等. 城市供水风险分析与风险管理研究[J]. 河海大学学报(自然科学版), 2008, 36(1): 35-39.

[2] 刘中培, 迟宝明, 戴长雷. 长春市城市供水风险分析及对策研究[J]. 水土保持研究, 2007, 14(6): 253-255.

[3] 周雅珍, 蔡云龙, 刘茵, 等. 城市供水系统风险评估与安全管理研究[J]. 给水排水, 2013, 39(12): 13-16.

[4] 沈建明. 项目风险管理[M]. 北京: 机械工业出版社, 2004.

[5] 刘翔, 乔杉, 蔡社蕊. 西安市水资源现状与展望[J]. 山西建筑, 2008, 34(10): 181-182.

基于熵权理想点的水资源承载力风险评价

孟令爽　唐德善　史毅超　陆　赛

摘要： 随着经济发展，水资源供需矛盾日益加剧，为科学评价水资源承载力风险，进而对我国水资源利用状况提出警示，从水资源、社会、经济、生态四个角度建立了水资源承载力风险评价指标体系，并将风险划分为轻度风险、中度风险、重度风险、极度风险四个等级，利用熵权理想点法进行水资源承载力风险评价。最后对北京、天津、上海、武汉、重庆五个城市 2015 年水资源承载力风险进行评价，结果表明，北京、天津、上海处于重度风险级别，重庆、武汉处于轻度风险级别，与实际相符，表明该评价模型的可行性。

关键词： 水资源承载力；风险评价；熵权；理想点

1　引　　言

水资源匮乏问题已经成为全球焦点问题，不少国家、城市水荒现象逐渐凸显。中国人均水资源量仅为世界平均水平的四分之一，水资源十分短缺。通过对水资源承载力风险的研究，可以对水资源利用状况产生警示作用，进而使决策者适时调整水资源管理政策。因此，水资源承载力风险评价具有极其重要的作用。

在生态学中，水资源承载力指在某一特定时期，一定环境与技术下，水资源所能持续供养的生物数量[1]。随着社会的发展，人们对于水资源的需求、水质的要求都逐渐增大和提高，极大地增加了水系统的压力。水资源承载力风险研究以风险分析理论为基础，直观反映水资源对于地区发展支持力度的恶化情况。凌子燕[2] 采用主成分分析法对广东省区域水资源紧缺进行风险评价，表明湛江已经进入了水资源紧缺高风险区域；张学霞[3]利用空间聚类分析方法对松辽流域水资源利用进行风险评价，表明松辽流域水资源利用风险呈现出嫩江流域和松花江流域偏高，其他流域偏低的总体格局；杜静[4]对疏勒河灌区开发十三年后水资源承载力进行风险再评价，并提出一系列改善措施。但是水资源承载力风险研究目前尚未形成一套完善的理论。

本文在已有的研究基础上[5~7]，从水资源风险、经济风险、社会风险、生态风险四个角度建立评价指标体系，利用熵权理想点法[8~9]对水资源承载力风险进行评价，旨在对水资源利用状况产生警示作用，为决策者调整水资源管理政策提供依据。

2　水资源承载力风险评价指标体系及风险等级标准

水资源承载力风险是一个包括社会、自然等多属性的概念[4]。为综合反映水资源承载力风险，本文在已有的研究基础上[5~7]，征求 15 位专家意见，遵循系统性、科学合理性、客观性、无关性、可操作性等指标构建原则[10]，采用 DELPH 法[11]以及基于 SPASS 软件的频率分析法，从水资源风险、经济风险、社会风险、生态风险四个角度构建了包括 16 项指标的风险评价指标体系(见表 1)。为充分反映各项指标对水资源承载力造成的风险程度大小，本文在已有规范和研究基础上[5,6,12]，根据大数据统计将各指标风险等级划分为四个等级：Ⅰ轻度风险、Ⅱ中度风险、Ⅲ重度风险、Ⅳ极度风险。

表 1　水资源承载力风险评价指标体系及风险等级标准

准则层	指标层	风险等级				计算方法
		Ⅰ轻度风险	Ⅱ中度风险	Ⅲ重度风险	Ⅳ极度风险	
水资源风险 B_1	C_{11} 人均水资源量/m^3	1000~2000	500~1000	200~500	0~200	水资源总量/总人口
	C_{12} 单位面积产水量/$10^4m^3 \cdot km^{-2}$	60~90	20~60	10~20	0~10	水资源总量/土地面积
	C_{13} 供水模数/$10^4m^3 \cdot km^{-2}$	0~9	9~30	30~60	60~150	供水总量/土地面积
	C_{14} 水资源开发利用率/%	0~20	20~60	60~100	100~210	用水总量/可利用水资源量
	C_{15} 水资源供需满意度/无量纲	0.95~0.99	0.75~0.95	0.5~0.75	0~0.5	问卷调查
经济风险 B_2	C_{21} 人均 GDP/10^4 元	9~15	3~9	1~3	0~1	GDP 总值/总人口
	C_{22} 万元 GDP 用水量/m^3	0~20	20~50	50~80	80~100	用水总量/GDP 总值
	C_{23} 万元工业增加值用水/m^3	0~17	17~50	50~85	85~100	用水总量/工业增加值
社会风险 B_3	C_{31} 人口密度/(人/km^2)	0~100	100~300	300~1500	1500~4000	人口总数/土地面积
	C_{32} 人口自然增长率/%	0~0.3	0.3~0.6	0.6~0.9	0.9~1.2	人口自然增长量/总人口
	C_{33} 人均生活用水量/m^3	0~50	50~100	100~150	150~200	生活用水/总人口
	C_{34} 城镇化率/%	80~95	60~80	40~60	0~40	城镇人口/总人口
生态风险 B_4	C_{41} 污水处理率/%	90~97	80~90	50~80	0~50	处理污水量/污水总量
	C_{42} 生态用水比例/%	18~35	6~18	2~6	0~2	生态用水/总用水
	C_{43} 污水排放量/10^8m^3	0~8	8~15	15~25	25~35	查阅资料
	C_{44} Ⅲ类水质以上河流比例/%	80~95	40~80	10~40	0~10	达标河流长度/河流总长度

3　水资源承载力风险评价模型

3.1　熵权理想点法基本思想

理想点法基本思想[9]即定义待决策问题的正、负理想点，正理想点为假定最好样本，负理想点为假定最差样本。决策者将不同样本根据与理想点的贴近度进行排序，就可得到各样本的优劣，贴近度越大，证明样本越优。采用欧几里得范数可得各样本与正、负理想点的距离，水资源承载力风险评价是一个多指标、高维度的问题，为综合反映各指标对风险造成的影响，根据多目标加权决策思想[9]，对各指标与理想点之间的距离进行加权处理。

为了更好地反映各项指标客观属性，本文采用熵值法对指标赋权，熵权越大，表明该指标的变化对风险造成影响越大，反之越小。

3.2 熵权理想点评价模型构建过程

熵权理想点评价模型构建按以下步骤[8,9]进行。

1)熵权确定，设有 n 个评价样本，m 个指标

步骤 1：指标规范化处理，

越大越优型指标

$$x_{ij}=\frac{x_{ij}^{*}-x_{j\min}}{x_{j\max}-x_{j\min}} \tag{1}$$

越小越优型指标

$$x_{ij}=\frac{x_{j\max}-x_{ij}^{*}}{x_{j\max}-x_{j\min}} \tag{2}$$

式中，x_{ij} 代表第 i 个样本中第 j 个指标原始数值在进行归一化处理之后的数值，x_{ij}^{*}为第 i 个样本中第 j 个指标原始数值，$x_{j\min}$ 为第 j 个指标原始数值的最小值，$x_{j\max}$ 为第 j 个指标原始数值的最大值。

步骤 2：计算指标的熵 H_j，

$$H_j=\frac{\sum_{i=1}^{n} f_{ji}\ln f_{ji}}{\ln n}, i=1,2,\cdots,n, j=1,2,\cdots,m \tag{3}$$

式中，

$$f_{ji}=\frac{1+x_{ij}}{\sum_{i=1}^{n}\left(1+x_{ij}\right)} \tag{4}$$

步骤 3：计算指标的熵权

$$\omega_j=\frac{1-H_j}{\sum_{i=1}^{n}\left(1-H_j\right)} \tag{5}$$

式中，ω_j 为第 j 个指标的权重。

2)确定正、负理想点

水资源承载力风险指标分为正向指标与逆向指标。正向指标即该指标值越大，对风险的贡献程度越大；逆向指标即该指标值越小，对风险的贡献越大。因此当指标为风险

正向指标时，正理想点为该指标在所有样本中的最大值，负理想点为该指标在所有样本中的最小值；当指标为风险逆向指标时，正理想点为该指标在所有样本中的最小值，负理想点为该指标在所有样本中的最大值。

3) 距离测度

采用欧几里得范数作为距离测度，则所有样本与正理想点的距离为

$$S_i^* = \sqrt{\sum_{j=1}^{m} \omega_j \left(x_{ij} - x_j^*\right)^2}, i = 1,2,\cdots,n \tag{6}$$

所有样本与负理想点的距离为

$$S_i^- = \sqrt{\sum_{j=1}^{m} \omega_j \left(x_{ij} - x_j^-\right)^2}, i = 1,2,\cdots,n \tag{7}$$

式中，x_j^*为正理想点，x_j^-为负理想点。

4) 贴近度

$$C_i^* = \frac{S_i^-}{S_i^- + S_i^*} \tag{8}$$

式中，C_i^*为样本与正理想点的贴近度，$0 \leqslant C_i^* \leqslant 1$，其值越接近 1，说明样本与理想点越接近。

4 实例研究

4.1 评价原始数据

我国水资源十分短缺，为反映我国城市水资源承载力风险，本文选取北京、上海、天津、重庆、武汉作为研究样本，根据构建的水资源承载力风险评价指标体系，利用熵权理想点法对其 2015 年水资源承载力风险进行评价。数据来源于 2015 年各城市水资源公报、国民经济和社会发展统计公报、环境状况公报。水资源承载力风险具体指标数值见表 2。其中 C_{11}，C_{12}，C_{15}，C_{21}，C_{34}，C_{41}，C_{42}，C_{44} 为风险逆向指标，其余为风险正向指标。

表 2　2015 年各城市水资源承载力风险评价指标原始数值

指标	2015 年各城市水资源承载力风险指标数值				
	北京	上海	天津	重庆	武汉
C_{11}	134.9	277.4	82.9	1512.2	541.7
C_{12}	17.43	87.2	10.8	55.4	67.6
C_{13}	22.7	120.9	21.5	9.58	43.7
C_{14}	130.4	114.4	200.3	17.5	65.4
C_{15}	0.63	0.78	0.61	0.95	0.97
C_{21}	10.63	10.34	10.69	5.23	10.41
C_{22}	18.81	31	15.5	50	34

续表

指标	2015 年各城市水资源承载力风险指标数值				
	北京	上海	天津	重庆	武汉
C_{23}	10.51	53	7.65	59	43
C_{31}	1323	3809.6	1295	366.1	1234
C_{32}	0.3	0.25	0.23	0.39	0.7
C_{33}	80.5	51.8	33.1	49.1	93
C_{34}	86.5	89.1	82.6	60.9	55.7
C_{41}	87	92.8	94	91	95
C_{42}	27.3	1.07	11.2	1.23	0.27
C_{43}	10.92	23.04	6.14	24.72	9.24
C_{44}	48	46	9	83.2	72.7

注：表中数据均来自各城市水资源公报、国民经济和社会发展公报、环境状况公报；数据归一化处理

4.2 评价模型应用过程

(1) 数据归一化处理。为消除各指标量纲以及数量级等对研究所造成的不便，需对各指标数值进行归一化处理。C_{11}，C_{12}，C_{15}，C_{21}，C_{34}，C_{41}，C_{42}，C_{44} 为风险逆向指标，采用式(2)进行归一化处理；其余采用式(1)进行归一化处理。得指标标准化矩阵为

$$X=\begin{pmatrix} 0.964 & 0.864 & 1.000 & 0.000 & 0.679 \\ 0.913 & 0.000 & 1.000 & 0.416 & 0.257 \\ 0.118 & 1.000 & 0.107 & 0.000 & 0.307 \\ 0.618 & 0.530 & 1.000 & 0.000 & 0.262 \\ 0.944 & 0.528 & 1.000 & 0.056 & 0.000 \\ 0.011 & 0.064 & 0.000 & 1.000 & 0.051 \\ 0.096 & 0.449 & 0.000 & 1.000 & 0.536 \\ 0.056 & 0.883 & 0.000 & 1.000 & 0.688 \\ 0.278 & 1.000 & 0.270 & 0.000 & 0.252 \\ 0.149 & 0.043 & 0.000 & 0.340 & 1.000 \\ 0.791 & 0.312 & 0.000 & 0.267 & 1.000 \\ 0.078 & 0.000 & 0.195 & 0.844 & 1.000 \\ 1.000 & 0.275 & 0.125 & 0.500 & 0.000 \\ 0.000 & 0.970 & 0.596 & 0.964 & 1.000 \\ 0.257 & 0.910 & 0.000 & 1.000 & 0.167 \\ 0.474 & 0.501 & 1.000 & 0.000 & 0.142 \end{pmatrix}$$

(2) 由式(3)、式(4)、式(5)计算各指标权重，汇总至表 3。

表 3　各评价指标权重

指标	权重	指标	权重	指标	权重	指标	权重
C_{11}	0.141	C_{21}	0.073	C_{31}	0.023	C_{41}	0.062
C_{12}	0.102	C_{22}	0.109	C_{32}	0.009	C_{42}	0.089
C_{13}	0.093	C_{23}	0.01	C_{33}	0.031	C_{43}	0.003
C_{14}	0.111			C_{34}	0.002	C_{44}	0.101
C_{15}	0.041						

(3) 根据水资源承载力风险与各指标的关系， 将水资源承载力风险的各项评价指标划分为正向指标与逆向指标，正向指标其值越大，风险越大，其正理想点为各样本中该指标最大值，负理想点为各样本中该指标最小值；逆向指标其值越小，风险越大，其正理想点为各样本中该指标最小值，负理想点为各样本中该指标最大值。根据各指标风险等级划分标准值以及正、负理想点确定原则，确定 16 项风险指标各个级别的正、负理想点，正负理想点矩阵[8]汇总至表 4。

表 4　正、负理想点矩阵

指标	正理想点矩阵				负理想点矩阵			
	Ⅰ轻度风险	Ⅱ中度风险	Ⅲ重度风险	Ⅳ极度风险	Ⅰ轻度风险	Ⅱ中度风险	Ⅲ重度风险	Ⅳ极度风险
C_{11}	1000	500	200	0	2000	1000	500	200
C_{12}	60	20	10	0	90	60	20	10
C_{13}	9	30	60	150	0	9	30	60
C_{14}	20	60	100	210	0	20	60	100
C_{15}	0.95	0.75	0.50	0	0.99	0.95	0.75	0.50
C_{21}	9	3	1	0	15	9	3	1
C_{22}	20	50	80	100	0	20	50	80
C_{23}	17	50	85	100	0	17	50	85
C_{31}	100	300	1500	4000	0	100	300	1500
C_{32}	0.3	0.6	0.9	1.2	0	0.3	0.6	0.9
C_{33}	50	100	150	200	0	50	100	150
C_{34}	80	60	40	0	95	80	60	40
C_{41}	90	80	50	0	97	90	80	50
C_{42}	18	6	2	0	35	18	6	2
C_{43}	8	15	25	35	0	8	15	25
C_{44}	80	40	10	0	95	80	40	10

(4) 根据表 4 计算各城市相对各风险级别的贴近度。根据以上正理想点和负理想点矩阵，根据式 (6)、式 (7)、式 (8) 确定各城市水资源承载力风险相对于各项风险等级的贴近度数值，如表 5 所示。由表 5 的贴近度结果可见，北京、上海、天津对于Ⅲ重度风险级别的贴近度最大，因此可划分为重度风险级别；武汉、重庆对于Ⅰ轻度风险级别的贴近

度最大，因此可划分为轻度风险级别。

表 5 各城市水资源承载力风险级别贴近度

城市	对不同水资源承载力风险等级贴近度				所处风险级别
	Ⅰ轻度风险	Ⅱ中度风险	Ⅲ重度风险	Ⅳ极度风险	
北京	0.66	0.64	0.81	0.11	Ⅲ重度风险
上海	0.58	0.54	0.74	0.60	Ⅲ重度风险
天津	0.66	0.64	0.76	0.15	Ⅲ重度风险
重庆	0.50	0.34	0.42	0.40	Ⅰ轻度风险
武汉	0.70	0.63	0.51	0.23	Ⅰ轻度风险

4.3 评价结果分析及建议

(1) 由表 5 可以看出，北京、上海、天津处于水资源承载力重度风险级别，重庆、武汉处于水资源承载力轻度风险级别。表明重庆、武汉水资源管理和利用优于北京、上海、天津特大城市。武汉对于轻度风险等级贴近度为 0.70，大于重庆对于轻度风险等级贴近度，表明武汉的水资源承载力优于重庆。北京对于重度风险等级的贴近度为 0.81，大于天津、上海。由上述可以看出，以上五个城市的水资源承载力风险从大到小依次为：北京、天津、上海、重庆、武汉，与实际情况相符。

(2) 由指标权重计算结果可以看出，人均水资源量、单位面积产水量、水资源开发利用率；万元 GDP 用水量；人均生活用水；生态用水比例、Ⅲ类水质以上河流长度所占比例等指标所占权重较大，因此对于我国城市水资源承载力风险的减小，应综合从水资源、生态、经济、社会各个方面进行改善。由指标权重可以看出，对于水资源的保护是减小水资源承载力风险的重中之重。

(3) 北京水资源承载力风险最高，主要原因是水资源量较少，人口较多，因此北京应加紧水资源管理：实施水务统管；开展污水回用、雨洪利用；鼓励市民节约用水；以水务一体化管理体制为依托，建立最严格水资源管制体系框架；充分利用南水北调工程，进而减小水资源承载力风险。

天津水资源承载力风险相对较高，人均水资源量与单位面积产水量均较少，因此天津应积极成立最严格水资源管理检查小组，落实考核奖惩措施；鼓励市民节水，实施梯级水价；重点整治臭、黑水，提高河流水质；积极做好引滦水源地保护工作。

上海水资源量丰富，但是用水效率低下。为此，上海应积极响应国家“用水效率红线”相关内容，建立最严格水资源管制体系，以饮用水安全保障为重点，以节水减排为切入点，进而减小水资源承载力风险。

重庆水资源承载力风险较低，主要因为其水资源充沛、人口密度较低。但是其万元 GDP 用水量、万元工业增加值用水量均为最大，因此重庆用继续增加节水投入，提高用水效率，控制污水排放。

武汉水资源承载力风险最低，但是武汉应继续增加城镇化率、严格控制人口增长速度、提高生态用水比重、提高用水效率，继续将水资源承载力风险维持在较低水平。

5 结　论

本文从水资源、社会、生态、经济四个角度构建了水资源承载力风险评价指标体系，并对各指标进行风险等级划分，利用熵权理想点法对水资源承载力风险做出评价。实例表明，水资源承载力风险从大到小为：北京、天津、上海、重庆、武汉，与实际情况相符，说明该方法与水资源承载力风险评价结合的可行性，对参与评价的各个城市提出相应改进措施，为以后水资源承载力风险的研究指出了新的方向。

参考文献

[1] 段春青，刘昌明，陈晓楠，等. 区域水资源承载力概念及研究方法的探讨[J]. 地理学报，2010, 65(1)：82-90.

[2] 凌子燕，刘锐. 基于主成分分析的广东省区域水资源紧缺风险评价[J]. 资源科学，2010, 32(12)：2324-2328.

[3] 张学霞，武鹏飞，刘奇勇. 基于空间聚类分析的松辽流域水资源利用风险评价[J]. 地理科学进展，2010, 29(9)：1032-1040.

[4] 杜静. 疏勒河灌区开发十三年后水资源承载力风险再评价[J]. 甘肃科技，2010, 26(18)：3-5.

[5] Yang X P, Li E C. Early-Warning Model for Tourism Environment Carrying Capacity in Scenic Spots Based on Fuzzy Inference[J]. Advanced Materials Research, 2012：2405-2408.

[6] 韩运红，唐德善，李奥典，等. 模糊熵权综合评价模型在阜阳市水资源承载力综合评价中的应用[J]. 水电能源科学，2015(5)：26-29.

[7] 张光凤，张祖陆. 基于 GIS 的济宁市水资源承载力的主成分分析[J]. 水电能源科学，2013, 31(12)：21-24.

[8] 陈继红，孟威，周康，等. 基于熵权理想点的集装箱港区安全评估模型与应用[J]. 数学的实践与认识，2016, 46(9)：71-79.

[9] 方国华. 多目标决策理论、方法及其应用[M]. 北京：科学出版社，2011.

[10] 郭潇，方国华，章哲恺. 跨流域调水生态环境影响评价指标体系研究[J]. 水利学报，2008, 39(9)：1125-1130.

[11] 冯彩云，许新桥，孙振元. 北京近自然园林绿地植物群落综合评价指标体系研究[J]. 安徽农业大学学报，2014, 41(6)：950-955.

[12] 卜楠楠，唐德善，尹笋. 基于 AHP 法的浙江省水资源承载力模糊综合评价[J]. 水电能源科学，2012, 30(3)：42-44.

基于熵权的 ANP 法的水利工程项目投标风险决策

闫文杰　唐　彦

摘要： 由于水利工程的复杂性及失事后果严重等特点，企业在投标前应结合实际情况充分考虑风险因素和中标后的收益，为了能科学合理地进行投标风险决策，综合考虑业主、项目、投标人自身及竞争对手四个方面，并以此建立风险因素指标体系，为综合考虑指标体系间内在联系，采用网络层次分析法计算各个指标因素的权重，并对得到的主观权重利用熵权理想点法进行客观的判断优选，通过某个施工企业的拟投标方案对前文建立的模型进行应用及检验分析，并对其针对不同项目的拟投标方案进行优选，其结果有效地满足了投标决策。

关键词： 水利工程；投标风险因素；网络层次分析法；熵权理想点法

1　引　　言

由于我国市场经济的快速发展，各类工程的投标竞争日益激烈[1]。而投标风险决策又是一个充满不确定因素的复杂过程，所以很多企业都盲目投标，不充分考虑投标的风险因素。这种盲目冲动的投标很可能会给企业带来不可挽回的损失，因此建立与实际较为符合的投标决策模型是必要的。我国目前的水利工程项目往往规模大、周期长、人力物力等资源占比较大，并且项目构成愈加复杂，因此增加了企业在面对多个项目时投标的选择难度[2]。在企业现有人力物力资源有限的前提下，需要结合自身的情况在多个拟投项目中选择最优方法。否则不仅难以中标，即使中标也很难有较大盈利，造成大量的资金和资源的浪费。所以针对多个拟投标项目如何进行决策优选，是目前首先要解决的问题。彭锟等应用模糊层次分析法对国际项目投标风险进行了评估；张金隆等建立基于粗糙集投标风险模型，对工程项目的投标风险进行分析研究；刘尔烈等针对投标风险因素的模糊性，将模糊逻辑理论运用到投标风险研究中；张朝勇等使用基于熵权的 Fuzzy-AHP 法模拟了不同风险偏好下的投标风险评估结果。以上传统的决策模型对投标风险决策的研究起到了较大改进作用，但这些方法为了突出重点，简化问题往往忽略了各个指标体系之间的内在联系与影响，而这种简化使得最终的决策模型和实际之间存在误差，甚至影响决策模型的准确性。本文使用网络层次分析法(analytic network process，ANP)综合考虑各指标体系内在的联系与反馈，既保证了逻辑的合理性，同时又发挥专家评分的重要性[3]。最后再与熵权理想点法结合，将主观评分与客观熵权综合考虑，使得决策模型更加符合现实，准确性大大提高。

2 基于 ANP 法投标风险评价赋权

2.1 风险因素指标识别

由于早期的工程行业利润较高，中标意味着收益，因此在投标决策的前期研究中，大多学者都注重如何提高投标的命中率，但是随着工程建设的复杂性增加，更多的人开始注重投标决策的风险研究，而风险研究的首要工作是做好风险因素的识别，目前国内建筑行业对于投标风险并没有统一的风险指标体系。本文在参考中南大学胡振华等人的研究[4]，结合国内实际情况与综合专家学者的研究提出图 1 所示的投标风险指标体系。

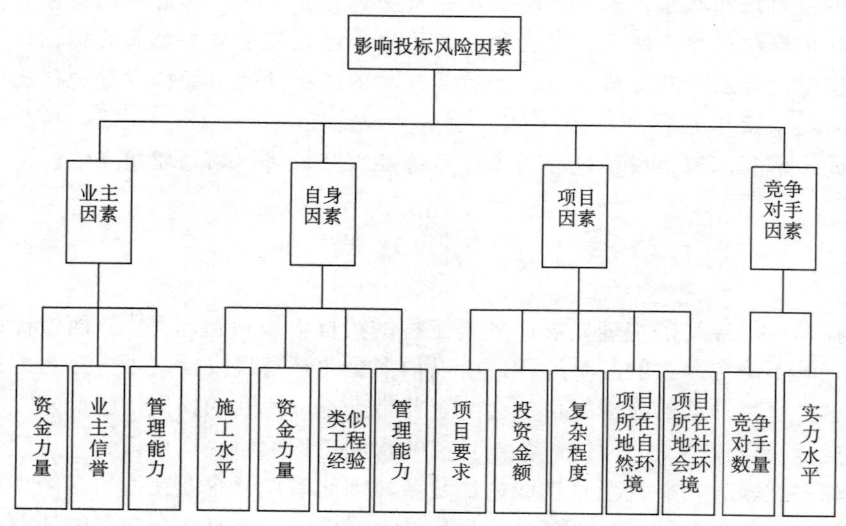

图 1 投标风险指标层次结构图

2.2 网络层次分析法

网络层次分析法(ANP)是由 AHP 法发展而来的一种适应非独立递阶层次的决策方法[5]。传统的层次分析法是假定各个指标间相互独立，然而实际中这些指标因素往往是有关联的。如拟投项目的投资金额和复杂程度很大程度上会影响投标人的数量，项目的复杂程度也在很大程度上会对投标人的数量以及实力水平产生影响等[6]，这些互相关联影响的因素构成如图 2 所示。

2.3 ANP 指标权重的计算

ANP 法对于权重计算较传统的层次分析法来说要复杂得多，目前对于 ANP 法的计算大多依赖于软件来完成，本文采用的软件为 Super Decisions(S.D 软件)。首先需在软件中按照逻辑关系建立起相应的网络关系图[7]，某评价指标因素之间关系如图 3 所示。其中 Goal→Criteria，Criteria→次准则层等，表示前者中指标元素受后者中指标元素影响[8]，环形箭头表示内部节点之间相互影响依存。

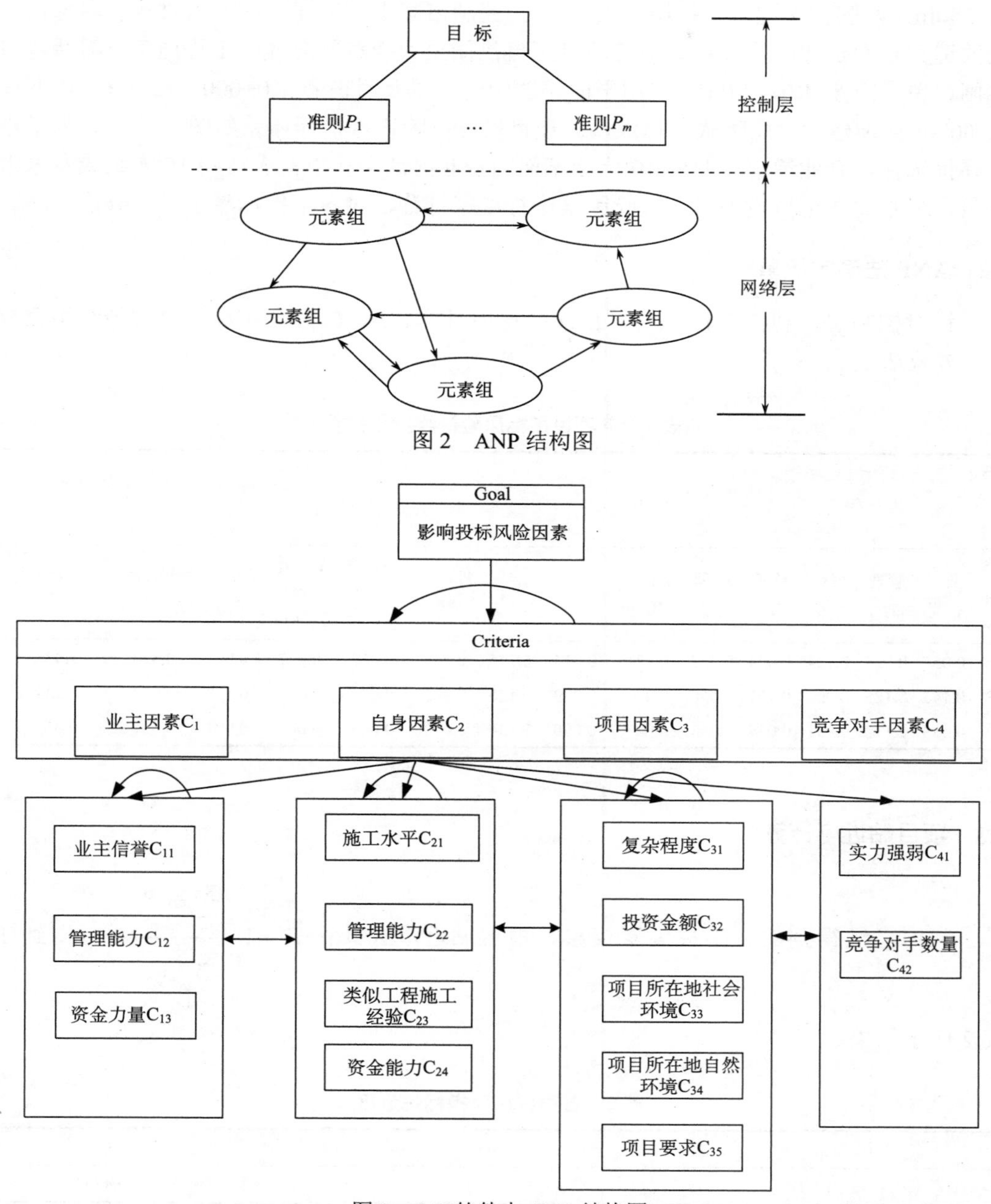

图 2　ANP 结构图

图 3　S.D 软件中 ANP 结构图

3 案 例 分 析

3.1 案例简介

江苏省 N 市某施工企业在同一时间段有 A、B、C 三个项目可进行拟投标。其中项目A为泰州市某港闸工程，需新建单孔净宽12m节制闸，同时对该闸上、下游河道各整治350m，两侧新建混凝土挡墙；项目B为芜湖市某水厂扩建工程，需对水厂取水口三池改造和管网延伸；项目C为对连云港某排洪闸至大板跳闸海堤防工程施工，需新建引水闸，单孔净宽1.0×2.0m，采用平面铸铁闸门，以及对桩号K0+000～K0+669段海堤长669m堤顶建设“鹰嘴式”挡浪墙。项目投标风险评价指标体系如图1所示。为了进行择优选择，企业邀请行业内10位专家连同企业内部经验丰富人员共15人组成专家组成员，分别对三个拟投项目的风险因素进行专家打分，对各个指标赋予相应分值[9]。

3.2 ANP法确定权重

针对控制层，利用S.D软件，依次计算项目A、B、C各个指标因素的最终综合权重，建立表1。

表1　各项目指标风险最终综合权重

准则层	业主因素			自身因素				项目因素					竞争对手因素	
指标层	业主信誉	管理能力	资金力量	施工水平	管理能力	类似工程经验	资金能力	复杂程度	投资金额	项目所在地社会环境	项目所在地自然环境	项目要求	实力强弱	竞争对手数量
A	0.057	0.034	0.124	0.024	0.067	0.121	0.024	0.115	0.157	0.067	0.077	0.091	0.020	0.022
B	0.143	0.125	0.000	0.171	0.058	0.020	0.039	0.126	0.093	0.019	0.033	0.122	0.027	0.024
C	0.083	0.132	0.091	0.084	0.043	0.087	0.090	0.136	0.023	0.043	0.061	0.083	0.031	0.013

3.3 项目贴近度计算

利用已经得到的各指标因素权重，根据贴近度公式：$T_j = 1 - \frac{\sum_{i=1}^{m} a_{ij} P_i}{\sum_{i=1}^{m} p_i^*}$，可得到如表2所示结果。

表2　各项目风险指标贴近度

项目	A	B	C
贴近度 T_j	0.355	0.553	0.459

由于贴近度T_j表示与理想点的贴近程度[10]，当T_j越小时，说明该方案不确定性最低。因此可得到3个拟投项目中，A项目最优。并且根据前文得到的权重矩阵，可以得到风险因素指标中所占权重较大的风险因素，投标企业在投标过程以及施工管理中可以注意防范。

4 结 论

本文运用ANP法和熵权理想点法建立了投标风险优选评价模型，在传统AHP法基础上做了一定改进，通过引入S.D软件，能够快捷简单地确定最终权重，并结合熵权理想点法确定客观权重，使得各风险因素指标间的联系更加符合实际情况。从业主、投标人自身、项目及竞争对手四个方面建立风险因素指标体系，并将该模型用于某水利施工企业的投标风险方案决策，且该结论与企业反复商讨后的决策结果一致，表明该方法具有一定的科学性和实用性。由于投标风险涉及的因素较多，受相关数据资料的限制，无法一一纳入评价指标体系，指标体系的完善有待于进一步研究的开展，但本文作为一种研究方法的探讨，为相关研究的开展提供了新的思路。

参 考 文 献

[1] 曹玉冬. 水利工程的特点及施工技术的应用[J]. 科技展望, 2014(12): 78.
[2] 李佳欣. 工程项目招投标风险研究[D]. 北京: 北京邮电大学, 2007.
[3] 潘登. 工程承包商投标风险管理研究[D]. 长沙: 湖南大学, 2008.
[4] 胡振华, 文亮. 项目投标中的风险分析[J]. 湖南商学院学报, 2002, 9(2): 14-15.
[5] 岳意定, 刘莉君. 基于网络层次分析法的农村土地流转经济绩效评价[J]. 中国农村经济, 2010(8): 36-47.
[6] 方国华, 黄显峰. 多目标决策理论、方法及其应用[M]. 北京: 科学出版社, 2011: 172-174.
[7] 王迎超, 尚岳全, 孙红月, 等. 基于熵权-理想点法的岩爆烈度预测模型及其应用[J]. 煤炭学报, 2010(2): 218-221.
[8] 邵艳莹, 郑德凤, 李莹. 基于熵权-模糊物元的地下水环境健康评价模型研究[J]. 水电能源科学, 2011(12): 32-34+28.
[9] 李佑莲, 谢大勇. 熵权理论在工程投标项目决策中的应用[J]. 基建优化. 2007(4): 32-34.
[10] 武晟, 金苗. 熵权理论在水利工程投标中的应用[J]. 科技经济市场, 2011(2): 28-30.

基于熵权模糊综合评价法在水污染风险评价中的应用

蔺梦雪　唐圆圆

摘要：随着水体污染问题日益严重，人们开始重视水环境质量问题。水污染风险评价是检测、评判水资源污染程度，实现水资源可持续发展和利用的重要依据。本文通过引入熵权概念，在模糊综合评价法的基础上，建立了基于熵权的模糊综合评价模型，使得水污染的风险评价的结果更加客观、合理。同时以阜新市柳河段上游(阜新地区集中饮用水源地)为研究对象，应用该模型对其进行饮水水源地污染的风险评价，得出该水源地的水质现状和存在的问题，并提出一些合理的建议。

关键词：模糊综合评价法；熵权风险分析；水污染；饮水水源地

1　引　言

近年来，随着经济和社会的飞速发展，以及人类不规范活动的增加(任意排放工业和生活污水等)，流域水污染问题日益严重，局部地区水质性缺水问题尤其突出。水体污染将会引起许多不良效应，会危害人类生命健康、破坏生态平衡，并制约社会资源的可持续发展。目前，对宏观水质受到污染的风险研究还不是很多。全国各流域的水污染风险评价方法大多依靠经验定性判断，定量风险评价方法研究仍处于探索阶段。水污染风险评价是在流域治理时不可缺少的一步，它能为综合治理流域污染问题提供重要依据，因而，选择一种准确而客观的风险评价方法至关重要。目前应用比较多的水污染分析方法有模糊综合评价法[1]、水动力水质模型法、人工神经网络法等数学方法，但单独的方法往往存在局限性。本文尝试从科学合理性、客观性和实用性出发，引入熵权，建立基于熵权的模糊综合评价模型，并对阜新市闹德海集中式饮用水源地辽河支流柳河段上游水质状况进行水污染风险评价[2]。

2　水污染的风险识别

风险识别，是进行风险管理的第一步，也是水污染在进行风险评价前必须先实施的步骤。对水域进行风险源识别的目标为识别出主要风险源和风险事件，全面系统的风险识别需要大量详实的风险源资料。风险源识别的方法主要有现场调查法和历史事故分析法两种。其中，现场调查法是通过对现场的调查来发现潜在的危险源。历史事故分析法是根据国内外曾经发生过的水源地突发性污染事故进行辨识。对历史事故的时间、地点、事故形式、污染源头、污染物质种类和数量、事故造成的影响、危害程度等做详细统计分析，从而找出历年来导致污染事故发生的所有危险源，并归类分析。水污染是指由有害化学物质造成水使用价值的降低或丧失。在水污染风险识别中，水污染的风险源通常为向水域排放的污染物或对水域环境产生危害的场所、事件等。运用上述两种分析方法，列出水体污染的可能风险源[3]，如图 1。

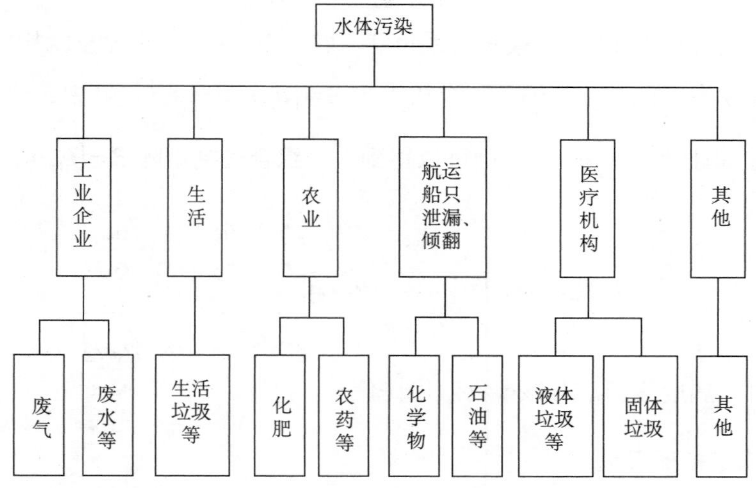

图 1 水体污染的风险源

不同的水体，污染源也略有不同，比如具有航运能力的水域的污染源有废水排放和航运泄露石油等突发性事件；不具有航运能力的水域就不会存在航运泄露石油这样的突发性污染事件；集中式饮水水源地的污染风险则可根据某一污染物的给定浓度来定义。

3 水污染的风险评价

水污染的风险评价，就是在识别到水污染的风险源的基础上[4]，对水质或风险源的扩散或风险源污染水体发生的概率进行评估，并与公认的与之相对应的安全指标相对比，从而进行风险决策的过程[9]。熵权法是一种客观的赋权法，不但可以考虑主观意愿，而且还可以兼顾客观事实；是一种通过考虑多种影响因素来综合评价某一事物的方法。熵权法与模糊综合评价法相结合，形成基于熵权的模糊综合评价模型，并将其运用到水污染的风险评价中，使得评价结果更加客观、可靠。

3.1 模糊综合评价数学模型

模糊数学是描述模糊现象的定量处理方法[5]。模糊综合评价就是在模糊环境下，一次考虑多种影响因素，并对事物做出综合评定的方法。模糊综合评价数学模型如下：

(1) 因素集 $U=\{x_1,x_2,\cdots,x_3\}$，通过风险识别来确定。

(2) 评判集 $V=\{y_1,y_2,\cdots,y_n\}$。

(3) 构造模糊变换 T_R：

$$F(U)\to F(V),\ A\to AB=B \tag{1}$$

$$R=\begin{bmatrix} r_{11} & r_{12} & \cdots & r_{1m} \\ r_{21} & r_{22} & \cdots & r_{2m} \\ \vdots & \vdots & & \vdots \\ r_{n1} & r_{n2} & \cdots & r_{nm} \end{bmatrix}$$

式中，$R=\left(r_{ij}\right)_{n\times m}$ 为 U 到 V 的模糊关系矩阵，（R，U，V）三个变量就构成了一个模糊综合评价数学模型。此时，若输入一个权重集 $A=\left[a_1,a_2,\cdots,a_n\right]$，其中 a_i 表示 U 中第 i 个因素的权重，且满足 $\sum_{i=1}^{n}a_i=1$，则可以得到一个综合评判矩阵 $B=\left[b_1,b_2,\cdots,b_m\right]$，即

$$B=\left[b_1,b_2,\cdots,b_m\right]=\left[a_1,a_2,\cdots,a_n\right]\begin{bmatrix} r_{11} & r_{12} & \cdots & r_{1m} \\ r_{21} & r_{22} & \cdots & r_{2m} \\ \vdots & \vdots & & \vdots \\ r_{n1} & r_{n2} & \cdots & r_{nm} \end{bmatrix} \tag{2}$$

按照最大隶属度原则，对该事物做出评价 b_k。

3.2　由熵权确定指标权重

指标的权重在评价中起到非常重要的作用，将会直接影响评价结果。权重[6]，从理论上看，一方面是决策者的主观意愿的映射；另一方面也是指标本身的物理属性的客观反映。实际上，它就是对主观度量的客观评价结论。熵权，反映了各指标向决策者提供的有用信息量。由熵权来确定指标权重就是根据各个指标值的差异程度，利用熵值来确定客观权重的方法，这种方法可以尽量消除权重计算的人为影响，使得评价结果更符合实际。本文采用改进熵权计算公式，使计算结果更为合理、可信。计算第 i 个评价指标的熵：

$$H_i=-\frac{1}{m}\sum_{j=1}^{m}P_{ij}\ln P_{ij} \tag{3}$$

$$P_{ij}=r_{ij}/\sum_{j=1}^{m}r_{ij} \tag{4}$$

式中，$0\leqslant H_i\leqslant 1$，为使 $\ln P_{ij}$ 有意义，假定 $P_{ij}=0$ 时，$P_{ij}\ln P_{ij}=0$；$i=1,2,\cdots,n$；$j=1,2,\cdots,m$。

用改进熵权公式来计算第 i 个评价指标的权重为

$$w_i=\frac{\sum_{k=1}^{n}H_k+1-2H_i}{\sum_{l=1}^{n}\left(\sum_{k}^{n}H_k+1-2H_l\right)} \tag{5}$$

3.3　基于熵权的模糊综合评价法步骤

熵权和模糊综合评价模型相结合，互取优势，形成了基于熵权的模糊综合评价法[7]。

该法涵义明确，方法简便，科学客观，是一种定量的风险评价方法。该方法的步骤为：

(1)确定评价指标和评价对象。此处，评价对象即为上文所提到的水污染问题的风险源，评价指标即为公认的安全指标。

(2)确立模糊关系矩阵。模糊关系矩阵 R 是指各因素在各评价集上的隶属度。首先确定各单因素在评价集上的隶属度函数，通过隶属度函数计算得到模糊关系矩阵 R。在确定隶属函数时选取“梯形分布”，各因素分为越小越优型和越大越优型，公式如下：

$$U_{\text{越小越优型}}(x)=\begin{cases}1 & x\leqslant a\\ \dfrac{b-x}{b-a} & a<x<b\\ 0 & x\geqslant b\end{cases} \tag{6}$$

$$U_{\text{越大越优型}}(x)=\begin{cases}0 & x\leqslant a\\ \dfrac{x-a}{b-a} & a<x<b\\ 0 & x\geqslant b\end{cases} \tag{7}$$

(3)确定指标的权重。权重表示各个因素在综合评价过程中的影响力大小，权重越大，影响力越大，重要程度越高。为了使计算所得权重更加客观，将采取改进熵权法来计算各个因素的权重[8]，权重计算公式见式（5）。

(4)计算综合评判矩阵。已知权重 w 和模糊关系矩阵 R，可由式（2）计算得到综合评判矩阵 B，然后对流域的水质进行判定。

4 实 例 分 析

4.1 研究区概况

闹德海水库位于辽宁省彰武县辽河左岸支流——柳河中游，引柳河上游的河水作为它的集中供水水源。水库水域面积为 4051km^2，总库容为 2.7 亿 m^3，百年一遇泄洪流量为 2922 m^3/s，是以农业灌溉、泄洪排沙、生产生活用水为主的综合性水利枢纽工程，同时也是阜新地区城市居民的主要生活饮用水源。水库特殊的地理位置和长期的人类肆意活动，使得该处地表水在某些时间段中出现了污染物严重超标的现象。该地区水源水质正受到严重威胁。因此，运用风险评价方法来研究该地区饮用水源地的污染特性和规律[9]，并寻求相应的预防措施和治理办法，显得十分重要。

4.2 基于熵权的模糊综合评价法

1)确定评价指标和评价对象

集中式饮水水源地的污染风险可根据某一污染物的给定浓度来定义。柳河上游地表水的风险源识别可采用现场调查法，并配合相关检测资料，柳河上游水周围并无航道、桥梁等，所以不用考虑突发性水污染事件的风险源。通过现场调查和查阅柳河上游地表水 5 年的监测资料，选取了 6 种典型的污染物作为评价对象(见表 1)，选取水质的等级为评价指标。当采用地表水作为生活饮用水水源时，根据 GB5749—2006 规定该地表所含有的化学物应符合 GB3838—2002 的有关标准。建立因素集 $U=\{x_1,x_2,\cdots,x_n\}$ ={总磷，高锰酸盐指数，BOD_5，DO，石油类，COD}；评判集 $V=\{y_1,y_2,\cdots,y_m\}$ ={I，II，III，IV，V}。其中，BOD_5 为五日生物需氧量即用生物降解水中有机物 5d 所消耗的氧的总量，DO 为溶解氧，COD 为化学需氧量。

表 1　2001～2005 年柳河上游监测指标的年平均浓度　（单位：mg/L）

年份	总磷	高锰酸钾指数	BOD_5	DO	石油类	COD
2001	0.42	3.73	4.03	9.36	0.28	29.40
2002	0.35	4.65	3.42	7.85	0.12	26.60
2003	0.26	6.44	1.96	7.41	0.03	24.70
2004	0.43	5.60	2.47	8.41	0.07	29.00
2005	0.46	5.84	4.00	7.50	0.06	22.00

2）确定模糊关系矩阵

溶解氧评价指标为越大越优型，即数字越大，水环境质量越好；其余五个评价指标为越小越优型，即数字越小，水环境质量恶化程度越小。根据式(6)和式(7)，参照分类标准(见表 2)来创立高锰酸钾对五个分级标准的隶属度函数，如下：

$$U_{\mathrm{I}}(r)=\begin{cases}1 & 0\leqslant r\leqslant 2\\ \dfrac{(4-r)}{2} & 2\leqslant r\leqslant 4\\ 0 & r\geqslant 4\end{cases}\tag{8}$$

$$U_{\mathrm{II}}(r)=\begin{cases}0 & 0\leqslant r\leqslant 2\text{或}r\geqslant 6\\ \dfrac{(r-2)}{2} & 2\leqslant r\leqslant 4\\ \dfrac{(6-r)}{2} & 4\leqslant r\leqslant 6\end{cases}\tag{9}$$

$$U_{\mathrm{III}}(r)=\begin{cases}0 & 0\leqslant r\leqslant 4\text{或}r\geqslant 10\\ \dfrac{(r-4)}{2} & 4\leqslant r\leqslant 6\\ \dfrac{(10-r)}{4} & 6\leqslant r\leqslant 10\end{cases}\tag{10}$$

$$U_{\mathrm{IV}}(r)=\begin{cases}0 & 0\leqslant r\leqslant 6\text{或}r\geqslant 15\\ \dfrac{(r-6)}{4} & 6\leqslant r\leqslant 10\\ \dfrac{(15-r)}{5} & 10\leqslant r\leqslant 15\end{cases}\tag{11}$$

$$U_{\mathrm{V}}(r)=\begin{cases}0 & 0\leqslant r\leqslant 10\\ \dfrac{(r-10)}{5} & 10\leqslant r\leqslant 15\\ 1 & r\geqslant 15\end{cases} \tag{12}$$

表 2　地表水的质量分类指标　　（单位：mg/L）

项目	等级标准				
	I	II	III	IV	V
总磷≤	0.02	0.1	0.2	0.3	0.4
高锰酸钾指数≤	2	4	6	10	15
BOD_5 ≤	3	3	4	6	10
DO ≥	(饱和度) 90%	6	5	3	2
石油类≤	0.05	0.05	0.05	0.5	1
COD ≤	15	15	20	30	40

同理，可以对总磷、BOD_5、DO、COD和石油类这些因素根据表 2 建立隶属度函数。将表 1 中数据代入隶属函数就可以得到各指标对应等级的隶属度，从而可以得到 2001 年模糊关系矩阵为

$$R_{2001}=\begin{bmatrix}0 & 0 & 0 & 0 & 1\\ 0.135 & 0.865 & 0 & 0 & 0\\ 0 & 0 & 0.985 & 0.015 & 0\\ 1 & 0 & 0 & 0 & 0\\ 0.498 & 0.498 & 0.498 & 0.511 & 0\\ 0 & 0 & 0.06 & 0.94 & 0\end{bmatrix}$$

同理，通过计算可以得到其他各年各指标对应等级的隶属度(见表 3)。

表 3　不同年份各指标的隶属度

年份	项目	等级标准				
		I	II	III	IV	V
2001	总磷	0	0	0	0	1
	高锰酸钾指数	0.135	0.865	0	0	0
	BOD_5	0	0	0.985	0.015	0
	DO	1	0	0	0	0
	石油类	0.498	0.498	0.498	0.511	0
	COD	0	0	0.06	0.94	0
2002	总磷	0	0	0	0.5	0.5
	高锰酸钾指数	0	0.675	0.325	0	0
	BOD_5	0.58	0.58	0.42	0	0

续表

年份	项目	等级标准				
		Ⅰ	Ⅱ	Ⅲ	Ⅳ	Ⅴ
2002	DO	0.925	0.925	0	0	0
	石油类	0.844	0.844	0.844	0.156	0
	COD	0	0	0.34	0.66	0
2003	总磷	0	0	0.4	0.6	1
	高锰酸钾指数	0	0	0.89	0.11	0
	BOD_5	1	1	0	0	0
	DO	0.705	0.705	0	0	0
	石油类	1	1	1	0	0
	COD	0	0	0.53	0.47	0
2004	总磷	0	0	0	0	1
	高锰酸钾指数	0	0.2	0.8	0	0
	BOD_5	1	1	0	0	0
	DO	1	0	0	0	0
	石油类	0.956	0.956	0.956	0.044	0
	COD	0	0	0.01	0.9	0
2005	总磷	0	0	0	0	1
	高锰酸钾指数	0	0.08	0.92	0	0
	BOD_5	0	0	1	0	0
	DO	0.75	0.75	0	0	0
	石油类	0.978	0.978	0.978	0.022	0
	COD	0	0	0.8	0.2	0

3）确定指标权重

以 2001 年为例计算指标权重，由 R_{2001} 代入式(3)、式(4)和式(5)，计算得 2001 年的权重为：$A_{2001} = (0.1848 \quad 0.1642 \quad 0.1807 \quad 0.1848 \quad 0.1125 \quad 0.1730)$。同理，可计算得到其他年份的权重[10]（见表 4）。

表 4 2001～2005 年各指标的权重

年份	总磷	高锰酸钾指数	BOD_5	DO	石油类	COD
2001	0.1848	0.1642	0.1807	0.1848	0.1125	0.1730
2002	0.1723	0.1748	0.1565	0.1723	0.1498	0.1744
2003	0.1554	0.1838	0.1694	0.1694	0.1526	0.1695
2004	0.1870	0.1617	0.1520	0.1870	0.1284	0.1839
2005	0.1882	0.1744	0.1882	0.1539	0.1320	0.1634

4）计算综合评价矩阵

以 2001 年为例，计算它的综合评价矩阵，并判断水质情况。已知指标权重和模糊关系矩阵，根据式(2)得，$B_{2001}=(0.2620\quad 0.1970\quad 0.2434\quad 0.2228\quad 0.1848)$。根据最大隶属原则来评判[11]，2001 年柳河上游段水质为 I 级。同理，可以计算得出其他年份的综合评价矩阵[12~15]（见表 5）。

表 5　2001～2005 年柳河上游的水质状态

年份	I	II	III	IV	V	所属类别
2001 年	0.2620	0.1970	0.2434	0.2228	0.1848	I
2002 年	0.3765	0.4945	0.3082	0.2246	0.0861	II
2003 年	0.4414	0.4414	0.4681	0.1931	0.1554	III
2004 年	0.4618	0.3071	0.2540	0.1712	0.1870	I
2005 年	0.2445	0.2585	0.6084	0.0356	0.1882	III

4.3　分析总结

从表 5 可以看出，柳河上游水质在 2001～2005 年期间呈波动性变化，并不稳定，但水质基本上都在III级及以上。根据《各类别地面水环境质量标准适用范围规定》，柳河上游作为阜新市闹德海集中式引用水源地基本符合国家规定。经过检测，柳河上游的主要污染物为总磷、DO 和 COD。当 2003 年和 2005 年的水质呈 III 级时，因为总磷、DO 和 COD 的含量过高，该区的饮用水源已经徘徊在污染的边缘，所以应该加快治理水污染以避免更严重的饮用水源污染。

造成柳河上游水污染和水质动态变化的原因是多方面的，主要有：

(1) 过量施用化肥、农药造成水体污染。闹德海水库上游柳河流域目前还是一个典型传统农牧区，处在待开发状态。农牧业仍是该流域对生态环境最具有影响力的经济活动方式。为提高农业的产量，农民大量施用化肥、农药，营养物过多，植物并不能全部吸收，未吸收的养分则会随地表径流进入水体，导致闹德海水库集中饮用水源地总磷和 DO 污染。

(2) 水土流失带来的沉积物养分造成水体污染。柳河上游流域的地形多为山地、丘陵和沙丘，而且土质松散无结构，水土流失十分严重。严重的水土流失导致了该流域地表径流增大，而地表径流又是流域内面源输出的主要动力，水土流失沉积物夹带着氮、磷等重要养分，通过各种途径进入水库从而污染水体。

(3) 流域内居民、畜禽粪尿管理不当造成水体污染。粪尿含有丰富的有机物和养分，此流域内的居民通常以露天的方式堆放粪便，经雨水淋滤后，粪便内部的有机物和氮、磷、钾就会随地表径流进入水体，从而污染水源。

为改善柳河上游水质，可采用下措施：

(1) 合理开发柳河上游的农牧区。有关政府部门应重视水源地的保护，合理开发水源地周围的农牧区，给流域内居民定期进行教育讲座，普及水环境和水污染相关知识；同时规范流域内粪便的堆放方式，减少化肥、农药的使用量，如将粪便作为天然肥料、建沼气池等。在开发过程中，应与生态环境相适应，不可过快过急，避免对水源地造成二次污染。

(2)植树造林，减少水土流失。柳河上游流域由于地形和土质原因，水土流失严重，相关政府部门应该采取响应措施，来保护水土，如植树造林，禁止乱砍滥伐等。

(3)政策支持、保护。水是生命之源，水源地污染，必会对人类健康造成威胁。政府应该出台保护饮水源地的相关规定，严惩污染水源地的企业和个人。

5 总　结

(1)水体污染的风险源的识别方法主要有两种，现场调查法和历史事故分析法。不同的水域污染的风险源也有所不同，应根据实际情况具体分析。

(2)本文在模糊综合评价数学模型的基础上，引入改进熵权，建立了基于改进熵权的模糊综合评价模型，结合了熵权和模糊评价的优点，为水污染风险评价提供了新的思路。改进熵权来计算权重，使得出的权重更加客观、合理；运用模糊评价矩阵建立了合理的隶属函数，保证了评价结果的客观性、科学性和准确性；通过水质指标分级，使得结论明确，便于管理部门和公众接受。

(3)基于熵权的模糊综合评价数学模型能客观地对水污染进行风险评价，这为流域水资源管理和科学利用提供了新的思路和参考依据，为水污染安全评价提供了的新的风险评价方法。本案例如果选用更多的地表水污染指标，适当增加评价年份和水源地数量，那么评价结果将会更加科学、准确、客观地反映该地区的水环境质量现状。

参 考 文 献

[1] 冯思静，马云东. 阜新市闹德海集中式饮用水源地水污染风险模糊综合评价[J]. 地球与环境, 2008(4): 368-372.

[2] 李婷. 基于熵权的TOPSIS模型在水污染风险评价中的应用[J]. 黑龙江水利科技, 2015(7): 16-17.

[3] 吴钢, 蔡井伟, 付海威, 等. 模糊综合评价在大伙房水库下游水污染风险评价中应用[J]. 环境科学, 2007(11): 2438-2441.

[4] 郭元伟. 关于模糊数学的原理和应用分析[J]. 西部素质教育, 2015(18): 24.

[5] 刘丽丽, 赵轩, 徐岩, 等. 闹德海水库水资源存在问题及治理措施[J]. 陕西水利, 2014(S1): 131-132.

[6] 沈富远. 阜新市闹德海水库水源地供水潜力分析[J]. 东北水利水电, 2013(6): 39-40.

[7] 赵晓亮, 齐庆杰, 李瑞锋, 等. 模糊 AHP 法在闹德海水库水质综合评价中的应用[J]. 地球与环境, 2013(1): 71-76.

[8] 韩晓刚. 城市水源水质风险评价及应急处理方法研究[D]. 西安: 西安建筑科技大学, 2011.

[9] 李二平, 侯嵩, 孙胜杰, 等. 水质风险评价在跨界水污染预警体系中的应用[J]. 哈尔滨工业大学学报, 2010(6): 963-966.

[10] 赵晓亮, 李瑞锋, 齐庆杰. 阜新市饮用水源水质量的主成分分析法评价[J]. 水资源与水工程 2011, 22(5): 59 -62

[11] GB 3838—2002. 国家地表水环境质量标准[S].
[12] GB 5749—2006. 国家饮用水水质标准[S].
[13] 杨旭东, 李伟, 马学军. 模糊评价法在沧州市区地下水脆弱性评价中的应用[J]. 安全与环境工程, 2006(2): 9-12.
[14] 刘华祥, 李永华. 东湖富营养化的模糊评价研究[J]. 水资源保护, 2006(3): 28-29+46.
[15] 杨林, 闫娥, 任杰, 等. 模糊综合评价在水污染控制中的应用[J]. 青海师范大学学报(自然科学版), 2004(2): 49-51.

梯级水库多目标调度风险分析实例

田明明　唐德善

1　引　言

在能源短缺、节能减排的大背景下，我国流域水电能源开发的力度增强，步伐加快，大型流域水库群规模越来越大，进入 21 世纪以来，随着大批水库电站的建成和投入使用，中国已形成了一批巨型水库群，如黄河上游、长江上游、第二松花江、三峡梯级和清江梯级水库群等，其联合运行调度问题也越来越复杂。一方面，梯级水库上下游之间存在复杂的水力和电力联系(约束复杂)，以及受入库径流的不确定性影响，水库群优化调度的理论研究与实际应用存在一定的差距；另一方面，随着人类生活水平以及认识的提高，对大型水利枢纽的综合利用需求也日益增强，而不同调度目标之间又存在一定的竞争与冲突关系。水库群联合调度可以发挥“库容补偿”和“水文补偿”的作用，因此，研究水库群联合优化调度具有现实意义，同时，针对梯级水库群联合调度的风险分析也亟待进行[1]。

2　研 究 背 景

三峡梯级特大型水利枢纽是我国最重要的水利工程之一，装机规模巨大，它包括有三峡水电站和葛洲坝水电站两座电站[2]。这一梯级水库群是兼有防洪、发电、航运等综合效益的大型水电站群，其中三峡水电站是季调节电站，葛洲坝水电站是三峡电站的反调节电站，有日调节能力。

2.1　三峡水库工程概况

三峡水利枢纽是目前世界上规模最大的水利枢纽工程，2012 年 7 月 4 日，三峡水电站的最后一台机组正式投产，它的装机容量达到 2240 万 kW，共有 32 台单机容量 70 万 kW 的混流式水轮发电机组，已经成为全球最大的清洁能源基地，其坝址位于距湖北省宜昌市上游 40km 的三斗坪，兼有防洪、发电、航运等综合效益。三峡水库最首要的任务是防洪，汛期为 6～9 月份，在每年的 5 月末至 6 月上旬进行放水，逐步将库水位降到防洪限制水位 145m，汛期水库一般保持水位在 145m 不变，保证一定的防洪库容，当有大的洪峰到来时，水库拦洪蓄水，本轮洪水过后，水库马上腾空库容来迎接下一次的洪水到来。在汛期结束后，从 10 月上旬开始，三峡水库逐渐开始蓄水，当水位逐步上升到正常蓄水位 175m 时，在此期间需要发电和航运兼顾，使水库尽量维持在一个较高水头运行。枯水期，水库加大下泄流量以保证发电和航运的要求，水库水位逐步降低，在枯水期末水位降到死水位 155m。

2.2 葛洲坝水库工程概况

葛洲坝水电站是长江干流上的第一座大型水电站，距上游的三峡电站 38km，也是世界上规模最大的径流式电站。它上距三峡出口南津关 2.3km，其坝址位于砒川，在湖北省宜昌市上游，是三峡水电站的反调节电站(主要是在航运方面)，而且有着利用河道落差来发电的作用，需要渠化三峡至宜昌间的天然河道、反调节三峡电站的河道非恒定流。

葛洲坝水电站兼有发电、改善航道等综合效益。发电方面，葛洲坝水电站共有 21 台机组，总装机容量达 271.5 万 kW，保证出力为 76.8 万 kW，多年平均发电量为 157 亿 kW·h，电站与三峡电站统一调度，并入华中电网并向其他地区输送大量电能。航运方面，葛洲坝位于三峡工程下游，与三峡工程相辅相成，使三峡—葛洲坝梯级的航运效益发挥出最大作用。由于葛洲坝水库库区汛期回水 110m，非汛期回水 180m，这样可以使川江的航运条件得到显著改善，同时，由于水库有 8600 万 m^3 的调节库容①，对三峡水库起到反调节作用，是长江干流航运事业发展的重要工程。

3 模型建立

构建并求解水库优化调度模型，是解决水库优化调度问题的基础。优化调度目标往往针对防洪、发电、供水、航运、生态等水库具体功能。本书研究的目标函数及各项约束条件表述如下[3,4]：

$$\max\left\{\overline{f_1},\overline{f_2}\right\} \tag{1}$$

$$f_1=\frac{1}{m}\sum_{l=1}^{m}\sum_{i=1}^{N}\sum_{t=1}^{T}N_{i,t}\,\Delta t=\frac{1}{m}\sum_{l=1}^{m}\sum_{i=1}^{N}\sum_{t=1}^{T}K_i q_{i,t}H_{i,t}\,\Delta t \tag{2}$$

$$f_2=\frac{1}{mT}\sum_{l=1}^{m}\sum_{t=1}^{T}S_t(z_t,q_t) \tag{3}$$

式中，$\overline{f_1},\overline{f_2}$ 为梯级水库联合调度的目标函数，其中式(2)和式(3)分别为梯级水库联合调度时发电量的计算公式和通航保证率的计算公式；$N_{i,t}$ 为第 i 个水电站 t 时段的出力；N 为电站总数；T 为调度期内的总时段数；m 为模拟计算的年数；Δt 为所取时段长度；K_i 为第 i 个电站的出力系数；$q_{i,t}$ 为第 i 个电站 t 时段的发电流量；$H_{i,t}$ 为第 i 个电站 t 时段的平均发电水头；$S_t(z_t,q_t)$ 是一个 0～1 变量，表示水库在 t 时段的通航情况，与水库的水位和下泄流量有关，z_t、q_t 分别为水库 t 时段的水位和下泄流量，其中，若 t 时段满足通航要求，则 $S_t(z_t,q_t)$ 取值为 1；否则若 t 时段不满足通航要求，则 $S_t(z_t,q_t)$ 取

① 库容为三峡—葛洲坝梯级水利枢纽两坝间库容。

值为 0。

目标利润函数的机会约束：

$$P_r\left\{f \geqslant \overline{f_1}\right\} \geqslant \alpha_1 \tag{4}$$

$$P_r\left\{f \geqslant \overline{f_2}\right\} \geqslant \alpha_2 \tag{5}$$

水库蓄水量的机会约束：

$$P_r(V_i^{\min} \leqslant V_{i,t} \leqslant V_i^{\max}) \geqslant \beta_1 \tag{6}$$

水库下泄流量的机会约束：

$$P_r({q_{i,t}}^{\min} \leqslant q_{i,t} \leqslant {q_{i,t}}^{\max}) \geqslant \beta_2 \tag{7}$$

水库水量平衡约束：

$$V_{i,t+1} = V_{i,t} + (Q_{i,t} - q_{i,t} - q\text{loss}_{i,t})\Delta t \tag{8}$$

水电站预想出力约束：

$$N_i^{\min} \leqslant N_{i,t} \leqslant N_{i,预} \tag{9}$$

水库之间的水量平衡约束：

$$Q_{i+1,t} = q_{i,t} + Q_{i+1,t}^{in} \tag{10}$$

式中，$i = 1,2,\cdots,N-1$，$P_r\{\cdots\}$ 表示事件 $\{\cdots\}$ 成立的概率；α_1、α_2 分别为发电和航运约束的置信水平；$V_{i,t}$ 为第 i 个水库 t 时段的库容、$V_i^{\min}$ 为 i 个水库的死库容、$V_i^{\max}$ 为第 i 个水库正常蓄水位对应的库容；β_1 为给定的水库蓄水量约束的置信水平；${q_{i,t}}^{\min}$、${q_{i,t}}^{\max}$ 分别为第 i 个水库 t 时段的最小下泄流量和下游允许的最大下泄流量，β_2 为给定的水库下泄流量约束的置信水平；$V_{i,t}$、$V_{i,t+1}$ 分别为第 i 个水库时段的初、末水库蓄水量；$Q_{i,t}$、$q_{i,t}$、$q\text{loss}_{i,t}$ 分别为第 i 个水库 t 时段的入库流量、出库流量及扣损流量；$N_{i,t}$、$N_i^{\min}$、$N_{i,预}$ 分别为第 i 个电站 t 时段的实际出力、最低出力限制和预想出力限制；$Q_{i+1,t}$ 为 t 时段下游水库的入库流量，$q_{i,t}$ 为 t 时段上游水库的下泄流量，$Q_{i+1,t}^{in}$ 为 t 时段下游水库的区间入流。

假定梯级各水库各时段的入库流量均符合相邻时段相互影响的正态分布的随机变量。以日为计算时段长，同时，为便于计算，假定三峡和葛洲坝水库各时段的入库流量预测方差为 50，混合智能算法求解过程中，设定种群规模为 50、交叉概率 p_c 取为 0.8，变异概率 p_m 取为 0.025，最大迭代次数 2000，评价函数中 p 值取为 1[5]。

4　结 果 分 析

令梯级水库系统发电目标和航运目标的置信约束水平 α_1、α_2 以及库容和下泄流量的置信约束水平 β_1、β_2 变化，即梯级水库系统愿意承担的风险发生变化，其他参数不变，采用设计好的混合智能算法对不同的调度方案进行求解计算，可以得到不同置信约束水平下的调度方案，如表 1 和表 2 所示。

表 1　不同置信水平约束下调度方案计算结果一

方案	发电目标约束 α_1	航运目标约束 α_2	库容约束 β_1	下泄流量约束 β_2	发电目标函数值 $\overline{f_1}$ /(亿 kW·h)	航运目标值 $\overline{f_2}$ /%
1	0.4	0.4	0.95	0.95	1061.29	95.79
2	0.5	0.5	0.95	0.95	1059.43	95.76
3	0.6	0.6	0.95	0.95	1057.66	95.71
4	0.7	0.7	0.95	0.95	1054.31	95.64
5	0.8	0.8	0.95	0.95	1052.86	95.59
6	0.9	0.9	0.95	0.95	1048.29	95.54

表 2　不同置信水平约束下调度方案计算结果二

方案	发电目标约束 α_1	航运目标约束 α_2	库容约束 β_1	下泄流量约束 β_2	发电目标函数值 $\overline{f_1}$ /(亿 kW·h)	航运目标值 $\overline{f_2}$ /%
1	0.8	0.8	0.95	0.95	1052.86	95.59
2	0.8	0.8	0.90	0.90	1053.26	95.61
3	0.8	0.8	0.85	0.85	1055.69	95.60
4	0.8	0.8	0.80	0.80	1057.82	95.63
5	0.8	0.8	0.75	0.75	1059.01	95.58
6	0.8	0.8	0.70	0.70	1060.44	95.62

由表 1 可以看出，固定梯级水库的库容置信约束水平和下泄流量约束水平($\beta_1=\beta_2=0.95$)一定时，随着发电目标和航运目标的置信约束水平 α_1 和 α_2 的逐渐增大(从 0.4 逐渐增大至 0.9)，梯级水库的发电目标值和航运目标值 $\overline{f_1}$ 和 $\overline{f_2}$ 逐渐减小。可见，对于多目标问题来说，其优化的结果越好，则实现该结果的机会就越低，即达不到目标要求的风险就越大。在 6 个调度方案中，方案 1 的风险最大(置信约束水平最小，为 0.4)，其发电目标值和航运目标值也相应达到 1061.29 亿 kW·h 和 95.79%；方案 6 的风险最小(置信约束水平最大，为 0.9)，其发电目标值和航运目标值也相应降到 1048.29 亿 kW·h 和 95.54%。

对于水库调度决策者来说，可以从调度方案的计算结果对发电调度计划和航运调度计划可能获得的效益以及不能完成计划的风险进行判断。实际上，给定的置信约束水平反映了调度管理人员对梯级水库运行可靠性的重视程度：给定的置信约束水平越高，说明调度人员对系统的可靠性越重视，而对系统运行的风险越厌恶，但同时系统运行的经济性也就越差；相反的，给定的置信约束水平越低，说明调度人员对系统的风险持冒险的态度，对系统运行的经济性越重视，但此时系统的可靠性就会降低[6]。因此，调度人员在给定置信约束水平时，需要统筹考虑系统运行中的可靠性和经济性，以便做出合理判断。

由表 2 可以看出，固定梯级水库中的发电目标置信约束水平和航运目标置信约束水平$(\alpha_1 = \alpha_2 = 0.8)$一定时，随着库容置信约束水平 β_1 和下泄流量置信约束水平 β_2 的逐渐减小(从 0.95 逐渐减小至 0.70)，梯级水库的发电目标值 $\overline{f}_1$ 逐渐增大。其中，在 6 个调度方案中，方案 1 的防洪风险最小(置信约束水平最大，为 0.95)，其相应的发电目标值为 1052.86 亿 kW·h；方案 6 的防洪风险最大(置信约束水平最小，为 0.70)，其相应的发电目标值也随之达到 1060.44 亿 kW·h。从变化的过程可以看出，三峡—葛洲坝梯级水库的防洪与发电之间存在着突出的矛盾，发电效益的增加是以防洪风险的增大为代价的；而对于梯级水库的航运目标来说，随着置信库容约束水平 β_1 和下泄流量置信约束水平 β_2 的逐渐减小，梯级水库的航运目标值 $\overline{f}_2$ 并没有呈现规律性的变化，如随着置信库容约束水平 β_1 和下泄流量置信约束水平 β_2 由 0.95 逐渐减小(防洪风险逐渐增大)，方案 1 到方案 2 的航运目标值增大，而方案 2 到方案 3 的航运目标值却有所减少，同样的方案 4 到方案 5 航运目标值也有所减少。因此防洪目标和航运目标之间并没有存在突出的矛盾，有时甚至出现一致的情形(方案 2 到方案 3、方案 4 到方案 5)。

5 小　结

针对 3 节所建立的梯级水库多目标调度风险分析模型，将其应用于三峡—葛洲坝梯级水库实例，并利用 4 节所提出的耦合不确定模拟技术的遗传算法对模型进行求解，以检验所建模型和所提改进遗传算法的正确性、适用性。考虑发电量及航运效益两个目标及水库库容与下泄流量两个约束条件，针对不同的置信度设置不同的实验工况，分别建立模型并求解，对优化结果进一步分析。其中发电目标与航运目标之间存在较大的矛盾性，而防洪目标与航运目标之间矛盾不甚突出，有时呈现出一致的情况。由优化结果可知：所提多目标调度风险分析模型能够协调水库调度过程中所面临的各项风险与效益，并根据入库径流的不确定性对水库运行带来的影响，指导管理人员做出合理的决策，提供调度方案和信息，同时便于调度人员进行风险管理。

参 考 文 献

[1] 李克飞. 水库调度多目标决策与风险分析方法研究[D]. 华北电力大学, 2013.

[2] 李学贵. 三峡—葛洲坝梯级水库运行调度[C]. 水电站运行与水库调度技术交流会. 2006.

[3] 叶碎高, 温进化, 王士武. 多目标免疫遗传算法在梯级水库优化调度中的应用研究[J]. 南水北调与水利科技, 2011, 9(1)：64-67.

[4] 陈国良, 王熙法, 庄镇泉, 等. 遗传算法及其应用[M]. 北京：人民邮电出版社, 1999.

[5] 李敏强. 遗传算法的基本理论与应用[M]. 北京：科学出版社, 2002.

[6] 吉根林. 遗传算法研究综述[J]. 计算机应用与软件, 2004, 21(2)：69-73.

基于熵权理想点法的水库调度风险评价决策研究

王雨斐　唐　彦

摘要：水库的优化调度过程涉及多个目标，各目标相互矛盾与牵制，均衡各目标形成满足决策者需要的调度方案是本文研究的目的。通过分析水库调度过程中可能产生的各类风险，本文首先构建调度风险评价指标体系及水库多目标调度优化模型产生非劣解调度方案。采用熵权法确定各评价指标的权重，并采用逼近于理想点(TOPSIS)的方法对非劣解集方案进行多目标决策。最后以具体水库为例进行风险评价决策。

关键词：水库调度；多目标；熵权法；TOPSIS；风险分析

1　引　　言

水库调度是根据水库的蓄泄能力调节天然径流的过程。水库调度过程中可能承担防洪、发电、航运、供水、生态等多种任务，它们一般互相矛盾，共同牵制水库的调蓄水过程。同时，调度过程受降水、径流、预报偏差等诸多不确定因素的影响，这些不确定因素的时空变化及耦合作用都加剧了水库调度的风险。研究如何从调度方式上弱化调度过程中可能遇到的各种风险，最大程度的发挥水库的综合利用效益具有重要意义。水库调度是一个多目标风险决策问题，需要从众多的非劣调度方案中选出让决策者满意的合适方案，以权衡各方利益与矛盾。水库多目标调度的研究越来越多，但优化调度方案与实际调度经验的偏差使得优化结果难以很好地运用于实践[1]。决策者大都更倾向于经验判断，选择偏于保守的常规调度方案。如何使多目标优化调度方案更好地指导实践，运用于实际的调度过程，本文将风险评价和决策技术与水库优化调度相结合，旨在为水库调度方案的决策技术提供另一种思路。风险作为可以量化的不确定性，本文首先考察风险分析的基本含义，从水库调度需承担的多个任务出发，建立水库调度风险评价指标体系，并以弱化各调度目标的风险性为前提，构建水库调度多目标风险分析与决策方法[2]。

2　水库多目标风险决策优化模型

2.1　水库调度风险评价指标体系

水库调度是根据水库库容实现调蓄天然径流的过程。水库调度过程中面临防洪、发电、航运、供水、生态等多种目标，它们一般互相矛盾，且具有不可公度性的特点，共同牵制水库的调蓄水过程。同时，调度过程受降水、径流、预报偏差以及用水目标变化等诸多不确定因素的影响，这些不确定因素的时空变化及耦合作用都加剧了水库调度的风险[3~6]。

风险辨识是合理的风险评价与决策的基础。通过对多目标水库调度过程中可能面临的各类风险进行辨识，建立了水库调度风险评价指标体系，具体见图 1。图中指标体系总的分为三层，分别是目标层、类别层及指标层。基于目标层，分析水库调度过程中不同调度目标可能产生的风险，将类别层具体分为防洪、发电、供水、航运风险，为简化模型，本文暂不考虑生态风险，而基于防洪任务在水库调度中的重要性，应该优先考虑，将其作为约束条件生成调度方案。第三层的指标层，以具体指标来量化各种风险，明确各种风险的计算方法[7]。

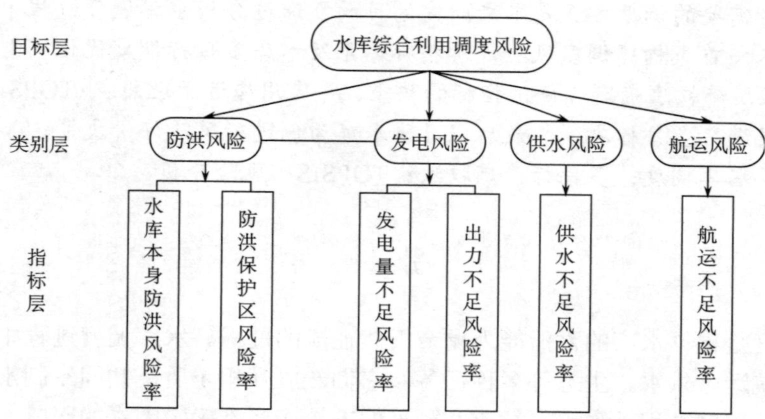

图 1　水库多目标调度风险评价指标体系

2.2　风险决策优化模型

1) 目标函数

水库调度其实就是一个在径流不确定条件下的多目标调度决策问题，如何在多个目标中进行协调与折中体现了调度方案的合理性与优化性。考虑实际调度过程的需要及求解优化模型的实际条件，本文建立了基于预报径流条件下的确定型多目标决策优化模型[8,9]。具体涵盖以下几类目标：

(1) 防洪目标。上游水库防洪安全主要考虑水库坝前最高水位尽量低为目标；下游河道防洪安全则以最大下泄流量最小为目标。即

$$\max\left\{f_1, f_2\right\} = \min_{t=T_1, T_1+1, \cdots, T_2} \left\{\max Z_t, \max q_t\right\} \tag{1}$$

式中，z_t、q_t 分别为水库汛期运行水位和下泄流量；T_1，T_2 分别为汛期的开始时段和结束时段。

(2) 发电目标。发电目标用调度期内发电量最大目标 f_3 和保证出力最大目标 f_4 来衡量，但一般情况下两者相互矛盾，难以同时保证。即

$$\max\left\{f_3, f_4\right\} = \max\left\{\sum_{t=1}^{T} N_t \Delta t, \min_{1 \leqslant t \leqslant T} N_t\right\} \tag{2}$$

式中，N_t 为时段 t 系统总出力；Δt 为时段长度；T 为调度期的总时段数。

(3)供水目标。供水要求用调度期供水保证率 f_5 最大为目标，定义年内供水保证率为供水期内满足要求的时段数 M_{T_g} 与需要供水的时段数 T_g 之比，即

$$\max f_5 = \frac{\max M_{T_g}}{T_g} \tag{3}$$

(4)航运目标。航运要求需满足年内航运保证率 f_6 最大，定义年内航运保证率为满足航运要求的时段数 m_{T_g} 与总调度时段 T 之比，即

$$\max f_6 = \frac{\max m_{T_g}}{T} \tag{4}$$

根据以上的水库调度目标，具体考虑防洪、发电、供水以及航运目标，涵盖各个目标，建立如下水库调度多目标决策优化模型，即

$$\max f = \max\left\{-f_1,-f_2,f_3,f_4,f_5,f_6\right\} \tag{5}$$

2)约束条件

水库优化调度模型约束条件主要包括水量平衡约束、出力约束、水位约束、下泄流量约束以及机组过流能力约束等。

3)模型求解

对于多目标的非线性规划问题，一般可采用加权法、约束法或智能优化算法求解优化调度模型，结果可产生该多目标决策优化模型的非劣解集，即水库非劣解调度方案[10]。智能优化算法已发展成熟，对于求解多个优化目标及复杂约束的问题具有可行性，具体地有遗传算法(GA)、粒子群优化算法(PSO)、混合蛙跳算法(SFLA)、人工蜂群算法(ABC)等，在此不再赘述。

3 实 例 研 究

本文以 A 水利枢纽工程为例，这里仅考虑防洪、发电、航运目标。依据历史资料及入库径流的预报值，求解多目标风险决策优化模型得到模型的非劣解集，即获得水库的非劣解调度方案。参考文献资料，本文选择其中 6 组调度方案，以此为例进行方案评价。其中各调度方案的风险指标值具体见表 1。

表 1 各调度方案的风险指标值 (单位：%)

方案	发电量不足风险率 p_{fd}	出力不足风险率 p_d	供水不足风险率 p_{gs}	通航不足风险率 p_{hy}
1	15.03	11.84	2.16	3.28
2	14.25	11.84	1.96	1.67
3	12.68	15.46	1.96	1.67
4	12.68	11.34	2.31	1.67
5	14.25	11.84	2.16	3.44
6	13.45	11.34	2.31	1.69

根据熵权法确定各评价指标相应的权重，计算得到各个指标的权重分别为0.2624、0.217、0.1665、0.1783；然后将权重结果代入(6)，得到R_i'值，并采用TOPSIS法对各调度方案进行评价。各方案评价所得结果分别为0.0799、0.0750、0.0788、0.0666、0.0785、0.0715。

$$R_i' = \sum_{j=1}^{n_1} W_j r_{ij}', \quad 1 \leqslant i \leqslant m, \quad 1 \leqslant j \leqslant n_1 \leqslant n \tag{6}$$

式中，r_{ij}'为第i个调度方案第j个评价指标去除不符合防洪要求方案的评价指标，w_j为第j个评价指标的权重，$1 \leqslant j \leqslant n_1 \leqslant n$。

由计算结果可知，基于熵权理想点法的最优调度方案为$R_i' = 0.0666(i=4)$，即方案4，各方案优劣排列顺序依次为：4、6、2、5、3、1。由表1可进一步看出，方案4的发电量不足风险率$p_{fd} = 0.1268$和出力不足风险率$p_d = 0.1134$在各个方案中相比都是最小的，而方案4的其他各项指标在各个调度方案中也具有一定的优势。

4　结　　语

本文对水库多目标调度的风险评价与决策进行了研究，主要包括以下内容：

(1)分析了水库具有多个调度目标时，在调度中存在的各类风险，构建了水库多目标调度的风险评价指标体系。

(2)建立了水库多目标调度的风险决策模型，同时获得了水库调度的非劣解集调度方案。

(3)采用基于熵权的TOPSIS排序方法对多目标决策问题的非劣解集(调度方案)进行优劣排序，获得最佳调度方案以指导水库运行，在一定程度上为水库调度决策研究提供了一种新的思路。

参考文献

[1] 唐德善, 唐彦, 黄显峰, 等. 水利水电工程优化调度[M]. 北京: 中国水利水电出版社, 2016.

[2] 郭仲伟. 风险分析与决策[M]. 北京: 机械工业出版社, 1987.

[3] 方国华, 黄显峰. 多目标决策理论、方法及其应用[M]. 北京: 科学出版社, 2011.

[4] 李继伟. 梯级水库群多目标优化调度与决策方法研究[D]. 华北电力大学, 2014.

[5] 王丽萍, 黄海涛, 张验科, 等. 水库多目标调度风险决策技术研究[J]. 水力发电, 2014(3): 63-66.

[6] 张验科, 王丽萍, 裴哲义, 等. 综合利用水库调度风险评价决策技术研究[J]. 水电能源科学, 2011(11): 51-54.

[7] 焦瑞峰. 水库防洪调度多目标风险分析模型及应用研究[D]. 郑州大学, 2004.

[8] 王栋, 朱元甡. 风险分析在水系统中的应用研究进展及其展望[J]. 河海大学学报(自然科学版), 2002(2): 71-77.

[9] 安鑫, 周维博, 马艳, 等. 基于熵权的模糊综合评价法在水安全中的应用[J]. 水资源与水工程学报, 2010, 21(6): 137-139.

[10] 李英海, 周建中, 张勇传, 等. 水库防洪优化调度风险决策模型及应用[J]. 水力发电, 2009(4): 19-21, 37.

区域绿水资源分布的风险分析

余晓彬　唐德善

摘要：本文阐述了绿水资源的概念、重要性，探讨了国内外研究现状，分析了影响绿水资源分布的风险因素，并依据风险因素建立评价指标，利用模糊综合评判法进行指标排序，分析各指标对区域内绿水资源分布情况的影响。

关键词：绿水；模糊综合评价；风险分析

1 前　言

为了更好地评价水资源在陆地生态系统中的作用，Falkenmark[1]提出：水可以分为蓝水和绿水[2]，其中蓝水主要来源于江、河、湖水及浅层地下水，绿水则是来源于降水，并且储藏于非饱和土壤中并被植物吸收、利用、蒸腾的那部分水[2]。绿水是维持陆地生态系统景观协调和平衡的重要水源，在维护陆地生态系统生产和服务功能方面具有不可替代的作用。

传统的水资源评价与管理主要侧重于地表水和地下水这部分的水资源评价，也就是“蓝水”的评价与管理，但绿水在农业生产和生态系统服务中有着十分重要的作用。研究成果表明，在全球尺度上，通过森林、草地、湿地等自然生态系统和农田生态系统蒸散返回到大气中的绿水流(实际蒸散发)占陆地生态系统总降水的61.1%，仅有不到40%的降水储存在河流、湖泊以及浅层地下水层中，成为蓝水[3]。Liu 等[4]经过评估计算得到全球 80% 的粮食生产依赖于绿水的作用；Zang 等[5]的研究发现：在中国西北内陆的黑河流域，其中超过80%的水资源是以绿水形式存在的。因此，在水资源评价与管理中，不能忽略对生态系统和雨养农业非常重要的水源“绿水”[1]。

目前有关绿水的评价与管理主要集中在全球或区域尺度上，重点集中在对绿水资源及其时空分布[2, 13, 4, 6]进行分析评价。此外，土地利用类型的改变所导致的蓝、绿水资源演变也逐渐成为研究的热点[7~11]。在国内，蓝、绿水研究起步较晚，相关的研究成果比较匮乏，研究理论不够成熟。程国栋等[12]率先介绍了绿水的概念及其在陆地生态系统中的作用，并倡导我国科学家加强对绿水的研究。刘昌明等[13]在充分了解绿水、蓝水及广义水资源的概念下，分析并阐述了绿水与生态系统用水、节水农业之间的关系。随着绿水的概念逐步被国内学者所熟悉，绿水评价方法以及关键科学问题也逐步得到研究并阐述[14]。近几年来，我国学者也开始在蓝、绿水评价方面进行了一些探讨性研究。Liu 等[4]在对全球农田生态系统的蓝、绿水进行评价时，应用了 GEPIC 模型，并采用了 0.5 rad 的空间分辨率(每个栅格大约为 50 km×50 km)，从中得出全球农田生态系统 80%以上的水分消耗源于绿水的结论。在此基础上，Liu 等[4]将中国农田的绿水流分解为生产性绿水(植被蒸腾) 和非生产性绿水(土壤蒸发) ，并通过研究估算，得到农田生态系统中生产性绿水约占总绿水流的 2/3。吴洪涛等[16]和徐宗学等[17]使用 SWAT 模型分别在碧流河上游和渭河流域评估了流域内蓝、绿水的时空分布情况。Liu 等[9]分析了中国北部老哈河流域的土地利用、覆被变化对区域内蓝水流变化的影响，并且量化了蓝水流的变化。温志群等[18]模拟了典型植被类型下的绿水循环过程。

本文结合以上学者的研究成果，对区域内绿水资源的分布情况进行了研究，分析影响绿水资源分布的风险因素，评价区域内绿水资源的分布情况。

2 风 险 辨 识

绿水主要是通过蒸发和散发作用流向大气圈的水汽流，这意味着影响蒸发和散发的因素都影响绿水。因此，绿水流不仅受自然条件（如气候、土壤类型）的影响，又受各种人工管理条件（包括植物吸收水分时间、植被密度、土壤养分状况、土壤物理状况和土地利用方式）的影响[4]。

在自然条件中，气候的变化对绿水流的影响很大，尤其在全球尺度[2]。吴洪涛等[16]在碧流河上游使用 SWAT 模型评估了流域内蓝、绿水的时空分布，其中在气候变化条件下，对绿水的评估结果表明：绿水流量随着降水的增加和气温的升高而增大，绿水流量受降水的影响明显要大于受气温的影响，绿水流量受气温的影响会随着降水量的增加而变化更为显著。在不同气候变化情况下，绿水流量变化差异显著。

在人工管理条件中，人类主要是通过改变土地利用的方式影响绿水资源。Gerten[7]使用 LPJ 模型对全球绿水流进行计算，结果表明：人类对土地覆盖类型的改变（主要方式为砍伐森林、开荒种田等）导致全球蒸散比原始状态减少了 7.4%，相应的全球蓝水流也增加了 2.2% ，该研究结果与实际观测结果基本一致[7, 19]。陆地覆盖状况改变所导致的绿水流的减少随着时间的增加逐渐增强，该结果与全球耕地面积一直在持续增加的事实相符。Jewitt 使用 ACRU 与 HYLUC 模型对流域尺度的绿水流进行模拟，研究结果与 Gerten 的结果类似[7, 8]。可见不论是在全球尺度还是流域尺度上，人类一直通过土地利用格局的改变来深刻影响着绿水流的变化。

3 风 险 评 价

3.1 建立评价指标体系

本文遵循指标建立的科学性、可行性、层次性、完备性、主导性及独立性原则，综合考虑多方面的因素，构建了三个层次的区域绿水资源分布评价指标体系，见表 1。

3.2 评价方法——模糊综合评判法

1) 模糊综合评判法的基本原理

该法是对受多种因素影响的事物做出全面评价的一种十分有效的多因素决策方法，其特点是评价结果不是绝对的肯定或否定，而是以一个模糊集合来表示。该法用于系统

表 1 区域绿水资源分布评价指标体系

目标层 A	准则层 B	指标层 C
区域绿水资源分布指标体系 A	自然条件 B_1	地形 C_1
		土壤类型 C_2
		降水情况 C_3
		气温变化 C_4
	人工条件 B_2	植物吸收水分时间 C_5
		植被密度 C_6
		土壤养分状况 C_7
		土壤物理状况 C_8
		土地利用类型 C_9

评价，可以综合考虑影响系统的众多因素，根据各因素的重要程度和对它的评价结果，把原来的定性评价定量化，较好地处理系统多因素、模糊性及主观判断等问题。

2)模糊综合评判法模型和计算步骤

(1)构造比较判断矩阵

构造模糊因素评价集 $I=\{I_1, I_2, \cdots, I_i, \cdots, I_n\}$，组织专家对评价集 I 做两两比较判断。采用 0.1～0.9 标度法对任意两种方案关于某准则相对重要程度进行定量描述(见表 2)，得到的模糊判断矩阵 $R=\left(a_{ij}\right)_{n\times n}$ 满足：

$$\begin{cases} a_{ii}=0.5 & (i=1,2,\cdots,n) \\ a_{ij}+a_{ji}=1 & (i,j=1,2,\cdots,n) \end{cases} \tag{1}$$

式中，a_{ii} 为对角元素，若 a_{ii}=0.5，表示自身相比同等重要；若 a_{ij}>0.5，因素 I_i 比 I_j 重要；若 a_{ij}< 0.5，因素 I_j 比 I_i 重要。

表 2 0.1～0.9 标度法

标度	a_{ij} 的取值	
	定义	解释
0.5	因素 i 与因素 j 相比，同等重要	对目标两个因素的贡献等同
0.6	因素 i 与因素 j 相比，稍微重要	经验和判断稍偏爱一个因素
0.7	因素 i 与因素 j 相比，明显重要	经验和判断明显偏爱一个因素
0.8	因素 i 与因素 j 相比，强烈重要	一个因素强烈受偏爱
0.9	因素 i 与因素 j 相比，极端重要	对一个因素偏爱的程度极端
0.1，0.2，0.3，0.4	上述判断的反比较	若元素 i 与 j 比较，则 j 与 i 比较判断为 $a_{ji}=1-a_{ij}$

根据上述要求可得模糊互补判断矩阵为

$$R=\begin{bmatrix} a_{11} & a_{12} & \cdots & a_{1n} \\ a_{21} & a_{22} & \cdots & a_{2n} \\ \vdots & \vdots & & \vdots \\ a_{n1} & a_{n2} & \cdots & a_{nn} \end{bmatrix}_{n\times n} \tag{2}$$

(2) 模糊互补判断矩阵一致性检验

判断矩阵不一致的情况不可避免，当结果偏移一致性过大时，将导致判断的准确性发生变化，作为决策依据不可靠，因此需对模糊判断矩阵的一致性进行检验。

定义 1：一个模糊互补判断矩阵 $R=\left(a_{ij}\right)_{n\times n}$ ，满足以下条件：

$$a_{ij}=a_{ik}-a_{jk}+0.5 \quad (i,j,k=1,2,\cdots,n) \tag{3}$$

则具有一致性。

定义 2：若一个模糊互补判断矩阵 $R=\left(a_{ij}\right)_{n\times n}$ 不满足一致性，对其进行变换：

$$a_{ij}{}^{*}=\frac{1}{n}\left(\sum_{r=1}^{n}a_{ir}-\sum_{r=1}^{n}a_{jr}\right)+0.5 \quad (i,j,r=1,2,\cdots,n) \tag{4}$$

由此建立的矩阵 $R^{*}=\left(a_{ij}{}^{*}\right)_{n\times n}$ 满足互补一致性。

(3) 模糊互补一致性判断矩阵的权重计算

若一模糊判断矩阵满足互补一致性，则因素权重为

$$\omega=\left[\frac{2}{n}+\sum_{j=1}^{n}a_{ij}-1\right]\Big/\left[n(n-1)\right] \tag{5}$$

式(5)包含了模糊判断矩阵一致性的优良特性及判断信息，使繁琐的传统特征向量计算法经简单编程即可实现，操作简便。

对实际工程方案决策问题，设计模型时可采纳 m 位专家给出同一因素评价集 I 的两两比较判断矩阵：

$$R^{(p)}=\left(a_{ij}{}^{(p)}\right)_{n\times n} \qquad (p=1,2,\cdots,m) \tag{6}$$

从而得到权重集：

$$\omega^{(p)}=\left(\omega_1^{(p)},\omega_2^{(p)},\cdots,\omega_n^{(p)}\right) \tag{7}$$

因素评价集 I 的权重分配向量为

$$\omega_i=\left(\prod_{p=1}^{m}\omega_i^{(p)}\right)^{1/m} \qquad (i=1,2,\cdots,m) \tag{8}$$

对向量 $\overset{0}{\omega}=\left(\overset{0}{\omega}_1,\overset{0}{\omega}_2,\cdots,\overset{0}{\omega}_n\right)^{\mathrm{T}}$ 进行规范化计算，即

$$\omega_i=\overset{0}{\omega}_i\Big/\sum_{i=1}^{n}\overset{0}{\omega}_i \tag{9}$$

得到特征向量 $\omega = \left(\omega_1, \omega_2, \cdots, \omega_n\right)^{\mathrm{T}}$。

3.3 评价计算

1) 确定权重

按表 2 打分法，邀请 18 位专家对 9 个评价指标 C_1，C_2，C_3，C_4，C_5，C_6，C_7，C_8，C_9 进行因素两两比较，判断矩阵由 18 位专家通过 Delphi 法打分确定，从而得到权重模糊互补判断矩阵：

$$R = \begin{bmatrix} 0.5 & 0.6 & 0.2 & 0.3 & 0.4 & 0.4 & 0.4 & 0.4 & 0.3 \\ 0.4 & 0.5 & 0.2 & 0.3 & 0.4 & 0.4 & 0.4 & 0.4 & 0.3 \\ 0.8 & 0.8 & 0.5 & 0.7 & 0.8 & 0.8 & 0.8 & 0.8 & 0.5 \\ 0.7 & 0.7 & 0.3 & 0.5 & 0.7 & 0.7 & 0.7 & 0.7 & 0.5 \\ 0.6 & 0.6 & 0.2 & 0.3 & 0.5 & 0.4 & 0.6 & 0.6 & 0.2 \\ 0.6 & 0.6 & 0.2 & 0.3 & 0.6 & 0.5 & 0.7 & 0.7 & 0.3 \\ 0.6 & 0.6 & 0.2 & 0.3 & 0.4 & 0.3 & 0.5 & 0.5 & 0.2 \\ 0.6 & 0.6 & 0.2 & 0.3 & 0.4 & 0.3 & 0.5 & 0.5 & 0.2 \\ 0.7 & 0.7 & 0.5 & 0.5 & 0.8 & 0.7 & 0.8 & 0.8 & 0.5 \end{bmatrix}$$

由定义 1 可知，以上判断矩阵不满足一致性，由式(4)求得互补一致性矩阵：

$$R^* = \begin{bmatrix} 0.500 & 0.522 & 0.167 & 0.278 & 0.444 & 0.389 & 0.489 & 0.489 & 0.222 \\ 0.478 & 0.500 & 0.144 & 0.256 & 0.422 & 0.367 & 0.467 & 0.467 & 0.200 \\ 0.833 & 0.856 & 0.500 & 0.611 & 0.778 & 0.722 & 0.822 & 0.822 & 0.556 \\ 0.722 & 0.744 & 0.389 & 0.500 & 0.667 & 0.611 & 0.711 & 0.711 & 0.444 \\ 0.556 & 0.578 & 0.222 & 0.333 & 0.500 & 0.444 & 0.544 & 0.544 & 0.278 \\ 0.611 & 0.633 & 0.278 & 0.389 & 0.556 & 0.500 & 0.600 & 0.600 & 0.333 \\ 0.511 & 0.533 & 0.178 & 0.289 & 0.456 & 0.400 & 0.500 & 0.500 & 0.233 \\ 0.511 & 0.533 & 0.178 & 0.289 & 0.456 & 0.400 & 0.500 & 0.500 & 0.233 \\ 0.778 & 0.800 & 0.444 & 0.556 & 0.722 & 0.667 & 0.767 & 0.767 & 0.500 \end{bmatrix}$$

计算权重向量，得

$$\omega = \left(0.097 \quad 0.094 \quad 0.139 \quad 0.125 \quad 0.104 \quad 0.111 \quad 0.099 \quad 0.099 \quad 0.132\right)$$

2) 确定评判矩阵

9 个评价指标层 C_1，C_2，C_3，C_4，C_5，C_6，C_7，C_8，C_9 依次与准则层(B_1，B_2)对照，按表 2 所列的判断尺度建立模糊判断矩阵：

$$R^{(B_1)}=\begin{bmatrix}0.5&0.5&0.2&0.2&0.7&0.6&0.6&0.6&0.4\\0.5&0.5&0.2&0.3&0.6&0.6&0.6&0.6&0.4\\0.8&0.8&0.5&0.5&0.7&0.7&0.7&0.7&0.5\\0.8&0.7&0.5&0.5&0.7&0.7&0.7&0.7&0.5\\0.3&0.4&0.3&0.3&0.5&0.4&0.7&0.7&0.2\\0.4&0.4&0.3&0.3&0.6&0.5&0.7&0.7&0.3\\0.4&0.4&0.3&0.3&0.3&0.3&0.5&0.5&0.2\\0.4&0.4&0.3&0.3&0.3&0.3&0.5&0.5&0.2\\0.6&0.6&0.5&0.5&0.8&0.7&0.8&0.8&0.5\end{bmatrix}$$

$$R^{(B_2)}=\begin{bmatrix}0.5&0.5&0.4&0.4&0.4&0.3&0.4&0.4&0.2\\0.5&0.5&0.3&0.3&0.4&0.4&0.4&0.4&0.2\\0.6&0.7&0.5&0.5&0.6&0.6&0.6&0.6&0.2\\0.6&0.7&0.5&0.5&0.6&0.6&0.6&0.6&0.2\\0.6&0.6&0.4&0.4&0.5&0.3&0.5&0.5&0.2\\0.7&0.6&0.4&0.4&0.7&0.5&0.6&0.6&0.2\\0.6&0.6&0.4&0.4&0.5&0.4&0.5&0.5&0.2\\0.6&0.6&0.4&0.4&0.5&0.4&0.5&0.5&0.2\\0.8&0.8&0.8&0.8&0.8&0.8&0.8&0.8&0.5\end{bmatrix}$$

通过一致性检验计算得各自互补一致性判断矩阵：

$$R^{(B_1)^*}=\begin{bmatrix}0.500&0.500&0.322&0.333&0.556&0.511&0.622&0.622&0.333\\0.500&0.500&0.322&0.333&0.556&0.511&0.622&0.622&0.333\\0.678&0.678&0.500&0.511&0.733&0.689&0.800&0.800&0.511\\0.667&0.667&0.489&0.500&0.722&0.678&0.789&0.789&0.500\\0.444&0.444&0.267&0.278&0.500&0.456&0.567&0.567&0.278\\0.489&0.489&0.311&0.322&0.544&0.500&0.611&0.611&0.322\\0.378&0.378&0.200&0.211&0.433&0.389&0.500&0.500&0.211\\0.378&0.378&0.200&0.211&0.433&0.389&0.500&0.500&0.211\\0.667&0.667&0.489&0.500&0.722&0.678&0.789&0.789&0.500\end{bmatrix}$$

$$R^{(B_2)^*}=\begin{bmatrix}0.500&0.511&0.344&0.344&0.444&0.367&0.433&0.433&0.122\\0.489&0.500&0.333&0.333&0.433&0.356&0.422&0.422&0.111\\0.656&0.667&0.500&0.500&0.600&0.522&0.589&0.589&0.278\\0.656&0.667&0.500&0.500&0.600&0.522&0.589&0.589&0.278\\0.556&0.567&0.400&0.400&0.500&0.422&0.489&0.489&0.178\\0.633&0.644&0.478&0.478&0.578&0.500&0.567&0.567&0.256\\0.567&0.578&0.411&0.411&0.511&0.433&0.500&0.500&0.189\\0.567&0.578&0.411&0.411&0.511&0.433&0.500&0.500&0.189\\0.878&0.889&0.722&0.722&0.822&0.744&0.811&0.811&0.500\end{bmatrix}$$

计算各准则下指标排序向量：

$$B_1 = (0.108 \quad 0.108 \quad 0.131 \quad 0.129 \quad 0.101 \quad 0.107 \quad 0.093 \quad 0.093 \quad 0.129)$$

$$B_2 = (0.097 \quad 0.096 \quad 0.117 \quad 0.117 \quad 0.104 \quad 0.114 \quad 0.106 \quad 0.106 \quad 0.144)$$

得到指标排序矩阵：

$$R = \begin{bmatrix} 0.108 & 0.108 & 0.131 & 0.129 & 0.101 & 0.107 & 0.093 & 0.093 & 0.129 \\ 0.097 & 0.096 & 0.117 & 0.117 & 0.104 & 0.114 & 0.106 & 0.106 & 0.144 \end{bmatrix}$$

3) 指标排序结果

利用模糊数学 Zadeh 法合成算子，即 $(\wedge, \vee)$运算法则，发挥系统评估的整体性，综合评判分析各评判因素对方案的影响情况。指标排序结果为

$$\begin{aligned} C &= (C_1 \ C_2 \ C_3 \ C_4 \ C_5 \ C_6 \ C_7 \ C_8 \ C_9) = \omega \bullet R \\ &= (0.097 \quad 0.094 \quad 0.131 \quad 0.125 \quad 0.104 \quad 0.111 \quad 0.099 \quad 0.099 \quad 0.132) \end{aligned}$$

根据上述向量，可得各指标排序为：$C_9 > C_3 > C_4 > C_6 > C_5 > C_7 > C_8 > C_1 > C_2$，由此可知：在区域内绿水资源的分布情况主要受土地利用类型、气候变化的影响，不同的土地利用方式决定了其绿水含量的有或无，如植被、耕地等绿色覆盖率大的地方必然有大量植物的蒸腾作用，而居民住宅地等则较少有植物存在，绿水含量较少；气候变化如降水情况、气温变化等，影响了整个区域，不同的降水情况将导致区域内的水资源总量发生变化；温度的变化则会影响水的循环（如蒸发量等）。其余的 6 个指标则显示了人类的活动对绿水资源的影响大于自然条件对绿水资源的影响。因此在水土资源规划中，应该更注重生态效益以及人类活动对水资源所造成的影响。

4 总　结

本文阐述了绿水资源的概念、重要性，探讨了国内外研究现状，分析了影响绿水资源分布的风险因素，即绿水流既受自然条件（如气候、土壤类型）的影响，又受人工各种管理条件（包括植物吸收水分时间、植被密度、土壤养分状况、土壤物理状况和土地利用方式）的影响，并根据风险因素建立评价指标，利用模糊综合评判法进行指标排序，分析各指标对区域内绿水资源分布情况的影响。其中，人类的活动对绿水资源的影响要大于自然条件对绿水资源的影响。不足之处在于，指标层次的分析不够完善，缺乏具体实例进行研究，希望下一次研究能更进一步。

参 考 文 献

[1] Falkenmark M. Coping with water scarcity under rapid population growth[C]. Conference of SADC Minister, 1995(11): 23-24.

[2] Falkenmark M, Rockstroem J. The new blue and green water paradigm: Breaking new ground for water resources planning and management[J]. Journal of Water Resources Planning and Management, 2006, 132: 129-132.

[3] Rost S, Dieter G, Bondeau A, et al. Agricultural green and blue water consumption and its influence on the global water system[J]. Water Resources Research, 2008, 44: 1-17.

[4] Liu J, Zehnder A J B, Yang H. Global consumptive water use for crop production: The importance of green water and virtual water[J]. Water Resources Research, 2009, 45: 1-15.

[5] Zang C F, Liu J G, Velde M V D, et al. Assessment of spatial and temporal patterns of green and blue water flows in inland river basins in Northwest China[J]. Hydrology and Earth System Sciences, 2012, 16(8):2859-2870.

[6] Schuol J, Abbaspour K C, Yang H, et al. Modeling blue and green water availability in Africa[J]. Water Resources Research, 2008, 44(7):212-221.

[7] Gerten D, Hoff H, Bondeau A, et al. Contemporary "green" water flows: Simulations with a dynamic global vegetation and water balance model[J]. Physics and Chemistry of the Earth, 2005, 30: 334-338.

[8] Jewitt G P, Garratt J A, Calder I R, et al. Water resources planning and modelling tools for the assessment of land use change in the Luvuvhu Catchment[J]. Physics and Chemistry of the Earth, 2004, 29: 1233-1241.

[9] Liu J. Consumptive water use in cropland and its partitioning: A high-resolution assessment[J]. Science in China, Series E: Technological Sciences, 2009, 52(11) : 3309-3314.

[10] Postel S L, Daily G, Ehrlich P R, et al. Human appropriation of renewable fresh water[J]. Science, 1996, 5250(271) : 785-788.

[11] Liu X, Ren L, Yuan F, et al. Quantifying the effect of land use and land cover changes on green water and blue water in northern part of China[J]. Hydrology and Earth System Sciences, 2009, 13: 735-747.

[12] 程国栋, 赵文智. 绿水及其研究进展[J]. 地球科学进展, 2006, 21(3) : 221-227.

[13] 刘昌明, 李云成. "绿水"与节水: 中国水资源内涵问题讨论[J]. 科学对社会的影响, 2006(1) : 16-20.

[14] 李小雁. 流域绿水研究的关键科学问题[J]. 地球科学进展, 2008, 23(7) : 707-712.

[15] 邱国玉. 陆地生态系统中的绿水资源及其评价方法[J]. 地球科学进展, 2008, 23(7) : 713-722.

[16] 吴洪涛, 郝芳华, 金英学, 等. 绿水的多角度评估及其在碧流河上游地区的应用[J]. 资源科学, 2009, 31(3) : 420-428.

[17] 徐宗学, 左德鹏. 渭河流域蓝水绿水资源量多尺度综合评价[C]. 2012 全国水资源合理配置与优化调度技术专刊. 北京: 中国水利技术信息中心, 2012: 139-155.

[18] 温志群, 宋文龙, 白晓辉, 等. 典型喀斯特植被类型条件下绿水循环过程数值模拟[J]. 地理研究, 2010, 29 (10) : 1841-1852.

[19] van der Ent R J, Savenije H G, Shaefli B. Origin and fate of atmospheric moisture over continents[J]. Water Resources Research, 2010, 46(9): 201-210.

基于风险矩阵的农村水电站水工建筑物安全风险评价

江　超　唐　彦

摘要： 风险矩阵法可以很好地度量风险水平的高低。将风险的两个重要要素失事概率和失事后果划分成4个不同的等级，各等级按不同组合构造农村水电站风险矩阵，矩阵中的各个因子可反映其相应的风险水准。按照ALARP原则将农村水电站安全风险划分成不可容忍风险区、可接受风险区、ALARP区。本文将研究成果应用于安徽沙河集一级、二级电站风险评价中，取得了不错效果，证明了本方法的实用性和可操作性。

关键词： 农村水电站；水工建筑物；风险矩阵；风险评价

1 前　言

当前我国农村水电站众多，分布于全国各地。由于这些农村水电站大多修建于特殊的历史时期，很多水电站的配套水工建筑物存在一些安全隐患，严重影响其安全运行，制约着经济效益的充分发挥。研究一种风险评价方法，评估农村水电站水工建筑物风险状态，根据风险状态进行等级划分，进而针对不同风险等级制定相应不同的风险控制措施，可大大提升我国农村水电站的管理水平。在采用定量化方法估计风险的过程中，失事概率与失事后果必须处于同一数量级，这样才能得到比较合理的风险水平。当前农村水电站水工建筑物（下简称“农村水电站”）失事后果多为无上限的正数，与失事概率明显不在同一数量级，归一化很难实现。因此，采用定量化方法来估计农村水电站风险并不合理。

2 风险估计

风险矩阵法[1]是一种常用的风险估计与分级方法，利用它能很好地度量风险水平的高低。该方法将农村水电站失事概率等级与失事后果严重程度等级按不同组合置于同一矩阵中，构造农村水电站风险矩阵，矩阵中的各个因子可反映其相应的风险水准。农村水电站风险矩阵建立步骤如下。

1）农村水电站失事概率等级的划分见表1。

表1　农村水电站失事概率等级划分[2]

失事概率等级	等级定量描述 P_f	等级定性描述
A	0～0.25	运行状态佳，失事可能性小
B	0.25～0.5	运行状态一般，失事可能性一般
C	0.5～0.75	运行状态不好，失事可能性大
D	0.75～1.0	运行状态很差，非常可能失事

2) 农村水电站失事严重程度等级划分，见表 2

表 2　农村水电站失事严重程度等级划分[2]

失事后果等级	等级定量描述 H	等级定性描述
1	0～1	0～2 人死亡，或装机小于 500kW 的农村水电站停机发电带来相应的经济损失
2	1～3.76	3～5 人死亡，或装机介于 500～5000kW 的农村水电站停机发电带来相应的经济损失
3	3.76～12.52	6～10 人死亡，或装机介于 5000～2.5 万 kW 的农村水电站停机发电带来相应的经济损失
4	大于 12.52	大于 10 人死亡，或装机介于 2.5 万～5 万 kW 的农村水电站停机发电带来相应的经济损失

3) 农村水电站风险矩阵构建

将农村水电站失事概率与后果严重程度置于矩阵中，得到农村水电站风险矩阵，如表 3 所示。

表 3　农村水电站风险矩阵

概率	后果			
	1	2	3	4
A	1A	2A	3A	4A
B	1B	2B	3B	4B
C	1C	2C	3C	4C
D	1D	2D	3D	4D

注：表中“3C”表示失事概率为 C 级，失事后果严重程度为 3 级的农村水电站的风险水平。风险分级：将农村水电站的失事概率与失事后果统筹考虑，将风险划分成低风险、中风险、高风险和极高风险四个不同的级别。四个级别的风险在矩阵表中对应的区域为：低风险={1A,1B,2A}；中风险={3A, 4A, 2B,1C,1D }；高风险={3B,4B,2C,2D}；极高风险={3C,4C,3D,4D}。

3　农村水电站风险评价实例

3.1　工程概况

沙河集一级电站位于安徽省滁州市沙河集镇，其挡水建筑物大坝位于滁河支流清流河上游的大沙河上。装配的 2 台机组装机容量分别为 250kW 与 160kW，年发电量约为 30 万度。电站采用坝后式形式布置，所有制形式为股份制。配套水库为大型规模，挡水建筑物形式为均质土坝，最大坝高为 26.5m。沙河集水库大坝下游 1km 处为津浦铁路，并有琅琊山、醉翁亭等重要景点。

沙河集二级电站为沙河集水库的二级电站，一级电站的发电尾水即为二级电站的发电来水。装配的 2 台机组装机容量均为 320kW，年发电量约为 50 万度。电站布置形式采用引水式，所有制形式与一级电站相同，共同管理运行。

3.2 安全与管理现状

1) 沙河集一级电站

由于沙河集水库工程规模大，且地理位置重要，相关部门对其安全较为重视，已于2000年进行了一次除险加固，但经过近10年的运行，电站配套水工建筑物再次出现一些安全隐患：库区山体有滑坡的安全隐患，副坝防浪墙高度不足，主坝下游排水棱体局部存在下陷。溢洪道启闭机房由于不均匀沉降出现较大裂缝。尾水渠整体衬砌较好，局部因水流冲刷破坏。

电站厂房外观较好，已停机发电约半年。据电站管理人员介绍，由于发电效益差，且水库存水主要以保证农业灌溉为主，机组仅在丰水期运行，年均工作时间约为3个月。发电期间，厂房24h不间断有工作人员轮班值守，并做好相关运行记录。

2) 沙河集二级电站

压力前池拦污装置简陋，采用人工清污，进水口稳定性好，未见明显安全隐患。尾水渠衬砌完好，边坡稳定，运行正常。

升压站基础牢固，未发生倾斜且建有围栏。与沙河集一级电站相比，沙河集二级电站厂房相对简陋，运行管理方式与沙河集一级电站相同，机组年均运行时间约为3个月。据管理人员介绍，厂房内两台机组为20世纪七八十年代产品，运行时噪声很大，且厂房内较潮湿，对工作人员身体健康危害大。沙河集二级电站与一级电站属同一管理部门，整体管理水平较低。

3.3 风险评价

1) 失事概率计算与分级

采用相关失事概率计算方法[3]计算的两座农村水电站失事概率分别为 0.284 和 0.682，见表 4。

表 4 运行状态综合值与失事概率

站名	运行状态 C	失事概率 P_f
沙河集一级	14.317	0.284
沙河集二级	6.366	0.682

由表4可见，沙河集一级和二级电站的失事概率分别属于B级和C级，失事可能性分别为“不大”和“大”。

2) 失事后果计算与分级

由于两座农村水电站管理水平均很低下，生命损失率都取0.8。沙河集一级电站风险人口为2人，按相关文献[4]提出的生命损失估算方法，得出沙河集一级电站生命损失为2人；沙河集二级电站配套水库为中型级别，失事后果严重，生命损失至少大于10人，本例近似按10人计算。参照相关文献[4]中的方法计算两座农村水电站的失事后果严重程度：

沙河集一级电站：H=0.417×2+3.34×0.08=1.10

沙河集二级电站：H=0.417×10+3.34×0.09=4.47

根据表 2 农村水电站失事后果严重程度的划分方法，沙河集一级电站与沙河集二级电站失事后果严重程度分别属 2 级和 3 级。

3) 风险评价矩阵

对照表 3 农村水电站风险矩阵，沙河集一级电站与沙河集二级电站分别对应风险矩阵中的 2B 和 3C。按风险分类的方法，它们应当分别属于“中风险”与“极高风险”水平。

4　结　论

沙河集一级电站引水渠道虽安全隐患较多，管理水平也不高，但作为主体建筑物的配套水库 2000 年进行过除险加固，原有的病险基本上得到了治理，且电站装机容量仅 410kW，失事后造成的经济损失并不严重，故风险较小；沙河集二级电站配套水库大坝安全隐患多，且较为突出，属于“三类坝”。不仅如此，该农村水电站配套水库规模相对较大，管理水平较低，致使失事后果严重，风险很大。利用本文提出的农村水电站运行状态综合评价模型来对两座农村水电站风险进行分析，分别得到“中风险”与“极高风险”的结论，与实际情况符合较好，一定程度上验证了本方法的合理性。

参考文献

[1] 陶履彬，李永盛，冯紫良，等. 工程风险分析理论与实践[M]. 上海：同济大学出版社，2006：8.

[2] 江超，盛金保，张国栋，等. 农村水电站失事概率计算[J]. 水利水运工程学报，2012，(6)：65-70.

[3] 江超. 小水电水工建筑物风险分析[D]. 南京水利科学研究院，2011.

[4] 江超，盛金保. 农村水电站水工建筑物风险评价方法研究[R]. 南京：南京水利科学研究院，2011.

抽水蓄能电站过渡过程风险分析

曹　云　唐德善

摘要：本文在充分理解抽水蓄能电站过渡过程的基础上，试图把风险分析的分析方法引入其中，在前人研究的基础上，充分发挥两个学科的交叉优势，以构建一种新的分析方法，从而开辟一条抽水蓄能电站过渡过程风险分析的新途径。

关键词：抽水蓄能电站；风险分析；安全；经济

1　抽水蓄能电站发展概况

抽水蓄能电站是电力系统中可靠、经济、寿命周期长、容量大、技术成熟的储能装置，是新能源发展的重要组成部分。通过配套建设抽水蓄能电站，可降低核电机组运行维护费用、延长机组寿命；有效减少风电场并网运行对电网的冲击，提高风电场和电网运行的协调性以及电网运行的安全稳定性[1]。目前，国家电网公司正在推进“一特四大”的电网发展战略，即以大型能源基地为依托，建设由 1000kV 交流和±800kV 直流构成的特高压电网，形成电力“高速公路”，促进大煤电、大水电、大核电、大型可再生能源基地的集约化开发，在全国范围内实现资源优化配置。同时，将以特高压电网为骨干网架、各级电网协调发展的坚强电网为基础，发展以信息化、数字化、自动化、互动化为特征的自主创新、国际领先的坚强智能电网。特高压交流输电系统的无功平衡和电压控制问题比超高压交流输电系统更为突出。利用大型抽水蓄能电站的有功功率、无功功率双向、平稳、快捷的调节特性，承担特高压电力网的无功平衡和改善无功调节特性，对电力系统可起到非常重要的无功/电压动态支撑作用，是一项比较安全又经济的技术措施，建设一定规模的抽水蓄能电站，对电力系统特别是智能电网的稳定安全运行具有重要意义[2]。

2　抽水蓄能电站过渡过程风险分析

1）抽水蓄能电站过渡过程的特点

(1)持续时间短，瞬时变化剧烈。在抽水蓄能电站中，过渡过程其实就是一个调节的过程，两个不同状态之间的变换往往就在短至几秒长至几分钟的时间里完成，所以由此会引起巨大的压力。这种巨大的压力将会极大的考验机组和管道的牢固程度，并且可能降低其使用性能和寿命[3]。

(2)造成的影响大，危害严重。由于抽水蓄能电站过渡过程中的压力变化剧烈，所以其破坏性很大，由此造成的影响也难以忽略。常见的事故形式有抬机、扫膛和机组异常振动。在抽水蓄能电站的运行过程中，虽然事故并非频发，而且由于电站自动化程度较高所以并未造成大量的人员死亡，但是由于其在电网中无可替代的地位，每次的事故发生都会引起较大的经济损失，造成生产生活的不便[4]。

(3) 可以提前预防，但是难以根本去除。现阶段随着抽水蓄能电站的快速发展，与之相关的各项研究亦已发展得较为成熟，虽然一些问题仍未得到解决，但是总体上各项事宜都可以有理有据的处理。相关科学研究的结果可以为事故的产生机理提供合理的解释，也能为事故的预防提供可靠的建议。即便如此，现阶段仍有许多问题亟待处理，因为在抽水蓄能电站过渡过程中，不仅有机械、水力的因素在起作用，人的作用同样不容小觑。各种因素相互作用导致难以完全去除过渡过程中的事故。

2) 抽水蓄能电站过渡过程风险成因分析

区分抽水蓄能电站过渡过程中的各种因素并进行风险源的确定是工作的重点也是难点，在这个阶段里，最主要的任务就是分析各种风险，确定其产生的原因即风险源，在此基础上进行下一步工作[5]。

在抽水蓄能电站过渡过程中主要的潜在风险有三种，分别是抬机、机组异常振动和扫膛，这三种主要的风险都有可能产生比较严重的事故。虽然随着我国抽水蓄能电站的发展，相关研究的进步，相关事故产生的概率比较低，造成的失事后果尚在可以接受的范围之内，但是为了电站的安全和稳定运营得到更好的保障，从以下几个方面进行风险成因分析。

(1) 液柱分离产生的反水击。在抽水蓄能电站过渡过程中，有时由于电网负荷的调整，会要求抽水蓄能电站处于发电情况下的机组快速停止运行，此时需要机组的活动导叶以非常快的速度关闭，由此造成的后果就是尾水管中的水柱因为惯性而继续向下流动，与关闭的导叶之间将会产生一个真空区域。这个真空区域会产生一个很大的负压，所以流出尾水管的水柱又会因为负压的缘故被吸回来，逆流而上继而撞击机组。这种反冲力是如此之大，以至于可以震断机组的固定螺栓，将整个机组冲起来，有时甚至可以把机组从水轮机层冲到发电机层。这种事故就是抬机。

(2) 机组长时间处在反 S 区或者高振动区。抽水蓄能电站过渡过程中有一个非常特殊的区域——反 S 区，在这一区域内，很微小的流量变化都会引起机组转速的剧烈变化，这是由水泵水轮机的特性所决定的。所以在抽水蓄能电站的运行调节过程中，我们通常采用的方法是快速的通过反 S 区，不在其中做过多停留，以此避免转速剧烈变化可能引起的机组剧烈振动。这种事故就是机组异常振动。

(3) 机组甩负荷时间过长。由于电网负荷调整的需要，很多时候会要求抽水蓄能电站机组在很短的时间里甩掉负荷，从出力状态下脱离电网，由此会造成这样一种情况——机组在满负荷的情况下突然失去阻力，导致机组转速急剧升高，中心固定轴不足以承受如此之高的转速所以开始摇晃，而转动的定子与外壳之间的缝隙很小，中心固定轴的摇晃将导致两者相互碰撞，从而引起摩擦，产生的高温甚至会引起爆炸。这种事故就是扫膛。

(4) 管理人员误操作。无论如何可靠的机械，都需要人来操作，机械的可靠程度通常是可以量化估计的，而人的可靠程度相对来说就比较随机了。在抽水蓄能电站过渡过程中，有许多操作是要管理人员来操作的，在此过程中有许多不可控的因素在影响着管理人员的决定，所以如何减少管理人员的误操作，如何合理分析其可能造成的风险，也是应该考虑的内容。

3 风险等级划分

风险等级划分表

等级	可能性	损失等级				
		A	B	C	D	E
		轻微	较大	严重	很严重	灾难性
1	不可能	Ⅰ级	Ⅰ级	Ⅰ级	Ⅱ级	Ⅱ级
2	可能性小	Ⅰ级	Ⅰ级	Ⅱ级	Ⅱ级	Ⅲ级
3	偶尔	Ⅰ级	Ⅱ级	Ⅱ级	Ⅲ级	Ⅳ级
4	有可能	Ⅰ级	Ⅱ级	Ⅲ级	Ⅲ级	Ⅳ级
5	经常	Ⅱ级	Ⅲ级	Ⅲ级	Ⅳ级	Ⅳ级

4 总　结

抽水蓄能电站过渡过程风险分析对于我国正在蓬勃发展的抽水蓄能电站建设具有重要意义，它不仅有助于降低风险发生的概率和减轻风险产生的后果，保障电站安全平稳运行，也有助于我们科学管理抽水蓄能电站。虽然现阶段抽水蓄能电站的建设和管理工作并没有产生特别重大的生命财产损失，但是我们也不得不承认的确发生了一些比较大的事故。虽然我国对抽水蓄能电站的建设还未达到成熟阶段，相关的研究也不过是刚刚起步而已，不过我们仍然应该抓好风险分析工作，只有重视这方面的要求，才能更好地促进相关研究的开展。本文试图厘清抽水蓄能电站过渡过程中的各种风险源，再利用风险等级划分表进行分级，以利于其他研究人员在此基础上进行后续工作。

参 考 文 献

[1] Zhou L, Wang H, Liu D Y, et al. Discussion of "Water Hammer in a Horizontal Rectangular Conduit Containing Air-Water Two-Phase Slug Flow" [J]. Journal of Hydraulic Engineering, 2017, 143(9): 1-2.

[2] Zhou L. Discussion of "Conceptual analogy for modelling entrapped air action in hydraulic systems". Journal of Hydraulic Research, Under Review.

[3] Zhou L, Wang H, Liu D, et al. A Second-order Finite Volume Method for Pipe Flow with Water Column Separation, Journal of Hydro-Environment Research, 2016, 7.

[4] 陈言文. 福建周宁抽水蓄能电站上库正常蓄水位选择[J]. 福建水力发电. 2016(2): 6-8.

[5] 林文峰，林礼清. 仙游抽水蓄能电站监控系统 UPS 运行维护与技改[J]. 福建水力发电. 2016(2): 33-35.

水库群联合防洪调度的风险分析

潘天文　唐德善

摘要：本文首先阐明风险分析的基本概念和内容，指出防洪调度风险分析的目标以及研究风险问题的基本步骤：防洪因素风险辨识、水库防洪风险估计、防洪方案风险评价和决策，并简述各个步骤的研究方法，明确水库防洪调度风险分析的基本流程。其次，根据连通水库群的特点辨识出防洪调度过程中的主要风险因素，再从主观和客观两方面对这些风险因素的概率分布进行研究，确定出概率分布模型。在此基础上，利用 Monte Carlo 随机模拟技术设计出这些主要防洪风险因素随机模拟的流程，为水库群联合防洪调度风险估计奠定基础。

关键词：水库群；防洪调度；风险分析；防洪效益；防洪安全

1 引　　言

伴随着我国经济实力的提高和社会经济可持续发展的需求，洪水频发和洪灾严重的流域已经修建了许多大中型水库，但流域的整体防洪标准还很低，不利于城市的健康发展。由于流域的主要大中型水库基本已经建设完成，再通过修建水库来提高流域的整体防洪能力很难达到有效的目标，而且不够经济实用。根据国内外的相关防洪实例，利用防洪工程措施(如分洪隧洞)进一步加强水库之间的联系，形成连通水库群，再通过防洪非工程措施提高水库群的防洪调度和管理水平，在增强流域防洪能力的同时实现洪水资源化利用。水库防洪调度风险分析的目标主要有两方面：水库自身的防洪风险和水库下游防护区洪水超标的风险，根据入库洪水和调度规则可以利用调洪演算模型计算出库前水位和下泄流量，以此来判断防洪的风险。但在调洪演算过程中，存在许多不确定因素，影响最后水位和下泄流量的计算结果，连通水库群防洪过程中的主要风险因素有洪水典型选择的不确定风险、洪水预报误差风险、分洪隧洞的分洪能力不确定风险、梯级水库区间汇流不确定风险、调度滞时风险和初始起调水位不确定风险。辨识出这些主要风险，并在防洪调度中综合考虑，为连通水库群防洪方案选择提供有效的依据，在降低防洪风险的同时促使洪水资源化利用，具有重要的意义。水库在防洪体系中具有不可替代的重要作用，通过调蓄洪水，可以改变洪水过程，降低水库下游的洪峰流量和洪峰出现的时间，合理的水库调度可以提高流域的防洪能力。

2 风 险 辨 识

洪水的随机性、泄流能力的不确定性和调度方案实施的模糊性等，这些难以准确定性或定量分析的因素共同使水库防洪调度风险的存在成为必然[1]。

(1)洪水的随机性。由于在水库设计阶段无法准确预知水库建成后的径流过程，且水库设计时依据的又是历史洪水资料，并不能准确知道中下游的防洪调度计算及水库自身的防洪调度计算所面临的洪水，仅是以水文预报的结果作为参考，因此，无法准确预知未来洪水过程将是洪水调度需要应对的最重要的不确定性因素。要想得到可信的且准确的调度结果，就必须寻求未来洪水的精度较高的预报方法。

(2)泄洪能力的不确定性。水库在设计阶段计算的泄洪能力与实际调度时发生的且运行的泄洪能力是有一些差别的，原因在于，一方面，在设计阶段泄洪能力的值本身就是在某些参数或系数估算的基础上得出的，另一方面，施工、设备制造、设备的操作都可能存在误差，这不可避免地就有可能使实际运行时的泄洪能力和设计时得出的泄洪能力产生偏差。

(3)初始起调水位不确定风险。在水库防洪调度中，水库汛限水位是个确定值，但实际防洪调度中，初始起调水位难以保证一定就是汛限水位，由于受风浪影响、操作设备误差、操作人员技术等不确定因素影响，水库防洪调度的初始起调水位在汛限水位上下浮动，并存在最高和最低起调水位。初始起调水位的不确定性会导致水库调洪演算的计算结果出现偏差，从而增加水库防洪的风险。

(4)调度滞时风险。水库群联合防洪调度并不是瞬时完成的，汛期发生洪水时，在经过洪水预报、信息传递、召开会议、方案决策和调度实施等一系列步骤后才能开始水库防洪调度，当这些环节中的某一部分出现意外，导致实际调度时间延迟，可能会导致库前水位偏高，增加水库防洪调度的风险。

综合上面的分析可知，水库群防洪调度风险因素主要包括入库洪水的随机性、调度实施决策不确定性、泄流能力的不确定性等各个方面。用符号 R 表征单个水库运行的风险程度，则影响该风险的主要因素为：入库洪水 Q、汛限水位 H_t、正常高水位 H_z、设计洪水位 H_m、洪水起调时间 T_0、起调库水位 H_0 和泄洪能力 D，即

$$R = f(Q, H_t, H_z, H_m, T_0, H_0, D) \tag{1}$$

对于混联(串联、并联)水库群，单个水库的入库洪水 Q 一般与相邻水库的下泄水量以及区间洪水有关。当 T_0 和 H_0 一定时，风险程度表示为

$$R' = f(Q, H_t, H_z, H_m, D) \tag{2}$$

对已建成的水库，正常高水位 H_z 和设计洪水位 H_m 主要与工程规模有关，其设计参数基本固定。这样影响水库运行风险的因素主要就是入库洪水 Q，汛限水位 H_t 和泄洪能力 D：

$$R'' = f(Q, H_t, D) \tag{3}$$

3 风险分析

水库调度风险分析要同时考虑风险损失和防洪效益，其中在计算风险损失时要考虑大坝安全、征地水位、移民水位、下游防洪等一系列目标。以调整起调水位为例，水库

提高起调水位后，从风险损失与防洪效益角度看，应是以较小的风险提高起调水位，来增加水库蓄水量，合理利用洪水资源，提高防洪效益；但同时会减少水库的防洪库容，带来防洪调度风险。因而，在确定水库起调水位时，应兼顾效益和风险，实现防洪与兴利的统一[2]。

1) 下游防洪效益

通过水库群进行防洪调度，可以有效地减少汛期水库下泄流量，保护下游堤防的安全，从而减少水库下游人民的洪灾损失，本文以此度量下游防洪效益，亦是实时混联水库群防洪调度风险分析模型的目标值之一。

设下游发生超标准的特大洪水时，水库依照已定调度原则的下泄流量为 S_0，与其对应的洪灾损失为 E_0；另外，设水库群风险调度的下泄流量的可操作方案为 S_i，与其对应的洪灾损失为 E_i，i=1,2,⋯,n，且当满足条件 $S_0> S_i> S_r$ 时(其中，S_r 为调度规则内允许的最小下泄流量)，则防洪调度中第 i 个下泄洪水方案的防洪效益为 B_i(即为洪灾损失的减少量)：

$$B_i=E_0-E_i \qquad i=1,2,\cdots,n \tag{4}$$

但在实际情况中，比较难以准确的划分下游的洪灾损失与下游的防洪效益的比值。一般情况下，洪灾损失可大致分为两类：一类为有形损失，可以用货币来衡量；另一类为无形损失，难以用货币来衡量[3]。同时，有形损失又能划分为间接损失与直接损失。直接损失就是指因为洪水淹没导致的直接损失；间接损失造成的损失颇广，内容繁琐，计算的余地较大，需要通过仔细的研究调查，对比分析进行确定。

2) 水库防洪风险

水库防洪风险率 P_f 是指水库减少下泄量以后，气象降雨预报失误，调洪高水位 Z_m 超过规划设计批复的校核水位(或保坝水位) Z_{m_0} 的概率，即防洪风险率为

$$P_f= P_r(Z_m>Z_{m_0}) \tag{5}$$

对于水库群而言，防洪系统的风险率应当是单个水库风险率的最大值，即

$$P_f=\max\left\{P_r(Z_m^1>Z_{m_0}^1),P_r(Z_m^2>Z_{m_0}^2),\cdots\right\} \tag{6}$$

风险率作为选择水库减少下泄量方案的另一个目标值，其计算方法很多，可采取随机模拟蒙特卡罗法，比较 Z_m 是否大于 Z_{m_0}，其风险率：

$$P_f=\frac{N}{M}\times 100\% \tag{7}$$

式中，M 为随机模拟抽样总次数；N 是发生 $Z_m>Z_{m_0}$ 的次数。对应 S_i，i=1,2,⋯, n 个泄流方案，按照上式可计算出 P_{fi}，i=1,2,⋯, n 个风险率。

4 模型计算

1) 模型建立

(1) 目标函数

防洪系统的目标包括防洪安全和防洪效益两方面。从水库的防洪经济效益看，期望在遭遇超标准洪水时减小的下泄流量造成的洪灾损失越小越好或防洪效益越大越好

(B_i)；若从水库本身防洪安全角度出发，期望减少下泄流量后风险率越小越好(P_f)。对应不同减少下泄流量方案，计算出目标值 B_i 和 P_f，则目标函数 G 为

$$G=\begin{bmatrix}G_1\\G_2\end{bmatrix}=\begin{bmatrix}\max\{B_i\}\\\min\{P_{fi}\}\end{bmatrix} \tag{8}$$

(2)约束条件

约束条件有每个水库的下泄流量 S_i^j，防洪效益 B_i 和防洪安全风险率 P_{fi}，他们分别表示为

$$\begin{cases}S_r^j \leqslant S_i^j \leqslant S_0^j\\B_r \geqslant B_i \geqslant B_0\\P_{f0} \leqslant P_{fi} \leqslant P_{fr}\end{cases} \tag{9}$$

2)模型求解[4]

第一步：给出目标函数 G。

$$G=\begin{bmatrix}B_1 & B_2\cdots & B_n\\P_{f1} & P_{f2}\cdots & P_{fn}\end{bmatrix} \tag{10}$$

第二步：确定方案中 B 和 P 的最大值和最小值。

$$\begin{cases}B^*=\max\{B_1\ B_2\cdots B_n\}\\B^-=\min\{B_1\ B_2\cdots B_n\}\\P_f^*=\max\{P_{f1}\ P_{f2}\cdots P_{fn}\}\\P_f^-=\min\{P_{f1}\ P_{f2}\cdots P_{fn}\}\end{cases} \tag{11}$$

第三步：计算每个值到最大值和最小值的距离。

利用 p=2 的 Minkowski 公式来计算距离：

$$\begin{cases}S_i^*=\sqrt{\gamma_b(B_i-B^*)^2+\gamma_p(P_{fi}-P_f^*)^2}\\S_i^-=\sqrt{\gamma_b(B_i-B^-)^2+\gamma_p(P_{fi}-P_f^-)^2}\end{cases} \tag{12}$$

γ_b、γ_p 分别表示 B 和 P 的权重，$0<\gamma_b$、$\gamma_p<1, \gamma_b+\gamma_p=1$。

第四步：计算每个解的相对贴近度。

$$C_i=\frac{S_i^-}{S_i^*+S_i^-} \tag{13}$$

第五步：根据 C_i 的大小选出满意的方案。

5 实 例 分 析

1)工程概况

假设某水库群具有流域防洪、兴利、供水、旅游等多种功能。水库群系统由两座水库构成：干流上建有梯级水库 1，水库 2 位于支流上。根据流域基本情况以及下游地区

防洪标准，两座水库汛限水位分别为160m和184m。为了减少下游洪灾损失，在流域汛期实际工作中，利用降雨预报成果进行防洪调度。已知流域管理机构所辖气象台存在一定程度的预报误差，完全利用该预报结果进行防洪调度会造成入库洪水过程偏差，存在一定的风险。因此，实施水文预报调度，既要分析下游防洪经济效益，还要考虑水库防洪风险，选择一个既经济又安全的泄流方案[5]。

2) 风险效益计算

根据该流域的情况，当发生百年一遇的洪水时，两座水库的下泄流量应该为5000m^3/s和3600m^3/s（见表1），相应的洪灾损失为E_0=8亿元。为了减小下游地区的经济损失，促进区域经济社会可持续发展，按照防洪调度风险理论，提出4种可能的方案以及每种方案对应的洪灾损失、防洪效益和防洪风险，具体见表2。

表1　4种方案下2种水库的下泄流量　　（单位：m^3/s）

方案编号	0	1	2	3	4
水库1	5000	4800	4600	4450	4350
水库2	3600	3500	3450	3300	3260

表2　4种方案情况下对应的风险效益

方案编号	1	2	3	4
洪灾损失	6.5	6.1	5.7	5.4
防洪效益	1.5	1.9	2.3	2.6
防洪风险	1.2%	1.5%	1.9%	2.6%

根据上述计算的结果，水库群防洪系统风险分析的目标值为

$$G=\begin{bmatrix}1.5 & 1.9 & 2.3 & 2.6\\ 0.012 & 0.015 & 0.019 & 0.026\end{bmatrix}$$

进一步计算的结果为

$$S=\begin{bmatrix}\dfrac{S_i^*}{S_i}\end{bmatrix}=\begin{bmatrix}0.548 & 0.391 & 0.444 & 0.837\\ 0.837 & 0.687 & 0.578 & 0.548\end{bmatrix}$$

最后得到每个方案的贴近度：

$$C_i=\begin{bmatrix}0.604 & 0.636 & 0.565 & 0.396\end{bmatrix}$$

通过观察比较，发现方案2的贴近度最大，因此该方案比较满意。

6　结　论

随着我国经济实力的提高和社会经济可持续发展的需求，洪水频发和洪灾严重的流域修建了许多大中型水库，但流域的整体防洪标准还很低，不利于城市的健康发展。连

通水库群的形成进一步加强了水库之间的联系，能够有效地提高流域的防洪能力。本文主要针对水库群联合防洪调度进行风险分析研究，得出结论：在明确风险内涵和内容的基础上，确定出水库防洪调度风险目标的两个主要方面。一是水库自身防洪风险和水库下游防护区的防洪风险，并给出包括风险因素辨识、风险估计、风险评价和决策的水库防洪调度风险分析流程及其方法简介，为连通水库群防洪调度风险分析奠定了理论基础。二是通过 Monte Carlo 随机模拟技术原理及方法流程的介绍，明确各个风险因素随机模拟的公式和设计出相应的随机模拟流程，证明该模型在不确定环境下，其模拟结果的准确性和有效性。

参 考 文 献

[1] 陈进, 黄薇. 通江湖泊对长江中下游防洪的作用[J]. 中国水利水电科学研究院学报, 2005: 11-15.
[2] 来红州, 莫多闻, 苏成. 洞庭湖演变趋势探讨[J]. 地理研究, 2004, 23(1): 78-86.
[3] 袁旭音, 王爱华, 许乃政. 太湖沉积物中重金属的地球化学形态与特征分析[J]. 地球化学, 2004, 33(6): 611-618.
[4] 潘本锋, 李莉娜. 基于危险指数法的环境污染事故危险源分级和评估[J]. 安全与环境工程, 2010, 17(1): 13-15.
[5] 叶剑红, 崔峰, 伍法权, 等. 概率地震危险性评价系统开发[J]. 工程地质学报, 2007, 15(6): 840-848.

洞庭湖流域水污染风险分析

徐金鑫　唐圆圆

摘要：近年来，洞庭湖水污染日趋严重，本文利用风险树识别方法找出洞庭湖流域水污染原因，以及通过对洞庭湖 2009 年水质监测数据进行分析，选取总磷(TP)、总氮(TN)、重金属类污染物为指标，计算各污染物的风险值，得出：①洞庭湖流域污染物的主要来源有工业废水、生活废水、农田径流、畜禽养殖和水产养殖；②TP 的污染风险值是所选指标中最大的，其次是 Cu，其余污染物的风险值都较小；③相比于西洞庭湖和南洞庭湖，东洞庭湖是污染风险最大的；④各监测站点的风险值都小于 150，洞庭湖各监测站点属于轻微生态危害。本文最后结合污染风险评价得出的结果，为洞庭湖的水污染的防治提出了几点建议。

关键词：洞庭湖；水污染；风险分析；防治

1　引　　言

洞庭湖地处湖南省东北隅，长江中下游荆江段南岸，流域面积达到 259430.0km^2，南纳湘江、资江、沅江、澧江“四水”，北面接通长江，江河来水进入洞庭湖调蓄后由东面的城陵矶附近流入长江[1,2]。洞庭湖是我国五大淡水湖中第二大淡水湖，湖南第一大湖泊，不仅具有消减洪峰、调蓄洪水的双重作用，还有通航、水产养殖、提供水资源等多种功能，是典型的过水性吞吐型湖泊[3]。近年来随着经济的发展，湖区人口增多、城镇化速度加快、围湖造田以及工业、养殖业等产生的大量污染物进入湖泊，洞庭湖目前的水质令人担忧。本文选取总磷(TP)、总氮(TN)以及重金属类污染物为指标，收集了洞庭湖鹿角、岳阳楼、东洞庭湖、万子湖、横岭湖、虞公庙、南嘴、小河嘴、目平湖、城陵矶十个监测站的水质资料，其中鹿角、岳阳楼、东洞庭湖监测站处在东洞庭湖，南嘴、小河嘴、目平湖监测站处在西洞庭湖，万子湖、横岭湖以及虞公庙监测站处在南洞庭湖，城陵矶监测站处在洞庭湖出口。对各监测点的污染风险进行评价，研究污染的风险程度的大小，为洞庭湖的水环境保护与治理工作提供一定的科学依据。

2　洞庭湖水污染类型

1) 总磷(TP)、总氮(TN)

P 和 N 会快速提高湖泊营养水平，加快湖泊向富营养化甚至沼泽化的演变进程，影响湖泊生态，降低湖水的使用功能，严重的甚至会产生藻类暴发，破坏湖泊生态环境，使湖泊变成死湖。近年来，洞庭湖内的 TP 和 TN 使洞庭湖水质出现富营养化的现象[4]。

根据 2009 年水质监测数据可以得出，上游河流注入洞庭湖的 TP 总量为 16530t，TN 的总量为 426035t，并且 TP 和 TN 在枯水期、平水期和丰水期的浓度值都超过了国家地表水环境质量Ⅲ类标准。

2）重金属

重金属污染主要指的是通过各种途径进入环境中的铜（Cu）、铅（Pb）、锌（Zn）、镉（Cd）、铬（Cr）等元素及其化合物对环境所造成的危害。重金属不仅有毒，其毒性还有较强的持久性，重金属可以经过土壤进入地下水，从而污染地下水，还能作为沉淀物进入水体，对人体的健康或生态系统的稳定产生直接或者间接的、突发性的或持久性的危害和风险。重金属可以与水体中的悬浮物和沉淀物相结合，它们又会随着环境的变化放出其中的重金属[5]。通过对 2009 年洞庭湖重金属年内变化趋势分析后，发现铜（Cu）、铅（Pb）、锌（Zn）、镉（Cd）、铬（Cr）等各重金属的浓度值都达到了国家地表水环境质量Ⅰ类标准，见表 1。

表 1　各重金属污染的浓度值　（单位：mg/L）

	Cu	Zn	Pb	Cd	Cr
最大值	0.0067	0.0067	0.0026	0.00016	0.0035
最小值	0.0088	0.0133	0.0021	0.000067	0.0027
平均值	0.0078	0.0081	0.0024	0.000093	0.0031
Ⅰ类平均值	0.01	0.05	0.01	0.001	0.01

3　水污染风险评价

水污染风险评价方法有很多，较常用的包括事故致因突变模型评价法、危险指数评价法[6]、模糊数学分析评价法、概率危险性评价法[7,8]、层次分析评价、灰色系统理论评价法等。但是这些方法都需要用大量的参数来进行分析，最后确定风险发生的概率，并且想要确定这些参数也不容易，导致用不同的评价方法对计算同一风险分析也经常会得出不同的结果。区域风险评价是指受一个或多个胁迫因素影响后，对不利的后果出现的可能性进行的评估[9]。在比较多种区域风险评价方法的基础上，本文选取了卢宏玮等[10]研究中所用的风险评价方法对洞庭湖的风险进行评价。

1）计算污染风险值

污染风险值 P 可用下式表示：

$$P=\sum_{i=1}^{n}\frac{K_iC_i}{C_{i0}}\quad(i=1,2,\cdots,n) \tag{1}$$

式中，C_i 为第 i 种污染物的实测浓度；C_{i0} 为第 i 种污染物的标准浓度；K_i 为第 i 种污染物的毒性危害系数；n 为污染物种类。

2）N、P 污染风险值

N、P 污染毒性非常强，现在对 TN、TP 危害系数的研究较少，主要是对 N 和 P 的衍生物的研究，由于要根据其毒性大小来确定危害系数的值，其毒性又可根据水质标准来判定。一般来说，危害系数越大，它的毒性就会越大，但水环境质量标准浓度就会越小。根据以前的研究成果，得出了一个安全系数，如下式：

$$K_j = \frac{(\sum_{i=1}^{n} K_i \times C_{0i}) / n}{C_{0j}} \times S_F \tag{2}$$

式中，K_j 为污染物外推的毒性系数；C_{0i} 为重金属污染物的地面水环境质量标准；C_{0j} 为污染物的地面水环境标准；K_i 为已知的污染物毒性系数；S_F 为安全系数，取 1.5。

3) 重金属污染风险值

根据美国国家环保局公布的重金属毒性危害系数和各监测点的数据，再由式(1)污染风险值可以得出重金属污染风险值，见表 2。

表 2　美国国家环保局公布的部分重金属毒性危害系数[11]

重金属元素	Hg	Cd	Pb	Zn	Cu	Cr
毒性危害系数	30	30	22	12	20	30

运用区域风险的计算方法对 2009 年各污染物的风险值进行计算，计算结果如表 3。

表 3　2009 年各污染物风险值

TP	TN	Cd	Pb	Zn	Cu	Cr
78.4	4.15	0.79	1.02	1.13	19.32	3.39

由表 3 可知，TP 的污染风险值是所选指标中最大的，其次是 Cu，其余污染物的风险值都相对较小；由表 4 可以看出，各个监测站点的风险值都小于 150，总体来看，东洞庭湖的污染风险最大，西洞庭湖、南洞庭湖处的风险相对较小。再根据表 5 可以判断，洞庭湖各监测站点属于轻微的生态危害。

表 4　2009 年各监测站点处风险总值

	东洞庭湖	岳阳楼	鹿角	城陵矶	横岭湖
风险值	82.88	85.78	79.61	84.36	66.78
	虞公庙	万子湖	小河嘴	目平湖	南嘴
风险值	78.43	73.62	76.46	78.42	85.68

表 5　P_i与 P 污染程度的关系[10]

指数类型	所处范围	污染程度	指数类型	所处范围	污染程度
潜在生态危害指数	P_i<40	轻微的生态危害	中等生态危害指数	P<150	轻微的生态危害
	40≤P_i<80	中等的生态危害		150≤P<300	潜在风险
	80≤P_i<160	强的生态危害		300≤P<600	强的生态危害
	160≤P_i<320	很强的生态危害		P≥600	很强的生态危害
	P_i≥320	极强的生态危害			

4 水污染防治对策

根据钟振宇、陈灿等人调查，洞庭湖畜禽养殖、水产养殖和农田径流污染的 TP 入湖量占总量的85%，它们的TP入湖量分别占总量的38%、32%、15%；畜禽养殖、城镇生活污水和水产养殖的TN入湖量占总量的79%，它们的TN入湖量分别占总量的35%、28%、16%。重金属主要来自河道和洞庭湖周边的工业废水，其中，工业废水每年输入重金属 32.303t，河道每年输入重金属 1052.6t。因此，提出一些关于洞庭湖水污染的防治建议。

1)加强水产养殖和畜禽养殖污染防治

水产养殖要科学设计养殖容量，针对水体能够承受的各种营养元素的负载力来设计养殖容量；坚决禁止或者严格控制直接向湖泊中投放大量化肥的养殖方式，对残饵和排泄物要定时的清理，保证池底的环境质量；水产养殖产生的废水禁止直接排放，水产养殖要配有净化污水的设施，废水要经过严格处理后才能排出。把散养方式的畜牧业转为规模化、集约化的畜牧业，畜禽排泄物可以通过堆肥化处理后用作田地使用的肥料，或者畜禽排泄物和废弃物通过化学方法，例如用醋酸和甲醛等药物对粪便进行杀菌杀虫，最大限度地实现粪便的无害化；还可以建造沼气池处理牲畜排泄物，产生的沼气可以用作日常的燃烧、照明和取暖。

2)加大工业污染防治和城镇生活污水处理力度

工业方面政府部门要直接干预，加大管理力度，严格控制工业废水的排放，洞庭湖周边的各排污企业坚决实行排污许可证制度，污水要达标后才能排放；N、P 以及重金属的入湖量要严格限制，各排污企业产生的污水的回收和处理的力度要加大；加大产业结构的调整力度，加强主要污染行业的治理，果断关停那些经济效益差又严重污染环境的工厂；同时还要大力促进清洁生产，特别是石油化工、造纸和纺织等产业的清洁生产，鼓励发展那些少污染甚至无污染的产业，实现源头预防。城镇污水禁止直接排入洞庭湖内及洞庭湖上游河道，城镇的生活用水实行集中处理，污水达标后排放，增加脱磷除氮工艺，特别是污水处理厂要配套脱磷除氮设施，最后还要限制或禁止洞庭湖流域周边居民含磷洗衣粉的使用。

3)加强农业面源综合整治

针对农业方面的污染，首先要提倡科学合理地使用化肥、农药，过量施用化肥、施用方式不合理都会造成洞庭湖湖区面源污染。因此要调整优化用肥结构，提倡增加一些专用肥和生物有机肥的使用量，减少过磷酸钙等易挥发的低效肥料；农药的使用同样也要科学合理，加大低毒、无毒农药和生物农药的研发和使用。其次，废水要经过处理后，进行循环利用，我国的农业用水量占全国用水量的一半还多，这样不仅在一定程度上减少了污染，还可以在有限资源的前提下最大程度的利用自然资源。

5 结　论

(1)通过对总磷(TP)、总氮(TN)和重金属进行风险分析得出，总磷的风险值最大，是洞庭湖污染风险贡献率最大的物质，重金属中 Cu 的风险值最大，其余重金属风险值较小。

(2)各监测站点均属于轻微的生态危害，总体来看，东洞庭湖的污染风险最大，西洞庭湖、南洞庭湖处的风险相对较小。

(3)洞庭湖 TP 主要来自于畜禽养殖、水产养殖和农田径流，TN 主要来自于畜禽养殖、城镇生活污水和水产养殖。洞庭湖水污染的防治，首先要加强水产养殖和畜禽养殖污染防治，其次就是要加大工业污染防治和城镇生活污水处理力度，最后加强农业面源综合整治。

参考文献

[1] 姜家虎, 黄群. 洞庭湖近几十年来湖盆变化及冲淤特征[J]. 湖泊科学, 2004, 6(3): 209-241.

[2] 姜家虎, 黄群. 洞庭湖区生态环境退化状况及其原因分析[J]. 生态环境, 2004, 13(2): 277-280.

[3] 陈进, 黄薇. 通江湖泊对长江中下游防洪的作用[J]. 中国水利水电科学研究院学报, 2005: 11-15.

[4] 来红州, 莫多闻, 苏成. 洞庭湖演变趋势探讨[J]. 地理研究, 2004, 23(1): 78-86.

[5] 袁旭音, 王爱华, 许乃政. 太湖沉积物中重金属的地球化学形态与特征分析[J]. 地球化学, 2004, 33(6): 611-618.

[6] 潘本锋, 李莉娜. 基于危险指数法的环境污染事故危险源分级和评估[J]. 安全与环境工程, 2010, 17(1): 13-15.

[7] 叶剑红, 崔峰, 伍法权, 等. 概率地震危险性评价系统开发[J]. 工程地质学报, 2007, 15(6): 840-848.

[8] 钱新明, 陈宝智. 事故致因的突变模型[J]. 中国安全科学学报, 1995, 5(2): 1-5.

[9] Migo V P, Matsumura M, Rosario E J D, et al. The effect of pH and calcium ions on the destabilization of melanoidin [J]. Journal of Fermentation and Bioengineering, 1993, 76(1): 29-32.

[10] 卢宏玮, 曾光明, 何理. 洞庭湖流域水体污染物变化趋势及风险分析[J]. 水土保持通报, 2004, 24(2): 12-16.

[11] 甘居利, 贾小平, 林钦, 等. 近岸海域底质重金属生态风险评价初步研究[J]. 水产学报, 2000: 533-538.

居民饮用水水质风险辨识

杨　丹　唐德善

摘要：我国居民饮用水水质存在风险，为客观的社会基本风险，可加以预防控制。饮用水水质风险进行辨识时可分解为饮用水结构、制备流程和包括地区、时间在内的其他因素。细分后可列出风险因素表，通过专家打分法筛选出主要风险因素。

关键词：饮用水；水质；风险；分解；辨识

1　前　　言

随着社会经济的发展，人们的公共安全意识越来越强，对饮用水安全问题也更加重视。我国居民饮用水水质存在各种风险因素，多类型的饮用水增加了其风险程度。我国现行饮用水水质标准的评价指标体系包括：《生活饮用水卫生标准》（GB5749）中的106项指标、水源水质指标、《城市供水水质标准》（CJ206）中的指标[1]。即便有严格的水质标准管控，我国许多地方仍时有发生饮用水水质安全问题，故为有效预防、控制水质风险，需要确定一套定量评价水质安全性的方法，其中对饮用水水质风险因素辨识是最基础、最关键的一步。本文利用风险分析技术确定饮用水水质风险的风险因子，并用专家打分法确定主要风险因子。

2　风险的客观性与可控性

风险通常是指由于一些不可控因素的影响，使得实际结果与当事者的事先估计有较大的背离以及这种背离发生的可能性。饮用水水质风险是由于饮用水水质问题而损害人体健康事件发生的可能性及其严重程度[2]。饮用水水质风险如其他风险一样，是客观存在的，不受人主观意识影响。

饮用水是指满足人体正常生理需求以及一些日常生活需要的用水，其水质风险具有普遍性，属于基本社会风险。饮用水供水对象是众多城镇及乡村居民，涉及人口众多，具有高度的覆盖性。如果饮用水水质安全出现问题，该水的集体受众都将受到影响。如饮用水氯化物含量超标，会使得饮水居民出现全身无力的情况，甚至会引起腹泻[3]；我国局部地区天然水源水含氟量偏高，高氟区居民普遍骨质疏松。

随着工业的发展及其生产技术的进步，全国大部分城市的水域都受到污染，具体表现为：有机污染凸显尤其是层出不穷的人工合成污染物对水质造成严重影响，使得水性疾病种类增多，水质风险日益加大且其基本风险因子也随之变化。饮用水水质风险后果表现为对人体健康的威胁和对家畜、家禽造成的影响。具体可分为健康损失、经济损失和财产损失。饮用水水质风险事件对人体健康产生两类影响：一类是即时表现出的即时损害，另一类是长期累积的慢性损害。由于这两类损害的表现时间不同，人们往往只注意到即时发病的损害，却忽视了慢性损害的严重后果。爆发性即时损害危害人口多，社会覆盖面广，对饮用者健康危害大，造成损失大。而慢性损害则是需要长时间的潜伏期，具有很大的隐蔽性，例如日本的水俣病。这类水质风险研究较少且较难排查。

较为一般性的定义是：风险是指预期后果估计中的较为不利的一面。从人们对饮用水水质安全关注的侧重点来看，人们主要关注的是不良水质对人体健康造成的伤害，却忽略了天然的优良水质是安全的，能满足人体健康要求：不含病毒、病原菌、病原原生动物及其他对人体有害的污染物，并尽可能保持一定浓度的人体健康所需的矿物质和微量元素[4]。由于人们看待水质安全的片面性，我们现在讨论的水质风险被狭义地定义为对人类健康的负面影响。在这样的定义下，饮用水水质风险就是一种纯风险，人们只在水质风险中遭受损失，却没有得到益处。

饮用水水质风险是长期存在于人类社会中的问题。随着经济技术的发展，水质风险事件会不断爆发，也会不断出现新的变化。与此同时，人类也在不断地升级和适应各种技术和政策，积极采取措施，深入研究，以期降低和控制水质风险。

3　饮用水结构

经过多年发展以及供水管网的完善，我国居民的饮用水已呈现出多种形式共存的局面。本文依照“从水源到水龙头”饮用水流向具体划分饮用水结构。根据饮用水的来源，饮用水可分为煮沸的水厂管网供水即开水、包装(瓶装/桶装)水、家用净水器终端净水三类。从饮水类型角度，可分为城市管网供水煮沸的白开水、纯净水、矿泉水、直饮水四类。通过以上两个角度自由组合来划分饮用水结构。如表 1。

表 1　我国城市居民饮用水结构

来源	饮水类型	饮用水类型
煮沸的水厂管网供水——开水	城市管网供水	开水
饮用桶装水	纯净水	饮用桶装纯净水
	矿泉水	饮用桶装矿泉水
饮用瓶装水	纯净水	饮用瓶装纯净水
	矿泉水	饮用瓶装矿泉水
家用净水器自制	直饮水	饮用家庭自制直饮水

一般情况下，每位居民的饮用水都包含以多种饮用水结构，如在家庭中以家用净水器自制直饮水为主，在学校以管网供水的煮沸水为主，在外出时以瓶装矿泉水等为主。

4 风险辨识

风险分析的目的是为了控制风险，风险的辨识是进行风险分析时首先要进行的重要工作。能引起风险的因素有很多，后果的严重程度不一。不考虑或者着重考虑这些风险因子都会使问题复杂化，因此风险辨识就是要合理地缩小这种复杂范围。风险辨识的方法主要是利用分解原则，将风险根据其不同性质与相互关系分解为一系列不同辨识方向的风险，将复杂的事物分解成比较简单的容易被认识的事物[5]。这样才能找出各种风险因子，辨识出主要风险，更加准确、全面、系统地完成风险辨识。沿着分解方向的细化程度应满足风险辨识的要求，故饮用水水质风险可分解为以下几个方向：

(1)饮用水结构：按照饮水受用人群的饮用水来源与饮水类型自由组合，划分不同的饮用水结构。饮用水结构分解方向的风险一般包括饮用开水水质风险、饮用瓶装水水质风险、饮用桶装水水质风险、饮用家用净水器自制水水质风险。

(2)制备流程：按照“从水源到水龙头”的饮用水制备工艺过程，把整个流程分解成多个工艺阶段，具体可分为水源风险、取水风险、净水风险、输送风险、配给风险。然后继续对每一环节的风险进一步分解，得到详细的风险因素。

(3)其他因素影响：饮用水水质风险受不同风险因素的影响，还需考虑到地区、时间和社会条件等因素的影响。

风险辨识采用的主要方法有：流程图法、专家调查法、幕景分析方法、故障树法等。在对具体风险事件进行风险辨识时，列出风险事件完整详细的初始风险清单尤为重要。典型风险因素清单保证风险辨识的系统性与完整性，不会缺失主要的风险因素。一般风险因素清单划分的越详细，风险事件所包含的内容越单一，前期掌握的基础数据与基础资料越多，对我们接下来的风险分析更有利。我国居民饮用水水质主要风险因素见表 2。

表 2 饮用水水质主要风险因素

	饮用开水	家用净水器处理饮用水	瓶装饮用水	桶装饮用水
水源	水源缺陷（污染、监管不当等）、人为破坏	原水水质隐患	水源选择缺陷（污染、监管不当等）、人为破坏	水源缺陷（污染、监管不当等）、人为破坏
取水	取水方式、设施等缺陷		取水方式、设施等缺陷	取水方式、设施等缺陷
净水	净水技术、检测控制等缺陷	净水技术、检测控制缺陷等	净水技术、灌装、检测控制等缺陷	净水技术、灌装、检测控制等缺陷
输配水	二次污染、设施、检控、变质等缺陷			
应用	不恰当饮用、再污染等		不恰当饮用、再污染等	不恰当饮用、再污染等

通过专家打分法最终确定饮用水水质风险的主要风险因素：水源污染、取水方式不当、净水技术缺陷、检测控制缺陷、输配水二次污染。

5 结　论

(1) 由于饮用水从源头到水龙头历经多个环节，且饮用水获取途径日益增加，其风险因子在不断变化。因此我们对水质问题的认识方法需要不断改进，认识程度需要不断深入，故上述所列典型风险因素需要不断补充、修正及完善。

(2) 饮用水水质风险是客观存在的事实可以通过有意识的行为降低和控制水质风险。人们只关注水质安全对人类健康的负面影响，即饮用水水质风险是纯风险。

(3) 饮用水水质风险按照制作环节可分解为：饮用水结构风险、制备流程风险和其他因素风险。

(4) 通过交流平台投票，采用专家打分法确定五个主要风险因素依次为：水源污染、取水方式不当、净水技术缺陷、检测控制缺陷、输配水二次污染。

参 考 文 献

[1] 冀海峰，杨江，侯迪波，等. 城市饮用水水质安全评价与预警方法的研究[J]. 建设科技，2012(5): 88-90.

[2] 南国英，任淑萍，杨国丽，等. 我国城市居民饮用水水质风险分析[J]. 给水排水, 2010(5): 33-36.

[3] 李莎. 城镇饮用水水质现状分析及对策[J]. 山东工业技术, 2015, (13): 256.

[4] 朱党生，张建永，程红光，等. 城市饮用水水源地安全评价（Ⅰ）：评价指标和方法[J]. 水利学报，2010(7): 778-785.

[5] 郭仲伟. 风险的辨识——风险分析与决策讲座(一)[J]. 系统工程理论与实践, 1987(1): 72-77.

阜阳市干旱灾害风险评估指标体系

杜文娟　唐德善

摘要：干旱灾害是全球重大自然灾害之一，它伴随着人类的生存和发展，并制约着世界各国的经济持续发展，中国也不例外。阜阳市是中国安徽省的粮食储备地之一，随着阜阳市国民经济的快速发展，阜阳市对水的需求不断增加，致使水资源供需矛盾日益突出，干旱的威胁不断加剧。开展该市的干旱灾害风险评估研究，为该市的风险管理提供有利技术数据支撑，具有很大的意义。本文在全面分析阜阳市抗旱影响因素和干旱灾害风险成因的基础上，勾勒出该市干旱灾害成因——风险树，并选择代表性指标，构建由危险性、暴露性、灾损敏感性和抗旱能力 4 个子系统组成的阜阳市干旱灾害风险评估指标体系。在分析安徽省各区域的筛选后指标的取值范围基础上，建立了基于指标体系的干旱灾害风险评估等级标准。

关键词：农业干旱灾害；风险分析；风险树；风险评价；评价指标体系；联系数；阜阳市

1　引　言

在名词概念定义上：对于干旱、旱情、风险以及旱灾风险这些与研究本课题有关的特别重要的名词概念，到如今也都没有相对明确的指定含义[1]。在 3 类干旱研究上：气象干旱的问题在于其相关指数因为简单而不能适应多种地区环境的变化，灵活性较低，需要增加多元因素进行融合；农业干旱的问题在于不能很好地将成熟的水文模型运用结合到土壤含水量的实时监测中去，即“嫁接”功能有待提升，并且在用定量选取指标来表示的时候主观性太强；水文干旱的问题在于忽视了人类活动这一大影响对干旱产生的后果[2]。在技术研究上：中国干旱风险评估研究伴随着科技的发展前进，遥感技术已经被包含在“3S”等新型技术的范围内，但在遥感技术这单一技术范围内，其计算指数的精度还是欠缺的，分析相关性的能力相对较低，这是需要亟待完善的[3]。

在对选定地市基础资料全面掌握的基础上，从以下几个方面开展该市旱灾风险评估研究，完成所选地市的旱灾风险评估：

(1) 分析该市干旱致灾因子的危险性因素、承灾体的暴露性因素、承灾体的灾损敏感性因素、抗旱能力因素，勾勒出该区域干旱灾害风险的成因——风险树，初步建立该市旱灾风险评估的指标体系，筛选该市旱灾风险评估的指标体系[4]。

(2) 确定该市旱灾风险评估的指标取值，划分该市旱灾风险评估等级标准。

2　阜阳市与旱灾有关的基本情况

阜阳市是安徽省第四大城市，共三个辖区：颍州、颍泉、颍东；四县：太和、临泉、阜南、颍上；省直辖市：界首市。市区自然地貌属于堆积平原中的黄泛平原型，是发展农业集约化的理想地区；市区颍河闸以下的颍河河间平原亚区，由于是黄泛低洼地，所以洪涝灾害容易发生。地处亚洲大陆热带和暖温带的过渡区域，属于暖温带半湿润季风气候区，降水量年际不均。由于地处季风气候区，而且境内广泛分布砂姜黑土，所以土壤有着质地黏重、湿黏干硬的特点，保水性差，致使多年平均水面蒸发量约为多年平均降水量的 2 倍。同其他城市一样，在安徽淮北平原部位的阜阳市也有相同的水资源短缺的问题：多年平均水资源总量约为 32.22 亿 m^3，其中地表水资源量 19.87 亿 m^3，浅层地下水降雨入渗补给量 15.79 亿 m^3，重复计算量 3.45 亿 m^3；人均水资源占有量为 322m^3/a，其中人均地表水资源占有量也只有 199 m^3/a，人均浅层地下水资源占有量为 171 m^3/a；多年平均水资源可利用总量为 19.59 亿 m^3，其中地表水资源可利用量为 10.14 亿 m^3，浅层地下水资源可开采量为 9.93 亿 m^3，重复计算量为 0.48 亿 m^3。阜阳市的全年生产总值(包括第一产业、第二产业和第三产业)从 21 世纪开始至今基本是保持增长状态，并且每一类产业都有不同程度的增长，其人均 GDP(Gross Domestic Product)也是在逐年提升。表 1 表示阜阳市从 2001 年至 2016 年的产业增值及比例变化。

表 1　阜阳市 2001～2016 年三类产业总值变化数据表

年份	产业增加值绝对值/亿元			比上年增长/%			第一产业增加值比重/%
	第一产业	第二产业	第三产业	第一产业	第二产业	第三产业	
2001	83.40	49.20	68.00	−0.40	−5.00	4.40	41.60
2002	85.90	51.70	71.70	2.40	5.20	5.50	41.00
2003	73.10	60.60	83.20	−15.20	12.50	11.00	33.70
2004	106.10	68.60	88.70	18.80	5.10	6.50	40.30
2005	104.70	95.40	124.50	−2.30	25.10	11.30	32.30
2006	119.90	117.10	141.30	10.40	18.30	11.40	31.70
2007	140.90	154.80	166.70	5.60	21.40	12.30	30.50
2008	165.60	180.70	195.00	8.70	16.20	10.70	30.60
2009	175.10	218.10	214.60	6.90	20.50	9.70	28.80
2010	197.30	282.70	241.70	5.50	23.00	9.50	27.30
2011	232.50	342.20	278.50	4.90	18.80	9.90	27.30
2012	249.40	397.50	315.60	5.90	15.70	11.20	25.90
2013	272.60	436.60	353.30	3.80	12.90	9.90	25.70
2014	289.40	471.40	385.30	5.00	11.00	7.80	25.30
2015	286.30	528.40	454.80	4.70	10.30	11.30	22.60
2016	302.30	557.70	541.80	3.10	9.40	12.00	21.30

农业(包括林业、牧业、渔业等)又称第一次产业[12]，农业是干旱灾害风险研究的主要对象。由表 1 可得出从 2001 年至 2016 年，阜阳市生产总值中，第一产业增加值所占的比重基本上(除了 2004 年)是逐年在降低，并且增长百分率虽然慢慢走向稳定，但增长率仍然是在三类产业中发展速度相对最慢且比重最低的一类，并且在 2001 年和 2003 年

由于农业受到旱涝灾害影响才导致第一产业与上一年相比，增长率是负值。由此我们可以看出阜阳市第一产业(农业)受到自然环境变化的影响状况不容乐观，并且可看出干旱对第一产业造成的威胁都表现在逐年的产业结构比例上。从产业发展速度来看，第一产业受滞于阜阳市常年存在的环境隐藏问题——干旱风险。从总体水旱灾情历史资料研究中可得出，该市旱情灾害随着时间的推移和国民经济的发展，它的基数和次数都有相应幅度的增加，比洪涝灾害成灾次数都要多；从季节上可看出该市多在冬季和春季引发旱灾，损失程度也是不容小觑的。且新中国成立以来至 1999 年，旱灾造成的成灾面积总数约为 10010 万亩，约占安徽省全省的 23.45%，年平均成灾面积约为 200 万亩。在年际内，春旱、伏旱、秋旱和冬旱四种旱情还会交替出现，给该市带来不同程度的损失。

3 阜阳市干旱灾害风险的影响因素分析

本文在分析完阜阳市地区的区域概况后，对阜阳市干旱灾害风险形成的影响因素，主要从危险性、暴露性、灾损敏感性和抗旱能力四个旱灾因素方面开展分析，并勾勒出该区域干旱灾害风险的成因——风险树。从分析的结果来看，主要的承灾体对象就是农业，且不同的影响因素对是否降低干旱灾害风险性有着不同的关系，从这四类基本影响因素我们可以从中选取主要的、影响程度大的符合该市具体区域情况的因素进行下一步的评估指标体系的建立。

1) 旱灾危险性因素分析

旱灾危险性是指在一定的孕灾环境下，造成干旱灾害的自然变异因素和程度，这些自然变异因素主要指缺、少或无雨，空气极度干燥，地区蒸发量很大等类似的极端的气候条件，当然还有占一定比重的水文条件、自然地理环境等。不论特殊情况，对于一般现象而言，旱灾的危险性越大，干旱灾害的风险越大，即成正相关关系。本文基于对阜阳市的自然气象水文的分析结果，从气象、水文、土壤、地形地貌四个主要因素进行分析。

2) 旱灾暴露性因素分析

旱灾的暴露性是指在干旱灾害降临的时候，裸露在干旱面前的承受灾难袭击的灾体，具体包括人口和经济两大方面的威胁。农业就是旱灾主要针对对象即承灾体，所以旱灾的暴露性也就是农业的。阜阳市的旱灾暴露性越大，导致该市的潜在损失就越大，那么旱灾风险就越大，成正相关关系。

3) 旱灾灾损敏感性因素分析

旱灾的灾损敏感性主要针对承灾体，也就是指该市受到干旱影响的对象被隐藏的潜在干旱危险因素伤害，并带来损失的程度大小。它与旱灾风险性成正相关关系。本文也从人口和经济两方面来分析。

4) 旱灾抗旱能力因素分析

抗旱能力即该市所具有的能够抵抗预防旱灾风险的能力，主要包括社会经济发展水平、水利工程建设水平、应急抗旱管理能力和科技生产四个方面。抗旱能力与旱灾风险性成负相关。

4　阜阳市干旱灾害风险评估指标体系的建立

根据干旱灾害风险的影响因素，按照指标体系的选取和建立原则，从阜阳市的旱灾危险性、暴露性、灾损敏感性和抗旱能力 4 个方面选择评价指标，建立干旱灾害风险评估的指标体系。如表 2 所示。

表 2　阜阳市干旱灾害风险评价指标体系

评价	评价指标
危险性子系统	$x_{1,1}$ 年降水量距平百分率/%
	$x_{1,2}$ 年均降雨量/mm
	$x_{1,6}$ 相对湿润度指数/%
	$x_{1,7}$ 单位面积水资源量/(m^3/hm^2)
	$x_{1,11}$ 土壤相对湿度/%
	$x_{1,12}$ 土壤类型
暴露性子系统	$x_{2,1}$ 人口密度/(人/hm^2)
	$x_{2,2}$ 耕地率/%
	$x_{2,3}$ 复种指数/%
	$x_{2,4}$ 农业 GDP 占地区生产总值比例/%
灾损敏感性子系统	$x_{3,1}$ 农业人口比例/%
	$x_{3,4}$ 水田面积比/%
	$x_{3,5}$ 万元 GDP 用水量/(m^3/万元)
	$x_{3,7}$ 森林覆盖率/%
抗旱能力子系统	$x_{4,1}$ 人均 GDP/(元/人)
	$x_{4,3}$ 水库调蓄率/%
	$x_{4,4}$ 单位面积现状供水能力/(万 m^3/hm^2)
	$x_{4,5}$ 灌溉指数/%
	$x_{4,6}$ 单位面积应急浇水能力/(万 m^3/hm^2)
	$x_{4,8}$ 监测预警能力
	$x_{4,10}$ 节水灌溉率/%

5　评价等级标准的建立

风险等级分别为 1(微险)、2(轻险)、3(中险)、4(重险)。对于正向指标和负向指标的等级范围的界定应区分开来。正向指标是对于旱灾风险的影响呈正相关的指标，即指标值越大则干旱灾害风险性越大；负向指标是对于旱灾风险的影响呈负相关的指标，即指标值越大则干旱灾害风险性越小。本文的指标体系中 $x_{1,1}$ 年降水量距平百分率、$x_{2,1}$ 人口密度、$x_{2,2}$ 耕地率、$x_{2,3}$ 复种指数、$x_{2,4}$ 农业 GDP 占地区生产总值比例、$x_{3,1}$ 农业人口比例、$x_{3,4}$ 水田面积比、$x_{3,5}$ 万元 GDP 用水量 8 个指标为正向指标，其余的 13 个都是负向指标。见表 3～表 6。

表 3 阜阳市干旱灾害风险评价危险性子系统指标等级标准

危险性子系统评价指标	风险等级					
	边界值 1	1（微险）	2（轻险）	3（中险）	4（重险）	边界值 2
$x_{1,1}$	0	≤10	10～20	20～30	>30	60
$x_{1,2}$	1300	≥900	900～800	800～700	<700	500
$x_{1,6}$	0	≥–0.05	–0.05～–0.18	–0.18～–0.31	<–0.31	–0.5
$x_{1,7}$	9000	≥6000	6000～4500	4500～3000	<3000	1000
$x_{1,11}$	0.95	≥75	75～72	72～69	<69	0.5
$x_{1,12}$	0.9	棕壤 0.8	水稻土 0.6	褐土 0.4	砂姜黑土 0.2	0.1

表 4 阜阳市干旱灾害风险评价暴露性子系统指标等级标准

暴露性子系统评价 指标	风险等级					
	边界值 1	1（微险）	2（轻险）	3（中险）	4（重险）	边界值 2
$x_{2,1}$	200	≤400	400～600	600～800	>800	1000
$x_{2,2}$	10	≤30	30～40	40～50	>50	70
$x_{2,3}$	100	≤180	180～190	190～200	>200	230
$x_{2,4}$	0	≤20	20～30	30～40	>40	60

表 5 阜阳市干旱灾害风险评价灾损敏感性子系统指标等级标准

灾损敏感性子系统评价指标	风险等级					
	边界值 1	1（微险）	2（轻险）	3（中险）	4（重险）	边界值 2
$x_{3,1}$	30	≤55	55～70	70～85	>85	95
$x_{3,4}$	0	≤10	10～35	35～60	>60	80
$x_{3,5}$	300	≤500	500～650	650～800	>800	1000
$x_{3,7}$	35	≥20	20～15	15～10	<10	5

表 6 阜阳市干旱灾害风险评价抗旱能力子系统指标等级标准

抗旱能力子系统评价指标	风险等级					
	边界值 1	1（微险）	2（轻险）	3（中险）	4（重险）	边界值 2
$x_{4,1}$	6000	≥5000	5000～4000	4000～3000	<3000	2000
$x_{4,3}$	40	≥30	30～20	20～10	<10	0
$x_{4,4}$	3000	≥2300	2300～1700	1700～1200	<1200	500
$x_{4,5}$	1	≥0.9	0.9～0.8	0.8～0.7	<0.7	0.6
$x_{4,6}$	11000	≥9000	9000～6000	6000～3000	<3000	1000
$x_{4,8}$	0.9	强 0.8	中 0.6	弱 0.4	微 0.2	0.1
$x_{4,10}$	50	≥40	40～30	30～20	<20	10

6 小　结

(1) 根据干旱灾害风险的主要影响因素分析，将干旱灾害风险评价指标体系分为旱灾危险性子系统、暴露性子系统、灾损敏感性子系统、抗旱能力子系统，并从这 4 个方面初步选取 21 个指标，建立干旱灾害风险评价的初步指标体系。

(2) 整理最终筛选结果得出各子系统评价指标，危险性子系统由降水距平百分率、年均降雨量、相对湿润度指数，单位面积水资源占有量、土壤相对湿度、土壤类型这 6 个评价指标组成，暴露性子系统由人口密度、耕地率、复种指数、农业 GDP 占地区生产总值的比例这 4 个评价指标组成，灾损敏感性子系统由农业人口比例、水田面积比、万元 GDP 用水量、森林覆盖率这 4 个评价指标组成，抗旱能力子系统由人均 GDP、水库调蓄率、单位面积现状供水能力、灌溉指数、单位面积应急浇水能力、监测预警能力、节水灌溉率这 7 个评价指标组成。

(3) 根据已有研究成果，结合阜阳市实际情况，划分各指标评价等级标准，将各指标分为 1(微险)、2(轻险)、3(中险)、4(重险)4 个评价等级，从而建立阜阳市干旱灾害风险评价模型。

(4) 在对不同地区旱灾风险影响因素分析的基础上，选取的指标具有差异性，影响因素不确定性较高，致使其变化性很大，在标定区域和归一范围的研究上是否可以有一套划分性强的指标使用标准还值得研究。

(5) 选取不同影响因素的指标去建立指标体系时，会遇到指标数据值难以获得的窘境，对于一部分指标数据值计算的标准公式没有明确定义，这是个很不好的现状，经常使得计算无法进行下去，所以规范化指标的计算公式的问题有待于进一步解决。

参考文献

[1] 张俊，陈贵亚，杨文发. 国内外干旱研究进展综述[J]. 人民长江, 2011, 42(10)：65-69.

[2] 屈艳萍，高辉，吕娟，等. 基于区域灾害系统论的中国农业旱灾风险评估[J].水利学报, 2015, 46(8)：908-917.

[3] 李文亮，张冬有，张丽娟. 黑龙江省气象灾害风险评估与区划[J]. 干旱区地理, 2009, 32(5)：754-760.

[4] 何平，毕伯钧. 40 年来本溪地区的旱涝变化特征及其评估方法[J].自然灾害学报, 2006, 15(2)：38-43.

大型风电场投资风险分析

冀子臻　王　倩

摘要：风力发电是清洁环保的可再生能源，对节能减排起着极其重要的作用，本文分析了我国大型风电场的发展现状，并对我国大型风电场的投资进行风险分析。重点阐述结合专家分析法和模糊层次分析法进行风险分析的步骤和准则。由分析结果证明该综合分析方法应用于风险分析的合理性。

关键词：风能资源；综合评价；投资决策；风险管理；专家分析法

1　引　　言

能源为世界经济增长提供动力，但是经济增长总会伴随着能源的消耗。我国虽是能源大国，但由于我国人口众多，传统化石能源供应紧张且环保问题日益突出。风能作为一种资源丰富的清洁能源引起了世界各国的广泛关注。国家政策对风电发展的积极导向鼓励了风电的发展，有利于提升我国自身风力发展建设，近年来我国的风电发展现状一片大好，风电装机容量快速增长，各大企业公司也积极进军国内风电事业[1]。国家“十三五”[1]规划对新能源发展指明了方向，特别是风力资源丰富的地区，风电作为无污染的绿色能源是新能源发展战略的重中之重，处理好风电发展和社会稳定之间的关系，加强项目征地补偿、环境危害影响和项目质量等因素的管理，积极解决各类风电发展中存在的危险隐患，使得全国经济、能源稳定和谐的发展。开展风力发电在为各大企业公司带来可观的利润的同时，投资者也需要对我国风力发展前景有一定的了解，风电并网[2]、设备质量、严重弃风[3]等问题正在逐步凸显。王晓慧认为，目前风电“发得出，送不出”的情况并非个别现象；张晖将新能源产能过剩归因于地方政府主导下的企业投资潮涌现象；韩秀云认为出现产能过剩问题主要是由于国内技术水平不高且政府在政绩驱动下对新能源过度投资等原因[2]。从国家战略角度考虑，风电的发展为我国调整能源结构、缓解能源供需矛盾、发展低碳经济做出重要贡献。从经济角度考虑，大型风电投资项目的风险应得到相应的关注和适当的研究，对投资风电项目的风险进行正确的风险评估，进而建立较为合理的风险防范体系。本文采用了专家分析法中德尔菲法与模糊层次分析法相结合，对大型风电场的投资的风险进行了相应的分析，得到了较为满意的效果[3]。

2　大型风电场投资风险评估

由于使用德尔菲法中的德尔菲单环节应用，确定了相应的评价指标体系，本文采取模糊层次分析法和德尔菲法相结合对大型风电场投资风险进行评估和相应分析。模糊层次分析法首先利用层次分析法进行分析，其使用的层次分析法因具有系统性、灵活性、适用性等诸多特点被广泛应用，如果在寻找研究对象可能涉及的主要因素或构造判断矩阵的过程中，能引入德尔菲法充分利用专家知识、经验和主观判断能力，无疑会提高层次分析法评价的准确性，因此层次分析法和德尔菲法常常相伴出现[4]。此外，层次分析法和德尔菲法都可用于确定权重，且都集合了专家想法的主观权重，因此在比较评价方法和确定因素权重方法的文献中，层次分析法和德尔菲法也常常形影不离。确定各指标体系中各个指标的相对权重之后，将一个复杂的多指标评价问题作为一个系统，按照因素间的相互影响关系，将总目标分解为多个分目标或准则，再分解为多指标的若干层次，通过定性指标模糊量化方法算出总排序和层次单排序，以此确定多目标优化决策问题中的各个指标的权重，然后以模糊数学理论为基础，应用模糊关系合成原理，将一些边界不清、不易定量的因素定量化，对规则不确定性事物进行整体评价。

2.1　模糊层次分析法

1) 模糊层次分析结构建立

风电场决策指标由德尔菲单环节应用得出，具体评价指标体系构建如表 1 所示。

表 1　风电场投资决策指标用表

目标层	准则层	指标层
风电场投资风险评估	调查风险 C_1	风电场选址考虑 C_{11}
		风能资源条件 C_{12}
	市场风险 C_2	国家政策 C_{21}
		上网电价 C_{22}
		与其他电源不匹配 C_{23}
		财务风险 C_{24}
	技术风险 C_3	运行可靠性 C_{31}
		员工科学技术研究水平 C_{32}
		环境风险 C_{33}

2) 权重确定

(1) 判断尺度，见表 2。

表 2　判断矩阵中元素的赋值标准

a_{ij}	定义
1	A_i和A_j 同等重要
3	A_i较A_j 略微重要
5	A_i较A_j 明显重要
7	A_i较A_j 十分明显重要
9	A_i较A_j 绝对重要

续表

a_{ij}	定义
2	介于同等重要与略微重要之间
4	介于略微重要与明显重要之间
6	介于明显重要与十分明显重要之间
8	介于十分明显重要与绝对重要之间

(2)判断矩阵。按照模糊层次分析法原理，综合专家意见，分别对目标层、准则层和指标层中各个因素的重要性进行两两比较，经整理后得出各判断矩阵(见表3～表6)。运用数学软件计算并检验判断矩阵的一致性，确定权重结果。

表3 准则层对总目标的判断矩阵

风电场投资风险	调查风险 C_1	市场风险 C_2	技术风险 C_3	权重
调查风险 C_1	1	1/4	1/5	0.0936
市场风险 C_2	4	1	1/3	0.2797
技术风险 C_3	5	3	1	0.6267
一致性检验	CR= 0.0739<0.1，满足一致性检验			

表4 相应评价指标对技术风险的判断矩阵

调查风险 C_1	风电场选址考虑 C_{11}	风能资源条件 C_{12}	权重
风电场选址考虑 C_{11}	1	2	0.6667
风能资源条件 C_{12}	1/2	1	0.3333
一致性检验	CR=0 <0.1，满足一致性检验		

表5 相应评价指标对经济风险的判断矩阵

市场风险 C_2	国家政策 C_{21}	上网电价 C_{22}	与其他电源不匹配 C_{23}	财务风险 C_{24}	权重
国家政策 C_{21}	1	1/6	1/9	1/4	0.0444
上网电价 C_{22}	6	1	1/3	4	0.2863
与其他电源不匹配 C_{23}	9	3	1	4	0.5489
财务风险 C_{24}	4	1/4	1/4	1	0.1204
一致性检验	CR=0.0701<0.1，满足一致性检验				

表6 相应评价指标对社会与环境影响的判断矩阵

技术风险 C_3	运行可靠性 C_{31}	员工科学技术研究水平 C_{32}	环境风险 C_{33}	权重
运行可靠性 C_{31}	1	1	6	0.4615
员工科学技术研究水平 C_{32}	1	1	6	0.4615
环境风险 C_{33}	1/6	1/6	1	0.0769
一致性检验	CR=0<0.1，满足一致性检验			

(3)隶属度确定。指标的风险隶属度见表 7～表 9。

表 7　调查风险指标隶属度矩阵

准则层	指标层	可忽略的	需考虑的	慎重考虑的	不可忽略的
调查风险 C_1	风电场选址考虑 C_{11}	0	0.7	0.2	0.1
	风能资源条件 C_{12}	0.2	0.6	0.2	0

表 8　市场风险指标隶属度矩阵

准则层	指标层	可忽略的	需考虑的	慎重考虑的	不可忽略的
市场风险 C_2	国家政策 C_{21}	0.1	0.7	0.2	0
	上网电价 C_{22}	0.3	0.5	0.2	0
	与其他电源不匹配 C_{23}	0.1	0.6	0.3	0
	财务风险 C_{24}	0.2	0.6	0.2	0

表 9　技术风险指标隶属度矩阵

准则层	指标层	可忽略的	需考虑的	慎重考虑的	不可忽略的
技术风险 C_3	运行可靠性 C_{31}	0.2	0.6	0.2	0
	员工科学技术研究水平 C_{32}	0.1	0.5	0.4	0
	环境风险 C_{33}	0.8	0.2	0	0

(4)综合评价。将各指标的权重和隶属度矩阵代入式(1)。

$$C_i = W_i \delta R_i = (\omega_{i1}, \omega_{i2}, \cdots, \omega_{in}) \delta \begin{pmatrix} r_{i11} & r_{i12} & \cdots & r_{i1m} \\ r_{i21} & r_{i22} & \cdots & r_{i2m} \\ \vdots & \vdots & & \vdots \\ r_{in1} & r_{in2} & \cdots & r_{inm} \end{pmatrix} = (c_{i1}, c_{i2}, \cdots, c_{im}) \tag{1}$$

式中，δ 为模糊合成算子，表示模糊矩阵的合成运算，采用加权平均型模糊合成算子，其计算公式为 $c_{1m} = \sum_{j=1}^{n} \omega_{ij} r_{ijm}$，计算可得总一级模糊评价为

$$C = \begin{pmatrix} C_1 \\ C_2 \\ C_3 \end{pmatrix} = \begin{pmatrix} 0.0667 & 0.6667 & 0.2000 & 0.0667 \\ 0.1693 & 0.5758 & 0.2549 & 0 \\ 0.2000 & 0.5230 & 0.2769 & 0 \end{pmatrix} \tag{2}$$

$$R = W \delta C = (\omega_1, \omega_2, \cdots, \omega_n) \delta \begin{pmatrix} c_{11} & c_{12} & \cdots & c_{1m} \\ c_{21} & c_{22} & \cdots & c_{2m} \\ \vdots & \vdots & & \vdots \\ c_{n1} & c_{i2} & \cdots & c_{nm} \end{pmatrix} = (r_1, r_2, \cdots, r_m) \tag{3}$$

进一步得到二级模糊综合评价结果为

$$R = W\delta C = (0.0936, 0.2797, 0.6267)\delta \begin{pmatrix} 0.0667 & 0.6667 & 0.2000 & 0.0667 \\ 0.1693 & 0.5758 & 0.2549 & 0 \\ 0.2000 & 0.5230 & 0.2769 & 0 \end{pmatrix} \tag{4}$$

$$= (0.1789, 0.5512, 0.2635, 0.0062)$$

2.2 对比结果

根据最大隶属度准则，通过模糊层次分析法得出最大评价值为0.5512，对应评语集(可忽略的，需考虑的，慎重考虑的，不可忽略的)中的“需考虑的”，即在风电场投资决策风险评价的结果为“需考虑的”，表示该投资有一定的投资风险，但相对而言投资风险小，可考虑投资。

3 总结与展望

随着现在能源危机与环境问题越来越突出，我国自身风力资源较为丰富，大型风电的发展前景一片大好。但是新能源广泛发展下也不能出现盲目跟风的行为，在各种政策、经济、技术等原因制约下进行风电投资决策前，必须考虑存在的风险。

利用德尔菲法中的德尔菲单环节应用和模糊层次分析法，将两者结合在项目中应用可以实现项目风险的量化识别，得出相对合理的结论。德尔菲单环节法应用可根据组织者实际要求灵活应用。本文要求专家在知道评价目的的情况下研究确立评价指标体系，结合专家集体智慧得出的评价体系也更加有分析的意义。但是德尔菲法也具有其自身缺点，因为德尔菲法主要是通过征询专家意见并经过若干轮反馈最终得到判断结果，其步骤都缺乏严格的标准而且只凭借学者对方法本身的理解来操作，且在流程过程中也没有重视到个别专家持有的不同意见，直接删除不同意见，没有对其进行说明也显得不严谨不合理，故在今后研究中需对德尔菲法的缺陷问题多加以思考，在满足研究的条件下做到科学性要求，注重研究成果的每一个步骤，增加研究成果可信性[5]。

参 考 文 献

[1] 徐涛. 风电十三五规划前瞻[J]. 风能产业, 2015(2): 7-9.

[2] 许睿超, 罗卫华. 大规模风电并网对电网的影响及抑制措施研究[J]. 东北电力技术, 2011, 32(2): 1-4.

[3] 李春莲. 风电并网困难重重 2011 年“窝电”量高达百亿千瓦时[N]. 证券日报, 2012-4-12.

[4] 郭仲伟. 风险的辨识——风险分析与决策讲座(一)[J]. 系统工程理论与实践, 1987, 7 (1): 72-77.

[5] 徐蔼婷. 德尔菲法的应用及其难点. 中国统计[J]. 2006(9): 57-59.

投资风险评价的方法研究

鲁佳慧　唐圆圆

摘要：风险评价是在进行过风险识别和风险估计后，对风险发生的可能性大小做出评价判断，熟练了解并掌握风险评价的方法，并根据不同情况选择相应合理的风险评价方法，从而能够准确、及时、科学的评价项目的风险大小程度，尽量避免或减少损失，为项目的投资风险管理提供决策相关的参考信息和依据。本文结合楠溪江供水工程的投资利用成本效益法评价风险的大小，从而为后续事宜提供合理的决策。

关键词：风险评价；成本效益法

1　引　　言

做好风险评价的前提是风险识别做的完善充备，风险识别是风险管理的第一步，也是风险管理的基础，只有在正确识别出自身所面临的风险的基础上，人们才能够主动选择适当有效的方法进行处理。常用的风险识别方法有：①系统分解法。利用系统分解和系统分析的原理，将一个复杂的项目分解成一系列简单和容易认识的子系统或系统要素，从而识别项目子系统或系统要素和整个项目中的各种风险的方法。②流程图法。使用包括系统流程图、工作流程图、因果关系图等一系列的图形去分析和识别项目风险的方法。③头脑风暴法。头脑风暴法是一种非结构化的方法。它是运用创造性思维、发散性思维和专家经验，通过会议等形式去识别项目风险的一种方法。④情景分析法。情景分析法是通过对项目未来的某个状态或某种情况的详细描绘与分析，从而识别出项目风险因素的方法。⑤其他方法。其他方法有专家调查法、故障树分析法等。

1.1　风险评价的定义

风险评价是指在进行过风险识别和风险估计后，并且充分考虑各种存在的风险因素对项目影响的基础上，对风险发生的可能性大小以及损失程度，评价发生风险的概率以及其危害程度，之后与相应的指标相比较，以衡量风险的程度，从而减少决策的盲目性，做出合理的决策后决定是否需要采取相应的措施[1]。

1.2　风险评价的目的

仅仅对风险进行识别和估计是不够的，因为如果风险发生的可能性大小不能确定，就无法做出合理正确的决策。进行风险评价的目的就是为了及时、科学、准确的评价项目的风险后，了解掌握风险变化的相关规律，正确认识、合理估计并理性分析各风险因素对项目的影响，为项目的风险管理决策提供参考信息，从而采取相关措施尽量减少或者避免损失，以保障项目能运行的安全稳定，达到项目预期目标[2]。

1.3 风险评价的准则

为了更加准确的评价风险发生的程度大小，需要引入评价投资风险损失程度的几个重要的指标：正常期望损失、可能的最大损失、最大可能损失。这些指标是以投资风险衡量的结果为依据进行投资的风险评价[3]。

(1) 正常期望损失。正常期望损失主要为投资风险管理单位提供了进行评价损失程度最小值的依据。正常期望损失是指风险管理单位在采取了正常的风险防范管理措施后所遭受损失的期望值。正常期望损失值侧重于对风险的程度进行评价以及为风险管理决策者提供相应的建议。如用来评价投资风险造成的损失程度，风险管理单位能否承受等[4]。

(2) 可能的最大损失。可能的最大损失是指投资风险管理单位当某些风险防范措施考虑或者布控不够全面，抑或措施出现失误的情况下，有可能遭受的最大损失。可能的最大损失主要用来调整投资风险管理人员不曾遇见的风险因素造成的损失[5]。

(3) 最大可能损失。最大可能损失是风险管理单位在最不利的情况下，有可能遭受的最大损失。最大可能损失主要是为评价损失造成最坏影响提供依据，是风险投资管理人员应该规避的一种情况。

2 成本效益法在投资风险评价中的应用举例

成本效益法是通过分析量化风险的损失、成本和效益，确定风险的可能性大小，以及在该风险下项目的可接受水平。成本效益法选用的指标一般为年净效益和效费比。现以楠溪江供水工程为例，讨论成本效益法在投资风险评价中的应用。楠溪江供水工程的建设主要是为了通过引楠溪江内的水来向乐清市提供必需的生活用水和工业用水，以求改善永嘉县楠溪江引水工程的取水条件，同时远期达到合理配置区域水资源以及保证乐清市经济发展的需要。该工程的费用主要包括年运行费和环保投资费用，其中年运行费是为了保障工程正常运行所必须支出的费用，共计 1267.0 万元；环境保护投资费用包括环境保护措施所需费用、施工期环境监测所需费用、仪器设备及安装费用、环境保护独立费用等，共计 274.0 万元。具体投资见表 1。

表 1 环保投资费用表

序号	项　　目	投资/万元	备　　注
一	环境监测措施	16.0	
1	水质监测	3.5	
(1)	施工期水质监测	3.5	
(2)	运行期水质监测		列入工程运行成本
2	施工期噪声监测	0.5	
3	施工期大气监测	1.0	
4	人群健康监测	3.0	
5	水生生物监测	8.0	主要是对香鱼等洄游性鱼类的监测

续表

序号	项　　目	投资/万元	备　　注
二	环境保护仪器设备及安装工程	155.0	
1	污水处理	18.0	管理区永久污水处理设备
2	管理区垃圾收集设施	2.0	垃圾站及垃圾箱若干
3	取水口自动水质监测设备	100.0	
4	施工期施工废污水处理设施	35.0	
三	环境保护临时措施	23.0	
1	施工废污水处理	5.0	生产及生活污废水处理
2	固体废物处理	6.0	主要为施工人员生活垃圾清运等
3	环境空气质量控制	6.0	主要采取洒水抑尘等措施，洒水车等由施工单位自备
4	工区卫生防疫	6.0	
四	环境保护独立费用	80.0	包括建设管理费、环境监理费、科研勘测设计咨询费、工程质量监督费等
五	合　　计	274.0	未计预备费

注：运行期环境监测、生活污水处理、生活垃圾清运、香鱼种苗放流等费用根据实际效益需要计入工程运行费，不计入工程环境保护投资内。

楠溪江供水工程主要是为了解决乐清市日益增长的城镇生活用水和工业用水需求而建设的跨流域引水工程，财务效益主要体现在向乐清市的售水收入。按采用分摊系数法的单方水效益法计算该工程供水效益，该工程为水源工程，效益分摊系数暂按0.4，则计算出单方水效益为2.588元/m^3。在满足永嘉县楠溪江供水工程供水区用水及下游生态用水的前提下，供水工程的年供水量为7300万m^3，则楠溪江供水工程的供水效益为18892.4万元/a。

$$净效益=工程的总效益指标-工程总费用指标$$

$$效费比=净效益/总费用$$

楠溪江供水工程的成本效益计算结果如表2所示。

表2　楠溪江供水工程成本效益法计算表

经济参数		金额/(万元/a)
工程费用指标	年运行费	1267.0
	环境保护投资费用	274.0
	工程效益指标	18892.4
	年净效益	17351.4
	效费比	11.26

经计算，楠溪江供水工程的年净效益为17351.4万元/a，效费比为11.26。这表明楠溪江供水工程的经济性好，总效益非常可观。

3 总　结

本文主要介绍了几种投资中常用的风险评价方法，并通过结合楠溪江供水工程的例子对风险评价方法中的成本效益法进行了一定的阐述和理解，针对具体的项目了解和掌握相应的投资风险评价的方法，有利于对后期决策做出正确的判断，从而达到降低或者减少风险的目的。

参考文献

[1] 陈兴良. 风险刑法理论的法教义学批判[J]. 中外法学, 2014(1): 103-127.

[2] 杜锁军. 国内外环境风险评价研究进展[J]. 环境科学与管理, 2006(5): 193-194.

[3] 尹丽英. 水电投资项目风险评价及指标体系研究[D]. 西安科技大学, 2005.

[4] 徐宪平. 风险投资的风险评价与控制[J]. 中国管理科学, 2001(4): 76-81.

[5] 郭仲伟. 风险的评价与决策——风险分析与决策讲座(三)[J]. 系统工程理论与实践，1987(3): 64-69+16.

改进水环境评价方法在衡水湖中的风险分析

赖丽娟　唐　彦

摘要：本文主要通过对比分析多种水环境质量评价方法的优缺点和适用性，选出较为全面、准确的水环境质量评价体系。根据研究分析，对权重、综合评价方法等方面进行了改进，提出了新的水环境质量评价模型，并对衡水湖的水环境质量进行评价，从而能够对衡水湖的保护、利用、规划、管理等提供参考意见。

关键词：单因子指数法；综合评价法；模糊评价法；层次分析法；集对分析法；改进模型；风险分析

1 引　言

水环境质量评价是针对某一水环境区域进行各个水环境要素的单项或综合评价分析，从而实现对水质优劣进行定性或定量评价。水环境质量评价是环境质量评价的一项重要部分，主要根据以水环境监测的河流、湖泊、水库、海洋等水体中物理、化学以及生物性质等不同监测资料，然后按照国家颁布的水环境质量标准结合适合该区域水环境的评价方法，把水质资料转化为定性或定量的可以评价水环境现状及其水质分布状况的指标。通过水环境质量评价，可得出水体水质等级、水体污染情况和程度，弄清楚水环境质量分布规律，寻找水质变差的原因并提出相应的改善措施。同时水环境质量评价也可以为区域综合利用、保护、规划、建设、管理提供有力的支持[1]。我国的环境质量评价是从 20 世纪 70 年代后期开始开展的，而水环境评价的起步阶段主要在 20 世纪后半叶，水环境评价的核心内容则是水质的评价。我国自 20 世纪 80 年代以来，进行了三次全国范围内的河流水质评价工作，每次水质评价工作的评价范围、评价内容、评价方法和评价标准等都各不相同。我国对水环境质量进行大量研究讨论后，颁布了适用于我国江、河、湖泊、水库等具有使用功能的地面水水域的《地面水环境质量标准》。并于 1983 年首次颁布了《地表水环境质量标准》(GB3838—83)；1988 年颁布第一次修订的《地面水环境质量标准》(GB3838—88)；1999 年发布第二次修订《地面水环境质量标准》(GHZB1—1999)；2002 年颁布现行的第三次修订版本《地表水环境质量标准》(GB3838—2002)，它对水环境质量评价提供了较好的指导和根据；2011 年 3 月根据目前水环境形势和现行标准未考虑过生物对水环境的影响，在现行标准的基础上修订发布了《地表水环境质量评价办法(试行)》，它有利于实现在全国范围内进行可行并可比的水环境质量评价。我国在水环境领域的研究工作逐渐提高，已经达到世界先进水平[2]。国外环境质量评价于 20 世纪 60 年代中期开始，并在 70 年代以后迅速发展。水环境评价则在 20 世纪六七十年代进行了水环境风险评价、质量评价、生态评价等方面的大量研究，其研究尺度从微观发展到宏观。20 世纪 70 年代初，工业发达的西欧和北美地区的国家，认识到水环境污染的危害，因此对水体污染监测方法、评价方法进行了大量研究。到20世纪末期，社会迅猛发展导致水环境的日益恶化，水环境问题已经迫在眉睫且制约了社会经济发展。此时国外许多学者和研究机构进行了大量关于水环境的相关评价方法、评价标准和技术手段等研究。国外水环境质量评价的研究中，从理论上认识水环境的影响，发展到利用数学模型、物理模拟以及各种科学技术检测水环境要素[3]。水环境质量的研究方法也从常规的单项指数评价法和综合指数评价法等数学模型，发展到数十种的综合评价方法，如层次分析法、模糊综合评价法、灰色评价法、物元分析法以及人工神经网络法等。水环境质量评价方法从定性分析与简单定量方法，发展到多因素的模型定量分析。研究内容也从单一的水质评价逐步发展到从区域或流域层次上对多个水环境影响因素进行评价研究[4]。

本文主要通过利用多种水环境质量评价法对衡水湖的水环境质量进行评价，对比分析选出较为全面、准确的水环境质量评价体系，从而能够对衡水湖的保护、利用、规划、管理等提供参考意见[5]。

2 水环境质量评价方法

在进行水环境质量评价时，可靠的评价结果不仅仅依赖于利用精确测量方法监测到的数据，也取决于科学、合理、全面的水环境质量评价方法、技术的选择。目前水环境质量评价理论和方法众多，如单项指数评价法、综合指数评价法、层次分析法、模糊综合评价法、灰色评价法、物元分析法以及人工神经网络法等数十种方法。下面将对比几种水环境质量评价方法的理论、优缺点等。

2.1 单项指数评价法

单项指数评价法首先根据已经确定的水环境质量评价标准，将实时监测到的水环境各指标浓度与评价标准浓度对比，比较比值是否大于1来判断是不是在相应的水质标准里面，从而判定评价指标的水质类别，其水质综合评价结果以各指标中最差的水质类别为准。单项指数评价法选择所有评价指标中的最差级别作为水体水质状况类别，弱化了其他水质指标的作用，容易出现水体其他指标良好而部分因子超标，从而降低了整个水环境的质量评价，因此容易得出最差的水质，其水质结果应该为最保守的评价结果，不能客观反映水环境质量。但是单项指数评价法的计算原理简单直白，可以直接了解水环境中超标指数的情况和程度，易于推广，因此此法是目前使用最多的方法。

2.2 综合指数评价法

综合指数评价法与单项指数评价法不同点在于，其利用数学中的归纳和统计的方法将水环境中各个评价指标进行幂指数法、加权平均法、向量模法和算术平均法中的一种处理后，得出能够有效地代表水环境质量的数值，然后再划分水质。

(1) 幂指数法：

$$S_j = \prod_{i=1}^{m} I_{i,j}^{W_i}, \quad \sum_{i=1}^{m} W_i = 1, \quad 0 < I_{i,j} \leqslant 1 \tag{1}$$

(2) 加权平均法：

$$S_j = \sum_{i=1}^{m} W_i S_i, \quad \sum_{i=1}^{m} W_i = 1 \tag{2}$$

(3) 向量模法：

$$S_j = (\sum_{i=1}^{m} S_{i,j}^2)^{\frac{1}{2}} \tag{3}$$

(4) 算术平均法：

$$S_j = \frac{1}{m}\sum_{i=1}^{m} S_{i,j} \tag{4}$$

式中，$S_{i,j}$ 是第 i 个指标对第 j 点的评价指数；$I_{i,j}$ 是第 i 个指标对第 j 点的评价指数；W_i 为 i 指标的权重值。

综合指数评价法相较于单项指数评价法来说，其结果较为客观。因为综合指数评价法对水环境质量各个指标进行了均一化，考虑了多种指标对水环境质量的综合影响情况。不过将具有各自特征的指标进行数学上的归纳和统计，容易忽略主要污染指数的重要性。因此综合指数评价法虽然能够体现区域整体的水质情况，但是无法比较不同河流中水环境质量情况。

2.3　其他方法分析

水环境质量评价方法还有灰色评价法、物元分析法以及人工神经网络法等方法没有进行介绍。通过对比分析，本文介绍的这几种评价方法更加适合用来评价水环境质量，虽然各自都还有许多缺点，但是可以通过合理改进尽量避免。由于单项指数评价法过于保守，容易忽略指标之间的相互影响，其评价时却可以寻找出超标指标以及超标程度，故可以作为水环境评价体系中的辅助评价，有利于发现主要污染问题，从而发现污染根源提出治理和管理措施。综合指数评价法虽考虑了各个指标对水环境质量的影响，但由于过于均值化不容易体现主要污染物的重要性，但是评价指标所运用到的幂指数法、加权平均法、向量模法和算术平均法可以用于层次分析法、模糊综合评价法和集对分析法中后续对综合评价中数值的处理。层次分析法根据问题复杂性进行分层次考虑，既考虑了人主观判断，又系统的划分多种指标，多种指标之间相互影响，其评价结果较为客观真实。模糊综合评价法将模糊的、没有明显边界的问题定量化，隶属度的刻画有利于水环境质量的评价，但存在信息缺失的问题。集对分析法不会有模糊综合评价法中存在信息缺失的问题，能够充分利用信息。层次分析法、模糊综合评价法和集对分析法中权重的合理分配都极为重要。权重的分配可以根据主观的专家经验也可以客观的采用数学模型，不同给定方法侧重点都不同，因此需要将专家经验结合数学模型进行权重改进，这样能够得到更加贴合实际的水环境质量评价。

3 实例分析——以衡水湖为例

3.1 评价因子和标准

根据衡水湖2003年7个水质监测采样点的监测数据，选择溶解氧(DO)、氨氮(NH_4^+—N)、总氮(TN)、总磷(TP)、高锰酸钾(Mn)5项指标作为评价因子，构建评价因子集U，即$U=\{TP，TN，NH_4^+—N，Mn，DO\}$。见表1。

表1 2003年衡水湖洼内观测点水质观测结果 (单位：mg/L)

断面名称	DO	NH_4^+—N	TP	TN	Mn
1	11.10	2.80	0.24	4.87	13.60
2	7.40	0.41	0.01	11.20	16.70
3	7.50	0.18	0.01	3.87	10.60
4	5.00	2.03	0.02	3.14	12.30
5	4.10	0.38	0.08	4.31	12.90

根据国家《地表水环境质量标准》，确定评价集V={Ⅰ、Ⅱ、Ⅲ、Ⅳ、Ⅴ、劣Ⅴ}，见表2。

表2 水环境质量标准 (单位：mg/L)

指标	分级					
	Ⅰ类	Ⅱ类	Ⅲ类	Ⅳ类	Ⅴ类	劣Ⅴ类
溶解氧	7.50	6.00	5.00	3.00	2.00	≤2.00
氨氧	0.15	0.50	1.00	1.50	2.00	≥2.00
总磷	0.02	0.10	0.20	0.30	0.40	≥0.40
总氮	0.20	0.50	1.00	1.50	2.00	≥2.00
高锰酸钾	2.00	4.00	6.00	10.00	15.00	≥15.00

3.2 评价权重：层次分析法和熵权法耦合

1)层次分析法确定权重

运用层次分析法对水质进行综合评价，衡水湖2003年5个水质监测水环境质量权重为目标层，以因子集U为准则层，以评价集V为方案层，建立层次结构模型，如图1所示。

本文利用加权平均算法确定c_{Oi}，以各等级水质标准的中间值和各级水质标准上下限的差值与总距离的比例为权重。以Mn为例，其水质级别区间分别为(0～2]、(2～4]、(4～6]、(6～10]、(10～15]，则c_{Oi}的计算如下：

$$c_{Oi}=\frac{(2-0)\times1+(4-2)\times3+(6-4)\times5+(10-6)\times8+(15-10)\times12.5}{(2-0)+(4-2)+(6-4)+(10-6)+(15-10)}=7.5 \tag{5}$$

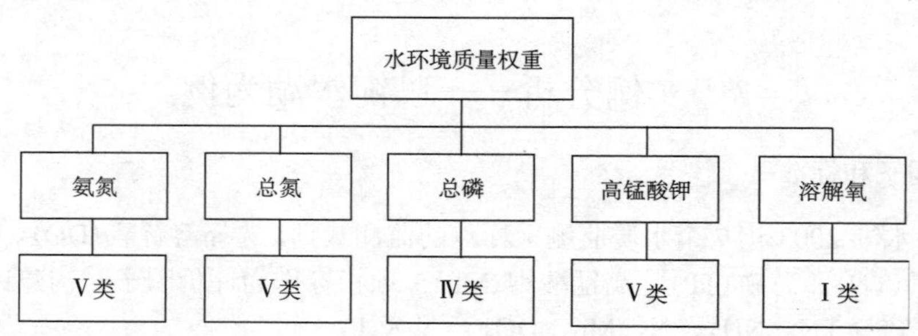

图 1　衡水湖（1 断面）水环境质量评价层次结构

其他指标均依照此方法进行计算，结果列于表 3。

表 3　各级水质标准的均值 C_{Oi}

C_{Oi}	TN	TP	NH_4^+—N	Mn	DO
标准值	1.0	0.2	1.0	7.5	3.48

各因子的重要程度可用权重来衡量，而层次分析法是确定权重的有效方法。为了使各因子具有可比性，用单项污染指数法对数据进行处理。

对越小越优型指标，计算公式为

$$d_i = c_i / c_{Oi} \tag{6}$$

对越大越优型指标，计算公式为

$$d_i = c_{Oi} / c_i \tag{7}$$

式中，d_i，c_i，c_{Oi} 分别代表第 i 个指标的标度值、实测浓度(mg/L)、各级浓度标准值的均值(mg/L)。

从表 1 的第一个断面可知，DO 含量较高，达 I 类水质标准，Mn 满足 V 类水质标准，TP 满足Ⅳ类水标准，TN、NH_4^+—N 为劣 V 类水质。对各水质指标进行单指数评价。

表 4　七个监测站实测水质

水质指标	平均值	最大值	最小值
TN	5.478	11.2	3.14
TP	0.072	0.24	0.01
NH_4^+—N	1.16	2.8	0.18
Mn	13.22	16.7	10.6
DO	7.02	11.1	4.1

计算得出 TN、TP、NH_4^+—N、Mn、DO 各因素 d_i 分别是(5.748, 0.36, 1.16, 1.763, 0.496)，构造标度为 d_i 的水环境评价指标相对重要性判断矩阵 D 为

$$D=\begin{pmatrix} 1 & \dfrac{d_{\mathrm{TN}}}{d_{\mathrm{TP}}} & \dfrac{d_{\mathrm{TN}}}{d_{\mathrm{NH_4^+-N}}} & \dfrac{d_{\mathrm{TN}}}{d_{\mathrm{Mn}}} & \dfrac{d_{\mathrm{TN}}}{d_{\mathrm{DO}}} \\ \dfrac{d_{\mathrm{TP}}}{d_{\mathrm{TN}}} & 1 & \dfrac{d_{\mathrm{TP}}}{d_{\mathrm{NH_4^+-N}}} & \dfrac{d_{\mathrm{TP}}}{d_{\mathrm{Mn}}} & \dfrac{d_{\mathrm{TP}}}{d_{\mathrm{DO}}} \\ \dfrac{d_{\mathrm{NH_4^+-N}}}{d_{\mathrm{TN}}} & \dfrac{d_{\mathrm{NH_4^+-N}}}{d_{\mathrm{TP}}} & 1 & \dfrac{d_{\mathrm{NH_4^+-N}}}{d_{\mathrm{Mn}}} & \dfrac{d_{\mathrm{NH_4^+-N}}}{d_{\mathrm{DO}}} \\ \dfrac{d_{\mathrm{Mn}}}{d_{\mathrm{TN}}} & \dfrac{d_{\mathrm{Mn}}}{d_{\mathrm{TP}}} & \dfrac{d_{\mathrm{Mn}}}{d_{\mathrm{NH_4^+-N}}} & 1 & \dfrac{d_{\mathrm{Mn}}}{d_{\mathrm{DO}}} \\ \dfrac{d_{\mathrm{DO}}}{d_{\mathrm{TN}}} & \dfrac{d_{\mathrm{DO}}}{d_{\mathrm{TP}}} & \dfrac{d_{\mathrm{DO}}}{d_{\mathrm{NH_4^+-N}}} & \dfrac{d_{\mathrm{DO}}}{d_{\mathrm{Mn}}} & 1 \end{pmatrix} \tag{8}$$

即

$$D=\begin{bmatrix} 1 & 15.217 & 4.722 & 3.108 & 11.05 \\ 0.066 & 1 & 0.31 & 0.204 & 0.726 \\ 0.212 & 3.222 & 1 & 0.658 & 2.34 \\ 0.322 & 4.896 & 1.52 & 1 & 3.556 \\ 0.09 & 1.377 & 0.427 & 0.281 & 1 \end{bmatrix}$$

运用方根法求出权系数（权重值），得到特征向量 $\overline{A}=\left[\overline{A_1},\overline{A_2},\cdots,\overline{A_m}\right]$，即 A=(4.769，0.313,1.010,1.535,0.432)，做归一化处理，$\omega_i=\dfrac{\overline{A_1}}{\sum_{i=1}^{m}\overline{A_1}}$，即为权系数集 $\omega=\left[0.592,0.039,0.125,0.190,0.054\right]$，并使权系数值通过一致性检验，即一致性比例 $CR=CI/RI<0.1$。计算结果如表 5。

表 5　各水质指标权重值及一致性检验

指标	权重	一致性检验	
TN	0.592	λ_{max}	5.00
TP	0.039	CI	0
NH_4^+—N	0.125	RI	1.12
Mn	0.190	CR	0（<0.1）
DO	0.054		

2）熵权法计算权重

以各断面监测数据为依据，建立水质评价初始评价矩阵：

$$A=(a_{ij})\,m_{ij}。\tag{9}$$

式中，a_{ij} (i=1,2,3,⋯,m；j=1,2,3,⋯,n) 为第 m 个评价对象的第 n 个评价指标值。

对水质初始评价矩阵 A，经过如下转化：

$$P(i,j)=\frac{a_{ij}}{\sum_{i=1}^{m}a_{ij}} \tag{10}$$

信息熵定义中的概率变量 $P(i,j)$ 在转化过程中，初始指标值之间的比例关系不变。计算结果如表 6 所示。

表 6　各指标 $P(i,j)$ 数据

$P(i,j)$	DO	NH_4^+—N	TP	TN	Mn
1	0.178	0.667	0.483	0.206	0.316
2	0.409	0.028	0.071	0.253	0.211
3	0.141	0.028	0.031	0.160	0.214
4	0.115	0.056	0.350	0.186	0.142
5	0.157	0.222	0.066	0.195	0.117

根据熵是一个系统中没有序列的度量，可根据式(11)进行计算：

$$e_j=\frac{1}{\ln m}\sum_{i=1}^{m}P(i,j)\ln P(i,j) \tag{11}$$

式中，m 为参与评价的断面数量。信息熵越小，表示指标值变异程度越大，但该项指标传输的客观信息量就越大，则其权重取值也应该越大；反之，该指标所占权重则越小。计算结果为：$e_j=(-0.925,-0.599,-0.741,-0.993,-0.963)$

熵权计算公式为

$$w_i=\frac{(1-e_j)}{\sum_{j=1}^{n}(1-e_j)} \tag{12}$$

结果为 $w_i=(0.209,0.173,0.189,0.216,0.213)$。

3) 综合权重法

综合权重法是将层次分析法的权重 w_1 和信息熵权 w_2 进行耦合，因为层次分析法的权重充分体现了主观因素影响，而信息熵权则完全是数学客观的计算，因此为了保证权重能够更加准确的得到，将两种方法进行耦合。计算公式如下：

$$w_i=\frac{(w_{1i}w_{2i})^{0.5}}{\sum_{i=1}^{n}(w_{1i}w_{2i})^{0.5}} \tag{13}$$

综合权重能够增加其他实际上没有的信息，从而使得权重系统更加完整和准确。计算结果如表 7 所示。

表 7　各指标综合权重

权重	TN	TP	NH_4^+—N	Mn	Do
层次分析法	0.592	0.039	0.125	0.190	0.054
熵权法	0.209	0.173	0.189	0.216	0.213
综合权重法	0.392	0.092	0.171	0.226	0.119

3.3 模糊函数

将权重矩阵和模糊关系矩阵建立相应的运算关系，即可得到评价对象的评价等级程度的矩阵 B

$$B = W \odot R = (b_1, b_2, \cdots, b_m) \tag{14}$$

式中，$\odot$ 为模糊运算符号。

模糊运算采用几何平均法，此种运算方法保留了有用信息，且不会重复考虑指标浓度，同时既有评价指标中极值的影响，也有其他指标对评价结果的综合影响，其运算方程如下：

$$B = W \odot R = (w_1, w_2, \cdots, w_5) \odot \begin{bmatrix} r_{11} & \cdots & r_{15} \\ \vdots & & \vdots \\ r_{51} & \cdots & r_{55} \end{bmatrix}$$

$$B = \begin{bmatrix} \sqrt{w_1 r_{11}} & \sqrt{w_1 r_{12}} & \cdots & \sqrt{w_1 r_{15}} \\ \sqrt{w_2 r_{21}} & \sqrt{w_2 r_{22}} & \cdots & \sqrt{w_2 r_{25}} \\ \vdots & \vdots & & \vdots \\ \sqrt{w_5 r_{51}} & \sqrt{w_5 r_{52}} & \cdots & \sqrt{w_5 r_{55}} \end{bmatrix}$$

$$B = \left[\sqrt{F_{1\max}^2 + F_1^2}, \sqrt{F_{2\max}^2 + F_2^2}, \cdots, \sqrt{F_{5\max}^2 + F_5^2} \right] \tag{15}$$

式中，$F_{i\max} = \max(\sqrt{w_1 r_{1i}}$ ，$\sqrt{w_2 r_{2i}}, \cdots, \sqrt{w_5 r_{5i}})$ ；$F_i = \left(\dfrac{\sqrt{w_1 r_{1i}} + \sqrt{w_2 r_{2i}} + \cdots + \sqrt{w_5 r_{5i}}}{5} \right)$。

根据以上运算法则，计算结果如下：$B_1 = (0.352, 0, 0.240, 0.267, 0.689)$ ；$B_2 = (0.320, 0.363, 0.352, 0, 0.664)$ ；$B_3 = (0.419, 0.127, 0.236, 0.468, 0.646)$ ；$B_4 = (0.309, 0, 0.352, 0.356, 0.683)$ $B_5 = (0.254, 0.357, 0.236, 0.328, 0.656)$ 。

3.4 综合评价

综合评价最常用的方法是最大隶属度原则，但此方法的使用是有条件的，存在有效性问题，可能会得到不合理的结果。所以，本文采用加权平均的原则分析模糊综合评价结果向量。加权平均的思想是：将等级看成一种相对位置，使其连续化。为了能定量处理，可用“1,2,3,⋯,m”表示各等级的秩。然后用 B 中的对应向量将各等级的秩加权求和，得到被评事物的相对位置。可表示为

$$B^* = \frac{\sum_{j=1}^{m} b_i^k j}{\sum_{j=1}^{m} b_i^k} \tag{16}$$

式中，b_i 隶属于 j 等级的隶属度；k 是待定系数(本次取=2)，目的是控制较大的隶属度所起的作用。

层次分析法可以简化风险分析的复杂度，适用于评价因素难以量化且结构复杂的评

价问题。在水环境质量评价中，通过层次分析法进行分层后引入判断矩阵，得出层次分析法的计算权重，并通过耦合的方法进行权重的再分配。并采用 Deiphi 法处理比较判断矩阵中的权重，先后比较单一元素的相对权重和各层元素组合权重，体现单个元素对单一元素作用下和对全部因素共同作用下对水环境的重要性，即形成水质差的风险性分析。最后再采用模糊逻辑的方法处理各层的关系矩阵，进行综合评判，得出水环境质量的评价，即水环境在范围 1～5 的风险轴上相应位置。当数字越接近 5，代表水质等级越接近 5，水质污染的概率越高。

通过对衡水湖 5 个观测点水环境进行分析评价，采用加权平均原则得到 B，分别为：4.062,3.682,3.776,4.070,3.907，由以上数据可以看出，测点 1、4 都属于Ⅴ类，测点 2、3、5 属于Ⅳ类，第 4 点的风险最大。

4　结　论

本文通过对比多种水环境质量评价方法的优缺点和适用性，选出较为全面、准确的水环境质量评价体系。根据研究分析，对权重、综合评价方法等方面进行改进，提出了新的水环境质量评价模型。由于影响水环境的因素较多，同时又存在着大量的模糊现象，改进模型结合了模糊综合评判法、集对分析法、层次分析法等评价方法，并对衡水湖水环境质量进行评价。首先选取 5 个测点，测出这 5 个测点我们选取的 5 项评价因子指标值，用国家《地表水环境质量标准》作为参照，根据改进的新评价模型的计算结果可以确定这 5 个测点的污染级别。衡水湖水环境适用的标准类别为Ⅲ类，通过对 5 个观测点水环境进行评价，采用加权平均原则得到 B，分别为：4.062,3.682,3.776,4.070,3.907，由以上数据可以看出，测点 1、4 都属于Ⅴ类，测点 2、3、5 属于Ⅳ类，都不符合衡水湖适用标准，应该对这些测点的水域加强管理，对污染物加强处理，进一步改善水质环境。

参 考 文 献

[1] Motawa I A, Anumba C J, El-Hamalawi A. A fuzzy system for evaluating the risk of change in construction projects[J]. Advances in Engineering Software, 2006, 37(9): 583-591.

[2] 汪洋，何建新，蒋健俊. 模糊层次分析法在水利工程代建单位招标评价中的应用研究[J]. 治维, 2012, (4): 39-40.

[3] 叶锋华，蒋翠清. 基于 FAHP 的工程项目招标风险评价研究[J]. 价值工程, 2008, (3): 122-124.

[4] 张勋，刘永强，肖俊龙. 基于熵权的网络层次分析法在水利工程项目投标风险决策中的应用[J]. 水电能源科学, 2017, 35(2): 161-164.

[5] 方德斌，刘雯. 工程项目业主招标风险综合评价研究[J]. 武汉大学学报(哲学社会科学版), 2011, 64(3): 56-62.

水利工程施工进度计划风险分析及优化

田佳乐　唐　彦

摘要： 本文采用改进的 WBS-RBS 矩阵对水利工程施工进度影响风险因素进行识别，基于模糊层次分析法对各层风险因素做权重计算，采用专家打分技术对进度风险概率及损失程度打分，最终分别得出各子工作影响进度风险值及各风险因素风险值，并对其排序。项目管理者在制定进度计划时，不仅可从横向和纵向同时控制，且可在关键时间节点内，在考虑施工工序的基础上，将风险因素考虑在内，适当增加风险较大工作的自由时差，并提前对其影响较大的风险因素制定风险应对措施，有利于使进度影响风险降至最低，保证工程施工进度按计划进行。

关键词： 水利工程；进度风险；WBS-RBS；模糊层次分析法。

1　引　　言

水利工程进度管理作为工程项目的三大目标（质量、成本、进度）之一，是施工单位、业主单位等各参建单位迫切关心的一项内容，而影响工程进度的风险也是其重点管控方向。鉴于水利工程工期长、工期风险不确定性大、影响因素复杂、难以掌控等特性，国内外学者对其极为关心。王学生[1]等研究了可信性方法在深基坑施工期风险分析中的应用；张小云[2]应用改进的 F-AHP 对水利工程工期风险进行分析评价，并通过计算，证明结果是合理的；贾立敏[3]等用灰色聚类法确定了工程整体进度的风险等级，找出风险度较高的进度影响因素；李宗坤[4]等针对建设工程的施工进度计划和工程特性，提出将工程施工期分为几个阶段和若干个时段进行风险分析；张晓楠[5]基于模糊数学的方法，结合工程实例对工期风险进行了综合评价的研究。前人的研究大多只是判断整个工程进度延误的风险大小，以及计算方法的改进，对水利工程施工进度提升及改进的作用并不显著。所以本文利用改进的 WBS-RBS 风险识别方法，采用专家打分法在模糊数学的基础上找出各施工工序的风险大小，确定风险度，并对此排序，供决策者对施工工序进行合理性安排。

2　基 本 理 论

WBS-RBS 是风险识别的一种方法，是在项目进行 WBS 分解和 RBS 分解的基础上，将两者组合构建成 WBS-RBS 矩阵，从而可直观分析和判断项目所遇到的风险。WBS 即工作结构分解（work breakdown structure，WBS），RBS 即风险结构分解（risk breakdown structure，RBS）。WBS 是将工程项目过程分解成若干相互独立又相互联系的工作，即将总的工作按照一定的原则进行分解，从而得到不同层次的子工作。RBS 分解同 WBS 分解类似。由此将 WBS、RBS 组合，构造矩阵即可。

构造矩阵 $A=\left(a_{ij}\right)_{n\times n}$，其中 $a_{ij}+a_{ji}=1$，即为模糊互补矩阵。

对矩阵 A 分别按行求和，得 r_i，令

$$r_{ij}=\frac{r_i-r_j}{2(n-1)}+0.5 \tag{1}$$

对任意的 r_{ij} 均满足：

$$r_{ij}=r_{ik}-r_{jk}+0.5 \tag{2}$$

即可得模糊一致性矩阵：

$$R=\left(r_{ij}\right)_{n\times n}$$

对矩阵 R 采用行和归一化，并求得

$$W_i=\frac{\sum_{j=1}^{n}r_{ij}-1+\dfrac{n}{2}}{n(n-1)}，(i=1，2，\dots，n) \tag{3}$$

$W=(W_1，W_2，\dots，W_n)^{\mathrm{T}}$ 即为所求权重[1]，即各层风险因素相应权重，并将准则层与因素层权重依次相乘，由此可计算最底层风险因素对目标层所占比重 W_i。

将风险因素与子工作之间的相关关系及各子风险因素权重考虑在内，风险度计算公式可表示为

$$D_{ij}=P_j\times Q_{ij}\times r_{ij}\times W_i \tag{4}$$

式中，P_j 为风险发生的可能性，Q_{ij} 为损失程度，r_{ij} 为风险因素与子工作之间的相关关系，W_i 为各风险因素权重。

对不同风险因素下各子工作的风险度其行求和得各工作的风险度 D_i，及对各风险因素的风险度求和得各风险因素风险度 D_j，并依据下面公式计算各子工作风险值 S_i 及各风险因素风险值 S_j，令

$$D=\sum D_i=\sum D_j,\quad S_i=D_i/D,\quad S_j=D_j/D \tag{5}$$

可计算各子工作风险度所占比重及各风险因素风险度所占比重，即影响进度的风险值 S_i 和风险因素的风险值 S_j。对进度风险值及风险因素风险值排序，得到各子工作进度风险值大小的排序及风险因素风险值的排序，可对进度风险值较大的子工作重点分析，采取措施，如时差的分配、风险的管控等，对风险值较大的风险因素可制定相应的风险应对措施，如风险规避、风险自留、风险转移等。

3　实例分析

以某水电站工程为例，该工程主要由大坝和发电引水洞、电站组成。大坝为碾压混

凝土重力坝，最大坝高 58.5m。总库容 546.73 万 m^3。左岸发电引水洞(内径 2.6m)长 1033.61m；本电站设计水头 54m，最大工作水头 57m，最小工作水头 48m。设计流量 $8m^3/s$，装机容量 1980kW，年发电量 460 万 kW·h。根据《水利水电工程等级划分及洪水标准》(SL252—2000)，该工程等别属Ⅳ等，工程规模为小(I)型，大坝、发电引水洞为 4 级建筑物，厂房及临时建筑物级别为 5 级。

3.1 WBS-RBS 风险源辨识

对工程进行 WBS 分解、对风险进行 RBS 分解，分别见表 1、表 2。由于社会风险因素对整个工程都有影响，所以可以不用参与计算。WBS-RBS 风险识别矩阵以 W3-R21 矩阵为例介绍，见表 3，表中的 R_{ij} 取值为(0、2、5、8)，0 表示没有关系，2 表示关系很小，5 表示关系一般，8 表示关系很大。

表 1 大铁沟水电站工程 WBS 分解

二级项目	三级项目
施工准备(*W*1)	进场道路与场内临时道路修筑(*W*11)，办公生活设施建设(*W*12)，生产设施建设(*W*13)，砂石筛分场修建(*W*14)，砼拌合站修建(*W*15)，上下游围堰填筑(*W*16)
发电引水洞工程(*W*2)	进出口土石方开挖(*W*21)，石方洞挖(*W*22)，砂浆锚杆(洞内)(*W*23)，洞内喷射砼(*W*24)，洞衬砼浇筑(*W*25)，洞内固结灌浆(*W*26)，洞内回填灌浆(*W*27)，进水塔砼浇筑(*W*28)，启闭机房建设(*W*29)，镇墩砼浇筑(*W*210)，钢管安装(*W*211)，竖井石方开挖(*W*212)，砂浆锚杆(调压井)(*W*213)，调压井内喷射砼(*W*214)，调压井砼浇筑(*W*215)，调压井固结灌浆(*W*216)
大坝工程(*W*3)	坝体左右岸坝肩开挖(*W*31)，坝基土石方开挖(*W*32)，基础断层砼塞(*W*33)，碾压砼试验(*W*34)，大坝集水井常态砼浇筑(*W*35)，大坝▽424～▽442 碾压砼(*W*36)，坝肩砂浆锚杆(*W*37)，坝肩喷射砼(*W*38)，灌浆平洞石方开挖(*W*39)，灌浆平洞支护(*W*310)，大坝▽442～坝顶碾压砼(*W*311)，排沙孔流道常态砼(*W*312)，溢流坝排沙孔导墙砼(*W*313)，溢流坝面常态砼(*W*314)，坝体剩余常态砼(*W*315)，坝后边沟台阶浆砌石(*W*316)，坝顶防浪墙、电缆沟排水沟砼(*W*317)，大坝固结灌浆(*W*318)，帷幕灌浆(*W*319)
尾工处理、竣工验收(*W*4)	尾工处理(*W*41)，竣工资料整理(*W*42)，竣工验收(*W*43)

表 2 水利工程施工风险结构分解(RBS)

影响工期的风险因素(*R*)	内部因素(*R*1)	自然因素(*R*11)	现场恶劣施工条件(*R*111)，极端天气状况(*R*112)，洪水地震灾害(*R*113)，地质不稳定(*R*114)
		社会因素(*R*12)	水电行业政策变化(*R*121)，通货膨胀及利率变化(*R*122) 劳务市场变化(*R*123)，物价变动费用超支(*R*124)
	外部因素(*R*2)	施工方因素(*R*21)	施工技术经验不足(*R*211)，流动资金不足(*R*212) 合同履行不顺利(*R*213)，现场施工管理不力(*R*214)
		设计方因素(*R*22)	设计错误或缺陷(*R*221)，图纸供应不及时(*R*222)，技术规程不规范(*R*223)，设计变更过于频繁(*R*224)，地质勘探深度不足(*R*225)
		业主方因素(*R*23)	未及时提供施工场地(*R*231)，频繁提出设计变更(*R*232) 工程款项支付不及时(*R*233)，提出不合理的 2 期要求(*R*234)，业主组织协调能力不足(*R*235)
		监理方因素(*R*24)	监理工程师对工期认识不足(*R*241)，监理技术和手段落后(*R*242) 与施工方和业主方沟通不当(*R*243)，工作权责及监督检查不到位(*R*244)

表 3　WBS-RBS 矩阵（W3-R21 矩阵）

*W*3	*R*21				*W*3	*R*21			
	*R*211	*R*212	*R*213	*R*214		*R*211	*R*212	*R*213	*R*214
*W*31	8	5	5	8	*W*311	5	2	2	8
*W*32	5	5	5	8	*W*312	8	5	2	8
*W*33	8	5	2	8	*W*313	8	5	2	8
*W*34	8	5	2	8	*W*314	8	5	2	8
*W*35	5	5	2	8	*W*315	5	5	2	8
*W*36	5	2	2	8	*W*316	5	5	2	8
*W*37	8	5	2	8	*W*317	5	5	2	8
*W*38	8	5	2	8	*W*318	8	5	2	8
*W*39	5	5	5	8	*W*319	8	5	2	8
*W*310	8	5	2	8					

3.2　模糊层次分析法计算风险因素权重

专家根据表 2 构造模糊互补判断矩阵 A_R、A_{R11}、A_{R21}、A_{R22}、A_{R23}、A_{R24}，结果如下：

$$A_R=\begin{bmatrix}0.5&0.7&0.8&0.6&0.6\\0.3&0.5&0.4&0.3&0.4\\0.2&0.6&0.5&0.3&0.3\\0.4&0.6&0.7&0.5&0.4\\0.4&0.7&0.7&0.6&0.5\end{bmatrix},\quad A_{R11}=\begin{bmatrix}0.5&0.7&0.8&0.6\\0.3&0.5&0.3&0.4\\0.2&0.7&0.5&0.3\\0.4&0.6&0.7&0.5\end{bmatrix}$$

$$A_{R21}=\begin{bmatrix}0.5&0.4&0.3&0.8\\0.6&0.5&0.4&0.6\\0.7&0.6&0.5&0.8\\0.2&0.4&0.2&0.5\end{bmatrix},\quad A_{R22}=\begin{bmatrix}0.5&04&0.3&0.3&0.6\\0.6&0.5&0.4&0.4&0.7\\0.7&0.6&0.5&0.6&0.7\\0.7&0.4&0.4&0.5&0.6\\0.4&0.3&0.3&0.4&0.5\end{bmatrix}$$

$$A_{R23}=\begin{bmatrix}0.5&04&0.6&0.3&0.3\\0.6&0.5&0.8&0.4&0.3\\0.4&0.2&0.5&0.3&0.3\\0.7&0.6&0.7&0.5&0.4\\0.7&0.7&0.7&0.6&0.5\end{bmatrix},\quad A_{R24}=\begin{bmatrix}0.5&0.4&0.6&0.8\\0.6&0.5&0.8&0.7\\0.4&0.2&0.5&0.6\\0.2&0.3&0.4&0.5\end{bmatrix}$$

矩阵一致性检验，由式(1)、(2)可得到模糊一致性矩阵 R、$R11$、$R21$、$R22$、$R23$、$R24$，以 $R22$ 为例。

$$R22=\begin{bmatrix} 0.5 & 0.4375 & 0.3750 & 0.4375 & 0.5250 \\ 0.5625 & 0.5 & 0.4375 & 0.5 & 0.5875 \\ 0.6250 & 0.5625 & 0.5 & 0.5625 & 0.6500 \\ 0.5625 & 0.5 & 0.4375 & 0.5 & 0.5875 \\ 0.4750 & 0.4125 & 0.35 & 0.4125 & 0.5 \end{bmatrix}$$

由式(3)可求得各层风险因素权重 W，如 $W_{R22}=(0.1888,0.2044,0.2200,0.2044,0.1825)$。

3.3 计算各子工作的风险度

对水利工程施工过程的风险发生概率及风险发生对工程造成的损失程度采用专家打分法赋值，并应用德尔菲法原理，对专家进行多次调查统计结果。

风险发生概率专家评分为：P=(0，0.2，0.2，0.2，0.5，0.2，0.8，0.5，0.2，0.5，0.2，0.2，0.2，0.5，0.2，0.2，0.2，0.2，0.5，0.5，0.8)，P_j取值为(0、0.2、0.5、0.8)，其中0表示不可能发生，0.2表示发生可能性很小，0.5表示发生可能性一般，0.8表示发生可能性很大。风险发生对工程造成损失程度以W32-R21为例，打分为：Q=(5，2，2，5)，Q_{ij}取值为(0、2、5、8)，其中0表示没有损失，2表示损失很小，5表示损失一般，8表示损失很大。

依照式(4)可计算各子工作在不同风险下的风险度。以W32-R21为例，计算其风险度为：(0.566，0.093，0.411，0.765)。同理，可计算出工程各子工作的风险度。

3.4 风险值排序

依照式(5)可计算出各子工作进度风险值 S_i 及各风险因素风险值 S_j，并对 S_i、S_j 排序，见表4、表5。

表4 各子工作进度风险值排序表

三级项目	子工作风险值	三级项目	子工作风险值	三级项目	子工作风险值	三级项目	子工作风险值
*W*21	0.0439	*W*32	0.0298	*W*11	0.0200	*W*25	0.0169
*W*22	0.0399	*W*319	0.0296	*W*317	0.0190	*W*216	0.0169
*W*23	0.0379	*W*315	0.0281	*W*311	0.0186	*W*215	0.0169
*W*29	0.0347	*W*27	0.0243	*W*43	0.0186	*W*37	0.0166
*W*210	0.0344	*W*316	0.0233	*W*31	0.0185	*W*12	0.0144
*W*310	0.0335	*W*36	0.0215	*W*26	0.0180	*W*13	0.0144
*W*16	0.0330	*W*211	0.0214	*W*214	0.0177	*W*41	0.0144
*W*39	0.0329	*W*318	0.0208	*W*213	0.0177	*W*15	0.0138
*W*34	0.0328	*W*314	0.0204	*W*212	0.0177	*W*14	0.0138
*W*35	0.0319	*W*312	0.0204	*W*28	0.0176	*W*24	0.0132
*W*33	0.0300	*W*38	0.0201	*W*313	0.0169	*W*42	0.0040

表 5　各风险因素风险值排序表

风险因素	风险值	风险因素	风险值	风险因素	风险值	风险因素	风险值
*R*211	0.1592	*R*222	0.0492	*R*223	0.0204	*R*224	0.0082
*R*244	0.1551	*R*221	0.0427	*R*114	0.0182	*R*234	0.0038
*R*214	0.1467	*R*243	0.0321	*R*225	0.0146	*R*111	0.0000
*R*213	0.0828	*R*241	0.0321	*R*231	0.0116		
*R*242	0.0759	*R*112	0.0293	*R*232	0.0114		
*R*113	0.0704	*R*212	0.0259	*R*233	0.0105		

由表 4 可知，发电引水洞工程的 *W*21、*W*22、*W*23、*W*29、*W*210 的风险排名前 5 位，大坝工程的 *W*310、*W*34、*W*39、*W*35 进度风险也较大，仅次于发电引水洞工程进度风险，这些需要重点管控，在制定进度计划时，可以在关键时间节点内，考虑施工工序的基础上，将风险考虑在内，适当增加风险较大工作的自由时差。由表 5 可知，施工方因素的 *R*211(施工技术经验不足)风险值最大，其次为监理方因素的 *R*244(工作权责及监督检查不到位)，整体来看，施工方因素的风险最大，针对风险较大风险因素采用相应的风险应对措施。另外，还可根据 WBS-RBS 矩阵，找到影响最大的风险因素，并对其进行风险管控，制定风险应对措施。对于风险较小的风险因素，可以适当减少关注。进度影响风险较小的有竣工处理的 *W*41、*W*42、碾压混凝土实验 *W*34、施工准备的 *W*12、*W*13、*W*14、*W*15，可以对其按照正常施工工序安排进度，不需将风险考虑进去，保证实际进度不晚于计划进度，即能很好的保证工程进度，进而有利于实现成本控制、质量控制等各项控制。

4　结　　论

本文紧密结合工程的工程特性和施工进度计划的要求，提出了基于施工进度计划的建设工程施工期风险分析的详细计算过程。应用改进的 WBS-RBS 矩阵进行风险辨识，基于模糊层次分析法对各风险因素进行权重计算，采用专家打分技术对水利工程进度进行风险评估，最终分别得出各子工作影响进度风险值及各风险因素风险值，并对其排序，从横向和纵向同时控制，使进度影响风险降至最低。本文从局部到整体的把握工程在施工阶段的风险特性，同时为建设工程在施工期的风险分析提供了一种新的思路，也可在施工前为管理者提供工程施工期的风险特性，为工程的风险及进度控制提高了保障。本文在评价过程中，忽略了各子工作之间、各风险因素之间既有并联也有串联或依赖的关系，希望在以后的研究过程中，结合神经网络法、遗传算法等评价方法，对此加以完善。

参 考 文 献

[1] 王学生, 边亦海. 深基坑施工中支护结构的时变风险分析[C]. 全国地下工程超前地质预报与灾害治理学术及技术研讨会, 2009.

[2] 张小云. 基于改进 F-AHP 的水利工程工期风险评价研究[D]. 大连: 大连理工大学, 2011.

[3] 贾立敏, 王巧珍, 向想想, 等. 基于 WSR-灰色聚类综合法的水电工程进度风险评估[J]. 水力发电, 2014(12):79-82.

[4] 李宗坤, 张亚东, 宋浩静, 等. 基于施工进度计划的建设工程施工期风险分析[J]. 水力发电学报, 2015, 34(6):204-212.

[5] 张晓楠. 基于模糊数学的工期风险综合评价的研究[D]. 大连: 大连理工大学, 2015.

湖北省水资源短缺风险评价

唐肖阳　唐圆圆

摘要：为了评价湖北省的水资源短缺风险等级，本文从自然水资源、社会生活需求、水资源储备、水资源供水和生态环境5个子系统中寻找湖北省水资源短缺风险评价指标，构建了完整的湖北省水资源短缺风险评价指标体系。进而采用熵权法和层次分析法，并根据最小信息熵原理得到各指标的组合权重，构建湖北省12个地级市的水资源短缺风险模糊综合评价模型。计算结果表明，武汉、孝感和随州处于较高风险等级；十堰、宜昌、襄阳、鄂州、荆门、荆州和黄冈处于中等风险等级；黄石处于较低风险等级；咸宁处于低风险等级。

关键词：水资源短缺；风险层次分析法；熵权法；模糊综合评价

1 引　　言

水资源是人们生产和生活的基本资料，它对社会经济的发展具有至关重要的意义。由于各地级市来水情况和用水情况的不确定性，使得水资源存在短缺的风险[1]。而且不同的地级市，其水资源短缺的程度不一样，造成其短缺的具体原因也不一样[2]。湖北省位于长江中游，其过境客水资源非常丰富，但是2008年湖北省人均自产水资源量仅有1658m^3，低于全国平均水平(2200m^3)，还低于国际公认的1700m^{3}的“用水紧张警戒线”[3]。2012年《湖北省水资源公报》中的数据显示，2012年湖北省的平均降水量为1045.1mm，水资源总量为813.88亿m^3。全省总供水量和总用水量均为299.29亿m^3。总用水量中，农业用水占47.0%；工业用水占11.8%，生活用水占12.4%。总用水消耗量129.01亿m^3，耗水率为43.1%。由此可见，湖北省水资源利用还存在全省总供水量与总用水量持平、农业用水占比高、耗水率较高等问题。2013年，全省17个市(州)普遍成旱，高峰时受旱农田达2627万亩，22.1万人饮水困难[3]。而且随着社会经济的发展，湖北省水资源短缺的风险将日益增加。湖北省是水资源大省，保护和管理好水资源不仅关系到湖北省的可持续发展，而且具有国家层面的战略意义。因此，识别湖北省水资源短缺的可能风险因素、评价各地级市水资源短缺的风险等级，并找到各地级市水资源短缺的主要风险因素，对缓解湖北省水资源短缺这一问题具有重要的现实意义。湖北省水资源短缺问题已经引起了一些学者们的关注[4,5]，在进行湖北省水资源短缺评价时，大多采用层次分析法计算指标权重，具有一定的主观限制性。本文为了评价湖北省水资源短缺的风险等级，从湖北省的12个地级市着手进行分析，首先构建了评价指标，进而采用熵权法与层次分析法相结合的组合权重法确定各评价指标的组合权重，通过建立湖北省水资源短缺风险模糊综合评价模型，评价湖北省12个地级市的水资源短缺风险程度，并根据各地级市的风险等级及主要风险因素，提出相应的措施，为缓解湖北省12个地级市的水资源短缺风险提供一定的参考。

2 构建评价指标体系

为了全面地、系统地分析湖北省 12 个地级市水资源短缺的风险等级，首先应构建统一的、完整的评价指标体系。本文利用风险识别中的分解分析法，将水资源短缺风险这一大系统分解成自然水资源、社会生活需求、水资源储备、水资源供水和生态环境 5 个子系统，从而识别可能存在的种种风险因素。在选择这些风险因素时，遵循了以下原则[4]：①完备性，即指标体系能够全面地、系统地评价水资源短缺的风险等级，各指标之间能够相互补充；②独立性，即各指标之间相互独立，不重复；③独特性，即指标选择应考虑各区域的实际情况，反映出区域的特点所在；④层次性，即指标体系应有清晰的结构；情况能够反映出一定的特性；⑤可操作性，即指标易于量化，所需数据易获取。根据以上原则，结合湖北省水资源的实际情况，参考前人的研究成果[5~7]，构建了一套由目标层、子系统层和指标层组成的 3 级指标体系，见图 1。

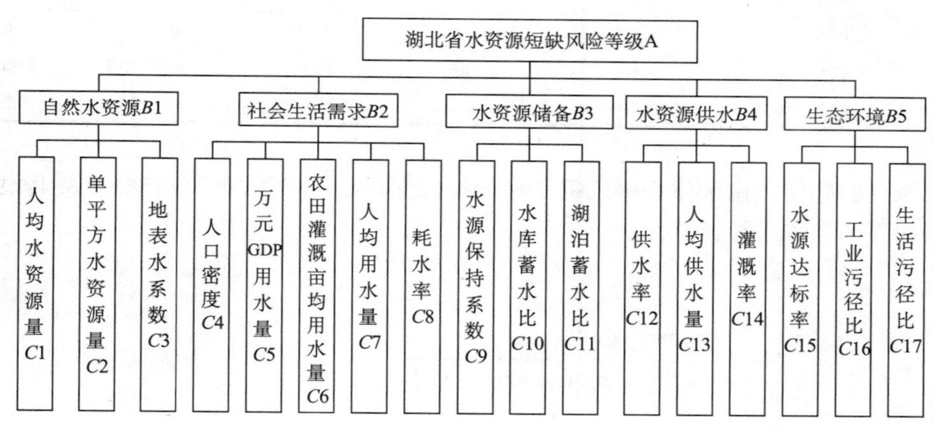

图 1 湖北省水资源短缺风险评价指标体系

在该指标体系中，水资源短缺的风险等级采用子系统层 5 个方面（B1～B5）和指标层 17 个评价指标（C1～C17）来评价。其中，用自然水资源子系统来反映该地级市水资源本身的客观情况；用社会生活需求子系统来反映该地级市的社会经济发展情况和需水量；用水资源储量子系统来反映该地级市所具有的水资源调蓄能力；用水资源供水子系统来反映该地级市所具有的供水能力；用水环境子系统来反映该地级市的水质情况。

3 评价分级标准

各个评价指标的风险隶属度分级标准如表 1 所示。

表 1　水资源评价指标的风险隶属度的分级标准

系统层	指标层	单位	V1(低)	V2(较低)	V3(中)	V4(较高)	V5(高)
	$C1$	m^3	>2000	2000～1600	1600～1000	1000～800	<800
$B1$	$C2$	m^3	>4.5	4.5～3	3～1.8	1.8～1.2	<1.2
	$C3$	/	>0.4	0.4～0.3	0.3～0.2	0,.2～0.1	<0.1
	$C4$	人	<50	50～200	200～400	400～600	>600
	$C5$	m^3	<100	100～200	200～300	300～400	>400
$B2$	$C6$	m^3	<300	200～300	300～400	400～500	>500
	$C7$	L	<100	100～150	150～200	200～250	>250
	$C8$	/	<0.2	0.2～0.3	0.3～0.4	0.4～0.5	>0.5
	$C9$	/	>0.6	0.6～0.4	0.4～0.2	0.2～0.1	<0.1
$B3$	$C10$	/	>0.8	0.8～0.5	0.5～0.3	0.3～0.1	<0.1
	$C11$	/	>0.3	0.3～0.2	0.2～0.1	0.1～0.05	<0.05
	$C12$	/	>0.6	0.6～0.4	0.4～0.2	0.2～0.1	<0.1
$B4$	$C13$	L	>2200	2200～1700	1700～1200	1200～700	<700
	$C14$	/	<0.2	0.2～0.4	0.4～0.6	0.6～0.8	>0.8
	$C15$	/	>0.9	0.9～0.8	0.8～0.7	0.7～0.6	<0.6
$B5$	$C16$	/	<0.1	0.1～0.2	0.2～0.25	0.25～0.3	>0.3
	$C17$	/	<0.05	0.05～0.07	0.07～0.1	0.1～0.15	>0.15

隶属度的确定，由于体系中的每个评价指标都属于区间型的评价指标，故其隶属度函数用如下函数来进行计算：

$$r_{nk}=\begin{cases}1 & x\in[a_{n1},a_{n2}]\\ 1-\dfrac{\max\{a_{n1}-x,x-a_{n2}\}}{\max\{a_{n1}-\min x,\max x-a_{n2}\}} & x\text{不属于}[a_{n1},a_{n2}]\end{cases} \tag{1}$$

式中，x 为某评价对象的某指标的实测值；a_{n1}、a_{n2} 分别表示 x 所属的分级区间的下限值和上限值；$\max x$、$\min x$ 分别表示对于某一评价指标全部评价对象的实测值中最大值和最小值。

4　计算与结果分析

4.1　数据统计

根据《湖北省水资源公报》《湖北省统计年鉴》等相关资料，得到了 2010～2012 年湖北省的 12 个地级市的各个评价指标的具体数值，各指标数据取这 3 年的平均值进行计算，具体数据如表 2 所示。

表 2 12 个地级市的各个评价指标的基本数据

城市	武汉	黄石	十堰	宜昌	襄阳	鄂州
C1	437	1524	1984	2260	729	1012
C2	2.17	4.15	3	3.57	0.9	2.67
C3	0.38	0.54	0.36	0.41	0.25	0.46
C4	1191.4	532.3	141.8	193.9	281.4	660.9
C5	49.4	144.8	113.6	66.6	140.7	158.5
C6	386.9	305.2	161.3	127.8	203	389.6
C7	206.8	171.7	174.7	195	188	184.6
C8	0.33	0.33	0.45	0.49	0.36	0.3
C9	0.41	0.55	0.36	0.41	0.28	0.54
C10	0.09	0.36	2.22	0.38	0.34	0
C11	0.15	0.05	0	0.03	0.01	0.48
C12	0.89	0.4	0.16	0.18	0.87	0.83
C13	1071	1692	886	1119	1737	2309
C14	0.8	0.55	0.17	0.42	0.59	0.68
C15	0.64	0.51	0.59	0.79	0.54	0.69
C16	0.08	0.16	0.19	0.22	0.11	0.13
C17	0.07	0.04	0.06	0.05	0.03	0.03
城市	荆门	孝感	荆州	黄冈	咸宁	随州
C1	696	411	1274	1404	4183	389
C2	0.74	0.76	1.56	2.59	6.61	0.89
C3	0.22	0.24	0.39	0.4	0.57	0.15
C4	232.6	542.4	406.6	357	246.3	226
C5	198.7	287.6	298.5	243.6	208.8	138
C6	293.1	420.1	350.9	367.4	334.6	175.4
C7	172.8	168.4	154.2	135.8	189.3	177.4
C8	0.47	0.43	0.52	0.49	0.46	0.46
C9	0.23	0.25	0.43	0.41	0.58	0.15
C10	0.7	0.09	0.05	0.18	0.1	0.62
C11	0.05	0.01	0.08	0	0.01	0
C12	1.07	1.6	0.49	0.33	0.15	0.96
C13	2047	1802	1710	1278	1759	1025
C14	0.74	0.87	0.89	0.71	0.55	0.87
C15	0.65	0.63	0.6	0.75	0.67	0.51
C16	0.16	0.09	0.1	0.12	0.18	0.17
C17	0.02	0.03	0.03	0.03	0.03	0.05

4.2　权重计算

采用层次分析法进行主观的权重计算，并采用熵权法进行客观的权重计算，最后依据最小信息熵原理得到各评价指标的组合权重。其中，层次分析法中的判断矩阵通过专家打分法得到，根据 AHP 法计算主观指标权重，得到 17 个评价指标的权重值，如表 3 所示。通过一致性检验计算，其结果均能符合要求。

表 3　AHP 法的指标权值与一致性检验的结果

子系统因子权值系统层		子系统因子一致性检验	指标因子权值					指标因子一致性检验
			$W1$	$W2$	$W3$	$W4$	$W5$	
$B1$	0.3494	0.0310	0.637	0.2583	0.1047	/	/	0.0332
$B2$	0.3395		0.4665	0.0793	0.1016	0.2976	0.055	0.0314
$B3$	0.0702		0.701	0.1929	0.1061	/	/	0.0079
$B4$	0.1905		0.2583	0.637	0.1047	/	/	0.0332
$B5$	0.0503		0.637	0.2583	0.1047	/	/	0.0332

根据表 2 中各地级市的基本数据和熵权法计算指标权重的计算步骤，得到了各个评价指标基于熵权法的客观权重。最后通过式(2)计算得到各个评价指标的组合权重，计算结果如表 4 所示。

$$w = \frac{\sqrt{ww'}}{\sum_{i=1}^{n}\sqrt{w_i w_i'}} \tag{2}$$

式中，w 为熵权法得到的各指标权重，w' 为 AHP 法得到的各指标权重；n 为评价指标个数。

表 4　组合权重

指标层	熵权法权重	AHP 法权重	组合后指标层权重	组合后系统层权重
$C1$ 人均水资源量	0.0883	0.2226	0.5365	0.3137
$C2$ 单平方水资源量	0.082	0.0903	0.3292	
$C3$ 地表水系数	0.0337	0.0366	0.1343	
$C4$ 人口密度	0.0178	0.1584	0.2437	0.2613
$C5$ 万元 GDP 用水量	0.0387	0.0269	0.1484	
$C6$ 农田灌溉亩均用水量	0.0528	0.0345	0.1961	
$C7$ 人均用水量	0.0335	0.101	0.2674	
$C8$ 耗水率	0.0529	0.0187	0.1444	
$C9$ 水源保持系数	0.0316	0.0492	0.3466	0.1366
$C10$ 水库蓄水比	0.1105	0.0135	0.34	
$C11$ 湖泊蓄水比	0.1707	0.0074	0.3134	

续表

指标层	熵权法权重	AHP 法权重	组合后指标层权重	组合后系统层权重
C12 供水率	0.069	0.0492	0.3455	0.2025
C13 人均供水量	0.0445	0.1213	0.4357	
C14 灌溉率	0.0683	0.0199	0.2188	
C15 水源达标率	0.0514	0.032	0.5662	0.086
C16 工业污径比	0.0301	0.013	0.2759	
C17 生活污径比	0.0243	0.0053	0.1578	

4.3 模糊综合评价

1) 一级模糊综合评价

下面以武汉市为例来进行具体计算，武汉市自然水资源子系统的模糊关系矩阵 R_1 为

$$R_1=\begin{bmatrix}0.0298 & 0.4672 & 0.7820 & 0.8860 & 1.0000\\ 0.3801 & 0.6324 & 1.0000 & 0.9233 & 0.8210\\ 0.9369 & 1.0000 & 0.6889 & 0.5027 & 0.3957\end{bmatrix}$$

由表 4 可知，自然水资源子系统的组合权重向量 C_1=(0.5365,0.3292,0.1343)，从而得到武汉市的自然水资源子系统的模糊评价向量：

$$Z_1=C_1R_1=(0.2670,0.5932,0.8413,0.8468,0.8599)$$

同理，可以得到武汉市其他子系统层的一级模糊综合评价向量，结果如下：

$$Z_2=(0.2641,0.2526,0.4788,0.4890,0.5636)$$

$$Z_3=(0.3929,0.8152,0.9298,0.7655,0.7040)$$

$$Z_4=(0.4341,0.3808,0.6116,0.8275,0.7161)$$

$$Z_5=(0.4647,0.4316,0.5425,0.6598,0.5034)$$

2) 二级模糊综合评价

由一级模糊综合评价的结果，构成武汉市全部子系统层的模糊关系矩阵 R 为

$$R=\begin{bmatrix}0.2670 & 0.5932 & 0.8413 & 0.8468 & 0.8599\\ 0.2641 & 0.2526 & 0.4788 & 0.4890 & 0.5636\\ 0.3929 & 0.8152 & 0.9298 & 0.7655 & 0.7040\\ 0.4341 & 0.3808 & 0.6116 & 0.8275 & 0.7161\\ 0.4647 & 0.4316 & 0.5425 & 0.6598 & 0.5034\end{bmatrix}$$

根据表 4 可知，各子系统层的组合权重向量为

$$B_1=(0.3137,0.2613,0.1366,0.2025,0.0860)$$

故最终得到武汉市的模糊综合评价向量为

$$Z=B_1R=(0.3343,0.4776,0.6865,0.7222,0.7014)$$

由该模糊综合评价向量可知，向量中 V4(较高) 等级的隶属度最大。根据最佳隶属度原则，由此得到了武汉市的水资源短缺的风险评价等级结果为较高风险。

因此，根据该模糊综合评价模型，利用 MATLAB 软件进行编程，得到 2012 年湖北省 12 个地级市的水资源短缺的风险等级，如表 5 所示。

表 5　湖北省 12 个地级市水资源短缺风险的风险等级

城市	风险等级					结果
	V1(低)	V2(较低)	V3(中)	V4(较高)	V5(高)	
武汉	0.3343	0.4776	0.6865	0.7222	0.7014	V4(较高)
黄石	0.6058	0.8002	0.7913	0.6106	0.5588	V2(较低)
十堰	0.5787	0.6887	0.7026	0.6361	0.5333	V3(中)
宜昌	0.5975	0.6973	0.7747	0.6450	0.5150	V3(中)
襄阳	0.4403	0.6063	0.7972	0.7241	0.6441	V3(中)
鄂州	0.5725	0.6764	0.7020	0.6304	0.5389	V3(中)
荆门	0.4315	0.5818	0.7673	0.7485	0.6432	V3(中)
孝感	0.2935	0.3904	0.7063	0.7570	0.7038	V4(较高)
荆州	0.4496	0.6583	0.8126	0.7701	0.6825	V3(中)
黄冈	0.4853	0.7265	0.8202	0.7476	0.6231	V3(中)
咸宁	0.5968	0.4793	0.5643	0.5078	0.3795	V1(低)
随州	0.3055	0.4175	0.6593	0.7334	0.7201	V4(较高)

4.4　对策措施

根据以上结果，还可以得到湖北省 12 个地级市导致水资源短缺风险的主要风险因素，针对这些风险因素提出了一些具体的措施，见表 6。

表 6　主要风险及预防措施

地级市	风险等级	水资源短缺的主要风险因子	措施
武 汉	V4(较高)	自然水资源不足，人口密度大，人均用水量大	公众节水意识有待提高，提高节水器具使用率
黄 石	V2(较低)	工业污径比较大	进行工业排污口治理
十 堰	V3(中)	供水量不足，工业污径比较大	提高供水量，进行工业排污口治理
宜 昌	V3(中)	工业污水排放量较大	进行工业排污口治理
襄 阳	V3(中)	自然水资源不足，工业污径比较大	进行工业排污口治理
鄂 州	V3(中)	农业用水量和生活用水量较多	加强节水型社会建设
荆 门	V3(中)	自然水资源不足，工业污径比较大	进行工业排污口治理

续表

地级市	风险等级	水资源短缺的主要风险因子	措施
孝 感	V4(较高)	自然水资源不足，水资源储备不足	增加湖泊面积
荆 州	V3(中)	耗水率较高	加强节水型社会建设
黄 冈	V3(中)	供水率不足	提高供水量
咸 宁	V1(低)	水资源储备不足	增加湖泊面积
随 州	V4(较高)	自然水资源不足，水源储备不足，供水不足，工业污径比较大	加快海绵城市建设，进行工业排污口治理

5 结论与建议

(1)在评价模型中，计算评价指标的权重时多采用层次分析法，而本文采用熵权法和层次分析法分别计算得到了指标的客观权重和主观权重，并依据最小信息熵原理得到指标的组合权重，使权重计算的结果更加可靠。

(2)采用模糊综合评价方法来评价水资源短缺等级具有可操作性和实用性。

(3)应用所建立的湖北省水资源短缺风险的模糊综合评价模型，对湖北省 12 个地级市进行了评价。结果表明湖北省 12 个地级市的水资源短缺风险等级普遍处于中等风险等级，其中，武汉、孝感和随州处于较高风险等级；十堰、宜昌、襄阳、鄂州、荆门、荆州和黄冈处于中等风险等级；黄石处于较低风险等级；咸宁处于低风险等级。通过分析研究的结果，该评价体系能够客观的反映湖北省 12 个地级市的水资源短缺的风险等级，且评价结果与前人的研究成果较一致[5]。

对于湖北省水资源短缺的风险等级处于中等风险等级这一问题，可以从以下 3 个方面入手进行减缓：①加快节水型社会的建设，从生活、农业和工业的方方面面增加水资源的利用效率；②提高水功能区达标率，减少污水排放量；③提高水源保持系数，例如加快海绵城市的建设。

参 考 文 献

[1] 谢坚，王谢勇，初莉，等. 城市水资源短缺风险评价模型及预测模型研究[J]. 水电能源科学，2012，30(7)：17-20.

[2] 叶泽纲，陈德意. 湖南省水资源短缺状况分析及对策[J]. 水利学报，2005，增刊：159-163.

[3] 湖北省水利厅. 湖北水安全保障面临的突出问题及主要对策[J]. 水政水资源，2015(3)：25-27.

[4] 任黎，杨金艳，相欣奕. 湖泊生态系统健康评价指标体系[J]. 河海大学学报，2012，40(1)：100-103.

[5] 许应石，李长安，张中旺，等. 湖北省水资源短缺风险评价及对策[J]. 长江科学院院报，2012，29(11)：5-10.

长距离油气管道风险分析

方浩宇　唐　彦

摘要：近年来，油气长输管道工程出现了泄漏、火灾、爆炸等事故。这些事故造成了大量人员伤亡、财产损失和环境污染。因此，有必要对管道工程的风险进行研究，以期更好地避免油气长输管道工程事故的发生，减少损失。本文以系统安全理论、专家意见和调查数据为基础，对油气管道工程进行了全面的风险分析和评价。从人为、材料、环境和管理 4 个方面 32 个风险因素进行识别和评估。同时本文结合发生的可能性与产生后果的严重程度筛选确定的风险。油气管道的风险等级分为五级，从低到高。对此提出了预防方法，然后应用到天然气管道工程，以确定和评估所选择的长距离天然气管道工程的每一个管道的风险。结果表明，地震、雪崩、隧道施工、第三者责任等风险因素较高。最后，对油气管道工程的安全风险管理提出了几点建议。风险评估方法是一个强大的工具，有利于远程石油和天然气管道的风险决策和管理。

关键词：油气管道；风险识别；风险评估；管理

1　引　言

随着石油工业和经济的快速发展，中国已经成为从能源出口国变为能源输入国。众所周知，能源是国家战略关系中一个非常重要的因素。为了确保能源安全，避免事故的发生，中国一直在大力开展油气管道工程在近几十年来的战略储备建设[1]。目前，大多数的研究都集中在石油和天然气管道服务，并在管道工程[2]建设方面也有研究。在油气管道工程建设过程中，存在第三者损坏、腐蚀、机械损伤、地质灾害等诸多危险因素。这些危险因素有可能导致事故，甚至造成大量人员伤亡、财产损失和环境破坏。因此，为了避免和减少风险，预防和减少油气管道的施工事故，有必要对油气管道工程的风险进行研究。风险识别与评估是风险管理的基础。通过定性分析和定量计算，可以得到油气管道的风险决策。风险评估的目的是通过计算系统中识别风险的值来识别风险。因此，风险评估结果可以为风险决策和管理提供依据。风险评估方法主要包括定性、半定量和定量方法[3]。目前，这些方法已广泛应用于油气管道的风险识别与评价中。代表性的定性评估方法包括安全检查表（SCL），类比分析，故障模式，效果分析（FMEA）等[4]。典型的半定量方法包括肯特评分，故障树分析（FTA），事件树分析（ETA）等[5]。与上述方法相比，定量风险评估是最准确的方法，需要考虑概率和后果的风险[6]。为了提高风险管理水平，可以从人、物、环境、管理四个方面对系统安全理论进行全面的风险分析。对各种风险因素的定性分析核算，每个管道的风险水平可以量化，从每一个风险因素分析的可能性和严重程度，评估管道的风险。本文以某天然气管道工程为例，应用所提出的方法对所选燃气管道的风险进行识别和评估。研究结果有助于油气长输管道工程的风险决策与管理。

2 油气管道工程风险识别

2.1 风险识别方法

油气长输管道工程的诸多风险因素，如第三方破坏、腐蚀、超压、施工损坏、设备故障、管道缺陷、自然和地质灾害等风险因素，在美国分为 5 大类 37 项，在加拿大分为 7 类 30 项，在欧洲分为 6 类 20 个项目。但上述分类主要是根据风险因素的类型，众所周知，长距离油气管道工程是一个庞大而复杂的系统，施工过程中出现的风险在不同的管道中是多种多样的。因此，人们必须采取全面的风险识别方法，以避免遗漏某种风险。以系统安全理论为基础，将系统的风险因素分为人为因素、材料因素、环境因素和管理因素四大类。从系统安全理论的四个要素出发，对长输油气管道工程进行风险识别。风险识别的结果是油气长输管道工程风险评估与管理的基础。

2.2 危险因素的分类与识别

根据系统安全理论和调查数据，结合专家意见，从人为因素、材料因素、环境因素、管理因素方面确定管道工程的主要潜在风险因素。结果是见表 1。

表 1 风险因素分类与识别

危险因素分类	序号	风险因素
人为因素	1	人员技能
	2	第三方破坏
	3	关键人员流失
	4	误操作和违章指挥
	5	人员伤害
	6	专业技能
材料因素	1	机械缺陷
	2	机动车
	3	电气危险
	4	土方堆放
	5	材料缺陷
	6	设备故障
	7	新材料或新技术的使用
	8	腐蚀
	9	隧道施工
	10	管道运行试验

续表

危险因素分类	序号	风险因素
环境因素	1	雪崩
	2	洪水，水沟
	3	土壤腐蚀
	4	滑坡、泥石流
	5	地质塌陷区
	6	地质断裂带
	7	闪电
	8	大风，风暴
	9	破坏生态环境
	10	土地征用
	11	政治、经济环境
管理因素	1	分包商违约
	2	管理不善
	3	合同瑕疵
	4	第三者责任
	5	QHSE 管理缺陷

总之，中国的石油和天然气长输管道工程的风险因素可以分为 4 类 32 项。有 32 种风险识别列在表 1 中。其中有 6 个人为因素，10 个材料因素，11 个环境因素和 5 个管理因素。

3　长距离油气管道工程风险评价

3.1　风险评价

风险值是风险的可能性和风险造成的后果的严重程度的乘积。如果选定的系统包括诸多风险，那么系统的总风险值是风险的可能性和严重程度的所有综合计算。因此，油气管道的风险值可以通过以下公式计算：

$$R = \sum_{i=1}^{n} P_i C_i \tag{1}$$

式中，R 是总风险值，i 是风险数，P_i 是风险的可能性，C_i 是事故后果的严重程度所造成的风险。对于长输油气管道，总风险值等于所有管道风险的总和。

3.2　风险水平

在风险分析实践中，如果风险因素不发生，则风险的可能性 P 的可能性值将被分配到 0；如果风险恰好发生，则值将为 10。风险的可能性级别分类可参考表 2。

如果没有一些风险因素造成的损失，风险的严重值 C 将被分配到 0；如果风险带来了巨大的损失，那么 C 将被分配到 100。风险的严重程度分级可参考表 13。

根据公式计算的总风险值 R，管道风险可分为 5 级。风险等级分类标准见表 4。

表 2　风险可能性水平标准

P	最低	较低	中等	较高	最高
价值	0～2	2～4	4～6	6～8	8～10

表 3　风险严重程度标准

C	最低	较低	中等	较高	最高
价值	0～20	20～40	40～60	60～80	80～100

表 4　风险等级标准

R	最低	较低	中等	较高	最高
价值	0～400	400～800	800～1200	1200～1600	>1600

4　案例研究的应用

为研究长输油气管道工程的风险，选择了天然气管道，对其主要危险因素进行了分析，并计算了风险值。根据调查数据，选定的天然气管道包括 10 个管道。选定的管道建设工程分为 10 个单元。以天然气管道的第一管道为例，根据上述 32 个识别风险，通过初步定性风险分析确定主要危险因素。有 11 个危险因素，包括地质塌陷区，地质断裂带，新材料或技术的使用，腐蚀，水沟，雪崩，隧道施工，山体滑坡，风暴，第三方责任，工程管理差。五位专家被邀请评估每个危险因素的严重程度。这些专家的权重分别为 0.25，0.30，0.20，0.15 和 0.10。同样，可以分析 10 个管道的每一个风险的可能性的结果，然后确定并计算各管道的风险价值因子。计算得出第四管道是最危险的管道，应立即修复。

5　结论和建议

通过对管道工程的上述风险研究，可以通过详细的分析和评估，得出以下结论和建议。

(1) 从人为因素、材料因素、环境因素、管理因素四方面分析油气管道工程中存在的 32 个风险因素。

(2) 案例研究中，地质塌陷区、地质断层、雪崩、隧道施工、滑坡等危险因素不太可能发生，且通常发生在有限的地点，应通过特殊的风险管理加以规避和控制。

(3) 根据管道总风险值，第四管道的风险等级最高，第一、三、八管道较高。这四大管道需要改进风险管理。油气管道工程全过程应进行风险分析与评价。

参 考 文 献

[1] Wang J S, Chen M, Xiong Z H, et al. Study on social security risk of multinational oil and gas pipelines [J]. Journal of Safety Science and Technology, 2014, 10(S2)：83-86.

[2] Wu Z Z, Wang R J. Concern with the safety management of oil and gas pipelines–status. Chin Saf News, 2014, 6：1-5.

[3] Otegui J L. Challenges to the integrity of old pipelines buried in stable ground[J]. Eng. Fail. Anal., 2014, 42：311-323.

[4] Shahriar A, Sadiq R, Tesfamariam S. Risk analysis for oil & gas pipelines: A sustainability assessment approach using fuzzy based bow-tie analysis[J]. Journal of Loss Prevention in the Process Industries, 2012, 25(3): 505-523.

[5] Sklavounos S, Rigas F. Estimation of safety distances in the vicinity of fuel gas pipelines[J]. Journal of Loss Prevention in the Process Industries, 2006, 19(1): 24-31.

[6] Wu Z Z, Gao J D, Wei L J, et al. Risk assessment method and its application. Beijng: Chemical Industry Press, 2001.